75%

80%

85%

概率论与数理统计

张野芳 曹金亮 主编

地质出版社
·北京·

内容提要

本书分为三部分,第1至5章为第一部分,介绍概率论的基础知识,内容包括:随机事件及其概率、随机变量及其概率分布、多维随机变量及其概率分布、随机变量的数字特征、大数定律与中心极限定理等。第6至9章为第二部分,介绍数理统计的基本内容,主要包括:数理统计的基本概念、抽样分布、参数估计、假设检验、方差分析和回归分析等。以上各章之后配有一定数量的习题,书后附有习题参考答案。第10章为第三部分,介绍了MATLAB在概率统计中的简单应用。本书可作为高等院校非数学专业理工科类概率论与数理统计课程的教材,也可供工程技术人员参考。

图书在版编目(CIP)数据

概率论与数理统计 / 张野芳,曹金亮主编.-- 北京:
地质出版社,2018.6

ISBN 978-7-116-11064-9

Ⅰ.①概… Ⅱ.①张…②曹… Ⅲ.①概率论−高等学校−教材②数理统计−高等学校−教材 Ⅳ.①O21

中国版本图书馆 CIP 数据核字(2018)第 133274 号

GAILÜLUN YU SHULITONGJI

责任编辑:	林 建 谢亚许
责任校对:	李 玫
出版发行:	地质出版社
社址邮编:	北京市海淀区学院路 31 号,100083
电 话:	(010)66554577(编辑室)
网 址:	http://www.gph.com.cn
传 真:	(010)66554577
印 刷:	北京虎彩文化传播有限公司
开 本:	787mm×1092mm 1/16
印 张:	20.25
字 数:	321 千字
版 次:	2018 年 6 月北京第 1 版·2018 年 6 月北京第 1 次印刷
定 价:	58.00 元
书 号:	ISBN 978-7-116-11064-9

编委会

主编　张野芳　曹金亮

编委　鲍吉锋　陈丽燕

　　　卢海玲　童爱华

　　　王朝平　王小双

.

前言

概率论与数理统计是研究随机现象的内在规律的一门数学学科,随着科学技术的发展,概率论与数理统计的应用范围日益广泛,特别是数理统计,已经渗透到理、工、农、医、经济管理及人文社会科学等领域。在此背景下,大学本科各专业对概率论与数理统计课程的要求也在不断提高,使其成了理工类专业的一门重要必修基础课,通过本课程的学习使学生初步掌握研究随机现象的基本思想与基本方法,具备一定的分析问题和解决问题的能力。

在本书的编写过程中,为了满足本科教学大纲的要求,首先,我们充分考虑了概率论与数理统计课程的特点,力求做到深入浅出。其次,在基本理论与基本方法的叙述、例题与习题的选配方面,兼顾了学生进一步学习的需求。全书由 10 章组成。第 1 至 5 章是概率论的基础知识,内容包括:随机事件及其概率、随机变量及其分布、多维随机变量及其分布、随机变量的数字特征、大数定律与中心极限定理等。第 6 至 9 章是数理统计的基本内容,主要包括:数理统计的基本概念、抽样分布、参数估计、假设检验、方差分析和回归分析等。以上每节之后配有一定数量的习题,每章之后以考研水平为标准配有总复习题,通过这些习题,学生可以加深对所学知识的理解,提高解决问题的能力,同时可作为硕士研究生入学考试的主要参考书。第 10 章介绍了MATLAB 在概率统计中的简单应用。书中打"＊"号的内容是为应用而写的,供需要者参考。

本书的编写者均为多年从事概率论与数理统计教学的教师,教学经验丰富。全书由张野芳、曹金亮主编,此外,参与编写的还有王小双、陈丽燕、卢海玲、童爱华、鲍吉锋、王朝平老师。全书由张野芳、曹金亮负责统稿和定稿。

　　本书的编写还得到了我系其他教师的大力帮助，他们在本书试用过程中提出了很多宝贵的意见。此外，本书的编写及试用也得到了浙江海洋大学教务处及数理与信息学院领导和教务人员的大力支持，在此一并表示衷心的感谢。

　　限于编者的经验和水平，书中难免有不妥之处，恳请读者批评指正。

编者

2018 年 5 月

目　录

第1章 随机事件及其概率

§1.1 随机事件及其运算

1.1.1 必然现象与随机现象

概率论与数理统计是研究随机现象统计规律的一门数学学科. 什么是随机现象呢？我们先来理解这一概念.

在现实客观世界中，人们在生产实践和科学实验中所观察到的现象虽然形形色色，千变万化，但是大致可以分为两大类. 一类是事前就可以预言的，即在确定的条件下它的结果是明确的. 这类现象我们称之为**确定性现象**. 例如，在一个标准大气压下将纯净水加热到 100℃ 时，必然沸腾；每天早晨太阳从东方升起；用手将一物体向上抛掷，最终这物体必然落回到地面；同性电荷必然互相排斥，异性电荷必然互相吸引；在不考虑空气阻力的情况下，自由落体在任意时刻 t 的运动速度由公式 $v = gt$ 所确定；半径为 r 的圆，其面积必然为 πr^2 等. 过去我们所学的各门数学课程，包括一些自然科学课程基本上都是用来处理和研究这类确定性现象的.

另一类现象与确定性现象有着本质的区别，叫随机现象，它指的是在一定条件下可能发生、也可能不发生的现象. 例如，抛掷一枚硬币，其结果可能是正面向上，也可能是反面向上；射击运动员对靶子进行射击，可能击中 9 环，也可能击中 10 环或其他环数或者脱靶；舟山地区明年 5 月 12 日可能下雨，可能阴天，也可能晴天；某天到市医院就诊的人数可能是 0，1，2，3，4，…；新生的婴儿可能是男或是女；在某时刻，舟山港口附近海面海浪的高度等，类似的例子不胜枚举. 但人们不禁要问，既然结果无法预测，那又有何研究价值呢？人们在大量的科学实践中发现，虽然随机现象粗看起来似乎杂乱无章，毫无规律可循，就一次观测或试验来说，随机现象的结果无法预料，但是在大量重复试验或观测时，它们的结果却呈现出确定的规律性. 以掷硬币为例,抛掷一枚均匀的硬币一次,其结果事先无法预言,但是如果抛掷的次数相当多,根据经验可知,正面向上和反面向上的次数大致相等. 历史上,蒲丰掷过 4040 次,得到 2048 次正面;皮尔逊掷过 24000 次,得到 12012 次正面. 根据大量的人口统计资料,新生婴儿中男婴和女婴的比例大约总是 1:1. 随机现象呈现的这种规律性,人们通常称之为随机现象的**统计规律性**. 严格地讲,这种在个别试验中其结果呈现出不确定性,在大量重复试验中其结果又具有统计规律性的现象,我们称之为**随机现象**.

概率论与数理统计就是研究和揭示随机现象统计规律性的一门数学学科.

1.1.2 随机试验

为了研究随机现象,我们需要对自然现象或社会现象进行观察或进行科学试验. 我们把对某种自然现象做一次观察或进行一次科学试验,统称为一个试验,这是一个含义广泛的术语. 例如,抛掷一枚均匀的六面体骰子,观察出现的点数;将一枚硬币抛掷三次观察正面、反面出现的情况;将一枚硬币抛掷三次观察出现正面的次数;观测早上 7:00—8:00 通过舟山跨海大桥收费站的车流量;考察某班概率统计课程考试的平均成绩等,这些都是试验. 为了便于研究,我们把具有以下三个特点的试验称为**随机试验**,简称为**试验**.

(1) 试验可以在相同的条件下重复进行;

(2) 各次试验的可能结果不止一个,并且能事先明确所有可能的结果;

(3) 一次试验前不能确定哪一个结果会出现.

在概率论中,一般用字母 E 表示试验. 下面是一些试验的例子:

E_1:抛掷一枚硬币,观察正面 H、反面 T 出现的情况;

E_2:将一枚硬币抛掷三次,观察正面 H、反面 T 出现的情况;

E_3:将一枚硬币抛掷三次观察,正面出现的次数;

E_4:同时抛掷两颗骰子,观察出现的点数之和;

E_5:观察某电话交换台在某一时间间隔内收到的呼唤次数;

E_6:在一批灯管中任意抽取一只,测试它的寿命;

E_7:记录舟山定海一昼夜的最高温度和最低温度.

我们是通过研究随机试验来研究随机现象的.

1.1.3 样本空间与随机事件

对于随机试验,尽管在每次试验前不能预知试验的结果,但试验的所有结果组成的集合是已知的. 我们将随机试验 E 的所有可能结果组成的集合称

为 E 的**样本空间**.记为 Ω.样本空间的元素,即 E 每个结果,称为**样本点**,通常用字母 ω 表示.

例 1.1.1　上述试验 E_k ($k=1$, 2 , $\cdots$, 7)的样本空间分别为:

Ω_1 : $\{H , T\}$;

Ω_2 : $\{HHH , HHT , HTH , THH , HTT , THT , TTH , TTT\}$;

Ω_3 : $\{0 , 1 , 2 , 3\}$;

Ω_4 : $\{2$, 3 , 4 , 5 , 6 , 7 , 8 , 9 , 10 , 11 , $12\}$;

Ω_5 : $\{0$, 1 , 2 , 3 , $\cdots\}$;

Ω_6 : $\{t \mid t \geqslant 0\}$, t 表示抽取的灯管的寿命;

Ω_7 : $\{(x , y) \mid -6 \leqslant x \leqslant y \leqslant 45\}$,此处 x 表示最低温度(摄氏度), y 表示最高温度(根据气象记录知道,一般年份,舟山地区的最低温度不会低于 $-6℃$,也不会高于 $45℃$).

由上述例子可以看出,样本空间的元素是由试验的目的所决定的.例如,在 E_2 和 E_3 中同样是将一枚硬币抛掷三次,由于试验的目的不一样,其样本空间也不一样.样本空间可以是有限集(如上例中的 Ω_1 , Ω_2 , Ω_3 , Ω_4)或无限集(如上例中的 Ω_5 , Ω_6 , Ω_7).

在实践中,人们常常需要研究由样本空间中满足某些条件的样本点组成的集合,即关心满足某些条件的样本点在试验中是否会出现.比如,考虑抛出的骰子出现的点数是否为偶数,而偶数点具体包括 2 , 4 , 6 点,它们构成样本空间的一个子集.我们把样本空间的子集称为**随机事件**,简称为**事件**.通常用大写字母 A , B , C , $\cdots$ 来表示事件.例如,在前面所列举的随机试验 E_6 中,以 A 表示事件"抽取的灯管的寿命不超过 1000h",则可将 A 表示为 $A =$ $\{t \mid 0 \leqslant t \leqslant 1000\}$.在每次试验中,当且仅当 A 中所包含的一个样本点出现时,称事件 A 发生,否则称 A 不发生.由样本点组成的单点子集,称为**基本事件**,基本事件可理解为某次试验的直接结果.

样本空间 Ω 包含所有样本点,它是 Ω 自身的一个子集,在每次试验中它总是会发生的,称为**必然事件**.相应地,空集 $\varnothing$ 不包含任何样本点,它也作为样本空间的子集,它在每次试验中都不发生,称为**不可能事件**.必然事件和不可能事件的发生与否已经失去了"不确定性",所以,本质上它们不是随机事件.但是我们把它们看作随机事件,将对事件之间的关系运算及概率的计算都很有好处,它们只不过是随机事件的两个极端情形而已.

1.1.4 事件的关系与运算

事件是一个集合,因而事件间的关系与事件间的运算自然按照集合论中集合间关系和运算来处理.下面给出这些概率论中的提法,并根据"事件发生"的含义来理解,给出它们在概率论中的含义,两者之间要学会"翻译".

1.事件的包含与相等

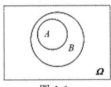

图 1.1

若事件 A 发生必然**导致**事件 B 发生,则称事件 B **包含**事件 A,记为 $A \subset B$ 或 $B \supset A$. $A \subset B$ 的一个等价的说法是,如果事件 B 不发生,则事件 A 必然不发生.

对上述事件间的包含关系可以给出一个直观的几何解释.如果以平面上的一个矩形表示样本空间 Ω,矩形内的每一点表示样本点,则事件的关系和运算就可通过平面上的几何图形表示.如果用圆 A 与圆 B 分别表示事件 A 与事件 B,则 $A \subset B$ 意味着 A 中的点全在 B 中,如图 1.1 所示.

由上述定义知,对于任意的事件 A,有 $\varnothing \subset A \subset \Omega$

若 $A \subset B$ 且 $B \subset A$,则称 A 与 B **相等**(或**等价**),记为 $A = B$.

2.事件的并(和)

事件 A 和事件 B 至少有一个发生,记为 $A \cup B$,称为 A 与 B 的**并(和)**.它是由 A 与 B 中的所有样本点构成的集合,其几何图形如图 1.2 所示.

一般 n 个事件 $A_1, A_2, \cdots, A_n$ 的和事件记为 $\bigcup\limits_{i=1}^{n} A_i$,它表示事件 A_1, $A_2, \cdots, A_n$ 至少有一个发生.可列个事件 $A_1, A_2, \cdots$ 的和事件记为 $\bigcup\limits_{i=1}^{\infty} A_i$;它表示事件序列 $A_1, A_2, \cdots$ 中至少有一个事件发生.

对于任意事件 A,有 $A \cup \varnothing = A$,$A \cup A = A$,$A \cup \Omega = \Omega$. 若 $A \subset B$,则 $A \cup B = B$.

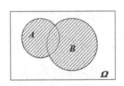

图 1.2

3.事件的交(积)

事件 A 和 B **同时**发生，记为 $A \bigcap B$ ，也简记为 AB ，称为事件 A 与 B 的**交(积)**，它是由事件 A 和 B 中共同的样本点构成的集合，其几何图形如图 1.3 所示阴影部分.

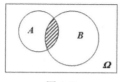

图 1.3

一般地，n 个事件 A_1，A_2，$\cdots$，A_n 的积事件记为 $\bigcap\limits_{i=1}^{n} A_i$，它表示事件 A_1，A_2，$\cdots$，A_n 同时发生. 可列个事件 A_1，A_2，$\cdots$的积事件记为 $\bigcap\limits_{i=1}^{\infty} A_i$，它表示事件序列 A_1，A_2，$\cdots$的事件同时发生.

由积事件的定义可知，对于任意事件 A ，有 $A \bigcap A = A$ ，$A \bigcap \Omega = A$ ，$A \bigcap \varnothing = \varnothing$.

4.事件的差

事件 A 发生而事件 B 不发生，记为 $A-B$ ，称为事件 A 和 B 的**差**.它是由集合 A 中去掉属于 B 的元素后剩余的点组成的集合，如图 1.4 所示阴影部分.

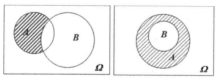

图 1.4

5.事件的互不相容(互斥)

若事件 A 和 B 不能同时发生，则称事件 A 和 B 为**互不相容事件**或**互斥事件**.记作 $A \bigcap B = \varnothing$.其几何图形如图 1.5 所示.

两个事件互斥的基本特征是它们无共性，即它们不含有相同的样本点.

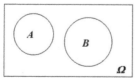

图 1.5

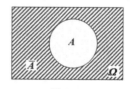

图 1.6

6.逆事件(或对立事件)

设事件 A 和 B 互不相容，且 $A \bigcup B = \Omega$ ，则称事件 A 和 B 为**对立事件**，也称事件 A 和 B 为**互逆事件**.这时 B 称为 A 的**逆事件**，记为 $\bar{A}$ ，其几何图形如图 1.6 所示阴影部分.

由差事件与逆事件的定义，对于任意事件 A 与 B，有 $\bar{A}=\Omega-A$，$\bar{\bar{A}}=A$，$A\cap\bar{A}=\varnothing$，$A\cup\bar{A}=\Omega$，$A-B=A-AB=A\bar{B}$．这些关系在讨论事件之间的相互关系中特别有用，切记．

7.完备事件组

设 Ω 是试验 E 的样本空间，$A_1,A_2,\cdots,A_n$ 是 E 的一组事件，若

(1) $A_iA_j=\varnothing$，$i\neq j$，$i,j=1,2,\cdots,n$；

(2) $A_1\cup A_2\cup\cdots\cup A_n=\Omega$，

则称 $A_1,A_2,\cdots,A_n$ 为 Ω 的一个**完备事件组**．

例如，从包含有一、二、三等品的产品中任意抽取一件，如果用 A_i（$i=1,2,3$）表示抽到 i 等品，则事件组 A_1,A_2,A_3 就是一个完备事件组．

完备事件组所包含的事件可以推广到无限多个的情形．

例 1.1.2 设 A，B，C 为 Ω 中的随机事件，则

(1) 事件"A 与 B 发生，C 不发生"可以表示为 $AB\bar{C}$．

(2) 事件"A，B，C 中至少有两个发生"可以表示为 $AB\cup AC\cup BC$．

(3) 事件"A，B，C 中恰好发生两个"可以表示为 $AB\bar{C}\cup A\bar{B}C\cup\bar{A}BC$．

(4) 事件"A，B，C 中有不多于一个事件发生"可以表示为

$$\bar{A}\bar{B}\bar{C}\cup A\bar{B}\bar{C}\cup\bar{A}B\bar{C}\cup\bar{A}\bar{B}C．$$

事件的运算满足下述规律：

交换律：$A\cup B=B\cup A$，$A\cap B=B\cap A$；

结合律：$A\cup(B\cup C)=(A\cup B)\cup C$，$A\cap(B\cap C)=(A\cap B)\cap C$；

分配律：$A\cup(B\cap C)=(A\cup B)\cap(A\cup C)$，$A\cap(B\cup C)=(A\cap B)\cup(A\cap C)$；

德·摩根律(对偶原理)：$\overline{A\cup B}=\bar{A}\cap\bar{B}$，$\overline{A\cap B}=\bar{A}\cup\bar{B}$．

德·摩根律可以推广到任意多个事件的情形，即对于任意多个事件，有

$$\overline{\bigcup_i A_i}=\bigcap_i\bar{A}_i，\quad\overline{\bigcap_i A_i}=\bigcup_i\bar{A}_i．$$

例 1.1.3 设甲、乙两人参加某项考试，以 A 表示事件"甲参加该项考试合格，乙参加该项考试不合格"，则 A 的逆事件 $\bar{A}$ 表示事件"甲参加该项考试不合格或乙参加该项考试合格"．

如果记 $A_1=\{$甲参加该项考试合格$\}$，$A_2=\{$乙参加该项考试合格$\}$，则有 $A=A_1\bar{A}_2$，由德·摩根律知

$$\bar{A}=\overline{A_1\bar{A}_2}=\bar{A}_1\cup\bar{\bar{A}}_2=\bar{A}_1\cup A_2．$$

例 1.1.4　向某目标射击三次，以 A_i 表示事件"第 i 次击中目标"（$i=1$，2，3），用 A_i 表示下列事件：

（1）前两次射击均未击中目标.

（2）在前两次射击中第一次未击中目标而第二次击中目标.

（3）在后两次射击中至少一次未击中目标.

（4）在三次射击中仅第三次击中目标.

解　（1）由 A_i 的定义知，前两次均未击中目标即 A_1，A_2 都不能发生，这可表示为 $\overline{A_1 \cup A_2}$ 或 $\overline{A_1}\,\overline{A_2}$.

（2）第一次未击中目标表示为 $\overline{A_1}$，第二次击中目标表示为 A_2，所以"在前两次射击中第一次未击中目标而第二次击中目标"意味着 A_1 不发生且 A_2 发生，故可表示为 $\overline{A_1}A_2$.

（3）"在后两次射击中至少一次未击中目标"意味着事件 A_2，A_3 至少有一个不出现，即 $\overline{A_2}$，$\overline{A_3}$ 至少有一个出现，所以可用 $\overline{A_2} \cup \overline{A_3}$ 表示.

（4）仅第三次击中目标可表示为 $\overline{A_1}\overline{A_2}A_3$.

习题 1.1

1.写出下列随机试验的样本空间：

（1）记录一个小班一次数学考试的平均分数（以百分制记分）.

（2）一个口袋中有 5 个外形相同的球，编号分别为 1，2，3，4，5，从中同时取出 3 个球.

（3）某人射击一个目标，若击中目标，射击就停止，记录射击的次数.

（4）在单位圆内任意取一点，记录它的坐标.

2.设 $\Omega = \{1, 2, \cdots, 10\}$，$A = \{2, 3, 4\}$，$B = \{3, 4, 5\}$，$C = \{5, 6, 7\}$ 具体写出下列各式：

（1）$\overline{A}B$ ；（2）$\overline{A} \cup B$ ；（3）$\overline{\overline{A}B}$ ；（4）$\overline{A\ \overline{BC}}$ ；（5）$\overline{A \cup B \cup C}$.

3.设 $\Omega = \{x \mid 0 \leqslant x \leqslant 2\}$ ，$A = \left\{x \mid \dfrac{1}{2} < x \leqslant 1\right\}$ ，$B = \left\{\dfrac{1}{4} \leqslant x \leqslant \dfrac{3}{2}\right\}$ ，具体写出下列各式：

（1）$\overline{A \cup B}$ ；（2）$A \cup \overline{B}$ ；（3）$\overline{AB}$ ；（4）$\overline{A}B$.

4.化简下列各式：

（1）$(A \cup B)(A \cup \overline{B})$ ；（2）$(A \cup B)(B \cup C)$ ；（3）$(A \cup B)(A \cup \overline{B})(\overline{A} \cup B)$.

5.A，B，C 表示三个事件，用文字解释下列事件的概率意义：

(1) $A\bar{B}\bar{C} \bigcup \bar{A}B\bar{C} \bigcup \bar{A}\bar{B}C$；(2) $AB \bigcup AC \bigcup BC$；(3) $A(\bar{B} \bigcup \bar{C})$；

(4) $\overline{AB \bigcup AC \bigcup BC}$．

6.对于任意事件 A，B，证明 $AB \bigcup (A-B) \bigcup \bar{A} = \Omega$．

7.把事件 $A \bigcup B \bigcup C$ 表示为互不相容事件的和事件．

§1.2　频率与概率

在一次随机试验中，某个随机事件可能出现也可能不出现．研究随机现象不仅要知道哪些事件可能出现，更重要的是要研究各种事件出现的可能性的大小，找出这些事件内在的统计规律，这对研究实际问题具有重要意义．例如若知道某个公交站点在某个时间段内等候乘车的人数的可能性大小，就可能根据要求配置合理的公交车班次及发车时间等．为此，我们希望找到一个合适的数量指标来刻画事件发生可能性大小，这个数量指标必须满足：①它是事件本身所固有的一种客观度量，如同一根木棒有长度，一块立体有体积一样；②发生可能性较大的事件具有较大的数值．必然事件的数值最大，不可能事件的值最小．我们把度量事件 A 发生可能性大小的数值，称为 A 的**概率**，记为 $P(A)$，为讨论事件 A 的概率，我们首先引入频率的概念．

1.2.1　频率及其稳定性

对某种随机现象重复试验是揭示其内在规律性的一条重要途径，如果进行了 n 次试验，我们关心的是某个随机事件 A 在这 n 次试验中发生的次数 n_A．显然，比值 n_A/n 在某种程度上可以反映出事件 A 发生的可能性有多大．因此，可以通过研究这个比值来研究事件的概率，为此，我们给出下述定义．

定义 1.1　在 n 次重复试验中，若事件 A 发生了 n_A 次，则称 n_A 为事件 A 发生的**频数**，称比值 n_A/n 为事件 A 发生的**频率**．并记成 $f_n(A)$，即 $f_n(A) = n_A/n$．

依照频率的定义易知，频率具有下列基本性质：

非负性：对任意事件 A，$f_n(A) \geqslant 0$；

规范性：$f_n(\Omega) = 1$；

有限可加性：若事件 $A_1, A_2, \cdots, A_k$ 互不相容，则有

$$f_n(A_1 \bigcup A_2 \bigcup \cdots \bigcup A_k) = f_n(A_1) + f_n(A_2) + \cdots + f_n(A_k).$$

由定义，非负性和规范性是显然的，下面就 $m = 2$ 的情形对有限可加性加以证明：

设在 n 次试验中,事件 A_1 发生了 k_1 次,事件 A_2 发生了 k_2 次,从而事件 A_1,A_2 发生的频率分别为 $f_n(A_1)=\dfrac{k_1}{n}$ 及 $f_n(A_2)=\dfrac{k_2}{n}$,由于 A_1 与 A_2 互不相容,因此事件 $A_1\bigcup A_2$ 共发生了 k_1+k_2 次,所以,事件 $A_1\bigcup A_2$ 发生的频率为

$$f_n(A_1\bigcup A_2)=\frac{k_1+k_2}{n}=\frac{k_1}{n}+\frac{k_2}{n}=f_n(A_1)+f_n(A_2).$$

对于一般的情形可用数学归纳法进行证明.

由于事件 A 在 n 次试验中发生的频率是其频数与试验总次数 n 的比值,频率大小反映了在这 n 次试验中事件 A 发生的频繁程度.频率越大,事件 A 在这 n 次试验中发生得越频繁,这也意味着事件 A 在一次试验中发生的可能性越大.由此可知,频率在一定程度上反映了事件发生可能的大小.

从另一个角度看,频率又具有不客观性的一面,随着试验次数 n 的不同,频率会不同,不同的试验者得到的频率也可能不相同,但随着试验次数的增加它又表现出某种稳定性.下面是一些具体例子.

某农科所对一种棉花种子进行发芽试验,以 A 表示事件"该棉花种子发芽",统计得出如表 1.1 所示的数据.

表 1.1 棉花种子发芽率试验数据表

种子总数	5	10	100	200	400	600	800	1000
发芽粒数	3	7	55	122	236	372	464	610
发芽率(频率)	0.6	0.7	0.55	0.61	0.59	0.62	0.58	0.61

历史上,许多人曾做过掷硬币的试验,表 1.2 是部分试验结果.

表 1.2 掷硬币试验数据表

试验者	掷币次数 n	正面次数 n_A	频率 $f_n(A)$
DeMorgan	2048	1061	0.5181
Buffon	4040	2048	0.5069
J.Kerrich	7000	3516	0.5023
J.Kerrich	8000	4034	0.5043
J.Kerrich	9000	4538	0.5042
J.Kerrich	10000	5067	0.5067
Fisher	10000	4979	0.4979
K.Pearson	12000	6019	0.5016
K.Pearson	24000	12012	0.5005
Romanovsky	80640	40173	0.4982

1.2.2　概率的统计定义

尽管频率随着试验次数 n 的不同及试验者的不同而波动，由以上试验数据可以看出，当试验次数 n 较大时，频率波动越来越小，且频率值总稳定在一个具体数量的附近.上述棉花发芽试验结果表明，该棉花种子的发芽率稳定于 0.6，掷硬币试验结果表明，事件"正面向上"出现的频率稳定于 0.5.这种频率的稳定性是客观存在的，不因试验者的不同而变化.这个稳定值就能够刻画随机事件 A 发生可能性的大小，我们称其为事件 A 发生的**概率**，记为 $P(A)$，我们有下述定义.

定义 1.2　在一定条件下重复进行试验，如果随着试验次数 n 的增加，事件 A 在 n 次试验中出现的频率 $f_n(A)$ 稳定于某一数值 p（或稳定地在某一数值 p 附近波动），则称数值 p 为事件 A 在这一定条件下发生的**概率**，记作

$$P(A) = p .$$

上述概率的定义是由频率引进的，与频率类似，它也具备下述性质：

非负性：对任意事件 A，$P(A) \geqslant 0$；

规范性：$P(\Omega) = 1$；

有限可加性：若事件 $A_1, A_2, \cdots, A_k$ 互不相容，则有

$$P(A_1 \bigcup A_2 \bigcup \cdots \bigcup A_k) = P(A_1) + P(A_2) + \cdots + P(A_k) .$$

值得注意的是，此处给出的定义称为概率的统计定义，它是以统计试验数据为基础的.由此定义可知，当试验次数 n 充分大时，可以将频率 $f_n(A)$ 作为概率 $P(A)$ 的近似估计值，在大部分的实际问题中都是这样做的，其严格的理论依据在第 5 章中给出.通常人们所说的百分率，如出生率、正品率、命中率、中奖率、合格率、升学率、及格率、出勤率、成功率等，在概率论中均可理解为相应事件的概率.

1.2.3　概率的公理化定义

在具体实践中，我们不可能对每个事件都做大量的试验来获取频率的稳定值，这对于概率的计算是非常不方便的，人们通过详细研究概率的性质与特点，给出了概率的公理化体系，下面给出的就是概率的公理化定义.

定义 1.3　设 Ω 是随机试验 E 的样本空间.对 Ω 中的每一个事件 A 赋予一个实数，记为 $P(A)$，如果这个集合函数 $P(\bullet)$ 满足下列三个条件，则称 $P(A)$ 为事件 A 的**概率**：

非负性：对于每一个事件 A，有 $P(A) \geqslant 0$；

规范性：对于必然事件 Ω，有 $P(\Omega) = 1$；

可列可加性：设 $A_1, A_2, \cdots, A_n \cdots$ 是两两互不相容的事件序列，即对于 $i \neq j$，$A_i A_j = \varnothing$，$i, j = 1, 2, \cdots$，则有

$$P(\bigcup_{i=1}^{\infty} A_i) = \sum_{i=1}^{\infty} P(A_i).$$

概率的这个公理化定义是苏联数学家柯尔莫哥洛夫（Kolmogorov，1903—1987）在 1933 年给出的，它突破了概率统计定义的局限性，使概率论成为严谨的数学分支，对概率论的发展起了很大的作用．

由概率公理化定义，可以得到概率的一些基本性质如下：

性质 1 $P(\varnothing) = 0$.

性质 2 设 n 个事件 $A_1, A_2, \cdots, A_n$ 两两互不相容，即对于 $i \neq j$，$A_i A_j = \varnothing$，$i, j = 1, 2, \cdots, n$，则有

$$P(\bigcup_{i=1}^{n} A_i) = \sum_{i=1}^{n} P(A_i). \text{（有限可加性）}$$

性质 3 对于任一事件 A，有 $P(\bar{A}) = 1 - P(A)$.

性质 4 设 A, B 是两个事件，若 $B \subset A$，则有

$$P(A - B) = P(A) - P(B).$$

推论 1 若 $A \supset B$，则有 $P(A) \geqslant P(B)$；对于任意事件 A，有 $P(A) \leqslant 1$.

性质 5（加法公式）对于任意两事件 A, B，有

$$P(A \cup B) = P(A) + P(B) - P(AB).$$

推论 2 对于任意的事件 A, B，有 $P(A \cup B) \leqslant P(A) + P(B)$.

推论 3 对于任意 n 个事件 $A_1, A_2, \cdots, A_n$，有

$$P(A_1 \cup A_2 \cup \cdots \cup A_n) \leqslant P(A_1) + P(A_2) + \cdots + P(A_n).$$

利用概率公理化定义中的非负性、规范性和可列可加性很容易给出上述性质的严格证明，此处我们仅给出性质 5 的证明，其余性质可类似证明．

性质 5 的证明： 因为 $A \cup B = A \cup (B - AB)$（图 1.2），且 $A(B - AB) = \varnothing$，$AB \subset B$，由性质 2 及性质 4 即得

$$P(A \cup B) = P(A) + P(B - AB) = P(A) + P(B) - P(AB).$$

性质 5 可以推广到任意有限多个事件的情形．对于任意多个事件 $A_1, A_2, \cdots, A_n$，有

$$P(\bigcup_{i=1}^{n} A_i) = \sum_{i=1}^{n} P(A_i) - \sum_{1 \leqslant i < j \leqslant n} P(A_i A_j) + \sum_{1 \leqslant i, j < k \leqslant n} P(A_i A_j A_k) - \cdots +$$

$$(-1)^{n-1} P(\bigcap_{i=1}^{n} A_i).$$

特别地，对于三个事件 A_1, A_2, A_3，有

$$P(A_1 \cup A_2 \cup A_3) = P(A_1) + P(A_2) + P(A_3) - P(A_1 A_2) - P(A_1 A_3) -$$

$P(A_2A_3)+P(A_1A_2A_3)$.

例 1.2.1 设 A，B 为两事件，已知 $P(B)=0.3$，$P(A \bigcup B)=0.7$，求 $P(\bar{A} \bigcup B)$.

解 由概率性质，有

$$P(\bar{A} \bigcup B)=P(\bar{A})+P(B)-P(\bar{A}B)=1-P(A)+P(B)-[P(B)-P(AB)]$$
$$=1-P(A)+P(AB)，$$

又由加法公式知 $P(A)-P(AB)=P(A \bigcup B)-P(B)$，所以有

$$P(\bar{A} \bigcup B)=1-P(A)+P(AB)=1-P(A \bigcup B)+P(B)$$
$$=1-0.7+0.3=0.6.$$

例 1.2.2 已知 $P(A)=\dfrac{1}{3}$，$P(B)=\dfrac{1}{2}$，求下列情况下 $P(B\bar{A})$ 的值.

(1) A 与 B 互斥；(2) $A \subset B$；(3) $P(AB)=\dfrac{1}{8}$.

解 (1) 因为 $AB=\varnothing$，故 $P(AB)=0$，因此有

$$P(B\bar{A})=P(B-A)=P(B-AB)=P(B)-P(AB)=P(B)=\dfrac{1}{2}.$$

(2) 因为 $A \subset B$，所以

$$P(B\bar{A})=P(B-A)=P(B)-P(A)=\dfrac{1}{2}-\dfrac{1}{3}=\dfrac{1}{6}.$$

(3) $P(B\bar{A})=P(B-A)=P(B-AB)=P(B)-P(AB)=\dfrac{1}{2}-\dfrac{1}{8}=\dfrac{3}{8}.$

习题 1.2

1.设 $P(A)>0$，$P(B)>0$，将下列 5 个数

$$P(A)，P(A)-P(B)，P(A-B)，P(A)+P(B)，P(A \bigcup B)$$

按由小到大的顺序排列，用符号"$\leqslant$"联结它们，并指出在什么情况下可能有等式成立.

2.已知 $A \subset B$，$P(A)=0.3$，$P(B)=0.5$，求 $P(\bar{A})$，$P(AB)$，$P(\bar{A}B)$ 和 $P(\bar{A}\bar{B})$.

3.对于任意事件 A，B，证明等式：$P(A\bar{B})=P(A)-P(AB)$.

4.设对于事件 A，B，C 有

$$P(A)=P(B)=P(C)=\dfrac{1}{4}，P(AB)=P(BC)=0，P(AC)=\dfrac{1}{8}$$

求 A,B,C 至少出现一个的概率.

5.已知 $P(\bar{A}) = 0.5, P(\bar{A}B) = 0.2, P(B) = 0.4$.求：

（1）$P(AB)$；

（2）$P(A - B)$；

（3）$P(A \bigcup B)$；

（4）$P(\bar{A}\bar{B})$

§1.3　古典概型

我们看到，在概率公理化定义中并没有给出如何构造概率模型，没有给出计算任意随机事件概率的统一的具体的方法.在解决实际问题时，要做到这一点并不容易.但在所谓等可能概型下，任意随机事件 A 的概率计算却非常简单.古典概型由拉普拉斯（Laplace，1749—1827）首先归纳提出，是概率论发展初期主要的研究对象.

1.3.1　古典概型

我们先来了解一个简单的试验模型：

（1）样本空间的元素（即基本事件）只有有限个.不妨设为 n 个，将其记为 $\omega_1, \omega_2, \cdots, \omega_n$；

（2）试验中每个基本事件发生的可能性是相等的.即有

$$P(\omega_1) = P(\omega_2) = \cdots = P(\omega_n).$$

具有以上两个特点的试验是大量存在的.这种试验也称为**等可能概型**.它在概率论发展初期曾是主要的研究对象，所以也称为**古典概型**.等可能概型具有直观、容易理解的特点，具有广泛的应用.

以下给出古典概型的计算公式.设上述古典概型的样本空间为 $\Omega = \{\omega_1, \omega_2, \cdots, \omega_n\}$，因为基本事件都是互斥的，根据概率的规范性及有限可加性，有

$$1 = P(\Omega) = P(\omega_1) + P(\omega_2) + \cdots + P(\omega_n),$$

于是

$$P(\omega_1) = P(\omega_2) = \cdots = P(\omega_n) = \frac{1}{n}.$$

对于任意随机事件 A，如果 A 中包含 k 个基本事件，即 $A = \{\omega_{i_1}, \omega_{i_2}, \cdots, \omega_{i_k}\}$，则 A 可表示为

$$A = \{\omega_{i_1}, \omega_{i_2}, \cdots, \omega_{i_k}\} = \{\omega_{i_1}\} \bigcup \{\omega_{i_2}\} \bigcup \cdots \bigcup \{\omega_{i_k}\}$$

由此可得

$$P(A) = \frac{k}{n} = \frac{A \text{ 中所含的基本事件数}}{\text{基本事件总数}} \tag{1.1}$$

式(1.1)就是古典概型(即等可能概型)中随机事件概率的计算公式. 在使用该公式计算概率时应注意选取适当的随机试验以及样本空间, 使其符合古典概型的两个特点. 例如, 抛掷一枚均匀硬币两次, 考察正、反面出现的情况, 样本空间为 $\Omega_1 = \{HH, HT, TH, TT\}$, 其中四个基本事件出现的概率都是 1/4. 同样是抛掷一枚均匀硬币两次, 但是若考察的是正面出现的次数, 则样本空间为 $\Omega_2 = \{0, 1, 2\}$, 这就不是古典概型. 如果出现"0 次正面", 这相当于在第一个试验中出现基本事件 "TT", 其概率为 1/4; 而出现"1 次正面"相当于在第一个试验中出现 "HT 或 TH", 其概率为 1/2. 即 Ω_2 所包含的基本事件的概率不相等, 从而不是古典概型.

例 1.3.1 将一枚均匀硬币抛掷三次.

(1) 设事件 A_1 为"恰有一次出现正面", 求 $P(A_1)$;

(2) 设事件 A_2 为"至少有一次出现正面", 求 $P(A_2)$.

解 (1) 记 H 表示出现正面, T 表示出现反面, 则样本空间可表示为

$\Omega = \{HHH, HHT, HTH, THH, HTT, THT, TTH, TTT\}$,

由对称性知, Ω 中每个基本事件发生的可能性相同. 又 $A_1 = \{HTT,$

$THT, TTH\}$, 故由式(1.1)可得 $P(A_1) = \dfrac{3}{8}$.

(2) 由于 $\bar{A}_2 = \{TTT\}$, 于是 $P(A_2) = 1 - P(\bar{A}_2) = 1 - \dfrac{1}{8} = \dfrac{7}{8}$.

在古典概型概率计算中, 有许多概率的计算相当困难而富有技巧, 计算的要点是计算样本空间中样本点的总数及随机事件 A 所包含的样本点数. 在这些计算中经常要用到一些排列组合公式, 这些公式都基于以下两条计数原理:

加法原理: 设完成过程 A 有 n 种不同方式, 若第 i 种方式包含 m_i 种不同方法, 那么完成过程 A 一共有 $m_1 + m_2 + \cdots + m_n$ 种不同方法.

乘法原理: 设完成 A 需要有 n 个步骤, 第 i 个步骤又包含 m_i 种不同的方法, 则完成过程 A 共有 $m_1 \times m_2 \times \cdots \times m_n$ 种不同的方法.

由以上两条计数原理可以得到排列与组合的基本计数公式.

1.排列

从包含有 n 个元素的总体中取出 r 个来进行排列，这时既要考虑到取出的元素也要顾及元素取出的顺序. 这种排列又分为两类：第一类是有放回的选取，这时每次选取都是在全体元素中进行的，同一元素可被重复选中；第二类是不放回选取，这时一个元素被选中取出后便立刻从总体中除去，因此每个元素至多被选中一次，这时必须有 $r \leqslant n$.

（1）在有放回的选取中，从 n 个元素中取出 r 个元素进行排列，这种排列称为有重复排列，其总数共有 n^r 种.

（2）在不放回选取中，从 n 个元素中取出 r 个元素进行排列，其总数为
$$A_n^r = n(n-1)(n-2)\cdots(n-r+1) \tag{1.2}$$
这种排列称为选排列. 当 $r = n$ 时称为全排列. n 个元素的全排列数为 $P_n = n!$.

2.组合

（1）从 n 个元素中取出 r 个元素而不考虑其顺序，称为组合，其总数为
$$C_n^r = \binom{n}{r} = \frac{A_n^r}{r!} = \frac{n(n-1)\cdots(n-r+1)}{r!} = \frac{n!}{r!\,(n-r)!}, \tag{1.3}$$
此处 $\binom{n}{r}$ 是二项展开式的系数，它是 $(a+b)^n$ 的展开式中 $a^r b^{n-r}$ 项的系数.

（2）若 $r_1 + r_2 + \cdots + r_k = n$，把 n 个不同的元素分成 k 个部分，第一部分 r_1 个，第二部分 r_2 个，$\cdots$，第 k 部分 r_k 个，则不同的分法共有
$$C_n^{r_1} C_{n-r_1}^{r_2} \cdots C_{n-r_1-r_2-\cdots-r_{k-1}}^{r_k} = \frac{n!}{r_1!\,r_2!\cdots r_k!} \tag{1.4}$$
种. 此数称为多项系数，它是 $(x_1 + x_2 + \cdots + x_k)^n$ 的展开式中 $x_1^{r_1} x_2^{r_2} \cdots x_k^{r_k}$ 项的系数.

例 1.3.2　一口袋装有 6 个球，其中 4 个白球、2 个红球，从袋中取球两次，每次随机地取一个. 考虑两种取球方式：（a）放回抽样，（b）不放回抽样. 试分别就上面两种情况求（1）取到的两个球都是白球的概率；（2）取到的两个球颜色相同的概率；（3）取到的两个球中至少有一个是白球的概率.

解　（a）放回抽样的情况：

设 A，B，C 分别表示事件"取到的两个球都是白球""取到的两个球都是红球""取到的两个球中至少有一个是白球". 第一次取球时，口袋里有 6 个球，所以有 6 种取法. 第二次取球时袋中还是 6 个球，所以也有 6 种取法. 因此根据乘法原理，取到 2 个球所有的取球方式共有 $6 \times 6 = 36$ 种. 为了保证两

个球都是白球，第一次第二次取球时必须取到白球. 第一次有 4 个白球，所以有 4 种取法，第二次也有 4 个白球，所以也有 4 种取法. 因此根据乘法原理取到 2 个白球的取法共有 $4 \times 4 = 16$ 种. 这样样本空间 Ω 中的元素共有 36 个，A 中包含的元素共有 16 个. 按照计算公式可得：

(1) $P(A) = \dfrac{n_A}{n} = \dfrac{4 \times 4}{6 \times 6} = \dfrac{4}{9}$.

(2)首先与(1)中的算法一样，可得"取到的两个球都是红球"的概率为

$$P(B) = \frac{n_B}{n} = \frac{2 \times 2}{6 \times 6} = \frac{1}{9} ,$$

而"取到的两个球颜色相同"相当于"取到两个白球或者取到两个红球"，可用事件 $A \cup B$ 表示，由 $AB = \varnothing$ ，于是

$$P(A \cup B) = P(A) + P(B) = \frac{4}{9} + \frac{1}{9} = \frac{5}{9} .$$

(3)"取到的两个球中至少有一个是白球"这一事件的对立事件是"取到的两个球没有一个是白球"，或者说"取到的两个球都是红球"，因此有 $C = \bar{B}$ ，所以

$$P(C) = P(\bar{B}) = 1 - P(B) = \frac{8}{9} .$$

(b)不放回抽样的情况是类似的，不再赘述，这里只给出简要算式和结果.

$$P(A) = \frac{n_A}{n} = \frac{4 \times 3}{6 \times 5} = \frac{2}{5} , \; P(B) = \frac{n_B}{n} = \frac{2 \times 1}{6 \times 5} = \frac{1}{15} ,$$

$$P(A \cup B) = P(A) + P(B) = \frac{2}{5} + \frac{1}{15} = \frac{7}{15} ,$$

$$P(C) = P(\bar{B}) = 1 - P(B) = \frac{14}{15} .$$

例 1.3.3 袋中装有 30 个球，其中白球 27 个，红球 3 个. 现将球取出，随机地放入三个盒子中，每盒 10 个，求

(1) 每盒恰有一个红球的概率.

(2) 3 个红球放入同一个盒子的概率.

解 30 个球平均分到三个盒子中相当于把 30 个元素分为三个部分，每个部分有 10 个元素，按前面组合计数的第二种情形，由式(1.4)知，总分法有 30! /(10! 10! 10!)种，此即样本点总数. 以 A 表示事件"每盒恰有一个

红球", B 表示事件"3 个红球放入同一个盒子".

(1) 3 个红球每盒一球放入三个盒子的放法有 3! 种,将 27 个白球均分放入三个盒子中的放法有 27! /(9! 9! 9!)种,由乘法原理知

$$P(A) = \frac{3! \times 27!}{9! \ 9! \ 9!} \Big/ \frac{30!}{10! \ 10! \ 10!} = \frac{50}{203}.$$

(2) 先从三个盒子中任选一个,共有 3 种选法,将三个红球放入选中的盒子. 再把 27 个白球按第一部分 7 个,第二部分和第三部分均为 10 个的方式分开,把第一部分的 7 个白球放入有红球的盒子,其余两部分分别放入另外两盒,共有 27! /(7! 10! 10!)不同的选取方法. 于是

$$P(B) = \frac{3 \times 27!}{7! \ 10! \ 10!} \Big/ \frac{30!}{10! \ 10! \ 10!} = \frac{18}{203}.$$

例 1.3.4 一袋中装有 N 个小球,其中 m 个红球,余下为白球. 从袋中任取出 n($n \leqslant N$)个小球,问恰有 k($k \leqslant m$)个红球的概率是多少?

解 这个模型不要求顺序,可用组合式来计算. 所有可能的取法共有 C_N^n 种,设 A 表示"取得的 n 个球中有 k 个是红球",首先,从 m 个红球中选出 k 个的选法共有 C_m^k 种,从 $N-m$ 个白球中选出 $n-k$ 个共有 C_{N-m}^{n-k} 种不同的选取方法,由乘法原理知,A 中所包含的样本点数为 $C_m^k \cdot C_{N-m}^{n-k}$,从而有

$$P(A) = p_k = \frac{C_m^k C_{N-m}^{n-k}}{C_N^n} \quad (0 \leqslant n \leqslant N \ , \ 0 \leqslant k \leqslant m \ , \ 0 \leqslant n-k \leqslant N-m \ ).$$

这个概率称为**超几何概率模型**.

例 1.3.5 袋中有 a 只白球,b 只红球,k 个人依次在袋中取一只球,(1)作放回抽样;(2)作不放回抽样,求第 i($i = 1, 2, \cdots, k$)人取到白球(记为事件 B)的概率($k \leqslant a + b$).

解 (1)放回抽样的情况,显然有

$$P(B) = \frac{a}{a+b}.$$

(2)不放回抽样的情况.各人取一只球,每种取法是一个基本事件,共有 $(a+b)(a+b-1)\cdots(a+b-k+1) = A_{a+b}^k$ 个基本事件,且由于对称性知每个基本事件发生的可能性相同. 当事件 B 发生时,第 i 人取的应是白球,它可以是 a 只白球中任一只,有 a 种取法. 其余被取的 $k-1$ 只球可以是其余 $a+b-1$ 只球中的任意 $k-1$ 只,共有 $(a+b-1)(a+b-2)\cdots[a+b-(k-1)+1] = A_{a+b-1}^{k-1}$ 种取法,于是 B 中包含 $a A_{a+b-1}^{k-1}$ 个基本事件,故

$$P(B) = \frac{a \cdot A_{a+b-1}^{k-1}}{A_{a+b}^{k}} = \frac{a}{a+b} \cdot$$

值得注意的是 $P(B)$ 与 i 无关,即 k 个人取球,尽管取球的先后次序不同,各人取到白球的概率是一样的,即抽签是公平的. 另外还值得注意的是放回抽样与不放回抽样的情况下 $P(B)$ 是一样的.

例 1.3.6 在 $1 \sim 2000$ 的整数中随机地抽取一个数,问取到的整数既不能被 6 整除,又不能被 8 整除的概率是多少?

解 设 A 为事件"取到的数能被 6 整除",B 为事件"取到的数能被 8 整除",则所求概率为

$$P(\bar{A}\,\bar{B}) = P(\overline{A \cup B}) = 1 - P(A \cup B)$$
$$= 1 - [P(A) + P(B) - P(AB)].$$

由于 $333 < \dfrac{2000}{6} < 334, \dfrac{2000}{8} = 250$,

故得 $P(A) = \dfrac{333}{2000}$,$P(B) = \dfrac{250}{2000}$.

又由于一个数同时能被 6 与 8 整除,相当于能被 24 整除,因此,由

$$83 < \frac{2000}{24} < 84$$

得 $P(AB) = \dfrac{83}{2000}$.

于是所求概率为 $P(\bar{A}\bar{B}) = 1 - (\dfrac{333}{2000} + \dfrac{250}{2000} - \dfrac{83}{2000}) = \dfrac{3}{4} \cdot$

1.3.2 几何概率

古典概型只适用于样本空间中样本点总数有限的场合. 在实际中,经常遇到一个试验所有可能的结果"等可能"地出现在一个几何体中(如一条线段、一个平面有限区域或一个空间立体区域等),这时样本空间是一个无限集,古典概型的计算方法已经不再适用,这类问题一般可以通过几何方法来求解,这就是下面的几何概型.

定义 1.4 设 Ω 是一个几何体(它可以是一维、二维、三维或者任意 n 维的)且具有有限的度量(对一维情形是区间长度,二维情形是面积,三维情形是体积等). 向 Ω 中投掷一质点 M,如果 M 在 Ω 中均匀分布,则称该随机试验是几何型的.

在此定义中所谓的"M 在 Ω 中均匀分布"指的是:点 M 必定落于 Ω 中,

而且落在区域 A（$A \subset \Omega$）中的可能性大小仅与 A 的度量成正比，而与 A 的位置与形状无关.

定义 1.5 如果随机试验 E 是几何型的，样本空间 Ω 的度量记作 $\mu(\Omega)$，仍以 A 表示事件"掷点 M 落入 Ω 的子区域 A 中"，子区域 A 的度量记作 $\mu(A)$，则定义随机事件 A 的概率为

$$P(A) = \frac{\mu(A)}{\mu(\Omega)}. \tag{1.5}$$

称此概率为几何概率.

例 1.3.7 （会面问题）甲、乙两人相约在 0 到 T 时内在预定地点会面. 先到者等候另一人，经过时间 t（$t <$ T）后即离去，求甲乙两人能会面的概率（假定他们在 T 内任一时刻到达预定点是等可能的）.

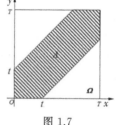

图 1.7

解 设甲、乙两人在时间 T 内到达预定地点的时刻分别为 x，y（$0 \leqslant x \leqslant T$，$0 \leqslant y \leqslant T$），这样的点 (x,y) 构成边长为 T 的正方形 Ω，此即样本空间（图 1.7）. 两人能够会面的充分必要条件是 $|x-y| \leqslant t$，由此确定 Ω 中的一个子集 A，由公式(1.5)可得

$$P(A) = \frac{\mu(A)}{\mu(\Omega)} = \frac{T^2 - (T-t)^2}{T^2} = 1 - \left(1 - \frac{t}{T}\right)^2.$$

例 1.3.8 蒲丰(Buffon)投针问题. 平面上画有等距离的平行线，平行线间的距离为 a（$a > 0$），向平面任意投掷一枚长为 l（$l < a$）的针，试求针与平行线相交的概率.

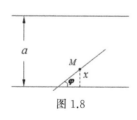

图 1.8

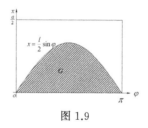

图 1.9

解 以 M 表示落下后针的中点，x 表示 M 与最近一条平行线间的距离，又以 φ 表示针与此直线间的交角（见图 1.8），易知有 $0 \leqslant x \leqslant \dfrac{a}{2}$，$0 \leqslant \varphi \leqslant \pi$，由此二不等式决定 $x\varphi$ 平面上一矩形区域 Ω. 这时为了使针与平行线相交，其充要条件是 $x \leqslant \dfrac{l}{2}\sin\varphi$. 由这个不等式决定 Ω 中一子集 G（图 1.9 中的阴

影部分). 我们的问题等价于向 Ω 中随机地投点而求点落入区域 G 中的概率，由式(1.5)可得

$$P(G) = \frac{\mu(G)}{\mu(\Omega)} = \frac{\int_0^\pi \frac{l}{2}\sin\varphi \mathrm{d}\varphi}{\pi \cdot \frac{a}{2}} = \frac{2l}{\pi a}.$$

如果 l，a 为已知，则以 π 值代入上式即可计算得 $P(G)$ 的值. 反过来如果已知 $P(G)$ 的值，则可以利用上式去求 π，而 $P(G)$ 的值，可以用频率去近似它. 如果投针 N 次，其中针与平行线相交 n 次，则频率为 n/N，于是 $\pi \approx 2lN/an$. 历史上有一些学者曾亲自做过这个试验，表 1.3 给出了他们做投针试验的历史资料(把 a 换算为单位长).

表 1.3 投针试验的历史资料

实验者	年份	针长	投掷次数	相交次数	π 的实验值
Wolf	1850	0.8	5000	2532	3.1596
Smith	1855	0.6	3204	1218.5	3.1554
De Morgan C.	1860	1.0	600	382.5	3.137
Fox	1884	0.75	1030	489	3.1595
Lazzerini	1901	0.83	3408	1808	3.1415929
Reina	1925	0.5419	2520	859	3.1795

这是一个颇为奇妙的方法：只要设计一个随机试验，使一个试验的概率与某一未知数有关，然后通过重复试验，以频率近似概率，即可求得未知数的近似解. 随着电子计算机的出现，人们可利用计算机来模拟所设计的随机试验，使得这种方法得到了迅速的发展和广泛的应用. 人们称这种方法为随机模拟法，也称为蒙特—卡洛(Monte—Carlo)法.

习题 1.3

1.设有 10 件产品，其中 6 件正品，4 件次品，从中任取 3 件，求下列事件的概率：

(1) 只有一件次品.

(2) 最多 1 件次品.

(3) 至少 1 件次品.

2.盒子里有 10 个球，分别标有从 1 到 10 的标号，任选 3 球，记录其号码.(1)求最小号码为 5 的概率；(2)求最大号码为 5 的概率.

3.一套五卷的选集,随机地放到书架上,求各册自右至左或自左至右恰成 1,2,3,4,5 的顺序的概率.

4.一间学生寝室中住有 6 位同学,假定每个人生日在各个月份的可能性相同,求下列事件的概率:

(1) 6 个人中至少有 1 人生日在 10 月份.

(2) 6 个人中有 4 人的生日在 10 月份.

(3) 6 个人中有 4 人的生日在同一月份.

5.将 15 名新生随机地平均分配到三个班级去,这 15 名新生中有 3 名是特长生.问(1)每一个班级各分配到一名特长生的概率是多少?(2)3 名特长生分配在同一班级的概率是多少?

6. 在半径为 R 的圆内画平行弦,如果这些弦与垂直于弦的直径的交点在该直径上的位置是等可能的,即交点在这一直径上一个区间内的可能性与这区间长度成正比,求任意画的弦的长度大于 R 的概率.

7. 甲、乙两艘轮船驶向一个不能同时停泊两艘轮船的码头停泊,它们在同一昼夜内到达的时刻是等可能的,如果甲船的停泊时间是一个小时,乙船的停泊时间是两个小时,求它们中的任何一艘都不需要等候码头空出的概率.

§1.4　条件概率

1.4.1　条件概率的定义

在实际问题中,除了要知道事件 A 的概率 $P(A)$ 之外,有时还需要知道在事件 B 已发生的条件下,求事件 A 发生的概率. 一般而言,后者的概率与前者的概率未必相同. 为了区别起见,把后者称为**条件概率**,记作 $P(A \mid B)$. 条件概率是概率论中的一个重要而实用的概念.先举一个例子.

例 1.4.1　抛掷一枚均匀的硬币三次,以 B 表示事件"第一次抛掷出现正面",A 表示事件"正面出现的次数多于反面出现的次数",求条件概率 $P(A \mid B)$.

解　以 H 表示掷出正面,T 表示掷出反面,则试验的样本空间为

$$\Omega = \{HHH, HHT, HTH, THH, HTT, THT, TTH, TTT\},$$

而事件 B,A 分别为

$$B = \{HHH, HHT, HTH, HTT\}, A = \{HHH, HHT, HTH, THH\}.$$

由于事件 B 已经发生,所以此时仅有 4 种结果,而 A 所包含的样本点中有 3 个同时也属于 B,所以有 $P(A \mid B) = \dfrac{3}{4}$,显然 $P(A \mid B) = \dfrac{3}{4} \neq \dfrac{1}{2} = P(A)$,

这是因为已知事件 B 已经发生，样本空间已由原来的 Ω 缩减为 $\Omega_B = B$.

另外 $AB = \{HHH, HHT, HTH\}$，所以有 $P(AB) = \dfrac{3}{8}$，$P(B) = \dfrac{4}{8}$，因此有

$$P(A \mid B) = \frac{3}{4} = \frac{\dfrac{3}{8}}{\dfrac{4}{8}} = \frac{P(AB)}{P(B)}.$$

上述结果虽然是一个特殊的例子，容易验证对一般的古典概型，只要 $P(B) > 0$，上述等式总是成立的. 在几何概率的情形（以二维平面区域为例），上式依然成立. 如果向一个矩形内随机地投点（图 1.10）：若已知 B 已发生，这时 A 发生的概率为

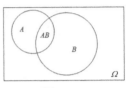

图 1.10

$$P(A \mid B) = \frac{\mu(AB)}{\mu(B)} = \frac{\mu(AB)/\mu(\Omega)}{\mu(B)/\mu(\Omega)} = \frac{P(AB)}{P(B)}.$$

由以上例子的启发，我们给出条件概率 $P(A \mid B)$ 的定义.

定义 1.6　设 A，B 是同一随机试验的两个事件，且 $P(B) > 0$，称

$$P(A \mid B) = \frac{P(AB)}{P(B)} \tag{1.6}$$

为事件 B 发生的条件下事件 A 发生的**条件概率**.

不难验证，条件概率符合概率的下列三条公理.

非负性：对于任一事件 A，有 $P(A \mid B) \geqslant 0$；

规范性：对于必然事件 Ω，有 $P(\Omega \mid B) = 1$；

可列可加性：设 A_1，A_2，$\cdots$，是一列两两互不相容的事件，则有

$$P\left(\bigcup_{i=1}^{\infty} A_i \mid B\right) = \sum_{i=1}^{\infty} P(A_i \mid B).$$

由此可知，条件概率也是概率，它满足概率的一切性质，如

$$P(\bar{A} \mid B) = 1 - P(A \mid B),$$
$$P(A \cup B \mid C) = P(A \mid C) + P(B \mid C) - P(AB \mid C).$$

例 1.4.2　设某地区历史上从某次特大洪水发生以后在 30 年内发生特大洪水的概率为 80%，在 40 年内发生特大洪水的概率为 85%，问现已无特大洪水过去了 30 年的该地区，在未来 10 年内将发生特大洪水的概率是多少？

解　设 $B = \{$该地区从某次特大洪水发生后 30 年内无特大洪水$\}$，$A = \{$该地区从某次特大洪水发生后 40 年内无特大洪水$\}$，则所求概率为 $P(\bar{A} \mid B)$，由于 $AB = A$，由条件概率的计算公式，有

$$P(A \mid B) = \frac{P(AB)}{P(B)} = \frac{P(A)}{P(B)} = \frac{0.15}{0.2} = 0.75 \, .$$

再由条件概率的性质，可得

$$P(\bar{A} \mid B) = 1 - P(A \mid B) = 1 - 0.75 = 0.25 \, .$$

例 1.4.3　设 M 件产品中有 m 件为正品，$M - m$ 件为次品，从中任取两件：

（1）在所取产品中有一件为次品的条件下，求另一件也是次品的概率．

（2）在所取产品中有一件为正品的条件下，求另一件是次品的概率．

解　（1）设 $B = \{$所取的两件产品中至少有一件为次品$\}$，$A = \{$所取的两件均为次品$\}$，则所求的概率为 $P(A \mid B)$．显然有 $A \subset B$，所以有

$$P(A \mid B) = \frac{P(AB)}{P(B)} = \frac{P(A)}{P(B)} = \frac{C_{M-m}^2 / C_M^2}{(C_{M-m}^2 + C_{M-m}^1 C_m^1) / C_M^2} = \frac{M - m - 1}{M + m - 1} \, .$$

（2）设 $C = \{$所取的两件产品中至少有一件是正品$\}$，$D = \{$所取的两件产品中一件为正品，一件为次品$\}$，则所求概率为 $P(D \mid C)$，因为 $D \subset C$，所以有

$$P(D \mid C) = \frac{P(CD)}{P(C)} = \frac{P(D)}{P(C)} = \frac{C_m^1 C_{M-m}^1 / C_M^2}{(C_m^2 + C_{M-m}^1 C_m^1) / C_M^2} = \frac{2(M - m)}{2M - m - 1} \, .$$

例 1.4.4　一盒子装有 4 只产品，其中有 3 只一等品，1 只二等品．从中取产品两次，每次取一只，作不放回抽样，设事件 A 为"第一次取到的是一等品"，事件 B 为"第二次取到的是一等品"．试求条件概率 $P(B \mid A)$．

解　易知此属古典概型问题．便于理解将产品编号，1，2，3 号为一等品；4 号为二等品，以 (i, j) 表示第一次、第二次分别取到第 i 号、第 j 号产品．试验 E（取产品两次，记录其号码）的样本空间为

$$\Omega = \{(1,2), (1,3), (1,4), (2,1), (2,3), (2,4), \cdots, (4,1), (4,2), (4,3)\}$$
$$A = \{(1,2), (1,3), (1,4), (2,1), (2,3), (2,4), (3,1), (3,2), (3,4)\}$$
$$AB = \{(1,2), (1,3), (2,1), (2,3), (3,1), (3,2)\}$$

由定义得条件概率

$$P(B \mid A) = \frac{P(AB)}{P(A)} = \frac{\dfrac{6}{12}}{\dfrac{9}{12}} = \frac{2}{3} \, .$$

值得注意的是，也可以按条件概率的含义来求 $P(B \mid A)$，我们知道，当 A 发生以后，试验 E 所有可能结果的集合就是 A，A 中有 9 个元素，其中只有

$(1,2),(1,3),(2,1),(2,3),(3,1),(3,2)$ 这 6 个元素属于 B，故可得

$$P(B \mid A) = \frac{6}{9} = \frac{2}{3}$$

1.4.2 乘法公式

由条件概率的定义可得下述的乘法定理

定理 1.1(乘法定理) 对于两个事件 A，B 有

$$P(AB) = P(B)P(A \mid B) \, [若 \, P(B) > 0];$$
$$P(AB) = P(A)P(B \mid A) \, [若 \, P(A) > 0].$$

乘法定理可推广到任意有限多个事件的情形：设 A_1，A_2，$\cdots$，A_n 为任意 n 个事件，且 $P(A_1 A_2 \cdots A_{n-1}) > 0$，则有

$$P(A_1 A_2 \cdots A_{n-1} A_n) = P(A_1)P(A_2 \mid A_1)P(A_3 \mid A_1 A_2) \cdots P(A_n \mid A_1 A_2 \cdots A_{n-1}).$$

例 1.4.5 10 个人依次抓阄，10 张阄中只有一张写有"奖品 A"，求它被第 k 个人抓到的概率（$k = 1, 2, \cdots, 10$）.

解 设 $A_k = \{$第 k 个人抓到了写有"奖品 A"的阄$\}$，$k = 1, 2, \cdots, 10$，显然，"奖品 A"被第一个人抓到的概率为

$$P(A_1) = \frac{1}{10}.$$

因为只有一个阄写有"奖品 A"，所以，$A_2 \subset \bar{A}_1$，从而 $A_2 = \bar{A}_1 A_2$，于是

$$P(A_2) = P(\bar{A}_1 A_2) = P(\bar{A}_1)P(A_2 \mid \bar{A}_1) = \frac{9}{10} \cdot \frac{1}{9} = \frac{1}{10}.$$

同理，因为 $A_3 \subset \bar{A}_1 \bar{A}_2$，所以，"奖品 A"被第三个人抓到的概率为

$$P(A_3) = P(\bar{A}_1 \bar{A}_2 A_3) = P(\bar{A}_1)P(\bar{A}_2 \mid \bar{A}_1)P(A_3 \mid \bar{A}_1 \bar{A}_2) = \frac{9}{10} \cdot \frac{8}{9} \cdot \frac{1}{8} = \frac{1}{10}.$$

如此继续下去，依次可得

$$P(A_4) = P(A_5) = \cdots = P(A_9) = \frac{1}{10}.$$

最后，注意到 $A_{10} \subset \bar{A}_1 \bar{A}_2 \cdots \bar{A}_9$ 及 $P(A_{10} \mid \bar{A}_1 \bar{A}_2 \cdots \bar{A}_9) = 1$，"奖品 A"被第 10 个人抓到的概率为

$$P(A_{10}) = P(\bar{A}_1 \bar{A}_2 \cdots \bar{A}_9 A_{10})$$
$$= P(\bar{A}_1)P(\bar{A}_2 \mid \bar{A}_1)P(A_3 \mid \bar{A}_1 \bar{A}_2) \cdots P(A_{10} \mid \bar{A}_1 \bar{A}_2 \cdots \bar{A}_9)$$
$$= \frac{9}{10} \cdot \frac{8}{9} \cdot \frac{7}{8} \cdot \cdots \cdot \frac{1}{2} \cdot 1 = \frac{1}{10}.$$

由以上计算知，其结果与 k 无关，这表明在抓阄中，每个参与者得到奖品的机会是均等的，因而在这种情况下用抓阄的方法确定奖品的归属是合理的.

例 1.4.6　设袋中装有 r 只红球，t 只白球，每次自袋中任取一只球，观察其颜色然后放回，并再放入 a 只与所取出的那只球同颜色的球.若在袋中连续取球四次，试求第一、二次取到红球且第三、四次取到白球的概率.

解　以 $A_i(i=1,2,3,4)$ 表示事件"第 i 次取到红球"，则 $\bar{A}_3$、$\bar{A}_4$ 分别表示事件第三、四次取到白球，则所求概率为

$$P(A_1 A_2 \bar{A}_3 \bar{A}_4) = P(A_1)P(A_2 \mid A_1)P(\bar{A}_3 \mid A_1 A_2)P(\bar{A}_4 \mid A_1 A_2 \bar{A}_3)$$

$$= \frac{r}{r+t} \cdot \frac{r+a}{r+t+a} \cdot \frac{t}{r+t+2a} \cdot \frac{t+a}{r+t+3a}.$$

1.4.3　全概率公式

在实际应用中，经常遇到要计算某些复杂事件的概率，为达到这个目的，经常使用的方法是把一个复杂事件分解为若干个互不相容的简单事件之和，计算出这些简单事件的概率，最后利用概率的可加性最终得到所需要的结果.要做到这一点，我们所依赖的就是下面给出的

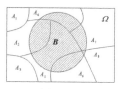

图 1.11

全概率公式.

定理 1.2　设 $A_1, A_2, \cdots, A_n$ 是样本空间 Ω 的一个完备事件组，且 $P(A_i) > 0(i=1, 2, \cdots, n)$.则对于任意事件 B，有

$$P(B) = \sum_{i=1}^n P(A_i)P(B \mid A_i) \tag{1.7}$$

证　因 $A_1, A_2, \cdots, A_n$ 是样本空间 Ω 的一个完备事件组（图 1.11），即 A_i 两两互不相容，且

$$\bigcup_{i=1}^n A_i = \Omega,$$

所以有

$$B = B\Omega = \bigcup_{i=1}^n A_i B,$$

显然，$A_i B$ 也两两互不相容，又因 $P(A_i) > 0$，故由乘法公式及概率的可加性，得

$$P(B) = P(\bigcup_{i=1}^n A_i B) = \sum_{i=1}^n P(A_i B) = \sum_{i=1}^n P(A_i)P(B \mid A_i).$$

注 全概率公式中完备事件组所包含的事件可以是无限多个，若 A_1，A_2，$\cdots$，A_n，$\cdots$ 是一两两互不相容的事件序列，且 $\bigcup\limits_{i=1}^{\infty} A_i = \Omega$ 及 $P(A_i) > 0$（$i = 1, 2, \cdots$），则对于任意事件 B，有

$$P(B) = \sum_{i=1}^{\infty} P(A_i)P(B \mid A_i).$$

例 1.4.7 设甲箱内有 5 个正品，3 个次品，乙箱内有 4 个正品，3 个次品. 从甲箱内任取 3 个产品放入乙箱，然后从乙箱中任取一个产品，求这个产品是正品的概率.

解 设 $B = \{$从乙箱中取得的是正品$\}$，$A_i = \{$从甲箱取的 3 个产品中有 i 个是正品$\}$（$i = 0, 1, 2, 3$），容易验证，A_i（$i = 0, 1, 2, 3$）构成完备事件组，根据古典概型的概率计算公式有

$$P(A_0) = \frac{C_3^3}{C_8^3} = \frac{1}{56}, \quad P(A_1) = \frac{C_3^2 \cdot C_5^1}{C_8^3} = \frac{15}{56},$$

$$P(A_2) = \frac{C_3^1 \cdot C_5^2}{C_8^3} = \frac{30}{56}, \quad P(A_3) = \frac{C_3^0 \cdot C_5^3}{C_8^3} = \frac{10}{56},$$

$$P(B \mid A_0) = \frac{4}{10}, \quad P(B \mid A_1) = \frac{5}{10}, \quad P(B \mid A_2) = \frac{6}{10}, \quad P(B \mid A_3) = \frac{7}{10},$$

由全概率公式

$$P(B) = \sum_{i=0}^{3} P(A_i)P(B \mid A_i) = \frac{1}{56} \cdot \frac{4}{10} + \frac{15}{56} \cdot \frac{5}{10} + \frac{30}{56} \cdot \frac{6}{10} + \frac{10}{56} \cdot \frac{7}{10} = 0.5875.$$

例 1.4.8 播种用的一等种子中混合 2% 的二等种子，1.5% 的三等种子，1% 的四等种子. 用一等、二等、三等、四等种子长出的麦穗含 50 颗以上麦粒的概率分别是 0.5，0.15，0.1，0.05，求这批种子所结的麦穗含有 50 颗以上麦粒的概率.

解 设从这批种子中任选一颗，记 $A_i = \{$任选的一颗种子是 i 等种子$\}$（$i = 1, 2, 3, 4$），记 $B = \{$在这批种子中任选一颗，且这颗种子所结的麦穗含有 50 颗以上麦粒$\}$，显然，诸 A_i 构成完备事件组. 又由题意知

$$P(A_1) = 95.5\%, \quad P(A_2) = 2\%, \quad P(A_3) = 1.5\%, \quad P(A_4) = 1\%,$$

$$P(B \mid A_1) = 0.5, \quad P(B \mid A_2) = 0.15, \quad P(B \mid A_3) = 0.1, \quad P(B \mid A_4) = 0.05,$$

由全概率公式，有

$$P(B) = \sum_{i=1}^{4} P(A_i)P(B \mid A_i)$$
$$= 95.5\% \times 0.5 + 2\% \times 0.15 + 1.5\% \times 0.1 + 1\% \times 0.05 = 0.4825.$$

从全概率公式的计算中不难发现,要应用全概率公式解决问题,关键是找到伴随所求事件发生的完备事件组,即此事件的发生,伴随着什么完备事件一起发生. 比如以上两例,产品是正品的事件,伴随着这产品来自甲箱、乙箱一起发生;所结的麦穗含有 50 颗以上麦粒的事件伴随着此种子来自一等、二等、三等、四等种子的事件一起发生等.

1.4.4　贝叶斯公式

利用全概率公式,一旦我们知道了在完备事件组中各事件发生的条件下该事件发生的概率,则该事件的无条件概率就可以立即求得. 直观地说,导致事件 B 发生的原因有 $A_1, A_2, \cdots, A_n$,只要知道了在"原因"A_i 发生的条件下事件 B 发生的条件概率,利用全概率公式就可得到无条件概率 $P(B)$. 在很多实际应用中,需要考虑上述问题的"逆问题". 若已知各种"原因"概率［即 $P(A_i)$,又将其称为验前概率］,设在随机试验中该事件已经发生,问在这条件下,各原因发生的条件概率［即 $P(A_i \mid B)$,又将其称作验后概率］是多少? 比如在疾病诊断中,若我们从病理或长期积累的经验中知道了有多种病因(假设这些病因满足前述完备事件组的要求)会产生某症状,并且知道这些"原因"概率,假若在就诊的病人身上出现了该症状,问其最大可能的原因(病因)是什么? 解决这类问题的公式就是下面的贝叶斯公式.

定理 1.3(贝叶斯公式) 设 $A_1, A_2, \cdots, A_n$ 是样本空间 Ω 的一个完备事件组,且 $P(A_i) > 0 (i = 1, 2, \cdots, n)$. 对于任意事件 B,$P(B) > 0$,则有

$$P(A_i \mid B) = \frac{P(A_i)P(B \mid A_i)}{\sum_{i=1}^{n} P(A_i)P(B \mid A_i)}, i = 1, 2, \cdots, n. \tag{1.8}$$

例 1.4.9 设在 8 支枪中有 3 支未经过试射校正,5 支已经试射校正. 一射手用校正过的枪射击时,击中目标的概率为 0.8,而用未经过校正的枪射击时,击中目标的概率为 0.3. 现该射手从 8 支枪中任取一支进行射击,结果击中目标,求所用这支枪是已经校正过的概率.

解 以 A 表示事件"所取的枪是校正过的",$\bar{A}$ 表示事件"所取的枪是未校正过的",B 表示事件"射击击中目标". 由题意知

$$P(A) = \frac{5}{8}, P(\bar{A}) = \frac{3}{8}, P(B \mid A) = 0.8, P(B \mid \bar{A}) = 0.3.$$

由贝叶斯公式得所求的概率为

$$P(A \mid B) = \frac{P(A)P(B \mid A)}{P(B)} = \frac{P(A)P(B \mid A)}{P(A)P(B \mid A) + P(\bar{A})P(B \mid \bar{A})}$$

$$= \frac{\frac{5}{8} \times 0.8}{\frac{5}{8} \times 0.8 + \frac{3}{8} \times 0.3} = \frac{40}{49}.$$

例 1.4.10 1950 年某地区曾对 50—60 岁的男性公民进行调查,肺癌病人中吸烟的比例是 99.7%,无肺癌人中吸烟的比例是 95.8%. 如果整个人群的发病率是 0.0001,求吸烟人群中的肺癌发病率和不吸烟人群中的肺癌发病率.

解 以 A 表示事件"有肺癌",B 表示事件"吸烟",由题意知

$$P(A) = 0.0001, \ P(B \mid A) = 99.7\%, \ P(B \mid \bar{A}) = 95.8\%.$$

由贝叶斯公式可得

$$P(A \mid B) = \frac{P(A)P(B \mid A)}{P(A)P(B \mid A) + P(\bar{A})P(B \mid \bar{A})}$$

$$= \frac{0.0001 \times 0.997}{0.0001 \times 0.997 + 0.9999 \times 0.958} = 1.0407 \times 10^{-4}.$$

$$P(A \mid \bar{B}) = \frac{P(A)P(\bar{B} \mid A)}{P(A)P(\bar{B} \mid A) + P(\bar{A})P(\bar{B} \mid \bar{A})}$$

$$= \frac{0.0001 \times 0.003}{0.0001 \times 0.003 + 0.9999 \times 0.042} = 7.1435 \times 10^{-6}.$$

从而有

$$\frac{\text{吸烟人群的发病率}}{\text{不吸烟人群的发病率}} = \frac{P(A \mid B)}{P(A \mid \bar{B})} = 14.57.$$

由此知,吸烟人群的肺癌发病率是不吸烟人群的肺癌发病率的 14.57 倍.

例 1.4.11 用血清甲胎蛋白法诊断肝癌,令

$$C = \{被检查者患肝癌\}, A = \{甲胎蛋白检验结果为阳性\},$$

则

$$\bar{C} = \{被检查者未患肝癌\}, \bar{A} = \{甲胎蛋白检验结果为阴性\},$$

由过去的资料已知 $P(A \mid C) = 0.95, P(\bar{A} \mid \bar{C}) = 0.90$. 又已知某地居民的肝癌发病率为 $P(C) = 0.0004$. 在普查中查出一批甲胎蛋白检验结果为阳性的人,求这批人中真的患有肝癌的概率 $P(C \mid A)$.

解　由贝叶斯公式可得

$$P(C\mid A)=\frac{P(C)P(A\mid C)}{P(A)}=\frac{P(C)P(A\mid C)}{P(C)P(A\mid C)+P(\bar{C})P(A\mid\bar{C})}$$

$$=\frac{0.0004\times0.95}{0.0004\times0.95+0.9996\times0.1}=0.0038.$$

由以上计算可知，经甲胎蛋白法检验为阳性的人群中，真正患有肝癌的人还是很少的（不到 4‰）. 由前面的资料知，病人患肝癌或不患肝癌时，甲胎蛋白检验结果的准确性是比较高的（由 $P(A\mid C)=0.95$，$P(\bar{A}\mid C)=0.90$ 即知）. 如果未知病人是否患有肝癌，它的准确性会大大降低［$P(C\mid A)$ 只有 0.0038］. 为什么会出现这种现象呢？这还得从上述计算所使用的贝叶斯公式加以说明. 因为已知 $P(A\mid\bar{C})=0.1$ 不大（这时被检验者未患肝癌，但甲胎蛋白检验结果为阳性，即检验结果错误），但是毕竟患肝癌的人很少（仅 4‰），于是未患肝癌的人占了绝大多数［$P(\bar{C})=0.9996$］，这就使得检验结果错误的那一项相对很大（即 $P(\bar{C})P(A\mid\bar{C})$ 较大），而这一项是在分母上，从而造成 $P(C\mid A)$ 很小. 上述结果并不说明血清甲胎蛋白法不能用于肝癌检查. 因为在临床诊断时，通常医生总是先采取一些其他简单易行的辅助方法进行检查，当他怀疑某个就诊对象有可能患肝癌时，才建议用血清甲胎蛋白法检验. 这时在被怀疑的对象中，肝癌的发病率已经显著地增大了. 比如，在被怀疑的对象中 $P(C)=0.5$，这时按上述方法计算可以得到 $P(C\mid A)=0.90$，这时准确率就大大提高了. 由此也可以看出，这种方法用于肝癌普查效果很差，但用于临床检验却有着较好的效果.

习题 1.4

1. 某地区位于河流甲与河流乙的汇合点，当任一河流泛滥时，该地区即被淹没. 设在某时期内河流甲泛滥的概率是 0.1，河流乙泛滥的概率是 0.2，又当河流甲泛滥时引起河流乙泛滥的概率为 0.3，求在该时期内这个地区被淹没的概率. 又当河流乙泛滥时，引起河流甲泛滥的概率是多少？

2. 10 件产品中有 3 件次品，每次从其中任取一件，取出的产品不再放回去，求第三次才取得合格品的概率.

3. 设事件 A 与 B 互不相容，且 $0<P(B)<1$，证明：

$$P(A \mid \bar{B}) = \frac{P(A)}{1 - P(B)}$$

4. 设某光学仪器厂制造的透镜,第一次落下时打破的概率为 $\frac{1}{2}$,若第一次落下未打破,第二次落下打破的概率为 $\frac{7}{10}$,若前两次落下未打破,第三次落下打破的概率为 $\frac{9}{10}$. 试求透镜落下三次而未打破的概率.

5. 甲袋中装有 n 只白球、m 只红球;乙袋中装有 N 只白球、M 只红球. 今从甲袋中任意取一只球放入乙袋中,再从乙袋中任取一只球,问取到白球的概率是多少?

6. 某商店出售的电灯泡由甲、乙两厂生产,其中甲厂的产品占 60%,乙厂的产品占 40%. 已知甲厂产品的次品率为 4%,乙厂产品的次品率为 5%. 一位顾客随机地取出一个电灯泡,求它是合格品的概率.

7. 已知男子有 5% 是色盲患者,女子有 0.25% 是色盲患者. 今从男女为数相等的人群中随机地挑选一人,恰好是色盲患者,问此人是男性的概率多少?

8. 对以往数据分析结果表明,当机器调整得良好时,产品的合格率为 98%,而当机器发生某种故障时,其合格率为 55%,每天早上机器开动时,机器调整良好的概率为 95%,试求已知某日早上第一件产品是合格品时,机器调整得良好的概率.

§1.5 独立性

1.5.1 两个事件的独立性

本节引进事件独立性的概念,为此先看下面的例子.

例 1.5.1 一袋中装有 a 个黑球和 b 个白球,采用有放回摸球,求:

(1) 在已知第一次摸得黑球的条件下,第二次摸出黑球的概率.

(2) 第二次摸出黑球的概率.

解 令 $B = \{第一次摸得黑球\}$,$A = \{第二次摸得黑球\}$,则

$$P(B) = \frac{a}{a+b}, \quad P(BA) = \frac{a^2}{(a+b)^2}, \quad P(\bar{B}A) = \frac{ba}{(a+b)^2},$$

所以

$$P(A \mid B) = \frac{P(BA)}{P(B)} = \frac{a^2}{(a+b)^2} \Big/ \frac{a}{a+b} = \frac{a}{a+b}.$$

由全概率公式可得

$$P(A) = P(BA) + P(\bar{B}A) = \frac{a^2}{(a+b)^2} + \frac{ba}{(a+b)^2} = \frac{a}{a+b}.$$

由以上计算结果知 $P(A \mid B) = P(A)$，即事件 B 发生与否对事件 A 发生的概率没有影响. 从我们构造的模型来看，这是很自然的. 因为在此处我们采用的是有放回摸球，第二次摸球时袋中球的成分没有发生任何变化，与第一次摸球时完全相同，当然第一次摸球的结果不会影响第二次摸球. 由乘法公式可得 $P(AB) = P(A \mid B)P(B) = P(A)P(B)$，在这种情形下，我们称事件 A 与 B 是相互独立的，下面我们给出事件独立的定义.

定义 1.7　对于任意两个事件 A，B，若

$$P(AB) = P(A)P(B) \tag{1.9}$$

成立，则称事件 A，B 是**相互独立的**，简称为**独立的**.

由定义立即可得，必然事件 Ω，不可能事件 $\varnothing$ 与任何事件相互独立. 由独立性的定义可得下述两个结果.

定理 1.4　设 A，B 是两事件，且 $P(A) > 0$，若 A，B 相互独立，则 $P(B \mid A) = P(B)$. 反之亦然.

定理的正确性是显然的.

定理 1.5　若随机事件 A，B 相互独立，则下列事件对 $\{A, \bar{B}\}$，$\{\bar{A}, B\}$，$\{\bar{A}, \bar{B}\}$ 分别也是相互独立的.

证　因为 A，B 相互独立，所以 $P(AB) = P(A)P(B)$，又 $A = AB \bigcup A\bar{B}$，从而有

$$P(A) = P(AB) + P(A\bar{B}) = P(A)P(B) + P(A\bar{B}),$$

由此可得

$$P(A\bar{B}) = P(A) - P(A)P(B) = P(A)[1 - P(B)] = P(A)P(\bar{B}),$$

即 A，$\bar{B}$ 是相互独立的. 由 A，B 的对称性知，$\bar{A}$，B 也相互独立. 对 $\bar{A}$，$\bar{B}$ 应用以上证得的结果知，$\bar{A}$，$\bar{B}$ 相互独立.

例 1.5.2　在例 1.5.1 中如果采用不放回摸球，试求同样两个事件的概率.

解　在不放回的情形，利用古典概型容易求得

$$P(B) = \frac{a}{a+b}, P(BA) = \frac{a(a-1)}{(a+b)(a+b-1)}, P(\bar{B}A) = \frac{ba}{(a+b)(a+b-1)},$$

所以

$$P(A \mid B) = \frac{P(AB)}{P(B)} = \frac{a(a-1)}{(a+b)(a+b-1)} \Big/ \frac{a}{a+b} = \frac{a-1}{a+b-1},$$

另外易知

$$P(A) = P(BA) + P(\bar{B}A) = \frac{a(a-1)}{(a+b)(a+b-1)} + \frac{ba}{(a+b)(a+b-1)} = \frac{a}{a+b}.$$

此处 $P(A \mid B) \neq P(A)$，即事件 A 与事件 B 不是相互独立的. 这很容易理解，因为第一次摸得黑球使袋中球的构成成分发生了变化，当然要影响到第二次摸球的结果.

1.5.2 多个事件的独立性

首先将独立性的概念推广到三个事件的情形.

定义 1.8 对于三个事件 A，B，C，若

$$\left. \begin{array}{l} P(AB) = P(A)P(B) \\ P(AC) = P(A)P(C) \\ P(BC) = P(B)P(C) \end{array} \right\} \tag{1.10}$$

及

$$P(ABC) = P(A)P(B)P(C) \tag{1.11}$$

同时成立，则称事件 A，B，C 相互独立.

由两个事件相互独立的定义，若式(1.10)成立，则 A 与 B，B 与 C 及 CA 都相互独立，此时称 A，B，C 两两独立. 但是应该注意的是：对于三个事件 A，B，C，两两独立并不能保证三个事件相互独立，即由式(1.10)成立并不能得到式(1.11)也成立. 这可由下面的例子得到印证.

例 1.5.3 抛掷一枚均匀的硬币两次，观察其正反面出现的情况，则试验的样本空间为

$$\Omega = \{HH, HT, TH, TT\},$$

定义随机事件如下：

$$A = \{HH, HT\}，B = \{HH, TH\}，C = \{HH, TT\},$$

显然 $P(A) = P(B) = P(C) = \dfrac{1}{2}$，$P(AB) = P(AC) = P(BC) = \dfrac{1}{4}$，从而知三个事件 A，B，C 两两独立，但是

$$P(ABC) = \frac{1}{4} \neq \frac{1}{8} = P(A)P(B)P(C),$$

即式(1.11)不成立，所以 A，B，C 不相互独立.

对于三个事件，上面的例子说明由两两独立得不到相互独立，即由

式(1.10)成立得不出式(1.11)也成立的结论. 同样,式(1.11)成立也不能保证式(1.10)成立. 即在三个事件相互独立的定义中式(1.10)和式(1.11)缺一不可. 请看下例.

例 1.5.4　抛掷一枚均匀的硬币三次,观察其正反面出现的情况,试验的样本空间为

$$\Omega = \{HHH, HHT, HTH, THH, HTT, THT, TTH, TTT\}.$$

定义随机事件如下

$$A = \{HHH, HHT, HTH, THH\},$$
$$B = \{HHH, HHT, HTH, HTT\},$$
$$C = \{HHH, THT, TTH, TTT\},$$

则有 $P(A) = P(B) = P(C) = \dfrac{1}{2}$, $P(ABC) = \dfrac{1}{8}$, 所以有

$$P(ABC) = \frac{1}{8} = \frac{1}{2} \times \frac{1}{2} \times \frac{1}{2} = P(A)P(B)P(C).$$

但是

$$P(AB) = \frac{3}{8} \neq \frac{1}{4} = P(A)P(B).$$

定义 1.9　设 $A_1, A_2, \cdots, A_n$ 是 n 个事件,如果对于所有可能的组合 $1 \leqslant i < j < k < \cdots \leqslant n$ 下述各式成立

$$\left.\begin{array}{l} P(A_i A_j) = P(A_i)P(A_j) \\ P(A_i A_j A_k) = P(A_i)P(A_j)P(A_k) \\ \vdots \\ P(A_1 A_2 \cdots A_n) = P(A_1)P(A_2)\cdots P(A_n) \end{array}\right\} \tag{1.12}$$

则称 $A_1, A_2, \cdots, A_n$ 相互独立.

在上述定义式中,第一行的等式表示任意从 $A_1, A_2, \cdots, A_n$ 选取 2 个事件,第一个等式都成立,而这一共包含 C_n^2 个等式;第二行的等式表示任意从 $A_1, A_2, \cdots, A_n$ 选取 3 个事件,第二个等式都成立,而这一共包含 C_n^3 个等式,所以,在式(1.12)中,总共包含有 $C_n^2 + C_n^3 + \cdots + C_n^n = 2^n - n - 1$ 个等式.

由 n 个事件相互独立的定义可以得到事件独立性的两条性质如下:

(1) 若 $A_1, A_2, \cdots, A_n$ 相互独立,则其中任意的 k ($2 \leqslant k \leqslant n-1$)个事件也相互独立.

(2) 若 $A_1, A_2, \cdots, A_n$ 相互独立,则将其中的任意 k ($1 \leqslant k \leqslant n$)个事

件分别换成其相应的逆事件后得到的 n 个事件也相互独立.

例如,若 4 个事件 A_1, A_2, A_3, A_4 相互独立,下列两组事件也是相互独立的

$$\{A_1, \bar{A}_2, \bar{A}_3, A_4\}, \{\bar{A}_1, \bar{A}_2, \bar{A}_3, \bar{A}_4\}.$$

1.5.3 事件独立性在概率计算中的应用

独立性在概率的计算中起着重要的作用,若 $A_1, A_2, \cdots, A_n$ 相互独立,由于

$$\overline{A_1 \bigcup A_2 \bigcup \cdots \bigcup A_n} = \bar{A}_1 \bar{A}_2 \cdots \bar{A}_n,$$

所以

$$P(A_1 \bigcup A_2 \bigcup \cdots \bigcup A_n) = 1 - P(\overline{A_1 \bigcup A_2 \bigcup \cdots \bigcup A_n}) = 1 - P(\bar{A}_1 \bar{A}_2 \cdots \bar{A}_n)$$

$$= 1 - P(\bar{A}_1) P(\bar{A}_2) \cdots P(\bar{A}_n). \tag{1.13}$$

且 $$P(A_1 A_2 \cdots A_n) = P(A_1) P(A_2) \cdots P(A_n)$$

例 1.5.5 若每个人血清中含有肝炎病毒的概率为 0.4%,混合 100 个人的血清,求此血清中含有肝炎病毒的概率.

解 以 A_i ($i = 1, 2, \cdots, 100$)表示事件"第 i 个人的血清含有肝炎病毒",我们可以认为诸 A_i 是相互独立的,所求的概率为 $P(A_1 \bigcup A_2 \bigcup \cdots \bigcup A_{100})$,由式(1.13)有

$$P(A_1 \bigcup A_2 \bigcup \cdots \bigcup A_{100}) = 1 - P(\bar{A}_1) P(\bar{A}_2) \cdots P(\bar{A}_{100})$$

$$= 1 - 0.996^{100} \approx 0.3302.$$

例 1.5.6 设甲乙两人独立地射击同一目标,甲击中的概率为 0.9,乙击中的概率为 0.8,甲乙两人各射击一次,求目标被击中的概率.

解 以 A 表示事件"甲击中目标",B 表示事件"乙击中目标",C 表示事件"目标被击中",则 $C = A \bigcup B$.依题意有 $P(A) = 0.9$,$P(B) = 0.8$,由 A,B 的独立性,有

$$P(C) = P(A \bigcup B) = P(A) + P(B) - P(AB)$$

$$= P(A) + P(B) - P(A)P(B) = 0.9 + 0.8 - 0.9 \times 0.8 = 0.98.$$

注 本题还可以用逆事件的概率来进行计算,因式(1.13),有

$$P(C) = 1 - P(\overline{A \bigcup B}) = 1 - P(\bar{A}\bar{B}) = 1 - P(\bar{A})P(\bar{B}) = 1 - 0.1 \times 0.2 = 0.98.$$

显然,这种解法更简洁,概率意义也更明确.

例 1.5.7 一个元件或一个系统的可靠性是指在某一时间段内元件或系

统无故障工作的概率. 一个系统一般由许多个元件按一定的方式连接组合而成. 因此, 系统的可靠性依赖于每个元件的可靠性以及元件间的连接方式. 设某系统由 n 个元件连接而成. 以 A_i 表示事件"在时间段 $[0,t]$ 内第 i 个元件正常工作"($i=1, 2, \cdots, n$), A 表示事件"在时间段 $[0,t]$ 内系统正常工作". 又假定各个元件能否正常工作相互独立, 即各个元件是否发生故障不影响其他元件是否发生故障, 从而事件 A_i($i=1, 2, \cdots, n$)相互独立.

① 串联系统的可靠性

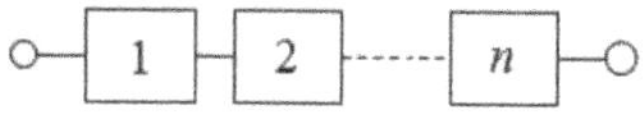

如果该系统由 n 个元件串联而成(图1.12), 称其为串联系统.

图 1.12

显然, 当 n 个元件中的任意一个发生故障时, 系统就发生故障而不能正常工作, 即系统能正常工作的充分必要条件是这 n 个元件同时正常工作, 用上述定义的事件可表示为 $A=A_1A_2\cdots A_n$, 设每个元件的可靠性为 r, 由独立性可得, 系统的可靠性为

$$P(A)=P(A_1A_2\cdots A_n)=P(A_1)P(A_2)\cdots P(A_n)=r^n,$$

由于 $0<r<1$, 由上式可以看到, 元件越多(n 越大), 系统的可靠性就越小. 因此, 对于串联系统, 组成系统的元件要尽可能地少, 以保证系统有较大的可靠性. 当然, 在实际中, 考虑到其他指标的要求, 元件的数量也不能无限制地减少.

② 并联系统的可靠性

如果该系统由 n 个元件并联而成(图 1.13), 称其为并联系统. 它的特点是当且仅当 n 个元件全部发生故障时系统才不能正常工作, 即当 n 个元件中有一个以上的元件能正常工作, 则系统就能正常工作. 此时用上述定义的事件可表示为 $A=A_1\bigcup A_2\bigcup \cdots \bigcup A_n$, 根据独立性, 有

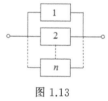

图 1.13

$$P(A)=P(A_1\bigcup A_2\bigcup \cdots \bigcup A_n)=1-P(\overline{A_1\bigcup A_2\bigcup \cdots \bigcup A_n})$$
$$=1-P(\bar{A}_1\bar{A}_2\cdots \bar{A}_n)=1-P(\bar{A}_1)P(\bar{A}_2)\cdots P(\bar{A}_n)$$
$$=1-(1-r)^n.$$

由此可知, 对于并联系统, 元件越多, 系统的可靠性越大, 即对于并联系统, 增加元件数量能提高系统的可靠性.

例 1.5.8　甲、乙两人进行乒乓球比赛, 每局甲胜的概率为 p, $p\geqslant \dfrac{1}{2}$. 问对甲而言, 采用三局二胜制有利, 还是五局三胜制有利. 设各局胜负相互独立.

解 采用三局二胜制,甲最终获胜,其胜局的情况是:"甲甲"或"乙甲甲"或"甲乙甲".而三种结局互不相容,于是由独立性得甲最终获胜的概率为

$$p_1 = p^2 + 2p^2(1-p).$$

采用五局三胜制,甲最终获胜,至少需比赛三局(可能赛三局,也可能赛四局或五局),且最后一局必须是甲胜,而前面甲需胜二局.例如,共赛四局,则甲的胜局情况是:"甲乙甲甲""甲甲乙甲""乙甲甲甲",且这三种结局互不相容.由独立性得在五局三胜制下甲最终获胜的概率为

$$p_2 = p^3 + C_3^2 p^3(1-p) + C_4^2 p^3(1-p)^2.$$

而
$$\begin{aligned} p_2 - p_1 &= p^2(6p^3 - 15p^2 + 12p - 3) \\ &= 3p^2(p-1)^2(2p-1). \end{aligned}$$

当 $p > \dfrac{1}{2}$ 时,$p_2 > p_1$;当 $p = \dfrac{1}{2}$ 时,$p_2 = p_1$.故当 $p > \dfrac{1}{2}$ 时,对甲来说采用五局三胜制有利,当 $p = \dfrac{1}{2}$ 时,两种赛制甲、乙最终获胜的概率是相同的.

1.5.4 伯努利概型

随机现象的内在规律性只有在大量重复试验中才能够呈现出来,所以,人们在研究随机现象时往往要做大量的重复试验,如产品的质量检验需要抽取多件产品;研究射击的误差需要重复进行射击等,这些重复试验有如下的特点:

(1) 每次试验的条件都一样,且可能的结果为有限多个.

(2) 各次试验的结果互不影响,或者称为相互独立.

人们研究的最多的是所谓的 n 重伯努利试验,下面给出它的定义.

定义 1.10 如果一个试验所有可能的结果只有两个:A(成功)与 $\bar{A}$(失败),并且 $P(A) = p$,$P(\bar{A}) = 1 - p = q$(其中 $0 < p < 1$),称此类试验为**伯努利试验**.

定义 1.11 设 E 为一伯努利试验,将 E 在相同条件下独立重复进行 n 次,每次试验中结果 A 出现的概率保持不变,均为 p($0 < p < 1$).这 n 次独立重复试验构成一个 **n 重伯努利试验**,记作 E^n.

对于 n 重伯努利试验,我们所关心的是事件 A 出现 k($k = 0, 1, 2, \cdots, n$)次的概率有多大,下面的定理给出了计算上述概率的公式.

定理 1.6 在 n 重伯努利试验 E^n 中,设 A 在各次试验中发生的概率为 p($0 < p < 1$),记 $q = 1 - p$,则在 n 次试验中事件 A 恰好发生 k 次的概率为

$$P_n(k) = C_n^k p^k q^{n-k}, \ k = 0, 1, 2, \cdots, n. \tag{1.14}$$

证 以 B_k 表示事件"在 n 重伯努利试验 E^n 中事件 A 恰好出现 k 次",以 A_i 表示事件"在第 i 次试验中 A 发生",$\bar{A}_i$ 表示事件"在第 i 次试验中 $\bar{A}$ 发生",则

$$B_k = A_1 A_2 \cdots A_k \bar{A}_{k+1} \cdots \bar{A}_n \bigcup \cdots \bigcup \bar{A}_1 \bar{A}_2 \cdots \bar{A}_{n-k} A_{n-k+1} \cdots A_n, \tag{1.15}$$

上式右边的每一项表示在 n 次重复试验中,在某确定的 k 次试验中出现 A,在另外 $n-k$ 次试验中出现 $\bar{A}$,上式右边一共有 C_n^k 项,而且两两互不相容. 由试验的独立性及 $P(A_i) = p$,$P(\bar{A}_i) = 1 - p = q$($i = 1, 2, \cdots, n$)有

$$P(A_1 A_2 \cdots A_k \bar{A}_{k+1} \cdots \bar{A}_n) = P(A_1) P(A_2) \cdots P(A_k) P(\bar{A}_{k+1}) \cdots P(\bar{A}_n) = p^k q^{n-k}.$$

同理可得式(1.15)中右边各项所对应事件的概率均为 $p^k q^{n-k}$,利用概率的可加性即得

$$P_n(k) = P(B_k) = C_n^k p^k q^{n-k}, \ k = 0, 1, 2, \cdots, n.$$

由于 $P_n(k)$($k = 0, 1, 2, \cdots, n$)是二项式 $(p + xq)^n$ 展开式中 x^{n-k} 的系数,所以通常称式(1.14)为**二项概率公式**.

例 1.5.9 设有 N 件产品,其中有 M 件次品,现进行 n 次有放回的抽样检查,问共抽得 k 件次品的概率是多少?

解 由于抽样是有放回的,每次抽样产品成分不发生变化,因此这是 n 重伯努利试验,若以 A 记各次试验中出现次品这一事件,则 $P(A) = M/N$,由二项概率公式可得

$$P_N(n) = C_n^k \left(\frac{M}{N} \right)^k \left(1 - \frac{M}{N} \right)^{n-k}, \ k = 0, 1, 2, \cdots, n.$$

例 1.5.10 某火炮对一目标进行 8 次独立射击,每次射击命中目标的概率为 0.6,设目标至少被击中两次才能被摧毁,求目标被摧毁的概率.

解 由于各次射击是独立的,因此,8 次射击相当于 8 重伯努利试验,若以 A 记各次射击中命中目标这一事件,则 $P(A) = 0.6$. 设 B 表示事件"目标被摧毁",B_k 表示事件"8 次射击中命中目标 k 次"($k = 0, 1, 2, \cdots, 8$),则所求的概率为

$$P(B) = P\left(\bigcup_{k=2}^{8} B_k \right) = \sum_{k=2}^{8} P(B_k) = 1 - P(B_0) - P(B_1)$$

$$= 1 - C_8^0 \times 0.6^0 \times 0.4^8 - C_8^1 \times 0.6 \times 0.4^7 \approx 0.9915.$$

例 1.5.11 假定一种药物对某种疾病的治愈率为 80%，现给 10 个患者同时服用此药，求其中至少有 5 人治愈的概率.

解 由于各个患者服用此药后是否痊愈是相互独立的，所以，10 个患者服用此药相当于 10 重伯努利试验，若以 A 表示各个患者服用此药后治愈这一事件，则 $P(A)=0.8$. 以 B_k 表示事件"10 个患者中有 k 人治愈"（$k=0$，1，2，$\cdots$，10），则由二项概率公式知，所求的概率为

$$
\begin{aligned}
P\left(\bigcup_{k=5}^{10} B_k\right) &= \sum_{k=5}^{10} P(B_k) = 1 - \sum_{k=0}^{4} P(B_k) \\
&= 1 - C_{10}^0 \times 0.8^0 \times 0.2^{10} - C_{10}^1 \times 0.8^1 \times 0.2^9 - C_{10}^2 \times 0.8^2 \times 0.2^8 \\
&\quad - C_{10}^3 \times 0.8^3 \times 0.2^7 - C_{10}^4 \times 0.8^4 \times 0.2^6 \\
&\approx 0.994.
\end{aligned}
$$

根据概率与频率的关系，以上结果表明，在治愈率为 80% 的假定下，平均每 1000 次这样的药物试验，大约 994 次会出现"10 个患者中至少有 5 人治愈"的结果，大约 6 次出现"10 个患者中不到 5 人治愈"的结果. 由此可知，如果在一次药物试验中出现了"10 个患者中不到 5 人治愈"的罕见现象，那么就可以认为该药物对这种疾病的治愈率不到 80%. 这种推断所依据的就是在第 8 章中所使用的小概率事件原理：小概率（比如 $p \leqslant 0.05$）事件在一次试验中可以认为几乎不会发生.

在重复独立试验中，有时候人们更关心的是首次成功 A 出现在第 k 次试验的概率是多少. 要使首次成功出现在第 k 次试验，必须而且只须在前 $k-1$ 次试验中都出现 $\bar{A}$（失败），而第 k 次试验出现 A. 若用 A_i 表示在第 i 次试验中 A 出现这一事件，$\bar{A}_i$ 表示在第 i 次试验中 A 不出现这一事件，以 B_k 表示首次成功出现在第 k 次试验这一事件，则

$$
B_k = \bar{A}_1 \bar{A}_2 \cdots \bar{A}_{k-1} A_k,
$$

利用试验的独立性，其概率为

$$
P(B_k) = P(\bar{A}_1 \bar{A}_2 \cdots \bar{A}_{k-1} A_k) = P(\bar{A}_1)P(\bar{A}_2)\cdots P(\bar{A}_{k-1})P(A_k) = pq^{k-1}.
$$

$$(1.16)$$

上式的右端是几何级数的一般项，因此，在第 2 章中将式（1.16）称为几何分布.

例 1.5.11 一个人要开门，他共有 n 把钥匙，其中仅有一把能将门打开.

他随机地选取一把钥匙开门,即在每次试开时每一把钥匙都以概率 $1/n$ 被使用,这人在第 k 次试开成功的概率 p_k 是多少?

解 这是一个伯努利试验,$p = 1/n$,由式(1.16),所求的概率为

$$p_k = \left(\frac{n-1}{n}\right)^{k-1} \cdot \frac{1}{n} = \frac{1}{n} \cdot \left(1 - \frac{1}{n}\right)^{k-1}.$$

习题 **1.5**

1. 甲乙两人独立地对同一目标射击一次,其命中率分别为 0.6 和 0.5,现已知目标被击中,问由甲射中的概率为多少?

2. 设事件 A 与 B 相互独立,$P(A) = 0.3$,$P(B) = 0.45$,求下列各式的值:

(1) $P(B \mid A)$;(2) $P(A \bigcup B)$;(3) $P(\overline{A}\overline{B})$;(4) $P(\overline{A} \mid \overline{B})$.

3. 甲、乙、丙三人独立地向一敌机射击,设甲、乙、丙命中率分别为 0.4,0.5,0.7,又设敌机被击中 1 次,2 次,3 次而坠毁的概率分别为 0.2,0.6,1. 现三人向敌机各射击一次,求敌机坠毁的概率.

4. 三人独立地去破译一份密码,已知各人能译出的概率分别为 1/5,1/3,1/4. 问三人中至少有一人能将此密码译出的概率是多少?

5. 一系统由四个元件联结而成(图 1.14),每个元件的可靠性(即元件能正常工作的概率)为 r($0 < r < 1$),假设各个元件独立地工作,求系统的可靠性.

6. 某篮球运动员投篮命中的概率为 0.8,求他在 5 次独立投篮中至少命中 2 次的概率.

7. 设概率统计课的重修率为 5%,若某个班至少一人重修的概率不小于 0.95,问这个班至少有多少名同学.

图 1.14

8. 某种灯泡使用时数在 1000h 以上的概率为 0.6,求 3 个灯泡在使用 1000h 以后最多有 1 个损坏的概率.

9. 甲、乙两名篮球运动员投篮的命中率分别为 0.7 和 0.6,每人投篮 3 次,求

(1) 二人进球数相等的概率.

(2) 甲比乙进球数多的概率.

10. 若三事件 A,B,C 相互独立,证明:$A \bigcup B$ 及 $A - B$ 都与 C 相互独立.

总习题 1

1.一批产品有合格品,也有废品.从中有放回地抽取(将产品取出一件观察后放回)三件产品.以 A_i($i = 1,2,3$)表示第 i 件抽到废品,试以事件的集合表示下列情况:

(1)第一次和第二次抽取至少抽到一件废品.

(2)只有第一次抽到废品.

(3)三次都抽到废品.

(4)至少有一次抽到废品.

(5)只有两次抽到废品.

2.设事件 A 、B 、C 满足 $ABC \neq \varnothing$.试把下列事件表示为一些互不相容的事件的和:$A \cup B \cup C$,$AB \cup C$,$B - AC$.

3.已知 A 、B 两事件满足条件 $P(AB) = P(\overline{A}\overline{B})$,且 $P(A) = p$,求 $P(B)$.

4.从 5 双不同的鞋子中任取 4 只,问这 4 只鞋子中至少有两只配成一双的概率是多少?

5.将 3 个球随机地放入 4 个杯子中去,求杯子中球的最大数分别为 $1,2,3$ 的概率.

6.已知 $P(\overline{A}) = 0.3$,$P(B) = 0.4$,$P(A\overline{B}) = 0.5$,求 $P(B \mid A \cup \overline{B})$.

7.袋中有 50 个乒乓球,其中 20 个是黄球,30 个是白球,今有两人依次随机地从袋中各取一球,取后不放回,求第二个人取得黄球的概率.

8.从数 $1,2,3,4$ 中任取一个数,记为 X,再从 $1,\cdots,X$ 中任取一个数,记为 Y,求 $P(Y = 2)$.

9.设两个相互独立的事件 A 和 B 都不发生的概率为 $\dfrac{1}{9}$,A 发生 B 不发生的概率与 B 发生 A 不发生的概率相等,求 $P(A)$.

10.设两两相互独立的三个事件 A 、B 和 C 满足条件 $ABC = \varnothing$,$P(A) = P(B) = P(C) < \dfrac{1}{2}$,且已知 $P(A \cup B \cup C) = \dfrac{9}{16}$,求 $P(A)$.

11.设第一只盒子中装有 3 只蓝色球,2 只绿色球,2 只白色球;第二只盒子中装有 2 只蓝色球,3 只绿色球,4 只白色球.独立地分别在两只盒子中各取一只球.

(1)求至少有一只蓝色球的概率.

(2)求有一只蓝色球一只白色球的概率.

(3)已知至少有一只蓝色球,求有一只蓝色球一只白色球的概率.

12. 某人向同一目标独立重复射击,每次射击命中目标的概率为 $p(0 < p < 1)$,求此人第 4 次射击恰好第 2 次命中的概率.

13. 金工车间有 10 台同类型的机床,每台机床配备的电动机功率为 10kW,已知每台机床工作时,平均每小时实际开动 12min,且开动与否是相互独立的. 现因当地电力供应紧张,供电部门只提供 50kW 的电力给这 10 台机床,问这 10 台机床能够正常工作的概率为多大?

第2章 随机变量及其分布

在做随机试验时，人们常常不是关心试验结果本身，而是对于试验结果联系着的某个数感兴趣.在实际问题中，有些随机试验的随机事件可用数量表示，如掷骰子出现的点数；从一件产品中任取 n 件，其中的正品数；一页书上印刷错误的个数等.有些随机试验的随机事件不是用数量表示的，如抛硬币观察哪一面朝上；从一批产品中任取一件，观察它是正品还是次品；观察上课时第一个进入教室的是男生还是女生等.不用数量表示的事件可以人为地和数量联系起来.这样就把随机事件和实数对应起来，这种把随机事件数量化的思想导致了随机变量这一概念的产生，它曾经极大地推动了概率论的发展.

§2.1 随机变量

某商店在年底大甩卖中进行有奖销售，摇奖箱中的球的颜色分别为红、黄、蓝、白、黑，对应的中奖金额分别为 1000 元、500 元、100 元、5 元和 1 元，假定摇奖箱内有很多球，各种颜色的球的百分比分别为 0.1%、0.5%、5%、10%、84.4%.我们把摇奖看作一个随机试验，试验的直接结果是摇奖箱中的球.通常人们关心的并不是试验结果本身，而是中奖金额.中奖金额可以看作是试验结果的函数.在试验前，我们不能预知它将取何值.但是，一旦试验后，其取值就确定了.为此，我们引入随机变量的概念.

定义 2.1 设随机试验的样本空间为 $\Omega = \{\omega\}$. $X = X(\omega)$ 是定义在样本空间 Ω 上的实值单值函数.称 $X = X(\omega)$ 为**随机变量**，如图 2.1 所示.

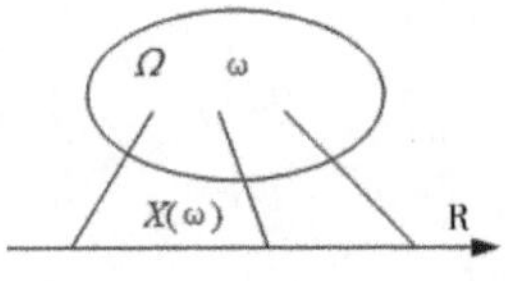

图 2.1

本书中，我们一般以大写的英文字母如 X，Y，Z，W，…表示随机变量，而以小写的英文字母如 x，y，z，w，…表示实数.

在上述例子中，样本空间 Ω 是摇奖箱内的球，中奖金额 X 的所有可能取值是 1000，500，100，5，1，它是定义在 Ω 上的函数. 因此，X 是一个随机变量.

要注意随机变量与普通函数的区别. 首先，由于随机试验结果的随机性，导致随机变量的取值也带有随机性，随着试验结果的不同而不同. 试验前仅知道它的取值范围，而不能预知它取什么值；其次，随机变量的取值带有统计规律性. 由于试验结果的出现有一定的概率，因而随机变量的取值也有一定的概率；再次，随机变量是定义在样本空间上的函数，样本空间中的元素不一定是实数，而普通函数只定义在数轴上.

下面我们来看一些例子.

例 2.1.1　抛掷一枚硬币，观察出现正反面的情况. 则样本空间 $\Omega = \{H, T\}$，可以引入随机变量 X：

$$X(\omega) = \begin{cases} 1, & \omega = H, \\ 0, & \omega = T. \end{cases}$$

例 2.1.2　袋中有 3 只黑色球，2 只白色球，从中任意取出 3 只球，观察取出的 3 只球中黑色球的个数. 我们将 3 只黑色球分别记作 1，2，3 号，2 只白色球分别记作 4，5 号，则该试验的样本空间为

$\Omega = \{(1,2,3)\ (1,2,4)\ (1,2,5)\ (1,3,4)\ (1,3,5)\ (1,4,5)\ (2,3,4)\ (2,3,5)\ (2,4,5)\ (3,4,5)\}$，

我们记取出的黑球数为 X，则 X 的可能取值为 1，2，3. X 的取值情况由下表给出：

样本点	黑球数 X	样本点	黑球数 X
(1,2,3)	3	(1,4,5)	1
(1,2,4)	2	(2,3,4)	2
(1,2,5)	2	(2,3,5)	2
(1,3,4)	2	(2,4,5)	1
(1,3,5)	2	(3,4,5)	1

由表可以看出，该随机试验的每一个结果都对应着变量 X 的一个确定

的取值，因此变量 X 是样本空间 Ω 上的函数.

我们定义了随机变量后，就可以用随机变量来刻画随机事件. 例如在上例中，$\{X=2\}$ 表示取出 2 个黑色球这一事件 $\{\omega:X(\omega)=2\}$，于是，$P\{X=2\}=\dfrac{6}{10}$；$\{X\geqslant 2\}$ 表示至少取出 2 个黑色球这一事件，$P\{X\geqslant 2\}=\dfrac{7}{10}$，等.

一般地，若 L 是一个实数集合，将 X 在 L 上取值写成 $\{X\in L\}$，它表示事件 $B=\{\omega:X(\omega)\in L\}$，即 B 是由 Ω 中使得 $X(\omega)\in L$ 的所有样本点 ω 所组成的事件，此时有

$$P\{X\in L\}=P(B)=P\{\omega:X(\omega)\in L\}.$$

例 2.1.3 上午 8：00～9：00 在某路口观察，用 Y 表示该时间间隔内通过的汽车数. 则 Y 是一个随机变量，它的所有可能取值为 $0,1,2,\cdots$. $\{Y<100\}$ 表示通过的汽车数小于 100 辆这一事件，$\{50<Y\leqslant 100\}$ 表示通过的汽车数大于 50 辆但不超过 100 辆这一事件.

例 2.1.4 对某类型的灯泡做寿命试验，观察其使用寿命. 用 Z 表示灯泡的使用寿命. 则 Z 是一个随机变量，它的取值为所有非负实数.

例 2.1.5 测量某机床加工的零件长度与零件规定长度的偏差 ω. 由于通常可以知道偏差的范围，故可以假定偏差的绝对值小于某一固定的正数 ε. 则 ω 就是一个随机变量，它的取值为 $[-\varepsilon,\varepsilon]$.

在同一个样本空间上可以定义不同的随机变量.

例 2.1.6 掷一颗骰子，用 X 表示出现的点数，则 X 的所有可能取值为 $1,2,3,4,5,6$. 还可以定义其他随机变量，例如

$$Y=\begin{cases}1, & \text{出现偶数点}, \\ 0, & \text{出现奇数点}.\end{cases}\qquad Z=\begin{cases}1, & \text{点数为 6}, \\ 0, & \text{点数不为 6}.\end{cases}$$

等等.

从上面的例子可以看出，有的随机试验，其结果直接表示为数值形式. 例如，掷骰子出现的点数，观察生物的寿命等；有的随机试验初看起来与数值无关，我们也可以按照需要引进数值来刻画其结果，如例 2.1.1 中，分别用 1 与 0 代表出现正面 H 和反面 T，则抛掷 n 次硬币出现正面的次数便是每次出现的数的总和，这种量化方法在概率论研究中是十分有效的.

随机变量的引入，使我们能用随机变量来描述各种随机现象，也使我们有可能利用高等数学的方法对随机试验的结果进行深入广泛地研究和讨论.

习题 2.1

1.观察某电话交换台在时间 T 内接到的呼唤次数.若定义随机变量 X 表示在时间 T 内接到的呼唤次数,请重新表示下列事件:

(1) $A=\{$接到呼唤次数不超过 10 次$\}$.

(2) $B=\{$接到呼唤次数介于 5 次和 10 次之间$\}$.

2.一报童卖报,每份 0.15 元,其成本为 0.10 元.报馆每天给报童 1000 份报,并规定他不得把卖不出的报纸退回.设 X 为报童每天卖出的报纸份数,试将报童赔钱这一事件用随机变量的表达式表示.

§2.2　离散型随机变量及其分布律

随机变量可分为两大类:离散型和非离散型.对于非离散型随机变量,我们仅讨论连续型随机变量.本节先介绍离散型随机变量.

定义 2.2　对于随机变量 X,如果它全部可能取到的不相同的值是有限个或可列无限多个,则称 X 为**离散型随机变量**.

例如例 2.1.1、例 2.1.2、例 2.1.3 和例 2.1.6 中的随机变量都是离散型随机变量.

容易知道,要掌握一个离散型随机变量的统计规律,必须且只需知道它的所有可能取的值以及取每一个可能值的概率.

设离散型随机变量 X 的所有可能取值为 $x_k\,(k=1,2,\cdots)$,X 取各个可能值的概率,即事件 $\{X=x_k\}$ 的概率为

$$P\{X=x_k\}=p_k,\ k=1,2,\cdots. \tag{2.1}$$

由概率的定义,这些 p_k 具有如下性质:

(1) $p_k\geqslant 0$,$k=1,2,\cdots$.

(2) $\sum_{k=1}^{\infty}p_k=1$.

我们称式(2.1)为离散型随机变量 X 的**分布律**或**概率分布**.分布律也可用表的形式给出:

X	x_1	x_2	$\cdots$	x_k	$\cdots$
p_k	p_1	p_2	$\cdots$	p_k	$\cdots$

例 2.2.1 将 1 枚硬币掷 3 次，X 表示出现的正面次数与反面次数之差. 试求 X 的分布律.

解 X 的取值为 $-3,-1,1,3$，容易得出 X 的分布如表所示：

X	-3	-1	1	3
p_k	$\dfrac{1}{8}$	$\dfrac{3}{8}$	$\dfrac{3}{8}$	$\dfrac{1}{8}$

例 2.2.2 设离散型随机变量 X 的分布律如表所示：

X	0	1	2	3	4	5
p_k	0.0625	0.1875	0.0625	0.25	0.1875	0.25

求 $P\{X\leqslant 2\}$，$P\{X>3\}$，$P\{0.5\leqslant X<3\}$.

解 $P\{X\leqslant 2\}=P\{X=0\}+P\{X=1\}+P\{X=2\}$
$$=0.0625+0.1875+0.0625=0.3125,$$

$P\{X>3\}=P\{X=4\}+P\{X=5\}=0.1875+0.25=0.4375,$

$P\{0.5\leqslant X<3\}=P\{X=1\}+P\{X=2\}=0.1875+0.0625=0.25.$

例 2.2.3 设离散型随机变量 X 的分布律为

$$P\{X=n\}=c\left(\frac{1}{4}\right)^n (n=1,2,\cdots)$$

试求常数 c.

解 由分布律的性质，得

$$1=\sum_{n=1}^{\infty}P\{X=n\}=\sum_{n=1}^{\infty}c\left(\frac{1}{4}\right)^n=c\cdot\frac{\dfrac{1}{4}}{1-\dfrac{1}{4}}=\frac{c}{3},$$

所以 $c=3$.

例 2.2.4 设一汽车在开往目的地的道路上需经过四盏信号灯，每盏信号灯以 1/2 的概率允许或禁止汽车通过. 以 X 表示汽车首次停下时，它已通过的信号灯的盏数，求 X 的分布律.（设各组信号灯的工作是相互独立的）.

解 以 p 表示每盏信号灯禁止汽车通过的概率，则 X 的分布律见表：

X	0	1	2	3	4
p_k	p	$(1-p)p$	$(1-p)^2p$	$(1-p)^3p$	$(1-p)^4$

或写成

$$P\{X=k\}=(1-p)^k p,\ k=0,1,2,3,\ P\{X=4\}=(1-p)^4.$$

以 $p=1/2$ 代入得 X 的分布律如表所示:

X	0	1	2	3	4
p_k	0.5	0.25	0.125	0.0625	0.0625

下面介绍几种重要的离散型随机变量.

2.2.1　两点分布, 0—1 分布

若一个随机变量 X 只可能取两个值, 它的分布律为

$$P\{X=x_1\}=p,\ P\{X=x_2\}=q,$$

其中 $0<p<1, q=1-p$, 则称 X 服从参数为 p 的**两点分布**.

特别地, 若随机变量 X 只可能取 0 或 1 两个值, 则称 X 服从参数为 p 的 **0—1 分布**, 记为 $X \sim b(1,p)$. 它的分布律如表所示:

X	0	1
p_k	q	p

其中 $0<p<1, q=1-p$.

对于一个随机试验, 如果它的样本空间只包含两个元素, 即 $\Omega=\{\omega_1, \omega_2\}$, 我们总可以在 Ω 上定义一个服从 0—1 分布的随机变量

$$X=X(\omega)=\begin{cases}0, & \text{当 } \omega=\omega_1, \\ 1, & \text{当 } \omega=\omega_2.\end{cases}$$

来描述这个随机实验的结果. 例如, 对射手射击是否中靶, 抛掷硬币是否正面朝上, 检查产品是否合格, 对新生婴儿的性别进行登记等试验都可用 0—1 分布的随机变量来描述. 所以, 0—1 分布是一种经常遇到的分布.

例 2.2.5　在 200 件产品中, 有 196 件是正品, 4 件是次品, 从中随机地抽取一件, 若规定

$$X=\begin{cases}0, \text{取到不合格品}, \\ 1, \text{取到合格品}.\end{cases}$$

显然, $P\{X=1\}=\dfrac{196}{200}=0.98, P\{X=0\}=\dfrac{4}{200}=0.02.$ 于是, X 服从参数为 0.98 的两点分布, 即 $X \sim b(1,0.98)$.

在实际问题中，有时一个随机试验可能有多个结果. 例如，在产品质量检查中，若检查结果有四种：一级品、二级品、三级品和不合格品. 但是，如果把前三种通称为合格品，则试验的结果就只有合格品和不合格品两种了. 于是，也可以用 $0-1$ 分布来描述随机试验.

2.2.2　二项分布

若 X 的分布律为

$$P\{X=k\}=C_n^k p^k q^{n-k}，k=0，1，2，\cdots，n.　\qquad (2.2)$$

其中 $0<p<1$，$q=1-p$，则称随机变量 X 服从参数为 n 和 p 的**二项 (Binomial)分布**，记为 $X \sim b(n,p)$.

若以 X 表示 n 重伯努利试验中事件 A 发生的次数，则 X 是一个随机变量，它的分布律正是二项分布.

参数为 p 的 $0-1$ 分布是二项分布在 $n=1$ 时的特殊情形. 对于二项分布 $b(n,p)$，有时记

$$b(k;n,p)=P\{X=k\}=C_n^k p^k (1-p)^{n-k}，k=0，1，2，\cdots，n.$$

例 2.2.6　一张考卷上有 5 道选择题，每道题列出 4 个可能答案，其中只有一个答案是正确的. 某学生靠猜测至少能答对 4 道题的概率是多少？

解　每答一道题相当于做一次伯努利试验，设 A 表示答对该题这一事件，则 $P(A)=1/4$. 答 5 道题相当于做 5 重伯努利试验. 用 X 表示该学生靠猜测能答对的题数，则 $X \sim b(5,1/4)$. 则至少能对 4 道题这一事件可表示为 $\{X \geqslant 4\}$，所以

$$P\{X \geqslant 4\}=P\{X=4\}+P\{X=5\}$$
$$=C_5^4 \left(\frac{1}{4}\right)^4 \left(\frac{3}{4}\right)^1 + C_5^5 \left(\frac{1}{4}\right)^5 \left(\frac{3}{4}\right)^0 = \frac{1}{64}.$$

例 2.2.7　一种 40W 的灯泡，规定其使用寿命超过 2000h 的为正品，否则为次品. 已知有很大一批这样的灯泡，其次品率为 0.2. 现从该批灯泡中随机地抽取 20 只做寿命试验，问这 20 只灯泡中恰有 k 只次品的概率是多少？

解　这虽是无放回抽样的问题，但由于这批灯泡的总数很大，且抽出灯泡的数量相对于灯泡总数来说非常小，因此，可以把这种试验当作有放回抽样来处理. 这样做会把问题大大简化，虽然会有一些误差，但误差很小.

我们将观测一只灯泡的使用寿命是否超过 2000h 看成是一次试验，观测 20 只灯泡相当于做 20 重伯努利试验. 用 X 表示 20 只灯泡中次品的只数，则 X 是一个随机变量，且 $X \sim b(20,0.2)$. 于是，

$$b(k;\ 20,\ 0.2)=P\{X=k\}=C_{20}^{k}\ (0.2)^{k}\ (0.8)^{20-k}\ ,\ k=0,\ 1,\ 2,\ \cdots,20.$$

将计算结果列表如下：

k	0	1	2	3	4	5	6	7	8	9	10	>10
$b(k;\ 20,\ 0.2)$	0.012	0.058	0.137	0.205	0.218	0.175	0.109	0.055	0.022	0.007	0.002	<0.001

例 2.2.8 某出租汽车公司共有出租车 400 辆，设每天每辆出租车出现故障的概率为 0.02，试求一天内没有出现故障的概率及至少有一辆出租车出现故障的概率.

解 将观察一辆出租车一天内是否出现故障看成一次试验. 因为每辆出租车是否出现故障与其他出租车是否出现故障无关，于是观察 400 辆出租车是否出现故障就是做 400 重伯努利试验. 设 X 是每天内出现故障的出租车数，则 $X \sim b(400,\ 0.02)$，

$$P\{X=0\}=0.98^{400}=e^{400\ln0.98}\approx 0.000309.$$

即一天内没有出租车出现故障的概率近似地为万分之三.

$$P\{X\geqslant 1\}=1-P\{X=0\}=1-0.98^{400}\approx 0.999691.$$

这个概率很接近于 1. 我们从两方面来讨论这一结果的实际意义. 其一，虽然每辆出租车一天内出现故障的概率很小，但如果有 400 辆出租车，则一天内至少有一辆出租车出现故障几乎是肯定的，这告诉人们决不能轻视小概率事件. 其二，一天内在 400 辆出租车中没有一辆出租车出现故障的概率非常小，如果某天没有出租车出故障，根据实际推断原理，我们将怀疑"每天每辆出租车出现故障的概率为 0.02"这一假设，即认为每天每辆出租车出现故障的概率达不到 0.02.

2.2.3 泊松分布

若随机变量 X 所有可能的取值为 $0,1,2,\cdots$，而取各个值的概率为

$$P\{X=k\}=\frac{\lambda^{k}}{k!}e^{-\lambda},\ k=0,1,2,\cdots,$$

其中 $\lambda>0$ 是常数. 则称 X 服从参数为 λ 的**泊松(Poisson)分布**，记为 $X \sim \pi(\lambda)$.

易见，$P\{X=k\}=\dfrac{\lambda^{k}}{k!}e^{-\lambda}>0,\ k=0,1,2,\cdots,$ 且有

$$\sum_{k=0}^{\infty}P\{X=k\}=\sum_{k=0}^{\infty}\frac{\lambda^{k}}{k!}e^{-\lambda}=e^{-\lambda}\sum_{k=0}^{\infty}\frac{\lambda^{k}}{k!}=e^{-\lambda}e^{\lambda}=1.$$

泊松分布能够描述的随机现象非常广泛，例如，某医院每天来就诊的病人数；某地区在一段时间间隔内发生交通事故的次数；在一段时间间隔内某

放射性物质放射出的粒子数；某段时间间隔内某容器底部的细菌数；某地区一年内发生暴雨的次数等都近似地服从泊松分布.

例 2.2.9 某一无线寻呼台，每分钟内收到寻呼的次数 X 服从参数为 $\lambda = 3$ 的泊松分布，试求：

(1)一分钟内恰好收到 3 次寻呼的概率.

(2)一分钟内收到 2 至 5 次寻呼的概率.

解 （1）$P\{X=3\} = \dfrac{3^3}{3!}e^{-3} \approx 0.2240.$

(2)由概率的可加性，得

$$P\{2 \leqslant X \leqslant 5\} = P\{X=2\} + P\{X=3\} + P\{X=4\} + P\{X=5\}$$

$$= e^{-3}\left(\frac{3^2}{2!} + \frac{3^3}{3!} + \frac{3^4}{4!} + \frac{3^5}{5!}\right) \approx 0.7169.$$

需要注意的是，二项分布和泊松分布之间有一个重要的关系. 对于二项分布 $b(n, p)$，当 n 充分大，而 p 又很小时，对任意固定的非负整数 k，有近似公式

$$b(k; n, p) \approx \frac{\lambda^k}{k!}e^{-\lambda}, \lambda = np.$$

在实际计算中，当 $n \geqslant 20, p \leqslant 0.05$ 时，记 $\lambda = np$，用 $\dfrac{\lambda^k}{k!}e^{-\lambda}$ 作为 $b(k; n, p)$ 的近似值时效果很好；当 $n \geqslant 100, np \leqslant 10$ 时，效果更好. 例如，对于例 2.2.8，令 $\lambda = np = 400 \times 0.02 = 8$，可用 $\dfrac{8^0}{0!}e^{-8} = 0.0003335$ 近似地代替 $b(0; 400, 0.02) = 0.000309.$

2.2.4 几何分布

在独立重复试验中，事件 A 发生的概率为 p，若 X 表示直到 A 发生为止所进行的试验次数，则

$$P\{X=k\} = (1-p)^{k-1}p, k=1,2,\cdots.$$

若一个随机变量 X 的分布律由上式给出，则称 X 为服从参数为 p 的**几何(Geometric)分布**. 几何分布具有无记忆性，即

$$P\{X > m+n \mid X > m\} = P\{X > n\}, \quad m,n=1,2,\cdots,$$

无记忆性是指几何分布对过去的 m 次失败的信息在后面的计算中被遗忘了. 反之，一个取自然数值的随机变量，如果具有无记忆性，则该随机变量一定服从几何分布. 因此，无记忆性是几何分布的一个特性.

例 2.2.10　某射手连续向一目标射击，直到命中为止，已知他每发命中的概率是 p，求其所消耗的子弹数 X 的概率分布.

解　(1)因射击一次需消耗一发子弹，所以 X 的所有可能取值为：$1,2,\cdots$；

(2)设 $A_k=\{$ 第 k 发命中 $\}$，$k=1,2,\cdots$，则

$$P\{X=1\}=P\{A_1\}=p\ ,$$

$$P\{X=2\}=P\{\bar{A}_1A_2\}=(1-p)\cdot p\ ,$$

$$P\{X=3\}=P\{\bar{A}_1\bar{A}_2A_3\}=(1-p)^2\cdot p\ ,$$

以此类推可知，所消耗的子弹数 X 的概率分布为

$$P\{X=k\}=(1-p)^{k-1}\cdot p\ ,\ k=1,2,\cdots.$$

2.2.5 超几何分布

例 2.2.11　一个袋子中装有 N 个球，其中有 N_1 个白色球，N_2 个黑色球，从中不放回地抽取 $n(1\leqslant n\leqslant N)$ 个球，求取到白色球的个数 X 的概率分布.

解　(1) X 的所有可能取值为 $0,1,2,\cdots,m$，其中 $m=\min\{n,N_1\}$；

(2)根据古典概型可得

$$P\{X=k\}=\frac{C_{N_1}^k\,C_{N_2}^{n-k}}{C_N^n}\ ,\ k=0,1,2,\cdots,m\ .$$

若一个随机变量 X 的分布律由上式给出，则称 X 服从**超几何(Hyper-geometric)分布**.

注 1　在例 2.2.11 中，若每次取球后是放回的，则 X 服从二项分布.

注 2　超几何分布常用于对一大批产品进行不放回抽样检测.

注 3　在实际应用中，当 N 很大，且 N_1 和 N_2 均较大，而 n 相对较小时，通常将不放回抽取近似当作有放回抽取问题来处理(例 2.2.7)，故可用二项分布来近似超几何分布.事实上，令 $p=\dfrac{N_1}{N}$，则

$$\frac{C_{N_1}^k\,C_{N_2}^{n-k}}{C_N^n}\approx C_n^k\left(\frac{N_1}{N}\right)^k\left(\frac{N_2}{N}\right)^{n-k}=C_n^kp^k\,(1-p)^{n-k}\ .$$

习题 2.2

1.已知某随机变量的分布律为 $P\{X=k\}=a\cdot\dfrac{\lambda^k}{k!}$，$(\lambda>0)$　$k=0,1,2,\cdots$，求 a 的值.

2.一制药厂分别独立地组织两组技术人员试制不同类型的新药.若每组成功的概率都是 0.40,而当第一组成功时,每年的销售额可达 40000 元;当第二组成功时,每年的销售额可达 60000 元,若失败则分文全无.以 X 记这两种新药的年销售额,求 X 的分布律.

3.对某目标进行独立射击,每次射中的概率为 p,直到射中为止.求:

(1)射击次数 X 的分布律.

(2)脱靶次数 Y 的分布律.

4.抛掷一枚不均匀的硬币,正面出现的概率为 p $(0 < p < 1)$,以 X 表示直至两面都出现时的试验次数,求 X 的分布律.

5.设随机变量 X 服从泊松分布,且 $P\{X=1\}=P\{X=2\}$,求 $P\{X=4\}$ 及 $P\{X>1\}$.

6.某人进行射击,设每次射击的命中率为 0.02,独立射击 400 次,试求至少击中两次的概率.

§2.3　随机变量的分布函数

对于非离散型随机变量,由于其可能取的值不能一个一个地列举出来,因而就不能像离散型随机变量那样可以用分布律来描述它.另外,我们所遇到的非离散型随机变量取任一指定的实数值的概率都等于 0(这一点在下一节将会看到).再者,在实际中,对于这样的随机变量,例如误差 ε,元件的寿命 T 等,我们并不会对误差 $\varepsilon=0.05(\mathrm{mm})$,寿命 $T=1251.3(\mathrm{h})$ 的概率感兴趣,而是考虑误差落在某个区间的概率,寿命大于某个数的概率.这就需要研究随机变量的取值落在区间 $(x_1,x_2]$ 内的概率 $P\{x_1 < X \leqslant x_2\}$.由于

$$P\{x_1 < X \leqslant x_2\} = P\{X \leqslant x_2\} - P\{X \leqslant x_1\},$$

所以只需知道 $P\{X \leqslant x_1\}$ 和 $P\{X \leqslant x_2\}$ 就可以了.为此,引入下面随机变量分布函数的概念.

定义 2.3　设 X 是一个随机变量,x 是任意实数,函数

$$F(x) = P\{X \leqslant x\}$$

称为 X 的**分布函数**.

如果将 X 看成是数轴上的随机点的坐标,分布函数 $F(x)$ 在 x 处的函数值就是随机变量 X 落在区间 $(-\infty,x]$ 上的**累积概率**(cumulative probability).对于随机变量 X,若知道它的分布函数,就可以知道 X 落在任一区间 $(x_1,x_2]$ 的概率.这是因为

$$P\{x_1 < X \leqslant x_2\} = P\{X \leqslant x_2\} - P\{X \leqslant x_1\} = F(x_2) - F(x_1),$$

由此可知，分布函数完整地描述了随机变量的统计规律性.

分布函数是一个普通的实变量函数，通过它可以借助高等数学的方法来研究随机变量.

随机变量 X 的分布函数 $F(x)$ 具有如下性质：

(1) $F(x)$ 具有单调非减性，即对任意实数 x_1，x_2（$x_1 < x_2$），有 $F(x_1) \leqslant F(x_2)$.

证　因 $\{x_1 < X \leqslant x_2\} = \{X \leqslant x_2\} \bigcap \{X > x_1\} = \{X \leqslant x_2\} - \{X \leqslant x_1\}$，注意到 $\{X \leqslant x_1\} \subset \{X \leqslant x_2\}$，从而有

$$P\{x_1 < X \leqslant x_2\} = P\{X \leqslant x_2\} - P\{X \leqslant x_1\} = F(x_2) - F(x_1)，$$

但是 $P\{x_1 < X \leqslant x_2\} \geqslant 0$，所以 $F(x_1) \leqslant F(x_2)$.

(2) 对任意实数 x，总有 $0 \leqslant F(x) \leqslant 1$，即 $F(x)$ 是有界的，且

$$F(-\infty) = \lim_{x \to -\infty} F(x) = 0，F(+\infty) = \lim_{x \to +\infty} F(x) = 1.$$

对于性质 (2)，我们不做严格证明，只作一些简单说明：由概率的规范性可得 $0 \leqslant F(x) \leqslant 1$；当 $x \to -\infty$ 时，$\{X \leqslant x\}$ 越来越趋近于不可能事件，故其概率 $P\{X \leqslant x\} = F(x)$ 就趋近于不可能事件的概率 0，当 $x \to +\infty$ 时，$\{X \leqslant x\}$ 越来越趋近于必然事件，故其概率 $P\{X \leqslant x\} = F(x)$ 趋近于必然能事件的概率 1.

(3) $F(x)$ 是右连续的，即 $F(x+0) = F(x)$.

例 2.3.1　设随机变量 X 的分布律见表

X	-1	2	3
p_k	0.25	0.5	0.25

求 X 的分布函数，并求 $P\{X \leqslant \dfrac{1}{2}\}$，$P\{\dfrac{3}{2} < X \leqslant \dfrac{5}{2}\}$，$P\{2 \leqslant X \leqslant 3\}$.

解　当 $x < -1$ 时，$\{X \leqslant x\} = \varnothing$，所以 $F(x) = P\{X \leqslant x\} = P\{\varnothing\} = 0$；

当 $-1 \leqslant x < 2$ 时，$\{X \leqslant x\} = \{X = -1\}$，从而 $F(x) = P\{X \leqslant x\} = P\{X = -1\} = 0.25$；

当 $2 \leqslant x < 3$ 时，$\{X \leqslant x\} = \{X = -1\} \bigcup \{X = 2\}$，由于 $\{X = -1\} \bigcap \{X = 2\} = \varnothing$，所以

$$F(x) = P\{X \leqslant x\} = P\{X = -1\} + P\{X = 2\} = 0.25 + 0.5 = 0.75；$$

当 $x \geqslant 3$ 时，$\{X \leqslant x\} = \Omega$，所以有

$$F(x) = P\{X \leqslant x\} = P\{\Omega\} = 1.$$

故 X 的分布函数为

$$F(x) = \begin{cases} 0, & x < -1, \\ 0.25, & -1 \leqslant x < 2, \\ 0.75, & 2 \leqslant x < 3, \\ 1, & x \geqslant 3. \end{cases}$$

由此可得

$$P\left\{X \leqslant \frac{1}{2}\right\} = F\left(\frac{1}{2}\right) = \frac{1}{4},$$

$$P\left\{\frac{3}{2} < X \leqslant \frac{5}{2}\right\} = F\left(\frac{5}{2}\right) - F\left(\frac{3}{2}\right) = \frac{3}{4} - \frac{1}{4} = \frac{1}{2},$$

$$P\{2 \leqslant X \leqslant 3\} = F(3) - F(2) + P\{X = 2\} = 1 - \frac{3}{4} + \frac{1}{2} = \frac{3}{4}.$$

一般，设离散型随机变量 X 的分布律为

$$P\{X = x_k\} = p_k, \quad k = 1, 2, \cdots.$$

则由概率的可列可加性得 X 的分布函数为

$$F(x) = P\{X \leqslant x\} = \sum_{x_k \leqslant x} P\{X = x_k\}.$$

例 2.3.2 一个靶子是半径为 2 米的圆盘，设击中靶上任一同心圆盘上点的概率与该圆盘的面积成正比，并设射击都能中靶，以 X 表示弹着点与圆心的距离，试求随机变量 X 的分布函数.

解 若 $x < 0$，则 $\{X \leqslant x\}$ 是不可能事件，于是 $F(x) = P\{X \leqslant x\} = 0$.

若 $0 \leqslant x \leqslant 2$，由题意，$P\{0 \leqslant X \leqslant x\} = kx^2$，$k$ 是某一常数，为了确定 k 的值，取 $x = 2$，有 $P\{0 \leqslant X \leqslant 2\} = 4k$. 但已知 $P\{0 \leqslant X \leqslant 2\} = 1$，故得 $k = \frac{1}{4}$. 即 $P\{0 \leqslant X \leqslant x\} = \frac{1}{4}x^2$. 于是

$$F(x) = P\{X < 0\} + P\{0 \leqslant X \leqslant x\} = \frac{1}{4}x^2.$$

若 $x \geqslant 2$，则 $\{X \leqslant x\}$ 是必然事件，于是 $F(x) = P\{X \leqslant x\} = 1$.

综上所述，即得 X 的分布函数为

$$F(x) = \begin{cases} 0, & x < 0, \\ \frac{1}{4}x^2, & 0 \leqslant x < 2, \\ 1, & x \geqslant 2. \end{cases}$$

它的图形是一条连续曲线. 如图 2.2 所示.

另外, 本例中的分布函数 $F(x)$, 对于任意的 x 可写成形式

$$F(x) = \int_{-\infty}^{x} f(t)\,\mathrm{d}t\,,$$

其中

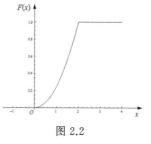

图 2.2

$$f(x) = \begin{cases} \dfrac{1}{2}x, & 0 < x < 2, \\ 0, & \text{其他.} \end{cases}$$

这就是说, $F(x)$ 恰是非负函数 $f(t)$ 在区间 $(-\infty, x]$ 上的积分, 在这种情况下称 X 为连续型随机变量. 下一节将给出连续型随机变量的一般定义.

习题 2.3

1.设离散型随机变量 X 的分布函数为

$$F(x) = P\{X \leqslant x\} = \begin{cases} 0, & x < -1, \\ 0.2, & -1 \leqslant x < 2, \\ 0.7, & 2 \leqslant x < 4, \\ 1, & x \geqslant 4. \end{cases}$$

求 X 的分布律.

2.设离散型随机变量 X 的分布律为

X	-1	1	2
p_k	0.2	0.5	0.3

求：(1) X 的分布函数；(2) $P\left\{X > \dfrac{1}{2}\right\}$ ；(3) $P\{-1 \leqslant X \leqslant 3\}$.

3.设在 15 只同类型零件中有 2 只为次品,在其中取 3 次,每次任取 1 只,作不放回抽样,以 X 表示取出的次品个数,求：

(1) X 的分布律.

(2) X 的分布函数.

(3) $P\left\{X \leqslant \dfrac{1}{2}\right\}, P\left\{1 < X \leqslant \dfrac{3}{2}\right\}, P\left\{1 \leqslant X \leqslant \dfrac{3}{2}\right\}, P\{1 < X < 2\}$.

4.射手向目标独立地进行了 3 次射击,每次击中率为 0.8,求 3 次射击中击中目标的次数的分布律及分布函数,并求 3 次射击中至少击中 2 次的概率.

5.在区间 $[0,a]$ 上任意投掷一个质点,以 X 表示这个质点的坐标.设这个质点落在 $[0,a]$ 中任意小区间内的概率与这个小区间的长度成正比例.试求 X 的分布函数.

6.设随机变量 X 的分布函数为

$$F(x) = \begin{cases} 0, & x \leqslant 0, \\ Ax^2, & 0 < x \leqslant 1, \\ 1, & x > 1. \end{cases}$$

试求:

(1)系数 A.

(2) X 落在区间 $(0.3, 0.7)$ 内的概率.

§2.4　连续型随机变量及其概率密度

在非离散型随机变量中,人们最关心的是所谓的连续型随机变量,这些随机变量的一个共同特点是可取某个区间 $[a,b]$ $[$ 或 $(-\infty, +\infty)]$ 内的所有值,而其分布函数 $F(x)$ 是连续函数,并且存在非负可积函数 $f(x)$,使得其分布函数可表示为 $F(x) = \int_{-\infty}^{x} f(t)dt$,如上节例 2.3.2 中 $f(x) = \begin{cases} \dfrac{1}{2}x, 0 < x < 2, \\ 0, \quad 其他 \end{cases}$,其中 $f(x)$ 称为 X 的概率密度函数,定义如下.

定义 2.4　设随机变量 X 的分布函数为 $F(x)$,若存在非负函数 $f(x)$,使得对于任意实数 x 有

$$F(x) = \int_{-\infty}^{x} f(t)dt,$$

则称 X 为**连续型随机变量**,其中 $f(x)$ 称为 X 的**概率密度函数**,简称**概率密度**.

概率密度函数 $f(x)$ 具有以下性质:

(1) $f(x) \geqslant 0$.

(2) $\int_{-\infty}^{\infty} f(x)dx = 1$.

(3)对于任意实数 x_1，$x_2(x_1 < x_2)$，总有

$$P\{x_1 < X \leqslant x_2\} = F(x_2) - F(x_1) = \int_{x_1}^{x_2} f(x)\mathrm{d}x .$$

(4)若 $f(x)$ 在点 x 连续，则有 $F'(x) = f(x)$.

(5)对任意实数 x，总有 $P\{X = x\} = 0$.

由性质(4)在 $f(x)$ 的连续点处有

$$f(x) = \lim_{\Delta x \to 0^+} \frac{F(x + \Delta x) - F(x)}{\Delta x} = \lim_{\Delta x \to 0^+} \frac{P\{x < X \leqslant x + \Delta x\}}{\Delta x} .$$

从这里看到概率密度的定义与物理学中线密度的定义类似，这就是为什么称 $f(x)$ 为概率密度的缘故.

另外，若不计高阶无穷小，有 $P\{x < X \leqslant x + \Delta x\} \approx f(x)\Delta x$，这表示 X 落在小区间 $(x, x + \Delta x]$ 上的概率近似地等于 $f(x)\mathrm{d}x$.

由性质(5)，在计算连续型随机变量落在某一区间的概率时，可以不必区分该区间是开区间或闭区间或半闭区间. 这是因为：

$$P\{x_1 < X \leqslant x_2\} = P\{x_1 \leqslant X \leqslant x_2\} = P\{x_1 < X < x_2\} = P\{x_1 \leqslant X < x_2\} .$$

虽然 $P\{X = a\} = 0$，但事件 $\{X = a\}$ 并非不可能事件. 由此知，若 A 是不可能事件，则必有 $P(A) = 0$；反之，若 $P(A) = 0$，则 A 不一定是不可能事件.

例 2.4.1　设 X 是连续型随机变量，其密度函数为

$$f(x) = \begin{cases} c(4x - 2x^2), & 0 < x < 2, \\ 0, & \text{其他,} \end{cases}$$

求(1)常数 c.

(2) $P\{X > 1\}$.

解　(1)由概率密度的性质(2)，得

$$1 = \int_{-\infty}^{\infty} f(x)\mathrm{d}x = \int_{-\infty}^{0} 0\mathrm{d}x + \int_{0}^{2} c(4x - 2x^2)\,\mathrm{d}x + \int_{2}^{\infty} 0\mathrm{d}x$$

$$= c\left(2x^2 - \frac{2}{3}x^3\right)\bigg|_{0}^{2} = \frac{8}{3}c ,$$

所以，$c = \dfrac{3}{8}$.

(2) $P\{X > 1\} = \displaystyle\int_{1}^{\infty} f(x)\mathrm{d}x = \int_{1}^{2} \frac{3}{8}(4x - 2x^2)\,\mathrm{d}x + \int_{2}^{\infty} 0\mathrm{d}x$

$$= \frac{3}{8}\left(2x^2 - \frac{2}{3}x^3\right)\bigg|_{1}^{2} = \frac{1}{2} .$$

例 2.4.2　某电子元件的寿命(单位：h)是以

$$f(x) = \begin{cases} 0, & x \leqslant 100, \\ \dfrac{100}{x^2}, & x > 100. \end{cases}$$

为密度函数的连续型随机变量.求 5 个同类型的元件在使用的前 150h 内恰有 2 个需要更换的概率.

解　设 $A = \{$ 某元件在使用的前 150h 内需要更换$\}$，则

$$P(A) = P\{X \leqslant 150\} = \int_{-\infty}^{150} f(x)\,\mathrm{d}x = \int_{100}^{150} \frac{100}{x^2}\mathrm{d}x = \frac{1}{3}.$$

检验 5 个元件的寿命可以看作是一个 5 重伯努利试验. 设

$B = \{$ 5 个元件中恰有 2 个的使用寿命不超过 150h$\}$，

则

$$P(B) = C_5^2 \left(\frac{1}{3}\right)^2 \left(\frac{2}{3}\right)^3 = \frac{80}{243}.$$

例 2.4.3　设连续型随机变量 X 的分布函数为

$$F(x) = \frac{1}{2} + \frac{1}{\pi}\arctan x, \quad (-\infty < x < \infty),$$

试求 X 的密度函数.

解　设 X 的密度函数为 $f(x)$，则

$$f(x) = F'(x) = \frac{1}{\pi(1+x^2)}, \quad -\infty < x < \infty.$$

例 2.4.4　设随机变量 X 的密度函数为

$$f(x) = \begin{cases} x, & 0 < x \leqslant 1, \\ 2-x, & 1 < x < 2, \\ 0, & \text{其他.} \end{cases}$$

试求 X 的分布函数.

解　当 $x < 0$ 时，$F(x) = \displaystyle\int_{-\infty}^{x} f(t)\mathrm{d}t = 0$；

当 $0 \leqslant x < 1$ 时，

$$F(x) = \int_{-\infty}^{x} f(t)\mathrm{d}t = \int_{-\infty}^{0} 0\mathrm{d}t + \int_{0}^{x} t\,\mathrm{d}t = \frac{x^2}{2};$$

当 $1 \leqslant x < 2$ 时，

$$F(x) = \int_{-\infty}^{x} f(t)\mathrm{d}t = \int_{-\infty}^{0} 0\mathrm{d}t + \int_{0}^{1} t\,\mathrm{d}t + \int_{1}^{x} (2-t)\mathrm{d}t = -\frac{x^2}{2} + 2x - 1;$$

当 $x \geqslant 2$ 时，

$$F(x) = \int_{-\infty}^{x} f(t)\mathrm{d}t = \int_{-\infty}^{0} 0\mathrm{d}t + \int_{0}^{1} t\mathrm{d}t + \int_{1}^{2} (2-t)\mathrm{d}t + \int_{2}^{x} 0\mathrm{d}t = \int_{0}^{1} t\mathrm{d}t + \int_{1}^{2} (2-t)\mathrm{d}t = 1$$

综上所述,可得随机变量 X 的分布函数为

$$F(x) = \begin{cases} 0, & x < 0, \\ \dfrac{x^2}{2}, & 0 \leqslant x < 1, \\ -\dfrac{x^2}{2} + 2x - 1, & 1 \leqslant x < 2, \\ 1, & x \geqslant 2. \end{cases}$$

下面介绍几种重要的连续型随机变量.

2.4.1　均匀分布

若连续型随机变量 X 具有概率密度

$$f(x) = \begin{cases} \dfrac{1}{b-a}, & a < x < b, \\ 0, & \text{其他}, \end{cases}$$

则称 X 在区间 (a,b) 上服从**均匀(Uniform)分布**,记作 $X \sim U(a,b)$.

易知 $f(x) \geqslant 0$,且 $\int_{-\infty}^{\infty} f(x)\mathrm{d}x = 1$.

如果 $X \sim U(a,b)$,则对任意满足 $a \leqslant c < d \leqslant b$ 的 c,d,总有

$$P\{c \leqslant x \leqslant d\} = \int_{c}^{d} f(x)\mathrm{d}x = \frac{d-c}{b-a}.$$

这表明,X 落在 (a,b) 的子区间 (c,d) 上的概率,只与子区间的长度 $d-c$ 有关(成正比),而与子区间在区间 (a,b) 中的具体位置无关,或者说,X 落在 (a,b) 中任意长度相等的子区间内的可能性是相同的.事实上,对于任意长度为 l 的子区间 $(c,c+l)$,$a \leqslant c < c+l \leqslant b$,有 $P\{c \leqslant X \leqslant c+l\}$ $= \int_{c}^{c+l} f(x)\mathrm{d}x = l/(b-a)$.

X 的分布函数为

$$F(x) = \begin{cases} 0, & x < a, \\ \dfrac{x-a}{b-a}, & a \leqslant x < b, \\ 1, & x \geqslant b. \end{cases}$$

类似地,我们可以定义区间 $[a,b]$,$[a,b)$ 和 $(a,b]$ 上的均匀分布.

例 2.4.5　设公共汽车站从上午 7 时起每隔 15min 来一班车,如果某乘客到达此站的时间是 7:00 到 7:30 之间的均匀随机变量.试求该乘客候车

时间不超过 5min 的概率.

解 设该乘客于 7 时 X 分到达此站. 则 X 服从区间 $(0，30)$ 上的均匀分布，其概率密度为

$$f(x) = \begin{cases} \dfrac{1}{30}, & 0 \leqslant x \leqslant 30, \\ 0, & \text{其他.} \end{cases}$$

设 $B = \{$候车时间不超过 5min$\}$，则

$$P(B) = P\{10 \leqslant X \leqslant 15\} + P\{25 \leqslant X \leqslant 30\} = \int_{10}^{15} \frac{1}{30} \mathrm{d}x + \int_{25}^{30} \frac{1}{30} \mathrm{d}x = \frac{1}{3}.$$

2.4.2 指数分布

若随机变量 X 的概率密度为

$$f(x) = \begin{cases} \lambda \mathrm{e}^{-\lambda x}, & x > 0, \\ 0, & \text{其他.} \end{cases}$$

其中 $\lambda > 0$ 为常数，则称 X 服从参数为 λ 的**指数 (Exponential) 分布**，记作 $X \sim \mathrm{E}(\lambda)$.

易知 $f(x) \geqslant 0$，且 $\int_{-\infty}^{\infty} f(x)\mathrm{d}x = 1$. 且可求得 X 的分布函数为

$$F(x) = \begin{cases} 1 - \mathrm{e}^{-\lambda x}, & x > 0, \\ 0, & \text{其他.} \end{cases}$$

指数分布是最常用的寿命分布，许多电子产品或元件的寿命都服从指数分布.

例 2.4.6 设某电子管的使用寿命 X（单位：小时）服从参数为 $\lambda = 1/5000$ 的指数分布. 求电子管的使用寿命超过 3000 小时的概率.

解 由分布函数的定义得

$$P\{X > 3000\} = 1 - P\{X \leqslant 3000\} = 1 - F(3000) = 1 - (1 - \mathrm{e}^{-0.0002 \cdot 3000}) \approx 0.548$$

2.4.3 正态分布

若连续型随机变量 X 具有概率密度

$$f(x) = \frac{1}{\sqrt{2\pi}\sigma} \mathrm{e}^{-\frac{(x-\mu)^2}{2\sigma^2}}, \quad -\infty < x < \infty,$$

其中 μ，$\sigma(\sigma > 0)$ 为常数，则称 X 服从参数为 μ，σ 的**正态 (Normal) 分布**或**高斯 (Gauss) 分布**. 记为 $X \sim N(\mu，\sigma^2)$.

易知 $f(x) > 0$. 下面来证明 $\int_{-\infty}^{\infty} f(x)\mathrm{d}x = 1$. 令 $(x-\mu)/\sigma = t$，得到

$$\int_{-\infty}^{\infty} \frac{1}{\sqrt{2\pi}\,\sigma} e^{-\frac{(x-\mu)^2}{2\sigma^2}} \mathrm{d}x = \frac{1}{\sqrt{2\pi}} \int_{-\infty}^{\infty} e^{-\frac{t^2}{2}} \mathrm{d}t ,$$

记 $I = \int_{-\infty}^{\infty} e^{-\frac{t^2}{2}} \mathrm{d}t$ ，则有 $I^2 = \int_{-\infty}^{\infty} \int_{-\infty}^{\infty} e^{-\frac{t^2+u^2}{2}} \mathrm{d}t\,\mathrm{d}u$ ．利用极坐标变换并化为累次积分，得到

$$I^2 = \int_0^{2\pi} \int_0^{\infty} r e^{-\frac{r^2}{2}} \mathrm{d}r\,\mathrm{d}\theta = 2\pi.$$

而 $I > 0$ ，故有 $I = \sqrt{2\pi}$ ，于是

$$\int_{-\infty}^{\infty} \frac{1}{\sqrt{2\pi}\,\sigma} e^{-\frac{(x-\mu)^2}{2\sigma^2}} \mathrm{d}x = \frac{1}{\sqrt{2\pi}} \int_{-\infty}^{\infty} e^{-\frac{t^2}{2}} \mathrm{d}t = 1 .$$

正态分布的概率密度 $f(x)$ 图形如图 2.3 所示．

正态分布 $N(\mu, \sigma^2)$ 的概率密度 $f(x)$ 具有下述性质：

(1)关于直线 $x = \mu$ 对称．

(2)在 $x = \mu$ 处取得最大值 $\dfrac{1}{\sqrt{2\pi}\,\sigma}$ ．

(3)在 $x = \mu \pm \sigma$ 对应的点处有拐点．

(4)当 $|x| \to \infty$ 时，曲线以 x 轴为渐近线．

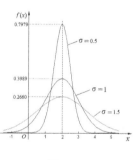

图 2.3

如果固定 σ ，改变 μ 的值，则图形沿着 x 轴平移，形状不变；如果固定 μ ，改变 σ 的值，最大值 $f(\mu) = \dfrac{1}{\sqrt{2\pi}\,\sigma}$ 随 σ 的增大而减小，由此可知随着 σ 的增大，图形变得越来越扁，但图形的对称轴没有改变，如图 2.4 所示．

图 2.4

正态分布 $N(\mu, \sigma^2)$ 的分布函数为

$$F(x) = \frac{1}{\sqrt{2\pi}\,\sigma} \int_{-\infty}^{x} e^{-\frac{(t-\mu)^2}{2\sigma^2}} \mathrm{d}t , \quad -\infty < x < \infty.$$

特别地，称参数 $\mu = 0$ ，$\sigma = 1$ 的正态分布 $N(0, 1)$ 为标准正态分布．对于标准正态分布 $N(0, 1)$ ，其概率密度和分布函数通常分别用 $\varphi(x)$ 和 $\Phi(x)$ 表示，即

$$\varphi(x) = \frac{1}{\sqrt{2\pi}} e^{-\frac{x^2}{2}} , \quad -\infty < x < \infty,$$

$$\Phi(x) = \frac{1}{\sqrt{2\pi}} \int_{-\infty}^{x} e^{-\frac{t^2}{2}} \mathrm{d}t , \quad -\infty < x < \infty.$$

因 $\varphi(x)$ 关于直线 $x=0$ 对称，故对于 $\Phi(x)$ 有 $\Phi(-x)=1-\Phi(x)$.

$\Phi(x)$ 的函数值已制成标准正态分布表，利用此表，根据下述定理可计算一般正态分布的相应概率.

定理 2.1 若随机变量 $X \sim N(\mu, \sigma^2)$，则 $Z = \dfrac{X-\mu}{\sigma} \sim N(0, 1)$.

证 $Z = \dfrac{X-\mu}{\sigma}$ 的分布函数为

$$P\{Z \leqslant x\} = P\left\{\frac{X-\mu}{\sigma} \leqslant x\right\} = P\{X \leqslant \mu+\sigma x\} = \frac{1}{\sqrt{2\pi}\,\sigma}\int_{-\infty}^{\mu+\sigma x} e^{-\frac{(t-\mu)^2}{2\sigma^2}}\,dt,$$

令 $\dfrac{t-\mu}{\sigma} = u$，得

$$P\{Z \leqslant x\} = \frac{1}{\sqrt{2\pi}}\int_{-\infty}^{x} e^{-\frac{u^2}{2}}\,du = \Phi(x),$$

因此，$Z = \dfrac{X-\mu}{\sigma} \sim N(0, 1)$.

推论 2.1 若随机变量 $X \sim N(\mu, \sigma^2)$，则 X 的分布函数满足

$$F(x) = \Phi\left(\frac{x-\mu}{\sigma}\right),$$

且

$$P\{x_1 < X \leqslant x_2\} = \Phi\left(\frac{x_2-\mu}{\sigma}\right) - \Phi\left(\frac{x_1-\mu}{\sigma}\right).$$

证 X 的分布函数为

$$F(x) = P\{X \leqslant x\} = P\left\{\frac{X-\mu}{\sigma} \leqslant \frac{x-\mu}{\sigma}\right\} = \Phi\left(\frac{x-\mu}{\sigma}\right).$$

$$P\{x_1 < X \leqslant x_2\} = P\left\{\frac{x_1-\mu}{\sigma} < \frac{X-\mu}{\sigma} \leqslant \frac{x_2-\mu}{\sigma}\right\}$$

$$= \Phi\left(\frac{x_2-\mu}{\sigma}\right) - \Phi\left(\frac{x_1-\mu}{\sigma}\right).$$

例 2.4.7 设随机变量 $X \sim N(2, 9)$，试求：

(1) $P\{1 \leqslant X < 5\}$； (2) $P\{|X-2| > 6\}$； (3) $P\{X > 0\}$.

解 (1) $P\{1 \leqslant X < 5\} = F(5) - F(1) = \Phi\left(\dfrac{5-2}{3}\right) - \Phi\left(\dfrac{1-2}{3}\right) = \Phi(1) - \Phi\left(-\dfrac{1}{3}\right)$

$$= \Phi(1) - \left[1 - \Phi\left(\frac{1}{3}\right)\right] = 0.8413 + 0.6293 - 1 = 0.4706.$$

(2) $P\{|X-2| > 6\} = 1 - P\{|X-2| \leqslant 6\} = 1 - P\{-6 \leqslant X-2 \leqslant 6\}$

$$= 1 - P\{-4 \leqslant X \leqslant 8\} = 1 - \left[\Phi\left(\frac{8-2}{3}\right) - \Phi\left(\frac{-4-2}{3}\right) \right]$$

$$= 1 - [\Phi(2) - \Phi(-2)] = 1 - [\Phi(2) - 1 + \Phi(2)]$$

$$= 2[1 - \Phi(2)] = 2 \times (1 - 0.9772) = 0.0456.$$

(3) $P\{X > 0\} = 1 - P\{X \leqslant 0\} = 1 - \Phi\left(\frac{0-2}{3}\right)$

$$= 1 - \Phi\left(-\frac{2}{3}\right) = \Phi\left(\frac{2}{3}\right) = 0.7486.$$

例 2.4.8　将一温度调节器放置在贮存着某种液体的容器内. 调节器设定在 $d°C$，液体的温度 X 是一个随机变量，且 $X \sim N(d, 0.5^2)$.

(1)若 $d = 90$，求 X 小于 89 的概率.

(2)若要求保持液体的温度至少为 80 的概率不低于 0.99，问 d 至少为多少?

解　(1)所求的概率为

$$P\{X < 89\} = \Phi\left(\frac{89-90}{0.5}\right) = \Phi(-2) = 1 - \Phi(2) = 1 - 0.9772 = 0.0228.$$

(2)按题意要求 d 满足

$$0.99 \leqslant P\{X \geqslant 80\} = 1 - P\{X < 80\} = 1 - \Phi\left(\frac{80-d}{0.5}\right)$$

即

$$\Phi\left(\frac{80-d}{0.5}\right) \leqslant 1 - 0.99 = 1 - \Phi(2.327) = \Phi(-2.327),$$

所以 $\dfrac{80-d}{0.5} \leqslant -2.327$，即 $d > 81.1635$.

设 $X \sim N(\mu, \sigma^2)$，则

$P\{\mu - \sigma < X < \mu + \sigma\} = \Phi(1) - \Phi(-1) = 68.26\%$，

$P\{\mu - 2\sigma < X < \mu + 2\sigma\} = \Phi(2) - \Phi(-2) = 95.44\%$，

$P\{\mu - 3\sigma < X < \mu + 3\sigma\} = \Phi(3) - \Phi(-3) = 99.74\%$.

我们看到，尽管正态变量的取值范围是 $(-\infty, \infty)$，但它的值落在 $(\mu - 3\sigma, \mu + 3\sigma)$ 内几乎是肯定的事. 这就是所谓的"3σ 准则".

为了便于今后在数理统计中的应用，对于标准正态随机变量，我们引入上 α 分位点的定义.

设 $X \sim N(0, 1)$，对任给的 $0 < \alpha < 1$，

称满足条件

$$P\{X > u_\alpha\} = \alpha$$

的点 u_α 为标准正态分布的**上 α 分位点**.如图 2.5
所示.下面列出了几个常见的 u_α 的值：

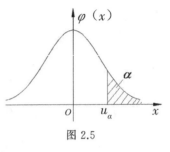

图 2.5

α	0.001	0.005	0.01	0.025	0.05	0.10
u_α	3.090	2.576	2.327	1.960	1.645	1.282

由标准正态分布的上 α 分位点的定义，容易得到

$$\Phi(u_\alpha) = 1 - \alpha .$$

设标准正态分布的上 α 分位点 u_α ，$-u_\alpha$ 表示 u_α 关于 y 轴的对称点.则由 $\varphi(x)$ 的对称性可知，$u_{1-\alpha} = -u_\alpha$.如图 2.6 所示.

正态分布是概率论中最重要的分布.这是因为：①正态分布是自然界及工程技术中最常见的分布之一，大量的随机现象都是服从或近似服从正态分布的.在第 5 章中心极限定理中我们将看到，如果一个随机指标受到诸多因素的影响，但其中任何一个因素都不起决定性作用，则该随机指标一定服从或近似服从正态分布.②正态分布有许多良好的性质，这些性质是其他许多分布所不具备的.③正态分布可以作为许多分布的近似分布.

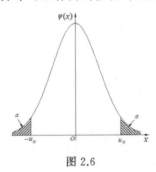

图 2.6

习题 2.4

1.设随机变量 X 的分布函数为

$$F(x) = \begin{cases} 1 - (1+x)e^{-x}, & x \geqslant 0, \\ 0, & x < 0. \end{cases}$$

求(1) X 的概率密度.

(2) $P\{X\leqslant 2\}$.

2.设随机变量 X 的概率密度为

$$f(x)=\frac{A}{e^{-x}+e^{x}}.$$

求(1)常数 A.

(2) $P\left\{0<X<\frac{1}{2}\ln 3\right\}$.

(3)分布函数 $F(x)$.

3.设连续型随机变量 X 的分布函数为

$$F(x)=\begin{cases}0,&x\leqslant-a,\\A+B\arcsin\dfrac{x}{a},&-a<x\leqslant a,\\1,&x>a.\end{cases}$$

其中 $a>0$,试求

(1)常数 A,B.

(2) $P\left\{\mid X\mid<\dfrac{a}{2}\right\}$.

(3)概率密度 $f(x)$.

4.设随机变量 X 的概率密度曲线如图 2.6 所示,其中 $a>0$.

(1)写出密度函数的表达式,求出 h.

(2)求分布函数 $F(x)$.

(3)求 $P\left\{\dfrac{a}{2}<X\leqslant a\right\}$.

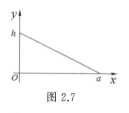

图 2.7

5.设随机变量 X 在 $[2,6]$ 上服从均匀分布,现对 X 进行三次独立观察,试求至少有两次观测值大于 3 的概率.

6.设随机变量 X 的概率密度为

$$f(x)=\begin{cases}3x^{2},&0<x<1,\\0,&其他.\end{cases}$$

以 Y 表示对 X 的三次独立重复观察中事件 $\left\{X\leqslant\dfrac{1}{2}\right\}$ 出现的次数,求

(1) $\left\{X\leqslant\dfrac{1}{2}\right\}$ 至少出现一次的概率;

(2) $\left\{X \leqslant \dfrac{1}{2}\right\}$ 恰好出现两次的概率.

7.设 X 为正态随机变量,且 $X \sim N(2, \sigma^2)$,又 $P\{2 < X < 4\} = 0.3$,求 $P\{X > 0\}$.

8.设随机变量 X 服从正态分布 $N(10, 4)$,求 a,使 $P\{|X - 10| < a\} = 0.9$.

9.设随机变量 X 服从正态分布 $N(60, 9)$,求分点 x_1,x_2,使 X 分别落在 $(-\infty, x_1)$,(x_1, x_2),(x_2, ∞) 的概率之比为 $3:4:5$.

10.某高校入学考试的数学成绩近似服从正态分布 $N(65, 100)$.如果 85 分以上为"优秀",问数学成绩为"优秀"的考生大致占总人数的百分之几?

§2.5 随机变量函数的分布

在许多实际问题中需要计算随机变量函数的分布律,例如在统计物理中,已知分子运动速度 X 的分布,要求其动能 $Y = mX^2/2$ 的分布律.这类问题既普遍又重要.下面要讨论的就是如何通过随机变量 X 的概率分布,求得 $Y = g(X)$ 的分布.

2.5.1 离散型随机变量函数的分布

设离散型随机变量 X 的分布律为 $P\{X = x_k\} = p_k$, $k = 1, 2, \cdots, g(x)$ 是已知的单值连续函数.若 $Y = g(X)$,则 Y 也是一个离散型随机变量.

例 2.5.1 设随机变量 X 的分布律如下表:

X	-1	0	1	2
p_k	0.2	0.3	0.1	0.4

求 $Y = (X - 1)^2$ 的分布律.

解 Y 所有可能取的值为 0,1,4,由

$P\{Y = 0\} = P\{X = 1\} = 0.1$;

$P\{Y = 1\} = P\{X = 0\} + P\{X = 2\} = 0.3 + 0.4 = 0.7$;

$P\{Y = 4\} = P\{X = -1\} = 0.2.$

得 Y 的分布律如下表:

X	0	1	4
p_k	0.1	0.7	0.2

这个例子阐明了求离散型随机变量函数的分布律的一般方法,归纳起来就是:

记 Y 所有可能取值的集合为 $\{y_i, i=1,2,\cdots\}$. 也就是说,对每个 y_i 来说,至少要有一个 x_k 使得 $y_i=g(x_k)$;对每个 x_k 来说,只有一个 y_i 与其对应,使得 $y_i=g(x_k)$. 对每个 y_i,将所有满足 $y_i=g(x_k)$ 式子中的 k 对应的 p_k 求和,并记此和为 q_i,则 $P\{Y=y_i\}=q_i, i=1,2,\cdots$ 就是随机变量 Y 的分布律.

2.5.2 连续型随机变量函数的分布

对于连续型随机变量 X,设其概率密度函数为 $f(x)$,若 $y=g(x)$ 是单值连续函数,如果 $Y=g(X)$ 是离散型随机变量,可用上面介绍的离散型的方法求得其分布律. 如果 $Y=g(X)$ 是连续型随机变量,则可以通过先求 Y 的分布函数 $F_Y(y)$:

$$F_Y(y)=P\{Y\leqslant y\}=P\{g(X)\leqslant y\}=\int_{g(x)\leqslant y}f(x)\mathrm{d}x,$$

再对 $F_Y(y)$ 求关于 y 的导数,就可以得到 $Y=g(X)$ 的概率密度函数 $f_Y(y)$. 这种方法称之为分布函数法.

1. $g(x)$ 是严格单调函数的情形

先看一个具体例题.

例 2.5.2 设随机变量 $X\sim N(0,1)$,$Y=\mathrm{e}^X$,求 Y 的概率密度.

解 设 $F_Y(y)$,$f_Y(y)$ 分别是随机变量 Y 的分布函数和概率密度. 则当 $y\leqslant 0$ 时,有

$$F_Y(y)=P\{Y\leqslant y\}=P\{\mathrm{e}^X\leqslant y\}=P(\varnothing)=0.$$

从而 $f_Y(y)=F_Y^{'}(y)=0$.

当 $y>0$ 时,因为 $g(x)=\mathrm{e}^x$ 是 x 的严格单调增函数,所以 $\{\mathrm{e}^X\leqslant y\}=\{X\leqslant \ln y\}$,因而

$$F_Y(y)=P\{Y\leqslant y\}=P\{\mathrm{e}^X\leqslant y\}=P\{X\leqslant \ln y\}=\frac{1}{\sqrt{2\pi}}\int_{-\infty}^{\ln y}\mathrm{e}^{-\frac{x^2}{2}}\mathrm{d}x,$$

两边求导,得

$$f_Y(y)=\frac{1}{\sqrt{2\pi}\,y}\mathrm{e}^{-\frac{(\ln y)^2}{2}}.$$

由此可得 Y 的概率密度函数为

$$f_Y(y) = \begin{cases} \dfrac{1}{\sqrt{2\pi}\,y}e^{-\frac{(\ln y)^2}{2}}, & y > 0, \\ 0, & y \leqslant 0. \end{cases}$$

一般地，对于 $y = g(x)$ 是严格单调函数的情形，有如下定理.

定理 2.2 设随机变量 X 的概率密度为 $f_X(x)$，$x \in (-\infty, \infty)$，$y = g(x)$ 为严格单调函数，其反函数 $x = h(y)$ 有连续导函数，则 $Y = g(X)$ 是连续型随机变量，其概率密度为

$$f_Y(y) = \begin{cases} f_X[h(y)]|h'(y)|, & a < y < b, \\ 0, & \text{其他.} \end{cases}$$

其中 $a = \min\{g(-\infty), g(+\infty)\}$，$b = \max\{g(-\infty), g(+\infty)\}$.

证 若 $y = g(x)$ 为严格单调增函数，则其反函数 $x = h(y)$ 存在且也严格单调增函数. 由 a 和 b 的定义知，若 $y \leqslant a$，则 $\{Y \leqslant y\} = \varnothing$，此时 $F_Y(y) = 0$，从而 $f_Y(y) = F_Y'(y) = 0$. 若 $y \geqslant b$，则 $\{Y \leqslant y\} = \Omega$，此时 $F_Y(y) = 1$，从而 $f_Y(y) = F_Y'(y) = 0$.

若 $a < y < b$，则

$$F_Y(y) = P\{Y \leqslant y\} = P\{g(X) \leqslant y\} = P\{X \leqslant h(y)\} = \int_{-\infty}^{h(y)} f_X(x)\,\mathrm{d}x,$$

对上式两端求导，得

$$f_Y(y) = f_X[h(y)]h'(y).$$

所以

$$f_Y(y) = \begin{cases} f_X[h(y)]h'(y), & a < y < b, \\ 0, & \text{其他.} \end{cases}$$

同理，当 $y = g(x)$ 为严格单调减函数时，有

$$f_Y(y) = \begin{cases} -f_X[h(y)]h'(y), & a < y < b, \\ 0, & \text{其他.} \end{cases}$$

由此证得

$$f_Y(y) = \begin{cases} f_X[h(y)]|h'(y)|, & a < y < b, \\ 0, & \text{其他.} \end{cases}$$

例 2.5.3 设随机变量 X 的概率密度为

$$f_X(x) = \begin{cases} |x|, & -1 < x < 1, \\ 0, & \text{其他.} \end{cases}$$

求随机变量 $Y = 2X + 1$ 的概率密度.

解 $y = 2x + 1$ 在 $(-\infty, +\infty)$ 内单调增加，其反函数为 $x = (y-1)/2$，由定理 2.2 知

$$f_Y(y) = f_X\left(\frac{y-1}{2}\right)\left(\frac{y-1}{2}\right)' = \begin{cases} \dfrac{|y-1|}{4}, & -1 < \dfrac{y-1}{2} < 1, \\ 0, & \text{其他}. \end{cases}$$

$$= \begin{cases} \dfrac{|y-1|}{4}, & -1 < y < 3, \\ 0, & \text{其他}. \end{cases}$$

例 2.5.4　设 $X \sim N(\mu, \sigma^2)$，试求 $Y = (X - \mu)/\sigma$ 的概率密度.

解　因 $g(x) = (x - \mu)/\sigma$ 单调增加，其反函数为 $h(y) = \mu + \sigma y$，于是可得

$$f_Y(y) = f_X[h(y)]h'(y) = \frac{1}{\sqrt{2\pi}\,\sigma}\mathrm{e}^{-\frac{(\sigma y + \mu - \mu)^2}{2\sigma^2}} \cdot \sigma = \frac{1}{\sqrt{2\pi}}\mathrm{e}^{-\frac{y^2}{2}}, \quad -\infty < y < \infty,$$

即 $Y \sim N(0, 1)$.

称 $Y = \dfrac{X - \mu}{\sigma}$ 为正态分布 $N(\mu, \sigma^2)$ 的标准化随机变量.

2. $g(x)$ 是非单调函数的情形

当 $g(x)$ 不是单调函数时，有如下定理.

定理 2.3　如果 $y = g(x)$ 在不相重叠的区间 I_1, I_2, … 上逐段严格单调可导，其反函数分别为 $h_1(y)$, $h_2(y)$, …，那么 $Y = g(X)$ 的概率密度函数为

$$f_Y(y) = f_X[h_1(y)]\,|h_1'(y)| + f_X[h_2(y)]\,|h_2'(y)| + \cdots.$$

例 2.5.5　设随机变量 X 的概率密度为 $f_X(x)$，$x \in (-\infty, \infty)$，试求随机变量 $Y = cX^2$ 的概率密度，这里 $c > 0$ 为常数.

解法一　应用分布函数法. 由于 $Y = cX^2 \geqslant 0$，所以

当 $y \leqslant 0$ 时，$F_Y(y) = P\{Y \leqslant y\} = 0$.

当 $y > 0$ 时，有

$$F_Y(y) = P\{Y \leqslant y\} = P\{cX^2 \leqslant y\} = \{-\sqrt{y/c} \leqslant X \leqslant \sqrt{y/c}\} = \int_{-\sqrt{y/c}}^{\sqrt{y/c}} f_X(x)\mathrm{d}x,$$

再由 $f_Y(y) = F_Y'(y)$，得

$$f_Y(y) = \begin{cases} \dfrac{1}{2\sqrt{cy}}\left[f_X\left(\sqrt{y/c}\right) + f_X\left(-\sqrt{y/c}\right)\right], & y > 0, \\ 0, & y \leqslant 0. \end{cases}$$

解法二　显然，当 $y \leqslant 0$ 时，$f_Y(y) = 0$.

当 $y > 0$ 时，由于当 $x \geqslant 0$ 时，$y = g(x) = cx^2$ 严格单调增；当 $x < 0$ 时，$y = g(x) = cx^2$ 严格单调减. 它的反函数为：当 $x \geqslant 0$ 时，$x = h_1(y) =$

$\sqrt{y/c}$ ；当 $x < 0$ 时，$x = h_2(y) = -\sqrt{y/c}$ ，故由定理 2.4 得

$$f_Y(y) = f_X[h_1(y)]h_1{}'(y) - f_X[h_2(y)]h_2{}'(y)$$

$$= f_X(\sqrt{y/c})(\sqrt{y/c})' - f_X((-\sqrt{y/c})(-\sqrt{y/c})'$$

$$= \frac{1}{2\sqrt{cy}}[f_X(\sqrt{y/c}) + f_X(-\sqrt{y/c})]$$

由此得 Y 的概率密度函数为

$$f_Y(y) = \begin{cases} \dfrac{1}{2\sqrt{cy}}[f_X(\sqrt{y/c}) + f_X(-\sqrt{y/c})], & y > 0, \\ 0, & y \leqslant 0. \end{cases}$$

由以上几例可以看出，连续型随机变量的函数的分布一般情况下仍然是连续型随机变量，但是值得注意的是有些情况并非如此，如下例所示.

例 2.5.6 设加工零件的尺寸误差 $X \sim N(0, \sigma^2)$，有时正误差和负误差所产生的后果不同. 若用 Y 表示由误差所引起的损失，设为

$$Y = \begin{cases} a, & X \geqslant 0, \\ b, & X < 0. \end{cases}$$

这里 $a \neq b$ ，Y 取两个值 a 和 b ，其概率分别为

$$P\{Y = a\} = P\{X \geqslant 0\} = 0.5, \quad P\{Y = b\} = P\{X < 0\} = 0.5.$$

由此知，Y 是离散型随机变量.

2.5.3 由随机变量分布函数引出的三个变换

连续型随机变量 X 的分布函数 $F(x)$ 是连续非降的，以其为基础构造的随机变量在理论研究与应用中都具有特殊的意义，下面是三个具体的例子.

例 2.5.7 设 X 是连续型随机变量，其概率分布函数 $F_X(x)$ 连续且严格递增，求 $Y = F_X(X)$ 所服从的概率分布律.

解 由于 $F_X(x)$ 连续且严格递增，所以其反函数 F_X^{-1} 存在，且也是严格递增的. 由分布函数的定义，$Y = F_X(X)$ 的概率分布函数为

$$F_Y(y) = P\{Y \leqslant y\} = P\{F_X(X) \leqslant y\}.$$

因为 $F_X(x)$ 的值域为 $[0,1]$ ，所以，当 $y < 0$ 时，$\{F_X(X) \leqslant y\}$ 是不可能事件，从而 $F_Y(y) = 0$；当 $0 \leqslant y < 1$ 时，有

$$F_Y(y) = P\{F_X(X) \leqslant y\} = P\{X \leqslant F_X^{-1}(y)\} = F_X(F_X^{-1}(y)) = y;$$

当 $y \geqslant 1$ 时，$\{F_X(X) \leqslant y\}$ 是必然事件，从而 $F_Y(y) = 1$. 由此得 $Y = F_X(X)$ 的分布函数为

$$F_Y(y) = \begin{cases} 0, & y < 0, \\ y, & 0 \leqslant y < 1, \\ 1, & y \geqslant 1. \end{cases}$$

显然，这是在 $[0,1]$ 上服从均匀分布的随机变量的分布函数，即 $Y = F_X(X) \sim U[0,1]$.

例 2.5.8 设 $Y \sim U[0,1]$，函数 $y = F(x)$ 满足概率分布函数的三种性质：

(1) 单调不减.

(2) $F(-\infty) = \lim\limits_{x \to -\infty} F(x) = 0$，$F(+\infty) = \lim\limits_{x \to +\infty} F(x) = 1$.

(3) $F(x)$ 是右连续的. 求 $X = F^{-1}(Y)$ 所服从的概率分布.

解 由分布函数的定义，有

$$F_X(x) = P\{X \leqslant x\} = P\{F^{-1}(Y) \leqslant x\} = P\{Y \leqslant F(x)\} .$$

由于 $Y \sim U[0,1]$，$0 \leqslant F(x) \leqslant 1$，所以

$$F_X(x) = P\{Y \leqslant F(x)\} = \int_{-\infty}^{F(x)} f_Y(y)\mathrm{d}y = \int_0^{F(x)} 1\mathrm{d}y = F(x) .$$

由此例知，只要 $F(x)$ 满足概率分布函数的三种性质，就一定存在其概率分布函数为 $F(x)$ 的随机变量 X. 据此结论，我们可以从在 $[0,1]$ 上服从均匀分布的随机变量 Y 出发，构造出具有任意给定概率分布函数的随机变量 X. 也就是说，只要我们能产生在 $[0,1]$ 上均匀分布的随机变量 Y 的样本(观察值)，我们就能通过 $X = F^{-1}(Y)$ 产生分布函数为 $F(x)$ 的随机变量的样本，这个结论在蒙特卡洛方法中具有广泛的应用. 通常实际的做法是在计算机上产生在 $[0,1]$ 上均匀分布的随机变量 Y 的样本(或称之为均匀分布随机数)，再利用变换 $X = F^{-1}(Y)$ 得到任意分布的随机数.

例 2.5.9 设连续型随机变量 X 的概率分布函数 $F_X(x)$ 连续且严格递增，求

$$Z = -\frac{1}{\lambda} \ln[1 - F_X(X)]$$

的概率分布密度函数.

解 由例 2.5.7 知 $Y = F_X(X) \sim U[0,1]$，记其概率密度为 $f_Y(y)$. $Z = -\frac{1}{\lambda} \ln[1 - Y]$ 的概率分布函数为

$$F_Z(z) = P\{Z \leqslant z\} = P\left\{-\frac{1}{\lambda} \ln(1 - Y) \leqslant z\right\} = P\{\ln(1 - Y) \geqslant -\lambda z\}$$
$$= P\{Y \leqslant 1 - \mathrm{e}^{-\lambda z}\} = F_Y(1 - \mathrm{e}^{-\lambda z}) ,$$

对上式求导，得 Z 的概率密度函数为

$$f_Z(z) = F_Z{}'(z) = \frac{\mathrm{d}}{\mathrm{d}t} F_Y(t)\big|_{t = 1 - \mathrm{e}^{-\lambda z}} (1 - \mathrm{e}^{-\lambda z})' = \lambda \mathrm{e}^{-\lambda z} f_Y(1 - \mathrm{e}^{-\lambda z}) .$$

因 $Y \sim U[0,1]$，所以，当 $0 \leqslant 1 - \mathrm{e}^{-\lambda z} \leqslant 1$，即 $z \geqslant 0$ 时，$f_Y(1 - \mathrm{e}^{-\lambda z}) = 1$；在 $z < 0$ 时，$f_Y(1 - \mathrm{e}^{-\lambda z}) = 0$. 由此得

$$f_Z(z) = \begin{cases} \lambda \, e^{-\lambda z}, & z \geqslant 0, \\ 0, & z < 0. \end{cases}$$

上述结论说明随机变量 Z 服从参数为 λ 的指数分布，即

$$Z = -\frac{1}{\lambda} \ln[1 - F_X(X)] \sim E(\lambda).$$

习题 2.5

1.设随机变量 X 的分布律如下表所示.

X	-2	-1	0	1	3
p_k	$\dfrac{1}{5}$	$\dfrac{1}{6}$	$\dfrac{1}{5}$	$\dfrac{1}{15}$	$\dfrac{11}{30}$

求 $Y = X^2$ 的分布律.

2.设随机变量 X 在 $(0, 1)$ 上服从均匀分布.(1)求 $Y = e^X$ 的概率密度；(2)求 $Y = -2\ln X$ 的概率密度.

3.设 $X \sim N(0, 1)$.

(1)求 $Y = e^X$ 的概率密度.

(2)求 $Y = 2X^2 + 1$ 的概率密度.

(3)求 $Y = |X|$ 的概率密度.

4.(1)设随机变量 X 的概率密度为 $f(x)$，$-\infty < x < \infty$. 求 $Y = X^3$ 的概率密度.

(2)设随机变量 X 的概率密度为

$$f(x) = \begin{cases} e^{-x}, & x > 0, \\ 0, & \text{其他}. \end{cases}$$

求 $Y = X^2$ 的概率密度.

5.设随机变量 X 的概率密度为

$$f(x) = \begin{cases} \dfrac{2x}{\pi^2}, & 0 < x < \pi, \\ 0, & \text{其他}. \end{cases}$$

求 $Y = \sin X$ 的概率密度.

6.随机变量 X 服从 $\left[0, \dfrac{\pi}{2}\right]$ 上的均匀分布，$Y = \cos X$，求 Y 的概率密度 $f_Y(y)$.

总习题 2

1.$f(x) = \begin{cases} \dfrac{x}{c} e^{-\frac{x^2}{2c}}, & x > 0, \\ 0, & x \leqslant 0. \end{cases}$ 其中 $c > 0$,问 $f(x)$ 是否为密度函数,为什么?

2.下列函数能否为某随机变量的分布函数.

$$F_1(x) = \begin{cases} 0, & x < 0, \\ \sin x, & 0 \leqslant x < \dfrac{\pi}{2}, \\ 1, & x \geqslant \dfrac{\pi}{2}. \end{cases} \qquad F_2(x) = \begin{cases} 0, & x < 0, \\ \dfrac{\ln(1+x)}{1+x}, & x \geqslant 0. \end{cases}$$

3.一箱产品 20 件,其中有 5 件优质品,不放回地抽取,每次一件,共抽取两次,求取到的优质品件数 X 的概率分布.

4.已知 $P\{X = n\} = P^n$,(1) n $= 1,2,3,\cdots$,求 P 的值.(2) n $= 2,4,6,\cdots$,求 P 的值.

5.随机变量 X 只取 1,2,3 共三个值,其取各个值的概率均大于零且不相等并又组成等差数列,求 X 的概率分布.

6.已知 $P\ \{X = m\} = \dfrac{c\lambda^m}{m\ !}e^{-\lambda}, m = 1,2,3,\cdots$,且 $\lambda > 0$,求常数 c.

7.某种型号的电子管寿命 X(以小时计)具有以下概率密度

$$f(x) = \begin{cases} \dfrac{1000}{x^2}, & x > 1000, \\ 0, & \text{其他}. \end{cases}$$

现有一大批此种管子(设各电子管损坏与否相互独立),任取 5 只,问其中至少有 2 只寿命大于 1500 小时的概率是多少?

8.已知随机变量 X 的密度函数为 $f(x) = Ae^{-|x|}$,$-\infty < x < +\infty$,确定系数 A;计算 $P\{|X| \leqslant 1\}$.

9.设 K 在 $(0,5)$ 内服从均匀分布,求方程 $4x^2 + 4Kx + K + 2 = 0$ 有实根的概率.

10.设连续型随机变量 $X \sim N(3,4)$,(1)求 $P\{2 < X \leqslant 5\}$, $P\{|X| > 2\}$;(2)确定常数 C 使 $P\{X \leqslant C\} = P\{X > C\}$.

11.随机变量 $X \sim f(x)$,并且 $f(x) = \dfrac{a}{\pi(1+x^2)}$,确定 a 的值;求分布函数 $F(x)$;计算 $P\ \{|X| < 1\}$.

12.随机变量 X 的分布函数为 $F(x) = \begin{cases} 0, & x \leqslant 0 \\ 1 - \dfrac{a^2x^2 + 2ax + 2}{2}e^{-ax}, & x > 0 \end{cases}$ $(a > 0)$,求 X 的概率密度并计算 $P\ \left\{0 < X < \dfrac{1}{a}\right\}$.

13.随机变量 $X \sim f(x)$,当 $x \geqslant 0$ 时,$f(x) = \dfrac{2}{\pi(1+x^2)}$,$Y = \arctan X$,$Z = \dfrac{1}{X}$,分别计算随机变量 Y 与 Z 的概率密度 $f_Y(y)$ 与 $f_Z(z)$.

14.一个质点在半径为 R,圆心在原点的圆的上半圆周上随机游动.求该质点横坐标 X 的密度函数 $f_X(x)$.

第3章 多维随机变量及其分布

在第 2 章中，我们仅讨论了一个随机变量的情形，但在很多问题中，只用一个随机变量来描述随机现象往往是不够的，需要涉及多个随机变量. 例如打靶时，弹着点的位置需要由它的横坐标和纵坐标来确定，这就涉及两个随机变量：横坐标 X 和纵坐标 Y；雷达跟踪飞机的飞行轨迹，飞机(的重心)在空中的位置由三个随机变量(三个坐标)来确定. 这些随机变量之间一般都有某种联系，因此要把他们作为一个整体来研究.

由于二维随机变量与 n 维随机变量没有本质的区别，本章中主要讨论二维随机变量.

§3.1 二维随机变量

3.1.1 二维随机变量的联合分布函数

定义 3.1 设 E 是一个随机试验，它的样本空间是 $\Omega = \{\omega\}$，设 $X = X(\omega)$ 和 $Y = Y(\omega)$ 是定义在 Ω 上的随机变量，由它们构成一个向量 (X, Y)，称其为**二维随机向量**或**二维随机变量**.

由定义 3.1 知，二维随机变量 (X,Y) 把随机试验 E 的每一结果 ω 与平面上唯一的点 $(X(\omega), Y(\omega))$ 对应起来，如图 3.1 所示. 因此，研究随机事件的概率就转化为研究随机变量在平面上某一区域取值的概率.

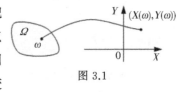

图 3.1

二维随机变量 (X,Y) 的性质不仅与 X 及 Y 有关，而且还依赖于这两个随机变量的相互关系，因此，仅仅逐个研究 X 和 Y 的性质是不够的，必须把 (X,Y) 作为一个整体来研究.

同一维的情况类似,利用分布函数来对二维随机变量进行研究.

定义 3.2　设 (X,Y) 是二维随机变量,对于任意实数 x , y ,二元函数

$$F(x,y) = P\{X \leqslant x, Y \leqslant y\} \tag{3.1}$$

称为二维随机变量 (X,Y) 的**联合分布函数**,或称为 (X,Y) 的**分布函数**.

如果将二维随机变量 (X,Y) 看成是平面上随机点的坐标,那么,分布函数 $F(x,y)$ 在 (x,y) 处的函数值就是随机点 (X,Y) 落在以点 (x,y) 为顶点的左下无穷矩形区域内的概率,如图 3.2 所示.

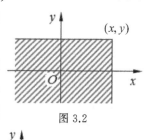

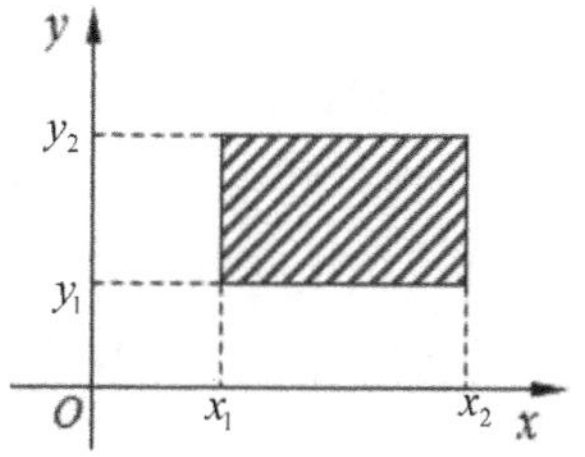

图 3.2

由上面的几何解释,给定联合分布函数,借助图 3.3 容易得出随机点 (X,Y) 落在矩形域 $\{x_1 < x \leqslant x_2, y_1 < y \leqslant y_2\}$ 内的概率为

$$P\{x_1 < x \leqslant x_2, y_1 < y \leqslant y_2\}$$
$$= F(x_2, y_2) - F(x_2, y_1) + F(x_1, y_1) - F(x_1, y_2).$$

图 3.3

$$\tag{3.2}$$

由分布函数 $F(x,y)$ 的定义及概率的性质可以证明 $F(x,y)$ 具有以下基本性质:

(1) $F(x,y)$ 分别关于 x 和 y 单调不减,即对于任意固定的 y ,当 $x_1 < x_2$ 时, $F(x_1,y) \leqslant F(x_2,y)$;对于任意固定的 x ,当 $y_1 < y_2$ 时, $F(x,y_1) \leqslant F(x,y_2)$.

(2) $0 \leqslant F(x,y) \leqslant 1$, $-\infty < x < +\infty$, $-\infty < y < +\infty$,且对任意固定的 x , $y \in \mathrm{R}$ 有

$$F(-\infty, y) = \lim_{x \to -\infty} F(x,y) = 0,$$
$$F(x, -\infty) = \lim_{y \to -\infty} F(x,y) = 0,$$
$$F(-\infty, -\infty) = \lim_{\substack{x \to -\infty \\ y \to -\infty}} F(x,y) = 0,$$
$$F(+\infty, +\infty) = \lim_{\substack{x \to +\infty \\ y \to +\infty}} F(x,y) = 1.$$

(3) $F(x,y)$ 对每个自变量都右连续,即有

$$F(x+0, y) = F(x,y) ; F(x, y+0) = F(x,y).$$

(4)对任意的 $x_1, x_2 (x_1 < x_2)$ 及 $y_1, y_2 (y_1 < y_2)$,有

$$F(x_2, y_2) - F(x_2, y_1) + F(x_1, y_1) - F(x_1, y_2) \geqslant 0.$$

此性质由式(3.2)即可得到.

注 (1) 满足上面四条性质的二元函数可作为某个二维随机变量的分布函数.

(2) 满足前三条性质但不满足性质(4)的二元函数一定不是二维随机变量的分布函数. 如

$$F(x,y)=\begin{cases}0, & x+y<0,\\1, & x+y\geqslant 0,\end{cases}$$

满足性质(1),(2),(3),但

$$F(1,1)-F(1,-1)-F(-1,1)+F(-1,-1)=1-1-1+0=-1<0,$$

即它不满足性质(4),故 $F(x,y)$ 不能成为某二维随机变量的分布函数.

二维随机变量 (X,Y) 作为一个整体,具有分布函数 $F(x,y)$,其分量 X 和 Y 都是随机变量,它们也有自己的分布函数,将其分别记为 $F_X(x)$,$F_Y(y)$,依次称为二维随机变量 (X,Y) 关于 X 和 Y 的**边缘分布函数**. X 和 Y 的边缘分布函数,就是一维随机变量 X 和 Y 的分布函数. 由分布函数的定义,有

$$F_X(x)=P\{X\leqslant x\}=P\{X\leqslant x,Y<+\infty\}=\lim_{y\to+\infty}F(x,y)=F(x,+\infty),$$

即

$$F_X(x)=F(x,+\infty).\tag{3.3}$$

同理可得

$$F_Y(y)=F(+\infty,y).\tag{3.4}$$

例 3.1.1 设二维随机变量 (X,Y) 的分布函数为

$$F(x,y)=A\left(B+\arctan\frac{x}{2}\right)\left(C+\arctan\frac{y}{3}\right),\ x,y\in\mathbb{R}.$$

求:(1) 常数 A,B,C.

(2) 事件 $\{2<X<+\infty,0<Y\leqslant 3\}$ 的概率.

(3) 求关于 X 和 Y 的边缘分布函数.

解 (1) 由分布函数的性质(2)知

$$F(x,-\infty)=A\left(B+\arctan\frac{x}{2}\right)\left(C-\frac{\pi}{2}\right)=0,$$

$$F(-\infty,y)=A\left(B-\frac{\pi}{2}\right)\left(C+\arctan\frac{y}{3}\right)=0,$$

$$F(+\infty,+\infty)=A\left(B+\frac{\pi}{2}\right)\left(C+\frac{\pi}{2}\right)=1.$$

由此解得 $A=\dfrac{1}{\pi^2}$,$B=C=\dfrac{\pi}{2}$. 从而有

$$F(x,y)=\left(\frac{1}{2}+\frac{1}{\pi}\arctan\frac{x}{2}\right)\left(\frac{1}{2}+\frac{1}{\pi}\arctan\frac{y}{3}\right).$$

（2）由式(3.2)及上式可得

$$P\{2<X<+\infty,0<Y\leqslant3\}=F(+\infty,3)-F(+\infty,0)-F(2,3)+F(2,0)$$

$$=\frac{3}{4}-\frac{1}{2}-\frac{9}{16}+\frac{3}{8}=\frac{1}{16}.$$

（3）由式(3.3)可得关于 X 的边缘分布函数为

$$F_X(x)=F(x,+\infty)=\frac{1}{2}+\frac{1}{\pi}\arctan\frac{x}{2}.$$

同理可得关于 Y 的边缘分布函数为

$$F_Y(y)=F(+\infty,y)=\frac{1}{2}+\frac{1}{\pi}\arctan\frac{y}{3}.$$

3.1.2 二维离散型随机变量及其概率分布

如果二维随机变量 (X,Y) 的每个分量都是离散型随机变量，则称 (X,Y) 是**二维离散型随机变量**. 因为离散型随机变量只能取有限或无限可列个值，所以二维随机变量 (X,Y) 只能取有限多对或无限可列多对数值.

定义 3.3 设二维离散型随机变量 (X,Y) 所有可能的取值为 (x_i,y_j)，且取这些值的概率为

$$P\{X=x_i,Y=y_j\}=p_{ij},\ i,j=1,2,\cdots, \tag{3.5}$$

称式(3.5)为二维离散型随机变量 (X,Y) 的**联合分布律**，或称为随机变量 (X,Y) 的**分布律**.

X 和 Y 的联合分布律也可以用表来表示：

Y X	y_1	y_2	$\cdots$	y_j	$\cdots$
x_1	p_{11}	p_{12}	$\cdots$	p_{1j}	$\cdots$
x_2	p_{21}	p_{22}	$\cdots$	p_{2j}	$\cdots$
$\vdots$	$\vdots$	$\vdots$		$\vdots$	
x_i	p_{i1}	p_{i2}	$\cdots$	p_{ij}	$\cdots$
$\vdots$	$\vdots$	$\vdots$		$\vdots$	

由概率性质知，p_{ij} 应满足

（1）$p_{ij}\geqslant0$，对任意的 i,j.

（2）$\displaystyle\sum_{i=1}^{\infty}\sum_{j=1}^{\infty}p_{ij}=1.$ \qquad (3.6)

若将 (X,Y) 看成一个随机点的坐标,由图 3.2 知道离散型随机变量 X 和 Y 的联合分布函数为

$$F(x,y) = \sum_{x_i \leqslant x} \sum_{y_j \leqslant y} p_{ij}, \tag{3.7}$$

其中和式(3.7)是对一切满足 $x_i \leqslant x$,$y_j \leqslant y$ 的 i,j 来求和的.

例 3.1.2 一口袋中装有三个球,上面依次标有数字 1, 2, 2.从中任取一球后不放回,再取一球,设每次取球时袋中各球被取到的可能性相同,以 X 和 Y 表示第一次和第二次取出的球上标有的数字,求二维随机变量 (X,Y) 的联合分布律.

解 由题意,(X,Y) 的可能取值为 $(1,2)$,$(2,1)$,$(2,2)$.

由乘法公式得

$$P\{X=1,Y=2\} = \frac{1}{3} \times \frac{2}{2} = \frac{1}{3}, \quad P\{X=2,Y=1\} = \frac{2}{3} \times \frac{1}{2} = \frac{1}{3},$$

$$P\{X=2,Y=2\} = \frac{2}{3} \times \frac{1}{2} = \frac{1}{3}.$$

另外,事件 $\{X=1,Y=1\}$ 为不可能事件,所以 $P\{X=1,Y=1\}=0$,于是二维随机变量 (X,Y) 的分布律为

X \ Y	1	2
1	0	$\frac{1}{3}$
2	$\frac{1}{3}$	$\frac{1}{3}$

设 (X,Y) 是二维离散型随机变量,其联合分布律为

$$P\{X=x_i, Y=y_j\} = p_{ij}, \quad i,j = 1,2\cdots.$$

由式(3.3)可得

$$F_X(x) = F(x, +\infty) = \sum_{x_i \leqslant x} \sum_{j=1}^{\infty} p_{ij}.$$

于是,X 的分布律为

$$P\{X=x_i\} = \sum_{j=1}^{\infty} p_{ij}, \quad i = 1,2\cdots. \tag{3.8}$$

同样,Y 的分布律为

$$P\{Y=y_j\} = \sum_{i=1}^{\infty} p_{ij}, \quad j = 1,2,\cdots. \tag{3.9}$$

记

$$p_{i.} = \sum_{j=1}^{\infty} p_{ij} = P\{X = x_i\}, i = 1, 2, \cdots ; \quad p_{.j} = \sum_{i=1}^{\infty} p_{ij} = P\{Y = y_j\}, j = 1,$$

$2, \cdots$.

分别称 $p_{i.}$，$p_{.j}$，$i, j = 1, 2, \cdots$ 为 (X, Y) 关于 X 和关于 Y 的**边缘分布律**(注意，记号 $p_{i.}$ 中的"·"表示 $p_{i.}$ 是由 p_{ij} 关于 j 求和后得到的；同样，$p_{.j}$ 是由 p_{ij} 关于 i 求和后得到的). 关于 X 的边缘分布律可表示为

X	x_1	x_2	$\cdots$	x_i	$\cdots$
$p_{i.}$	$p_{1.}$	$p_{2.}$	$\cdots$	$p_{i.}$	$\cdots$

关于 Y 的边缘分布律为

Y	y_1	y_2	$\cdots$	y_j	$\cdots$
$p_{.j}$	$p_{.1}$	$p_{.2}$	$\cdots$	$p_{.j}$	$\cdots$

例 3.1.3　从三张分别标有 1，2，3 号的卡片中任意抽取一张，以 X 记其号码，放回之后拿掉三张中号码大于 X 的卡片(如果有的话)，再从剩下的卡片中任意抽取一张，以 Y 记其号码. 求二维随机变量 (X, Y) 的联合分布和边缘分布.

解　依题意，X 的所有可能取值为 1，2，3，Y 的所有可能取值也是 1，2，3. 由乘法公式知

$$P\{X = i, Y = j\} = P\{X = i\}P\{Y = j \mid X = i\}, i, j = 1, 2, 3.$$

由此得到 X 和 Y 的联合分布和边缘分布律如表所示：

X ＼ Y	1	2	3	$p_{i.}$
1	$\dfrac{1}{3}$	0	0	$\dfrac{1}{3}$
2	$\dfrac{1}{6}$	$\dfrac{1}{6}$	0	$\dfrac{1}{3}$
3	$\dfrac{1}{9}$	$\dfrac{1}{9}$	$\dfrac{1}{9}$	$\dfrac{1}{3}$
$p_{.j}$	$\dfrac{11}{18}$	$\dfrac{5}{18}$	$\dfrac{2}{18}$	1

在上表中，中间部分是 (X, Y) 的联合分布律，而边缘部分是 X 和 Y 的边缘分布律，它们是由联合分布求同一行或同一列的和而得到的，"边缘"二字即从上表外形得到. 关于 X 和 Y 的边缘分布律分别为

X	1	2	3
p_k	$\dfrac{1}{3}$	$\dfrac{1}{3}$	$\dfrac{1}{3}$

Y	1	2	3
p_k	$\dfrac{11}{18}$	$\dfrac{5}{18}$	$\dfrac{2}{18}$

3.1.3 二维连续型随机变量及其概率分布

定义 3.4 设 $F(x,y)$ 是二维随机变量 (X,Y) 的分布函数,如果存在非负可积函数 $f(x,y)$,使对任意的 x,y 有

$$F(x,y) = \int_{-\infty}^{y} \int_{-\infty}^{x} f(u,v) \mathrm{d}u \mathrm{d}v, \tag{3.10}$$

则称 (X,Y) 为**二维连续型随机变量**,函数 $f(x,y)$ 称为二维随机变量 (X,Y) 的**概率密度**,或称为随机变量 X 和 Y 的**联合概率密度**.

概率密度 $f(x,y)$ 具有以下性质:

(1) $f(x,y) \geqslant 0$.

(2) $\int_{-\infty}^{+\infty} \int_{-\infty}^{+\infty} f(x,y) \mathrm{d}x \mathrm{d}y = F(+\infty,+\infty) = 1.$

若一个二元函数具有以上两个性质,则此二元函数可作为某二维随机变量的联合概率密度.

此外,联合概率密度还具有以下性质:

(3) 在 $f(x,y)$ 的连续点 (x,y) 处,有

$$\frac{\partial^2 F(x,y)}{\partial x \partial y} = f(x,y).$$

(4) 设 G 是 xOy 平面上的区域,随机点 (X,Y) 落在区域 G 内的概率为

$$P\{(X,Y) \in G\} = \iint_G f(x,y) \mathrm{d}x \mathrm{d}y. \tag{3.11}$$

在几何上,$z = f(x,y)$ 表示空间的一个曲面,它位于 xOy 平面的上方. 由性质(2)知,介于它和 xOy 平面的空间区域的体积为 1.由性质(4)知,$P\{(X,Y) \in G\}$ 的值等于以 G 为底,以曲面 $z = f(x,y)$ 为曲顶的曲顶柱体的体积.

由式(3.3)得 X 的分布函数为

$$F_X(x) = F(x,+\infty) = \int_{-\infty}^{+\infty} \left[\int_{-\infty}^{x} f(u,y) \mathrm{d}u \right] \mathrm{d}y = \int_{-\infty}^{x} \left[\int_{-\infty}^{+\infty} f(u,y) \mathrm{d}y \right] \mathrm{d}u.$$

记 $f_X(u) = \int_{-\infty}^{+\infty} f(u,y) \mathrm{d}y$,则有 $F_X(x) = \int_{-\infty}^{x} f_X(u) \mathrm{d}u$. 从而知 X 是一个连续型随机变量,其概率密度为

$$f_X(x) = \int_{-\infty}^{+\infty} f(x,y) \mathrm{d}y. \tag{3.12}$$

同样,Y 也是一个连续型随机变量,其概率密度为

$$f_Y(y) = \int_{-\infty}^{+\infty} f(x,y) \mathrm{d}x. \tag{3.13}$$

分别称 $f_X(x)$，$f_Y(y)$ 为二维随机变量 (X,Y) 关于 X 和关于 Y 的**边缘概率密度**.

　　例 3.1.4　设二维随机变量 (X,Y) 具有概率密度

$$f(x,y)=\begin{cases} c\,\mathrm{e}^{-2x-y}, & x\geqslant 0, y\geqslant 0, \\ 0, & 其他. \end{cases}$$

试求：(1) 常数 c．

(2) 分布函数 $F(x,y)$．

(3) $P\{(X,Y)\in G\}$，其中 G 是直线 $y=2$，$x=1$，x 轴和 y 轴所围成的区域．

　　解　(1) 由联合概率密度的性质，有

$$1=c\int_0^{+\infty}\mathrm{e}^{-2x}\mathrm{d}x\int_0^{+\infty}\mathrm{e}^{-y}\mathrm{d}y=c\left(-\frac{1}{2}\mathrm{e}^{-2x}\right)\Big|_0^{+\infty}\cdot(-\mathrm{e}^{-y})\,|_0^{+\infty}=c\times\frac{1}{2}\times 1,$$

故 $c=2$．

　　(2) 由分布函数的定义，有

$$F(x,y)=P\{X\leqslant x, Y\leqslant y\}=\int_{-\infty}^y\int_{-\infty}^x f(u,v)\mathrm{d}u\,\mathrm{d}v，$$

当 $x<0$ 或 $y<0$ 时，$f(x,y)=0$，所以 $F(x,y)=0$. 当 $x\geqslant 0$ 且 $y\geqslant 0$ 时，有

$$F(x,y)=P\{X\leqslant x, Y\leqslant y\}=\int_{-\infty}^y\int_{-\infty}^x f(u,v)\mathrm{d}u\,\mathrm{d}v=\int_0^y\int_0^x 2\mathrm{e}^{-2u-v}\mathrm{d}u\,\mathrm{d}v$$

$$=2\int_0^x\mathrm{e}^{-2u}\mathrm{d}u\int_0^y\mathrm{e}^{-v}\mathrm{d}v=(-\mathrm{e}^{-2u})\,|_0^x(-\mathrm{e}^{-v})\,|_0^y$$

$$=(1-\mathrm{e}^{-2x})(1-\mathrm{e}^{-y})．$$

由此知，(X,Y) 的联合分布函数为

$$F(x,y)=\begin{cases} (1-\mathrm{e}^{-2x})(1-\mathrm{e}^{-y}), & x\geqslant 0, y\geqslant 0, \\ 0, & 其他. \end{cases}$$

　　(3) 区域如图 3.4 所示，则

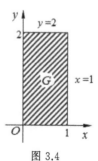

$$P\{(X,Y)\in G\}=\iint\limits_G f(x,y)\mathrm{d}x\,\mathrm{d}y=\int_0^1\mathrm{d}x\int_0^2 2\mathrm{e}^{-2x-y}\mathrm{d}y$$

$$=\int_0^1 2\mathrm{e}^{-2x}\mathrm{d}x\cdot\int_0^2\mathrm{e}^{-y}\mathrm{d}y=(1-\mathrm{e}^{-2})^2．$$

图 3.4

　　例 3.1.5　设二维随机变量 (X,Y) 的联合概率密度为

$$f(x,y)=\begin{cases} a\,\mathrm{e}^{-ay}, & 0<x<y, \\ 0, & 其他. \end{cases}$$

试求：(1) 常数 a．

（2）关于 X 的边缘概率密度 $f_X(x)$.

（3）$P\{X+Y\leqslant 1\}$.

解 （1）设 $D=\{(x,y)\,|\,0<x<y\}$，如图 3.5 阴影部分所示. 由联合概率密度函数的性质，得

$$1=\int_{-\infty}^{+\infty}\int_{-\infty}^{+\infty}f(x,y)\mathrm{d}x\,\mathrm{d}y=\iint_D a\,\mathrm{e}^{-ay}\,\mathrm{d}x\,\mathrm{d}y$$

$$=\int_0^{+\infty}\mathrm{d}x\int_x^{+\infty}a\,\mathrm{e}^{-ay}\,\mathrm{d}y=\frac{1}{a}.$$

图 3.5

从而 $a=1$.

（2）X 的边缘概率密度为

$$f_X(x)=\int_{-\infty}^{+\infty}f(x,y)\mathrm{d}y=\begin{cases}\int_x^{+\infty}\mathrm{e}^{-y}\,\mathrm{d}y,&x>0,\\0,&x\leqslant 0\end{cases}=\begin{cases}\mathrm{e}^{-x},&x>0,\\0,&x\leqslant 0.\end{cases}$$

（3）设 $G=\{(x,y)\,|\,x+y\leqslant 1\}$，则 $D\bigcap G$ 如图3.6阴影部分所示.

$$P\{X+Y\leqslant 1\}=\iint_{x+y\leqslant 1}f(x,y)\mathrm{d}x\,\mathrm{d}y=\iint_{D\cap G}\mathrm{e}^{-y}\,\mathrm{d}x\,\mathrm{d}y$$

$$=\int_0^{\frac{1}{2}}\mathrm{d}x\int_x^{1-x}\mathrm{e}^{-y}\,\mathrm{d}y=1+\mathrm{e}^{-1}-2\mathrm{e}^{-\frac{1}{2}}.$$

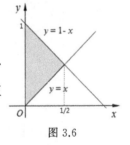

图 3.6

最常见的二维连续型分布是二维均匀分布和二维正态分布.

1. 二维均匀分布

如果二维随机变量 (X,Y) 的概率密度为

$$f(x,y)=\begin{cases}\dfrac{1}{A},&(x,y)\in G,\\[2mm]0,&\text{其他.}\end{cases}\tag{3.14}$$

其中 G 是平面上的有界区域，其面积为 A，则称二维随机变量 (X,Y) 在 G 上服从**均匀分布**.

如果二维随机变量 (X,Y) 服从区域 G 上的均匀分布,密度函数为式(3.14)所确定的函数,D 是 G 内的一个区域，即 $D\subset G$，又设 D 的面积为 $S(D)$，则有

$$P\{(X,Y)\in D\}=\iint_D f(x,y)\mathrm{d}x\,\mathrm{d}y=\iint_D\frac{1}{A}\mathrm{d}x\,\mathrm{d}y=\frac{S(D)}{A}.$$

上式表明，二维随机变量落入区域 D 的概率仅与 D 的面积成正比，与 D 在 G 中的位置和形状无关，这与我们在第一章中试验样本空间为平面区域

G 的几何概型的情况是一致的. 此处"均匀分布"的含义就是在几何概型中所要求的"等可能"的意思.

容易得到服从矩形区域 $a \leqslant x \leqslant b$，$c \leqslant y \leqslant d$ 上的均匀分布 (X,Y) 的两个边缘分布仍为均匀分布，且分别为

$$f_X(x) = \begin{cases} \dfrac{1}{b-a}, & a \leqslant x \leqslant b, \\ 0, & \text{其他.} \end{cases} \qquad f_Y(y) = \begin{cases} \dfrac{1}{d-c}, & c \leqslant x \leqslant d, \\ 0, & \text{其他.} \end{cases}$$

但对于其他形状的区域 G，关于 X，Y 的两个边缘分布不再是均匀分布.

例 3.1.6　设二维随机变量 (X,Y) 在圆域 $x^2 + y^2 \leqslant 1$ 上服从均匀分布，求 (X,Y) 的联合概率密度和边缘概率密度.

解　因为圆域 $x^2 + y^2 \leqslant 1$ 的面积为 π，从而 (X,Y) 的联合概率密度为

$$f(x,y) = \begin{cases} \dfrac{1}{\pi}, & x^2 + y^2 \leqslant 1, \\ 0, & \text{其他.} \end{cases}$$

由式(3.12)知 $f_X(x) = \displaystyle\int_{-\infty}^{+\infty} f(x,y)\mathrm{d}y$. 当 $|x| > 1$ 时，$f(x,y) = 0$，从而 $f_X(x) = 0$. 当 $|x| \leqslant 1$ 时，

$$f_X(x) = \int_{-\infty}^{+\infty} f(x,y)\mathrm{d}y = \int_{-\sqrt{1-x^2}}^{\sqrt{1-x^2}} \frac{1}{\pi}\mathrm{d}y = \frac{2\sqrt{1-x^2}}{\pi} ,$$

即

$$f_X(x) = \begin{cases} \dfrac{2\sqrt{1-x^2}}{\pi}, & |x| \leqslant 1, \\ 0, & |x| > 1. \end{cases}$$

同理可得

$$f_Y(y) = \begin{cases} \dfrac{2\sqrt{1-y^2}}{\pi}, & |y| \leqslant 1, \\ 0, & |y| > 1. \end{cases}$$

2. 二维正态分布

如果二维随机变量 (X,Y) 的概率密度为

$$f(x,y) = \frac{1}{2\pi\sigma_1\sigma_2\sqrt{1-\rho^2}}\exp\left\{\frac{1}{-2(1-\rho^2)}\left[\frac{(x-\mu_1)^2}{\sigma_1^2} - 2\rho\frac{(x-\mu_1)(y-\mu_2)}{\sigma_1\sigma_2}\right.\right.$$

$$\left.\left. + \frac{(y-\mu_2)^2}{\sigma_2^2}\right]\right\}, \quad -\infty < x, y < +\infty, \tag{3.15}$$

其中 $\mu_1,\mu_2,\sigma_1,\sigma_2,\rho$ 都是常数，且 $\sigma_1 > 0,\sigma_2 > 0,-1 < \rho < 1$. 称 (X,Y) 服从参数为 $\mu_1,\mu_2,\sigma_1,\sigma_2,\rho$ 的**二维正态分布**，记为 $(X,Y) \sim N(\mu_1,\mu_2,\sigma_1^2,\sigma_2^2,\rho)$.

例 3.1.7 设二维随机变量 $(X,Y) \sim N(\mu_1,\mu_2,\sigma_1^2,\sigma_2^2,\rho)$，求 (X,Y) 关于 X 和 Y 的边缘概率密度.

解 二维正态分布的联合概率密度为

$$f(x,y) = \frac{1}{2\pi\sigma_1\sigma_2\sqrt{1-\rho^2}} \cdot \exp\left\{-\frac{1}{2(1-\rho^2)}\left[\frac{(x-\mu_1)^2}{\sigma_1^2} - \frac{2\rho(x-\mu_1)(y-\mu_2)}{\sigma_1\sigma_2} + \frac{(y-\mu_2)^2}{\sigma_2^2}\right]\right\},$$

$(-\infty < x,y < +\infty)$.

令 $u = \dfrac{x-\mu_1}{\sigma_1}$，$v = \dfrac{y-\mu_2}{\sigma_2}$，由 $f_X(x) = \displaystyle\int_{-\infty}^{+\infty} f(x,y)\mathrm{d}y$，知

$$f_X(x) = \frac{1}{2\pi\sigma_1\sqrt{1-\rho^2}}\int_{-\infty}^{+\infty} e^{-\frac{1}{2(1-\rho^2)}(u^2-2\rho uv+v^2)}\mathrm{d}v$$

$$= \frac{1}{2\pi\sigma_1\sqrt{1-\rho^2}}e^{-\frac{u^2}{2}}\int_{-\infty}^{+\infty} e^{-\frac{(v-\rho u)^2}{2(1-\rho^2)}}\mathrm{d}v$$

$$= \frac{1}{\sqrt{2\pi}\sigma_1}e^{-\frac{u^2}{2}}\int_{-\infty}^{+\infty} \frac{1}{\sqrt{2\pi}\sqrt{1-\rho^2}}e^{-\frac{(v-\rho u)^2}{2(1-\rho^2)}}\mathrm{d}v.$$

注意到积分中被积函数为正态分布 $N(\rho u,1-\rho^2)$ 的概率密度，积分值应为 1，从而

$$f_X(x) = \frac{1}{\sqrt{2\pi}\sigma_1}e^{-\frac{u^2}{2}} = \frac{1}{\sqrt{2\pi}\sigma_1}e^{-\frac{(x-\mu_1)^2}{2\sigma_1^2}}, \quad -\infty < x < +\infty.$$

同理可得

$$f_Y(y) = \frac{1}{\sqrt{2\pi}\sigma_2}e^{-\frac{(y-\mu_2)^2}{2\sigma_2^2}}, \quad -\infty < y < +\infty.$$

由此可知，$X \sim N(\mu_1,\sigma_1^2)$，$Y \sim N(\mu_2,\sigma_2^2)$.

由上可得二维正态分布的两个边缘概率仍是正态的，且都不依赖于参数 ρ，亦即对给定的 $\mu_1,\mu_2,\sigma_1^2,\sigma_2^2$，不同的 ρ 对应不同的二维正态分布，但它们的边缘分布都是一样的. 这也充分说明了边缘分布不能唯一决定它们的联合分布. 另外，两个边缘分布都是正态分布的二维随机变量，它们的联合分布不仅是不能唯一确定的，甚至还可以不是一个二维正态分布，例如下面的这个例子.

例 3.1.8 设有二元函数

$$f(x,y) = \frac{1}{2\pi}e^{-\frac{x^2+y^2}{2}}(1-\sin x \sin y), \quad -\infty < x,y < +\infty.$$

证明：（1）$f(x,y)$ 是二维概率密度函数.

（2）边缘分布均为正态分布.

（3）不是二元正态密度函数.

证　（1）$\forall\,(x,y)\in\mathbf{R}^2$，　因为 $1-\sin x\sin y\geqslant 0$，所以有 $f(x,y)\geqslant 0$.

因为 $\sin x$，$\sin y$ 均为奇函数，$\mathrm{e}^{-\frac{x^2}{2}}$，$\mathrm{e}^{-\frac{y^2}{2}}$ 均为偶函数，于是有

$$\int_{-\infty}^{+\infty}\int_{-\infty}^{+\infty}f(x,y)\mathrm{d}x\mathrm{d}y=\frac{1}{2\pi}\int_{-\infty}^{+\infty}\int_{-\infty}^{+\infty}\mathrm{e}^{-\frac{x^2+y^2}{2}}(1-\sin x\sin y)\mathrm{d}x\mathrm{d}y$$

$$=\frac{1}{2\pi}\left[\int_{-\infty}^{+\infty}\int_{-\infty}^{+\infty}\mathrm{e}^{-\frac{x^2+y^2}{2}}\mathrm{d}x\mathrm{d}y-\int_{-\infty}^{+\infty}\int_{-\infty}^{+\infty}\mathrm{e}^{-\frac{x^2+y^2}{2}}\sin x\sin y\mathrm{d}x\mathrm{d}y\right]$$

$$=1-\frac{1}{2\pi}\int_{-\infty}^{+\infty}\mathrm{e}^{-\frac{x^2}{2}}\sin x\mathrm{d}x\int_{-\infty}^{+\infty}\mathrm{e}^{-\frac{y^2}{2}}\sin y\mathrm{d}y=1.$$

由此知二元函数 $f(x,y)$ 是二维概率密度函数，记这个二维随机变量为 (X,Y).

（2）先求 X 的概率密度

$$f_X(x)=\int_{-\infty}^{+\infty}f(x,y)\mathrm{d}y=\frac{1}{2\pi}\int_{-\infty}^{+\infty}\mathrm{e}^{-\frac{x^2+y^2}{2}}(1-\sin x\sin y)\mathrm{d}y$$

$$=\frac{1}{\sqrt{2\pi}}\mathrm{e}^{-\frac{x^2}{2}}\cdot\frac{1}{\sqrt{2\pi}}\int_{-\infty}^{+\infty}\mathrm{e}^{-\frac{y^2}{2}}\mathrm{d}y=\frac{1}{\sqrt{2\pi}}\mathrm{e}^{-\frac{x^2}{2}}.$$

同理可得

$$f_Y(y)=\frac{1}{\sqrt{2\pi}}\mathrm{e}^{-\frac{y^2}{2}}.$$

由此知 X 与 Y 都是 $N(0,1)$ 分布的随机变量.

（3）由于 $f(x,y)$ 中包含了 $\sin x\sin y$，与式（3.15）对照即知，显然它不是二维正态概率密度函数.

3.1.4　n 维随机变量

设 E 是一个随机试验，它的样本空间是 $\Omega(\omega)$. 设随机变量 $X_1(\omega)$，$X_2(\omega)$，$\cdots$，$X_n(\omega)$ 是定义在同一样本空间 $\Omega(\omega)$ 上的 n 个随机变量，则称向量 $(X_1(\omega),X_2(\omega),\cdots,X_n(\omega))$ 为 n 维随机向量或称为 n 维随机变量，简记为 $(X_1,X_2,\cdots,X_n)$.

设 $(X_1,X_2,\cdots,X_n)$ 为 n 维随机变量，对于任意的实数 $x_1,x_2,\cdots,x_n$，称 n 元函数

$$F(x_1,x_2,\cdots,x_n)=P\{X_1\leqslant x_1,X_2\leqslant x_2,\cdots,X_n\leqslant x_n\}$$

为 n 维随机变量 $(X_1, X_2, \cdots, X_n)$ 的联合分布函数. 如果 $F(x_1, x_2, \cdots, x_n)$ 可表示为

$$F(x_1, x_2, \cdots, x_n) = \int_{-\infty}^{x_n} \int_{-\infty}^{x_{n-1}} \cdots \int_{-\infty}^{x_1} f(u_1, u_2, \cdots, u_n) \mathrm{d}u_1 \mathrm{d}u_2 \cdots \mathrm{d}u_n,$$

其中 $f(x_1, x_2, \cdots, x_n)$ 是 $\mathbf{R}^n$ 上的非负可积函数, 则称 $(X_1, X_2, \cdots, X_n)$ 为 n 维连续型随机变量, 函数 $f(x_1, x_2, \cdots, x_n)$ 称为其联合概率密度.

习题 3.1

1. 设二维随机变量 (X, Y) 只能取下列数组中的值: $(0,0)$, $(-1,1)$, $(-1, 1/3)$, $(2,0)$, 且取这几组值的概率依次为 $1/6, 1/3, 1/12, 5/12$. 求二维随机变量 (X, Y) 的联合分布律.

2. 某高校学生会有 8 名委员, 其中来自理科的 2 名, 来自工科和文科各 3 名. 现从 8 名委员中随机地指定 3 名担任学生会主席. 设 X, Y 分别为主席来自理科, 工科的人数.

求: (1) (X, Y) 的联合分布律.

(2) 边缘分布律.

3. 把一枚均匀硬币掷 3 次, 设 X 为 3 次抛掷中正面出现的次数, Y 表示 3 次抛掷中正面出现次数与反面出现次数之差的绝对值, 求:

(1) (X, Y) 的联合分布律.

(2) X 和 Y 的边缘分布律.

4. 设随机变量 (X, Y) 的概率密度为

$$f(x, y) = \begin{cases} k(6 - x - y), & 0 < x < 2, 2 < y < 4, \\ 0, & \text{其他.} \end{cases}$$

求: (1) 确定常数 k.

(2) 求 $P\{X < 1, Y < 3\}$.

(3) 求 $P\{X < 1.5\}$.

(4) 求 $P\{X + Y \leqslant 4\}$.

5. 设随机变量 (X, Y) 的概率密度为

$$f(x, y) = \begin{cases} A\mathrm{e}^{-x-2y}, & x > 0, y > 0, \\ 0, & \text{其他.} \end{cases}$$

求: (1) 常数 A.

(2) (X, Y) 的联合分布函数.

(3) 关于 X, Y 的边缘概率密度函数.

6.设二维随机变量 (X,Y) 的概率密度为

$$f(x,y) = \begin{cases} Axy, & 0 \leqslant x \leqslant 1, 0 \leqslant y \leqslant 1, \\ 0, & \text{其他.} \end{cases}$$

求：(1) 常数 A .

(2) (X,Y) 的联合分布函数.

(3) 关于 X , Y 的边缘概率密度函数.

7.设 (X,Y) 在曲线 $y = x^2$, $y = x$ 所围成的区域 G 内服从均匀分布,求联合概率密度和边缘概率密度.

§3.2　条件分布

对于二维随机向量 (X,Y) ,我们将讨论在其中一个随机变量取得固定值的条件下,另一个随机变量的分布问题.

设 X 是一个随机变量,其分布函数为

$$F_X(x) = P\{X \leqslant x\}, \quad -\infty < x < +\infty,$$

若另外有一事件 A 已经发生,并且 A 的发生可能会对事件 $\{X \leqslant x\}$ 发生的概率产生影响,则对任一给定的实数 x ,记

$$F(x \mid A) = P\{X \leqslant x \mid A\}, \quad -\infty < x < +\infty,$$

称 $F(x \mid A)$ 为在 A 发生的条件下, X 的**条件分布函数**.

例 3.2.1　设随机变量 X 服从 $[0,1]$ 上的均匀分布,求在已知 $X > \dfrac{1}{2}$ 的条件下 X 的条件分布函数.

解　由条件分布函数的定义,有

$$F\left(x \,\middle|\, X > \frac{1}{2}\right) = \frac{P\left\{X \leqslant x, X > \dfrac{1}{2}\right\}}{P\left\{X > \dfrac{1}{2}\right\}}.$$

由于 X 服从 $[0,1]$ 上的均匀分布,故 $P\left\{X > \dfrac{1}{2}\right\} = \dfrac{1}{2}$. 当 $x \leqslant \dfrac{1}{2}$ 时,

$P\left\{X \leqslant x, X > \dfrac{1}{2}\right\} = 0$,而当 $x > \dfrac{1}{2}$ 时,

$$P\left\{X \leqslant x, X > \frac{1}{2}\right\} = P\left\{\frac{1}{2} < X \leqslant x\right\} = F(x) - F\left(\frac{1}{2}\right) = F(x) - \frac{1}{2},$$

其中 $F(x)$ 为 X 的分布函数，因为 $F(x)=\begin{cases}0, & x<0, \\ x, & 0\leqslant x\leqslant 1, \\ 1, & x>1.\end{cases}$ 于是，当 $x>\dfrac{1}{2}$

时，有

$$P\left\{X\leqslant x, X>\frac{1}{2}\right\}=\begin{cases}x-\dfrac{1}{2}, & \dfrac{1}{2}<x\leqslant 1, \\ \dfrac{1}{2}, & x>1.\end{cases}$$

由此得到

$$F\left(x\mid X>\frac{1}{2}\right)=\begin{cases}0, & x\leqslant\dfrac{1}{2}, \\ 2x-1, & \dfrac{1}{2}<x\leqslant 1, \\ 1, & x>1.\end{cases}$$

3.2.1 离散型随机变量的条件分布律

设 (X,Y) 是二维离散型随机变量，其联合分布律为

$$P\{X=x_i, Y=y_j\}=p_{ij}, \ i,j=1,2\cdots.$$

则 X ，Y 的边缘分布律分别为

$$P\{X=x_i\}=\sum_{j=1}^{\infty}p_{ij}=p_{i\cdot}, \ i=1,2\cdots. \ P\{Y=y_j\}=\sum_{i=1}^{\infty}p_{ij}=p_{\cdot j}, \ j=1,$$

$2,\cdots.$

由条件概率公式，自然地引出如下定义.

定义 3.5 设 (X,Y) 是二维离散型随机变量，对于固定的 j ，若 $P\{Y=y_j\}>0$，则

$$P\{X=x_i\mid Y=y_j\}=\frac{P\{X=x_i, Y=y_j\}}{P\{Y=y_j\}}=\frac{p_{ij}}{p_{\cdot j}}, \ i=1,2,\cdots \quad (3.16)$$

称为在 $Y=y_j$ 条件下随机变量 X 的条件分布律.

同样，对于固定的 i ，若 $P\{X=x_i\}>0$，则

$$P\{Y=y_j\mid X=x_i\}=\frac{P\{X=x_i, Y=y_j\}}{P\{X=x_i\}}=\frac{p_{ij}}{p_{i\cdot}}, \ j=1,2,\cdots \quad (3.17)$$

称为在 $X=x_i$ 条件下随机变量 Y 的条件分布律.

容易证明，条件分布律具有分布律的一切性质，如：

(1)非负性：对于任意 i,j ，有 $P\{X=x_i\mid Y=y_j\}\geqslant 0$；

(2) $\sum_i P\{X = x_i \mid Y = y_j\} = \sum_i \dfrac{p_{ij}}{p_{\cdot j}} = \dfrac{1}{p_{\cdot j}} \sum_i p_{ij} = \dfrac{p_{\cdot j}}{p_{\cdot j}} = 1.$

类似地，可以讨论 $P\{Y = y_j \mid X = x_i\}$.

例 3.2.2　设 X 与 Y 的联合分布律为

X \ Y	1	2	3
1	0.1	0.2	0.1
3	0.05	0.2	0.05
4	0.2	0.1	0

求：(1) 分别求出 X 和 Y 的边缘分布律.

(2) $X = 1$ 的条件下 Y 的条件分布律.

(3) $Y = 2$ 的条件下 X 的条件分布律.

解　(1) 关于 X 和 Y 的边缘分布律分别为

X	1	2	3
p_k	0.4	0.3	0.3

Y	1	2	3
p_k	0.35	0.5	0.15

(2) 由 (1) 知 $P\{X = 1\} = 0.4$，按式 (3.17) 可得 Y 的条件分布律为

$$P\{Y = 1 \mid X = 1\} = \frac{P\{X = 1, Y = 1\}}{P\{X = 1\}} = \frac{0.1}{0.4} = 0.25 \ ,$$

$$P\{Y = 2 \mid X = 1\} = \frac{P\{X = 1, Y = 2\}}{P\{X = 1\}} = \frac{0.2}{0.4} = 0.5 ,$$

$$P\{Y = 3 \mid X = 1\} = \frac{P\{X = 1, Y = 3\}}{P\{X = 1\}} = \frac{0.1}{0.4} = 0.25.$$

即在 $X = 1$ 的条件下 Y 的条件分布律为

Y	1	2	3
p_k	0.25	0.5	0.25

(3) 由 (1) 知 $P\{Y = 2\} = 0.5$，按式 (3.16) 可得 X 的条件分布律为

$$P\{X = 1 \mid Y = 2\} = \frac{P\{X = 1, Y = 2\}}{P\{Y = 2\}} = \frac{0.2}{0.5} = 0.4 \ ,$$

$$P\{X = 3 \mid Y = 2\} = \frac{P\{X = 3, Y = 2\}}{P\{Y = 2\}} = \frac{0.2}{0.5} = 0.4 ,$$

$$P\{X = 4 \mid Y = 2\} = \frac{P\{X = 4, Y = 2\}}{P\{Y = 2\}} = \frac{0.1}{0.5} = 0.2 \ ,$$

即 $Y = 2$ 的条件下 X 的条件分布律为

X	1	3	4
p_k	0.4	0.4	0.2

3.2.2　连续型随机变量的条件分布密度

设 (X,Y) 为二维连续型随机变量,其联合密度函数为 $f(x,y)$. 下面讨论给定 $X=x$ 的条件下,Y 的条件分布. 由于 $P\{X=x\}=0$,故我们无法直接定义 $P\{a<Y\leqslant b \mid X=x\}$. 但若 $f_X(x)>0$,那么我们可以用 $P\{a<Y\leqslant b \mid x<X\leqslant x+\Delta x\}$ 通过对 $\Delta x \rightarrow 0$ 取极限来定义 $P\{a<Y\leqslant b \mid X=x\}$. 从而进一步定义在给定 $X=x$ 条件下,Y 的条件分布的概率密度函数. 事实上,由于

$$P\{a<Y\leqslant b \mid x<X\leqslant x+\Delta x\}=\frac{P\{x<X\leqslant x+\Delta x,a<Y\leqslant b\}}{P\{x<X\leqslant x+\Delta x\}}$$

$$=\frac{\int_a^b \int_x^{x+\Delta x} f(x,y)\mathrm{d}x\mathrm{d}y}{\int_x^{x+\Delta x} f_X(x)\mathrm{d}x}=\frac{\int_a^b\left[\frac{1}{\Delta x}\int_x^{x+\Delta x} f(x,y)\mathrm{d}x\right]\mathrm{d}y}{\frac{1}{\Delta x}\int_x^{x+\Delta x} f_X(x)\mathrm{d}x},$$

令 $\Delta x \rightarrow 0$,上式右端的极限为 $\int_a^b \frac{f(x,y)}{f_X(x)}\mathrm{d}y$. 因此,有如下的定义.

定义 3.6　对二维连续型随机变量 (X,Y),若 $f_X(x)>0$,称 $\dfrac{f(x,y)}{f_X(x)}$

为给定 $X=x$ 的条件下 Y 的条件分布密度,记为 $f_{Y|X}(y \mid x)$,即

$$f_{Y|X}(y \mid x)=\frac{f(x,y)}{f_X(x)}. \tag{3.18}$$

类似地,若 $f_Y(y)>0$,则称

$$f_{X|Y}(x \mid y)=\frac{f(x,y)}{f_Y(y)} \tag{3.19}$$

为给定 $Y=y$ 的条件下 X 的条件分布密度

当边缘密度和条件密度已知时,可求出二维联合密度,即

$$f(x,y)=f_X(x)f_{Y|X}(y \mid x)=f_Y(y)f_{X|Y}(x \mid y). \tag{3.20}$$

例 3.2.3　设二维随机变量 (X,Y) 的联合密度函数为

$$f(x,y)=\begin{cases} 3x, & 0<x<1,0<y<x, \\ 0, & \text{其他}. \end{cases}$$

求条件概率密度和条件概率 $P\left\{Y > \dfrac{1}{4} \mid X = \dfrac{1}{2}\right\}$.

解　利用边缘概率密度公式可分别求得 X 和 Y 的边缘密度函数为

$$f_X(x) = \begin{cases} 3x^2, & 0 < x < 1, \\ 0, & 其他. \end{cases} \qquad f_Y(y) = \begin{cases} \dfrac{3}{2} - \dfrac{3}{2}y^2, & 0 < y < 1, \\ 0, & 其他. \end{cases}$$

从而条件概率密度 $f_{Y|X}(y \mid x)$：当 $0 < x < 1$ 时，

$$f_{Y|X}(y \mid x) = \frac{f(x,y)}{f_X(x)} = \begin{cases} \dfrac{1}{x}, & 0 < y < x, \\ 0, & 其他. \end{cases}$$

条件概率密度 $f_{X|Y}(x \mid y)$：当 $0 < y < 1$ 时，

$$f_{X|Y}(x \mid y) = \frac{f(x,y)}{f_Y(y)} = \begin{cases} \dfrac{2x}{1-y^2}, & y < x < 1, \\ 0, & 其他. \end{cases}$$

特别地，对 $x = \dfrac{1}{2}$ ，有

$$f_{Y|X}\left(y \mid \frac{1}{2}\right) = \frac{f(x,y)}{f_X(x)} = \begin{cases} 2, & 0 < y < \dfrac{1}{2}, \\ 0, & 其他, \end{cases}$$

从而

$$P\left\{Y > \frac{1}{4} \mid X = \frac{1}{2}\right\} = \int_{\frac{1}{4}}^{\frac{1}{2}} f_{Y|X}\left(y \mid \frac{1}{2}\right) \mathrm{d}y = \int_{\frac{1}{4}}^{\frac{1}{2}} 2\mathrm{d}y = \frac{1}{2} .$$

例 3.2.4　（续例 3.1.7）求给定 $Y = y$ 的条件下 X 的条件分布密度.

解　由于

$$f(x,y) = \frac{1}{2\pi\sigma_1\sigma_2\sqrt{1-\rho^2}} \cdot \exp\left\{-\frac{1}{2(1-\rho^2)}\left[\frac{(x-\mu_1)^2}{\sigma_1^2} - \frac{2\rho(x-\mu_1)(y-\mu_2)}{\sigma_1\sigma_2}\right.\right.$$

$$\left.\left. + \frac{(y-\mu_2)^2}{\sigma_2^2}\right]\right\}, \quad (-\infty < x, y < +\infty) .$$

又 Y 的边缘分布密度函数为

$$f_Y(y) = \frac{1}{\sqrt{2\pi}\sigma_2} \mathrm{e}^{-\frac{(y-\mu_2)^2}{2\sigma_2^2}}, \quad (-\infty < y < +\infty) .$$

因此

$$f_{X|Y}(x \mid y) = \frac{f(x,y)}{f_Y(y)} = \frac{1}{\sqrt{2\pi}\sqrt{\sigma_1^2(1-\rho^2)}} \cdot \exp$$

$$\left\{ -\frac{1}{2\sigma_1^2(1-\rho^2)} \left[x - \left(\mu_1 + \rho\frac{\sigma_1}{\sigma_2}(y-\mu_2) \right) \right]^2 \right\},$$

即在给定 $Y=y$ 的条件下,

$$X \sim N\left(\mu_1 + \rho\frac{\sigma_1}{\sigma_2}(y-\mu_2), \sigma_1^2(1-\rho^2) \right).$$

类似可知,给定 $X=x$ 的条件下,

$$Y \sim N\left(\mu_2 + \rho\frac{\sigma_2}{\sigma_1}(x-\mu_1), \sigma_2^2(1-\rho^2) \right).$$

即二维正态分布的条件分布仍是正态分布.

习题 3.2

1.在汽车厂中,一辆汽车有两道工序是由机器人完成:一是紧固 3 只螺栓;二是焊接 2 处焊点. 以 X 表示由机器人紧固的螺栓紧固不良的数目,以 Y 表示由机器人焊接的不良焊点的数目. 且 (X,Y) 具有联合分布律如下:

Y \ X	0	1	2	3
0	0.84	0.03	0.02	0.01
1	0.06	0.01	0.008	0.002
2	0.01	0.005	0.004	0.001

求:(1) 在 $Y=1$ 的条件下,X 的条件分布律.

(2) 在 $X=2$ 的条件下,Y 的条件分布律.

2.设离散型随机变量 (X,Y) 的联合分布律为:

Y \ X	0	1	2
0	$\dfrac{1}{4}$	$\dfrac{1}{6}$	$\dfrac{1}{8}$
1	$\dfrac{1}{4}$	$\dfrac{1}{8}$	$\dfrac{1}{12}$

试求：Y 在 $X = 0, 1, 2$ 及 X 在 $Y = 0, 1$ 各个条件下的条件分布律.

3.设二维随机变量 (X, Y) 的概率密度函数为

$$f(x, y) = \begin{cases} 2\mathrm{e}^{-(2x+y)}, & x > 0, y > 0, \\ 0, & 其他. \end{cases}$$

求：

① X 的边缘概率密度函数.

② $P\{X + Y < 2\}$.

③条件概率密度函数 $f_{X|Y}(x \mid y)$，$f_{Y|X}(y \mid x)$.

4.设条件密度函数为

$$f_{X|Y}(x \mid y) = \begin{cases} \dfrac{3x^2}{y^3}, & 0 < x < y < 1, \\ 0, & 其他. \end{cases}$$

Y 的概率密度函数为 $f_Y(y) = \begin{cases} 5y^4, & 0 < y < 1, \\ 0, & 其他. \end{cases}$ 求 $P\left\{X > \dfrac{1}{2}\right\}$.

§3.3　相互独立的随机变量

在第 1 章中，我们讨论了随机事件的相互独立性，下面研究随机变量之间的独立性，随机变量的独立性是通过与随机变量相联系的事件的独立性定义的.

定义 3.7　设 $F(x, y)$ 及 $F_X(x)$，$F_Y(y)$ 分别是二维随机变量 (X, Y) 的分布函数及边缘分布函数，若对所有 x, y，有

$$P\{X \leqslant x, Y \leqslant y\} = P\{X \leqslant x\} P\{Y \leqslant y\}, \tag{3.21}$$

即

$$F(x, y) = F_X(x) F_Y(y), \tag{3.22}$$

则称随机变量 X 和 Y 是**相互独立**的.

从上述定义出发，我们可以得到随机变量独立性在离散型和连续型情形下的具体形式.

设 (X,Y) 是二维离散型随机变量,则 X 和 Y 相互独立的条件式(3.21)等价于:对于 (X,Y) 的所有可能取值 (x_i,y_j) ,$i=1,2,\cdots$,$j=1,2,\cdots$,有

$$P\{X=x_i,Y=y_j\}=P\{X=x_i\}P\{Y=y_j\}. \tag{3.23}$$

同样,当 (X,Y) 是连续型随机变量时,X 和 Y 独立性的条件式(3.22)等价于:

$$f(x,y)=f_X(x)f_Y(y) \tag{3.24}$$

在平面上几乎处处成立.其中 $f(x,y)$,$f_X(x)$,$f_Y(y)$ 分别是 (X,Y) 的概率密度和边缘概率密度.

这里"几乎处处成立"的含义是:在平面上除去面积为零的集合以外,处处成立.

例 3.3.1 设 X ,Y 具有联合分布律为

X ＼ Y	0	1
1	$\frac{1}{6}$	$\frac{2}{6}$
2	$\frac{1}{6}$	$\frac{2}{6}$

判别随机变量 X 和 Y 是否相互独立.

解 由已知得随机变量 X 和 Y 的边缘分布律为

X	1	2
$p_{i\cdot}$	0.5	0.5

Y	0	1
$p_{\cdot j}$	$\frac{1}{3}$	$\frac{2}{3}$

直接验证可得

$$p_{ij}=p_{i\cdot}\cdot p_{\cdot j}, i=1, 2; j=1, 2.$$

从而 X ,Y 是相互独立的.

例 3.3.2 投掷一枚硬币和一枚骰子,以 X 表示硬币出现正面的次数,以 Y 表示骰子出现的点数,则 (X,Y) 的联合分布律为 $P\{X=i, Y=j\}=\frac{1}{12}$,$i=0, 1$;$j=1, 2, 3, 4, 5, 6$.易知

$$P\{X=i\}=\frac{1}{2}, i=0, 1; P\{Y=j\}=\frac{1}{6}, j=1, 2, 3, 4, 5, 6.$$

由于对于一切的 i ,j ($i=0, 1$;$j=1, 2, 3, 4, 5, 6$),有

$$P\{X=i, Y=j\}=\frac{1}{12}=\frac{1}{2}\times\frac{1}{6}=P\{X=i\} P\{Y=j\}.$$

所以 X ,Y 是相互独立的.

事实上,掷硬币和掷骰子是两次独立试验,各次试验的结果是互不影响的,即 $P\{X=i\}$ 与 $P\{Y=j\}$ ($i=0, 1$;$j=1, 2, \cdots, 6$)是相互独立的事件.

例 3.3.3 设二维随机变量 (X,Y) 的联合概率密度为

$$f(x,y)=\begin{cases} \dfrac{24}{5}y(2-x), & 0\leqslant x\leqslant 1, 0\leqslant y\leqslant x, \\ 0, & \text{其他}. \end{cases}$$

试确定 X 与 Y 是否相互独立.

解　先求 X 的密度函数，当 $x < 0$ 或 $x > 1$ 时，因 $f(x,y)=0$，由式 (3.12)可得 $f_X(x)=0$. 当 $0 \leqslant x \leqslant 1$ 时，可得

$$f_X(x)=\int_{-\infty}^{+\infty} f(x,y)\mathrm{d}y=\int_0^x \frac{24}{5}y(2-x)\mathrm{d}y=\frac{12}{5}x^2(2-x)\,,$$

由此得到 X 的概率密度函数为

$$f_X(x)=\begin{cases}\dfrac{12}{5}x^2(2-x), & 0 \leqslant x \leqslant 1,\\[2mm] 0, & \text{其他.}\end{cases}$$

同理可得 Y 的概率密度函数为

$$f_Y(y)=\begin{cases}\dfrac{12}{5}y(3-4y+y^2), & 0 \leqslant y \leqslant 1,\\[2mm] 0, & \text{其他.}\end{cases}$$

显然，$f(x,y) \neq f_X(x)f_Y(y)$，所以 X 与 Y 不相互独立.

*例 3.3.4　设 $(X,Y) \sim N(\mu_1,\mu_2,\sigma_1{}^2,\sigma_2{}^2,\rho)$，则 X 和 Y 相互独立的充分必要条件是 $\rho=0$.

证　充分性. 设 $\rho=0$，由式(3.15)得到

$$f(x,y)=\frac{1}{2\pi\sigma_1\sigma_2}\mathrm{e}^{-\frac{1}{2}\left[\frac{(x-\mu_1)^2}{\sigma_1^2}+\frac{(y-\mu_2)^2}{\sigma_2^2}\right]}=f_X(x)f_Y(y)\,.$$

从而 X 和 Y 相互独立.

必要性. 设 X 和 Y 相互独立，则对任意 x，y，有 $f(x,y)=f_X(x)f_Y(y)$. 特别取 $x=\mu_1$，$y=\mu_2$，由 $f(\mu_1,\mu_2)=f_X(\mu_1)f_Y(\mu_2)$，得到

$$\frac{1}{2\pi\sigma_1\sigma_2\sqrt{1-\rho^2}}=\frac{1}{\sqrt{2\pi}\sigma_1} \cdot \frac{1}{\sqrt{2\pi}\sigma_2}\,,$$

于是 $\sqrt{1-\rho^2}=1$，即 $\rho=0$.

习题 3.3

1.设离散型随机变量 (X,Y) 的联合分布律为：

Y \ X	-1	0	1
1	$\dfrac{1}{4}$	$\dfrac{1}{6}$	$\dfrac{1}{12}$
4	$\dfrac{1}{8}$	$\dfrac{1}{12}$	$\dfrac{1}{24}$
9	$\dfrac{1}{8}$	$\dfrac{1}{12}$	$\dfrac{1}{24}$

判断 X 与 Y 是否独立?

2.设随机变量 X 与 Y 的边缘分布律为:

X	-1	0	1
$p_{i.}$	$\frac{1}{4}$	$\frac{1}{2}$	$\frac{1}{4}$

Y	0	1
$p_{.j}$	$\frac{1}{2}$	$\frac{1}{2}$

且有 $P\{XY = 0\} = 1$.试求:

(1) X 与 Y 的联合分布律.

(2) X 与 Y 是否相互独立,为什么?

3.设二维随机变量 (X,Y) 的概率密度为

$$f(x,y) = \begin{cases} x^2 + \dfrac{xy}{3}, & 0 < x < 1, 0 < y < 2, \\ 0, & \text{其他}. \end{cases}$$

求:(1) (X,Y) 的边缘概率密度.

(2) X 与 Y 是否独立.

(3) $P\{(X,Y) \in D\}$,其中 D 为曲线 $y = 2x^2$ 与曲线 $y = 2x$ 所围区域.

4.设随机变量 (X,Y) 在区域 $G = \{(x,y) \mid |x| + |y| \leqslant a\}$ 上服从均匀分布,求 X 与 Y 的边缘概率密度,并判断 X 与 Y 是否相互独立.

5.设 X 和 Y 是相互独立的随机变量,它们都服从标准正态分布 $N(0,1)$.试求:概率 $P\{X^2 + Y^2 \leqslant 1\}$.

6.设 X 和 Y 是两个相互独立的随机变量,X 在 $(0,1)$ 上服从均匀分布,Y 的概率密度为

$$f_Y(y) = \begin{cases} \dfrac{1}{2}\mathrm{e}^{-\frac{y}{2}}, & y > 0, \\ 0, & y \leqslant 0. \end{cases}$$

(1) 求 X 和 Y 的联合概率密度.

(2) 设含有 a 的二次方程为 $a^2 + 2aX + Y = 0$,试求 a 有实根的概率.

§3.4   两个随机变量函数的分布

在第 2 章中,讨论了一个随机变量函数的分布问题,现在我们讨论两个随机变量函数的分布问题.对二维随机变量 (X,Y),一般来说,$Z = g(X,Y)$ 也是一个随机变量,其中函数 $z = g(x,y)$ 是单值的.现由 (X,Y) 的分布导出 Z 的分布.

3.4.1 二维离散型随机变量函数的分布

设 (X, Y) 是二维离散型随机变量，$z = g(x, y)$ 是一个二元单值函数，则 $Z = g(X, Y)$ 作为 (X, Y) 的函数是一个随机变量. 如果 (X, Y) 的联合分布律为

$$P\{X = x_i, Y = y_j\} = p_{ij}, \ i, j = 1, 2, \cdots.$$

设 $Z = g(X, Y)$ 的所有可能取值为 $z_k, \ k = 1, 2, \cdots$，则 Z 的概率分布为

$$P\{Z = z_k\} = \sum_{g(x_i, y_j) = z_k} P\{X = x_i, Y = y_j\} = \sum_{g(x_i, y_j) = z_k} p_{ij}, \ k = 1, 2, \cdots.$$

$$(3.25)$$

例 3.4.1 设二维离散型随机变量 (X, Y) 的联合分律为

X \ Y	-1	1	2
-1	0.25	0.1	0.2
0	0.2	0.1	0.15

分别求随机变量 $Z_1 = X + Y$，$Z_2 = X - Y$，$Z_3 = XY$ 的分布律.

解 根据 (X, Y) 的联合分布律可得：

p_{ij}	0.25	0.1	0.2	0.2	0.1	0.15
(X, Y)	$(-1, -1)$	$(-1, 1)$	$(-1, 2)$	$(0, -1)$	$(0, 1)$	$(0, 2)$
$Z_1 = X + Y$	-2	0	1	-1	1	2
$Z_2 = X - Y$	0	-2	-3	1	-1	-2
$Z_3 = XY$	1	-1	-2	0	0	0

与一维离散型随机变量函数的分布求法相同，把 Z 值相同项对应的概率值合并就可得到它们各自的分布律.

(1) $Z_1 = X + Y$ 的概率分布律为

$Z_1 = X + Y$	-2	-1	0	1	2
p_k	0.25	0.2	0.1	0.3	0.15

(2) $Z_2 = X - Y$ 的概率分布律为

$Z_2 = X - Y$	-3	-2	-1	0	1
p_k	0.2	0.25	0.1	0.25	0.2

（3）$Z_3 = XY$ 的概率分布律.

$Z_3 = XY$	-2	-1	0	1
p_k	0.2	0.1	0.45	0.25

例 3.4.2 若 X 和 Y 相互独立，它们分别服从参数为 (n,p)，(m,p) 的二项分布，证明 $Z = X + Y$ 服从参数为 $n + m$ 和 p 的二项分布.

证 依题意

$$P\{X = i\} = C_n^i p^i (1-p)^{n-i}, \ i = 0, 1, \cdots, n;$$

$$P\{Y = j\} = C_m^j p^j (1-p)^{m-j}, \ j = 0, 1, \cdots, m.$$

由此知 $Z = X + Y$ 的所有可能取值为 $0, 1, 2, \cdots, n + m$. 显然

$$\{Z = k\} = \{X = 0, Y = k\} \bigcup \{X = 1, Y = k-1\} \bigcup \cdots \bigcup \{X = k, Y = 0\}.$$

上式右端各事件互不相容，由概率的可加性及 X，Y 的相互独立性，有

$$P\{Z = k\} = P\{X + Y = k\} = P\{\bigcup_{i=0}^{k} \{X = i, Y = k-i\}\} = \sum_{i=0}^{k} P\{X = i, Y = k-i\}$$

$$= \sum_{i=0}^{k} P\{X = i\} P\{Y = k-i\} = \sum_{i=0}^{k} C_n^i p^i (1-p)^{n-i} \cdot C_m^{k-i} p^{k-i} (1-p)^{m-(k-i)}$$

$$= \sum_{i=0}^{k} C_n^i \cdot C_m^{k-i} p^k (1-p)^{(n+m)-k} = C_{n+m}^k p^k (1-p)^{(n+m)-k}, \ k = 0, 1, \cdots, n+m.$$

此处利用了例 1.3.4 的结果

$$C_n^0 \cdot C_m^k + C_n^1 \cdot C_m^{k-1} + \cdots + C_n^k \cdot C_m^0 = C_{n+m}^k.$$

由此知 $Z = X + Y$ 服从参数为 $n + m$ 和 p 的二项分布. 这一性质称为二项分布对第一个参数 n 的可加性. 容易证明泊松分布也具有可加性.

3.4.2 二维连续型随机变量函数的分布

设 (X, Y) 是二维连续型随机变量，其概率密度为 $f(x, y)$，$g(x, y)$ 是一个二元单值函数，则 $Z = g(X, Y)$ 也是随机变量. 与一个随机变量函数分布的求法类似，可以用分布函数法求 $Z = g(X, Y)$ 的分布. 由分布函数的定义知

$$F_Z(z) = P\{Z \leqslant z\} = P\{g(X, Y) \leqslant z\} = P\{(X, Y) \in D_z\} = \iint\limits_{D_z} f(x, y) \mathrm{d}x \mathrm{d}y,$$

其中 $D_z = \{(x, y) \mid g(x, y) \leqslant z\}$. 再对 $F_Z(z)$ 求关于 z 的导数，就可得到 Z 的概率密度 $f_Z(z)$. 利用这种方法，在大多数情况下都可以求出 Z 的概率分布.

例 3.4.3 设二维随机变量 (X, Y) 的概率密度为

$$f(x, y) = \begin{cases} 1, & 0 < x < 1, 0 < y < 2x, \\ 0, & \text{其他}. \end{cases}$$

求 $Z = 2X - Y$ 的分布函数 $F_Z(z)$ 与概率密度 $f_Z(z)$.

解 采用分布函数,如图 3.7 所示,当 $z \leqslant 0$ 时,$F_Z(z) = 0$.

当 $0 < z < 2$ 时,有

$$F_Z(z) = P\{Z \leqslant z\} = P\{2X - Y \leqslant z\} = \iint\limits_{2x-y \leqslant z} f(x,y) \mathrm{d}x \mathrm{d}y$$

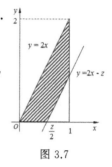

图 3.7

$$= \int_0^{z/2} \mathrm{d}x \int_0^{2x} \mathrm{d}y + \int_{z/2}^1 \mathrm{d}x \int_{2x-z}^{2x} \mathrm{d}y = \frac{z^2}{4} + z - \frac{z^2}{2}$$

$$= z - \frac{z^2}{4},$$

当 $z \geqslant 2$ 时,有 $F_Z(z) = 1$.

求导可得 $Z = 2X - Y$ 的概率密度为

$$f_Z(z) = F'_Z(z) = \begin{cases} \dfrac{2-z}{2}, & 0 < z < 2, \\ 0, & \text{其他.} \end{cases}$$

* 例 3.4.4 设随机变量 X 与 Y 相互独立,且 $X \sim \begin{pmatrix} 0 & 1 & 2 \\ \dfrac{1}{4} & \dfrac{1}{2} & \dfrac{1}{4} \end{pmatrix}$,$Y$ 服

从参数为 λ 的指数分布,求 $Z = X + Y$ 的概率密度函数.

解 由题意知,Y 的概率密度函数为

$$f_Y(y) = \begin{cases} \lambda \mathrm{e}^{-\lambda y}, & y > 0, \\ 0, & y \leqslant 0. \end{cases}$$

记 Y 的分布函数为 $F_Y(y)$,Z 的分布函数为 $F_Z(z)$.显然,$\bigcup\limits_{i=0}^{2} \{X = i\} = \Omega$,由分布函数的定义及全概率公式并注意到 X,Y 的独立性,有

$$F_Z(z) = P\{Z \leqslant z\} = P\{X + Y \leqslant z\} = P\{X = 0\} P\{X + Y \leqslant z \mid X = 0\}$$

$$+ P\{X = 1\} P\{X + Y \leqslant z \mid X = 1\} + P\{X = 2\} P\{X + Y \leqslant z \mid X = 2\}$$

$$= \frac{1}{4} P\{Y \leqslant z\} + \frac{1}{2} P\{Y \leqslant z - 1\} + \frac{1}{4} P\{Y \leqslant z - 2\}$$

$$= \frac{1}{4} F_Y(z) + \frac{1}{2} F_Y(z - 1) + \frac{1}{4} F_Y(z - 2),$$

对 z 求导,得到 $Z = X + Y$ 的概率密度函数为

$$f_Z(z) = \frac{1}{4} F'_Y(z) + \frac{1}{2} F'_Y(z - 1) + \frac{1}{4} F'_Y(z - 2)$$

$$= \frac{1}{4} f_Y(z) + \frac{1}{2} f_Y(z - 1) + \frac{1}{4} f_Y(z - 2).$$

由此可得

$$f_Z(z) = \begin{cases} 0, & z < 0, \\[2mm] \dfrac{1}{4}\lambda e^{-\lambda z}, & 0 \leqslant z < 1, \\[2mm] \dfrac{1}{4}\lambda e^{-\lambda z} + \dfrac{1}{2}\lambda e^{-\lambda(z-1)}, & 1 \leqslant z < 2, \\[2mm] \dfrac{1}{4}\lambda e^{-\lambda z} + \dfrac{1}{2}\lambda e^{-\lambda(z-1)} + \dfrac{1}{4}\lambda e^{-\lambda(z-2)}, & z \geqslant 2. \end{cases}$$

下面给出随机变量和的分布和极值的分布.

1.随机变量和的分布

设 (X,Y) 的联合概率密度为 $f(x,y)$，求 $Z = X + Y$ 的概率密度.

设 $F_Z(z)$ 是 $Z = X + Y$ 的分布函数，记 $G = \{(x,y) \mid x + y \leqslant z\}$，则有

$$F_Z(z) = P\{Z \leqslant z\} = P\{X + Y \leqslant z\}$$

$$= P\{(X,Y) \in G\} = \iint\limits_G f(x,y)\mathrm{d}x\,\mathrm{d}y .$$

积分区域 G 如图 3.8 所示，化成累次积分，得

$$F_Z(z) = \int_{-\infty}^{+\infty} \left[\int_{-\infty}^{z-y} f(x,y)\mathrm{d}x \right] \mathrm{d}y ,$$

固定 z 和 y，对积分 $\int_{-\infty}^{z-y} f(x,y)\mathrm{d}x$ 做变量

变换，令 $x = u - y$，得

$$F_Z(z) = \int_{-\infty}^{+\infty} \int_{-\infty}^{z} f(u-y,y)\mathrm{d}u\mathrm{d}y .$$

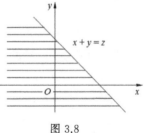

图 3.8

右端的积分区域为图 3.9 中阴影部分所表示的广义矩形区域

$$G^* = \{(u,y) \mid u \leqslant z, -\infty < y < +\infty\} ,$$

交换积分次序得

$$F_Z(z) = \int_{-\infty}^{z} \left[\int_{-\infty}^{+\infty} f(u-y,y)\mathrm{d}y \right] \mathrm{d}u .$$

由概率密度的定义，即得 Z 的概率密度为

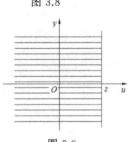

图 3.9

$$f_Z(z) = \int_{-\infty}^{+\infty} f(z-y,y)\mathrm{d}y . \tag{3.26}$$

由 X，Y 的对称性，$f_Z(z)$ 又可写成

$$f_Z(z) = \int_{-\infty}^{+\infty} f(x,z-x)\mathrm{d}x . \tag{3.27}$$

式(3.26)，式(3.27)是两个随机变量和的概率密度的一般公式.

特别地，当 X，Y 相互独立时，设 (X,Y) 关于 X，Y 的边缘概率密度分别为 $f_X(x)$，$f_Y(y)$ 则式(3.26)，式(3.27)分别化为

$$f_Z(z) = \int_{-\infty}^{+\infty} f_X(z-y) f_Y(y) \mathrm{d}y .$$
$$(3.28)$$

$$f_Z(z) = \int_{-\infty}^{+\infty} f_X(x) f_Y(z-x) \mathrm{d}x .$$
$$(3.29)$$

这两个公式称为**卷积公式**，记为 $f_X(x) * f_Y(y)$.

例 3.4.5　设 X 和 Y 相互独立，且都服从 $N(0,1)$，求 $Z = X + Y$ 的概率密度.

解　由题意知，X 和 Y 的概率密度分别为

$$f_X(x) = \frac{1}{\sqrt{2\pi}} \mathrm{e}^{-\frac{x^2}{2}}, f_Y(y) = \frac{1}{\sqrt{2\pi}} \mathrm{e}^{-\frac{y^2}{2}} .$$

从而由式(3.29)，$Z = X + Y$ 的概率密度为

$$f_Z(z) = \int_{-\infty}^{+\infty} f_X(x) f_Y(z-x) \mathrm{d}x = \frac{1}{2\pi} \int_{-\infty}^{+\infty} \mathrm{e}^{-\frac{x^2}{2}} \mathrm{e}^{-\frac{(z-x)^2}{2}} \mathrm{d}x$$

$$= \frac{1}{2\pi} \mathrm{e}^{-\frac{z^2}{4}} \int_{-\infty}^{+\infty} \mathrm{e}^{-\left(x-\frac{z}{2}\right)^2} \mathrm{d}x ,$$

令 $t = x - \dfrac{z}{2}$，得

$$f_Z(z) = \frac{1}{2\pi} \mathrm{e}^{-\frac{z^2}{4}} \int_{-\infty}^{+\infty} \mathrm{e}^{-t^2} \mathrm{d}t = \frac{1}{2\pi} \mathrm{e}^{-\frac{z^2}{4}} \sqrt{\pi} = \frac{1}{\sqrt{2\pi}\,\sqrt{2}} \mathrm{e}^{-\frac{(z-0)^2}{2(\sqrt{2})^2}} .$$

这说明 $Z = X + Y \sim N(0,2)$.

一般地，设 X，Y 相互独立，且 $X \sim N(\mu_1, \sigma_1^2)$，$Y \sim N(\mu_2, \sigma_2^2)$，则 $Z = X + Y$ 仍服从正态分布，并且 Z 的两个参数分别是 X，Y 对应的两个参数之和，即 $Z \sim N(\mu_1 + \mu_2, \sigma_1^2 + \sigma_2^2)$. 更一般地，若 $X_1, X_2, \cdots, X_n$ 相互独立，且 $X_i \sim N(\mu_i, \sigma_i^2)$，则

$$\sum_{i=1}^{n} k_i X_i \sim N\left(\sum_{i=1}^{n} k_i \mu_i, \sum_{i=1}^{n} k_i^2 \sigma_i^2 \right) .$$

例 3.4.6　设某种商品一周的需求量是一个随机变量，其概率密度函数为

$$f(x) = \begin{cases} x\mathrm{e}^{-x}, & x > 0, \\ 0, & \text{其他}. \end{cases}$$

如果各周的需求量相互独立，求两周的需求量的概率密度.

解 分别用 X 和 Y 表示第一周、第二周的需要量，则

$$f_X(x) = \begin{cases} x\mathrm{e}^{-x}, & x > 0, \\ 0, & \text{其他}, \end{cases} \qquad f_Y(y) = \begin{cases} y\mathrm{e}^{-y}, & y > 0, \\ 0, & \text{其他}. \end{cases}$$

于是两周的需要量 $Z = X + Y$，由式(3.29)得

当 $z \leqslant 0$ 时，若 $x > 0$，则 $z - x < 0$，$f_Y(z-x) = 0$；若 $x \leqslant 0$，则 $f_X(x) = 0$，从而 $f_Z(z) = 0$。

当 $z > 0$ 时，若 $x \leqslant 0$，则 $f_X(x) = 0$；若 $z - x \leqslant 0$，即 $z \leqslant x$，则 $f_Y(z-x) = 0$，因此只有 $x > 0$ 且 $z - x > 0$，即 $0 < x < z$ 时，$f_X(x)f_Y(z-x) \neq 0$，其他情况全为 0。因此，当 $z < 0$ 时，$f_X(x)f_Y(z-x) = 0$。

当 $z > 0$ 时，

$$f_Z(z) = \int_{-\infty}^{+\infty} f_X(x)f_Y(z-x)\mathrm{d}x = \int_0^z x\mathrm{e}^{-x}(z-x)\mathrm{e}^{-(z-x)}\mathrm{d}x = \frac{z^3}{6}\mathrm{e}^{-z}.$$

于是

$$f_Z(z) = \begin{cases} \dfrac{z^3}{6}\mathrm{e}^{-z}, & z > 0, \\ 0, & \text{其他}. \end{cases}$$

例 3.4.7 设二维随机变量 (X,Y) 在以点 $(0,0)$，$(1,0)$，$(1,1)$，$(0,1)$ 为顶点的正方形区域上服从均匀分布，试求随机变量 $Z = X + Y$ 的概率密度。

解 区域 $G = \{(x,y) \mid 0 \leqslant x \leqslant 1, 0 \leqslant y \leqslant 1\}$ 是以点 $(0,0),(1,0),(1,1),(0,1)$ 为顶点的矩形区域(如图 3.10 阴影所示)，其面积为 1，于是随机变量 (X,Y) 的联合概率密度为

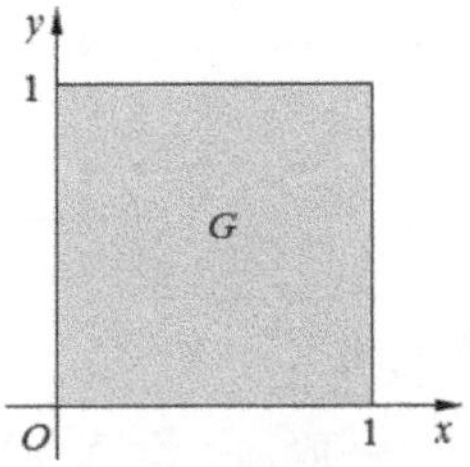

$$f(x,y) = \begin{cases} 1, & (x,y) \in G, \\ 0, & (x,y) \notin G. \end{cases}$$

图 3.10

利用和的概率密度公式(3.27)，有

$$f_Z(z) = \int_{-\infty}^{+\infty} f(x, z-x)\mathrm{d}x,$$

由 $f(x,y)$ 的定义，当 $0 \leqslant x \leqslant 1$ 且 $0 \leqslant z - x \leqslant 1$ 时，即 $0 \leqslant x \leqslant 1$ 且 $z - 1 \leqslant x \leqslant z$ 时，$f(x, z-x) = 1$，否则 $f(x, z-x) = 0$。

当 $0 \leqslant z \leqslant 1$ 时，得到 $0 \leqslant x \leqslant z$，如图 3.11，这时，

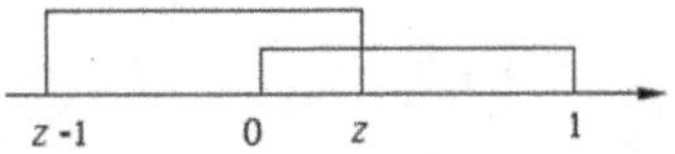

图 3.11

$$f_Z(z) = \int_{-\infty}^{+\infty} f(x, z-x)\mathrm{d}x = \int_0^z 1\mathrm{d}x = z.$$

当 $1 \leqslant z \leqslant 2$ 时，$z - 1 \leqslant x \leqslant 1$，如图 3.12，这时，

图 3.12

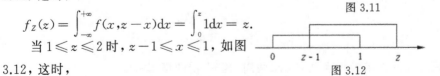

$$f_Z(z) = \int_{-\infty}^{+\infty} f(x, z-x)\mathrm{d}x = \int_{z-1}^{1} 1\mathrm{d}x = 2 - z \; ;$$

当 $z \leqslant 0$ 或 $z > 2$ 时，由于 $0 \leqslant x \leqslant 1$，则 $f(x, z-x) = 0$，从而

$$f_Z(z) = \int_{-\infty}^{+\infty} f(x, z-x)\mathrm{d}x = 0 .$$

于是，随机变量 $Z = X + Y$ 的概率密度为

$$f_Z(z) = \begin{cases} z, & 0 \leqslant z \leqslant 1, \\ 2 - z, & 1 < z \leqslant 2, \\ 0, & \text{其他}. \end{cases}$$

* 2.乘积的分布

设随机变量 (X, Y) 是二维连续型随机变量，其联合概率密度函数为 $f(x, y)$，$Z = XY$，下面讨论 Z 的分布. 由分布函数的定义，有

$$F_Z(z) = P\{Z \leqslant z\} = P\{XY \leqslant z\} = \iint_{xy \leqslant z} f(x, y)\mathrm{d}x\mathrm{d}y .$$

如图 3.13 所示，当 $z < 0$ 时，有

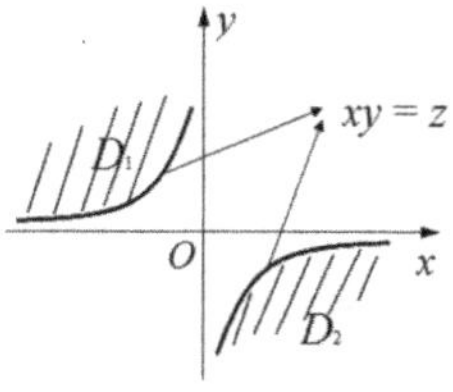

$$\begin{aligned} F_Z(z) &= \iint_{xy \leqslant z} f(x, y)\mathrm{d}x\mathrm{d}y \\ &= \iint_{D_1} f(x, y)\mathrm{d}x\mathrm{d}y + \iint_{D_2} f(x, y)\mathrm{d}x\mathrm{d}y \\ &= \int_{0}^{+\infty} \mathrm{d}y \int_{-\infty}^{\frac{z}{y}} f(x, y)\mathrm{d}x + \int_{-\infty}^{0} \mathrm{d}y \int_{\frac{z}{y}}^{+\infty} f(x, y)\mathrm{d}x . \end{aligned}$$

图 3.13

在上式第一个积分的内层积分中作积分变量代换 $x = u/y$，有

$$\int_{0}^{+\infty} \mathrm{d}y \int_{-\infty}^{\frac{z}{y}} f(x, y)\mathrm{d}x = \int_{0}^{+\infty} \mathrm{d}y \int_{-\infty}^{z} \frac{f(u/y, y)}{y}\mathrm{d}u = \int_{-\infty}^{z} \left[\int_{0}^{+\infty} \frac{f(u/y, y)}{y}\mathrm{d}y \right] \mathrm{d}u .$$

对第二个积分做类似的处理，有

$$\int_{-\infty}^{0} \mathrm{d}y \int_{\frac{z}{y}}^{+\infty} f(x, y)\mathrm{d}x = \int_{z}^{+\infty} \left[\int_{-\infty}^{0} \frac{f(u/y, y)}{y}\mathrm{d}y \right] \mathrm{d}u .$$

由此得 Z 的分布函数为

$$F_Z(z) = \int_{-\infty}^{z} \left[\int_{0}^{+\infty} \frac{f(u/y, y)}{y}\mathrm{d}y \right] \mathrm{d}u + \int_{z}^{+\infty} \left[\int_{-\infty}^{0} \frac{f(u/y, y)}{y}\mathrm{d}y \right] \mathrm{d}u .$$

将上式两边对 z 求导，得

$$f_Z(z) = \int_{0}^{+\infty} \frac{f(z/y, y)}{y}\mathrm{d}y - \int_{-\infty}^{0} \frac{f(z/y, y)}{y}\mathrm{d}y = \int_{-\infty}^{+\infty} \frac{f(z/y, y)}{|y|}\mathrm{d}y .$$

在 $z > 0$ 时有相同的结论，由此得到 $Z = XY$ 的概率密度函数为

$$f_Z(z) = \int_{-\infty}^{+\infty} \frac{f(z/y, y)}{|y|} \mathrm{d}y. \tag{3.30}$$

例 3.4.8 设随机变量 X 与 Y 独立，且分别具有密度函数

$$f_X(x) = \begin{cases} \dfrac{1}{\pi\sqrt{1-x^2}}, & |x| < 1, \\ 0, & |x| \geqslant 1, \end{cases} \qquad f_Y(y) = \begin{cases} ye^{-\frac{y^2}{2}}, & y > 0, \\ 0, & y \leqslant 0. \end{cases}$$

证明：$Z = XY$ 服从标准正态分布.

证 由于 X 与 Y 独立，所以其联合概率密度函数为

$$f(x,y) = f_X(x)f_Y(y) = \begin{cases} \dfrac{ye^{-y^2/2}}{\pi\sqrt{1-x^2}}, & |x| < 1, \ y > 0, \\ 0, & \text{其他}. \end{cases}$$

由式 (3.30) 可得

$$f_Z(z) = \int_{-\infty}^{+\infty} \frac{f(z/y, y)}{|y|} \mathrm{d}y = \int_z^{+\infty} \frac{ye^{-y^2/2}}{\pi y\sqrt{1-(z/y)^2}} \mathrm{d}y$$

$$= \frac{1}{2} \int_z^{+\infty} \frac{e^{-y^2/2}}{\pi\sqrt{y^2-z^2}} \mathrm{d}(y^2-z^2),$$

令 $t = \sqrt{y^2-z^2}$，则有

$$f_Z(z) = \frac{1}{2} \int_z^{+\infty} \frac{e^{-y^2/2}}{\pi\sqrt{y^2-z^2}} \mathrm{d}(y^2-z^2) = \frac{1}{2} \int_0^{+\infty} \frac{e^{-t^2/2}e^{-z^2/2}}{\pi t} 2t\,\mathrm{d}t$$

$$= \frac{1}{\pi}e^{-\frac{z^2}{2}} \int_0^{+\infty} e^{-\frac{t^2}{2}} \mathrm{d}t = \frac{1}{\pi}e^{-\frac{z^2}{2}} \cdot \frac{\sqrt{2\pi}}{2} = \frac{1}{\sqrt{2\pi}}e^{-\frac{z^2}{2}}.$$

这正是标准正态分布的概率密度函数，由此知，$Z = XY$ 服从标准正态分布.

*3.商的分布

设随机变量 (X, Y) 的联合概率密度函数为 $f(x, y)$，下面导出 $Z = \dfrac{X}{Y}$ 的分布. 由分布函数的定义，有

$$F_Z(z) = P\{Z \leqslant z\} = P\left\{\frac{X}{Y} \leqslant z\right\}$$

$$= \iint\limits_{x/y \leqslant z} f(x,y)\mathrm{d}x\,\mathrm{d}y \ (\text{图 3.14})$$

$$= \iint\limits_{\substack{x/y \leqslant z \\ y > 0}} f(x,y)\mathrm{d}x\,\mathrm{d}y + \iint\limits_{\substack{x/y \leqslant z \\ y < 0}} f(x,y)\mathrm{d}x\,\mathrm{d}y$$

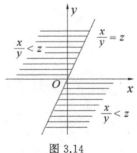

图 3.14

$$= \int_0^{+\infty} \left(\int_{-\infty}^{yz} f(x,y) \mathrm{d}x \right) \mathrm{d}y + \int_{-\infty}^0 \left(\int_{yz}^{+\infty} f(x,y) \mathrm{d}x \right) \mathrm{d}y ,$$

对以上积分的内层积分作变量代换 $x = yu$，可得

$$F_Z(z) = \int_0^{+\infty} \left(\int_{-\infty}^z f(uy,y) y \mathrm{d}u \right) \mathrm{d}y + \int_{-\infty}^0 \left(\int_z^{+\infty} f(uy,y) y \mathrm{d}u \right) \mathrm{d}y$$

$$= \int_{-\infty}^z \left(\int_0^{+\infty} f(uy,y) y \mathrm{d}y \right) \mathrm{d}u + \int_z^{+\infty} \left(\int_{-\infty}^0 f(uy,y) y \mathrm{d}y \right) \mathrm{d}u.$$

两端求导，得

$$f_Z(z) = F'_Z(z) = \int_0^{+\infty} f(zy,y) y \mathrm{d}y - \int_{-\infty}^0 f(zy,y) y \mathrm{d}y$$

$$= \int_{-\infty}^{+\infty} f(zy,y) \,|\, y \,|\, \mathrm{d}y . \tag{3.31}$$

特别地，如果 X，Y 相互独立，$f_X(x)$，$f_Y(y)$ 分别是 X，Y 的边缘密度函数，则有

$$f_Z(z) = \int_{-\infty}^{+\infty} f_X(yz) f_Y(y) \,|\, y \,|\, \mathrm{d}y . \tag{3.32}$$

例 3.4.9　设 $X \sim N(0,1)$，$Y \sim N(0,1)$，X，Y 相互独立，求 $Z = X/Y$ 的概率密度函数.

解　因为 $f_X(x) = \dfrac{1}{\sqrt{2\pi}} \mathrm{e}^{-\frac{x^2}{2}}$，$f_Y(y) = \dfrac{1}{\sqrt{2\pi}} \mathrm{e}^{-\frac{y^2}{2}}$，由式 (3.32) 可得

$$f_Z(z) = \int_{-\infty}^{+\infty} |\, y \,| \frac{1}{\sqrt{2\pi}} \mathrm{e}^{-\frac{(yz)^2}{2}} \frac{1}{\sqrt{2\pi}} \mathrm{e}^{-\frac{y^2}{2}} \mathrm{d}y$$

$$= \frac{1}{2\pi} \int_{-\infty}^{+\infty} |\, y \,| \mathrm{e}^{-\frac{y^2}{2}(1+z^2)} \mathrm{d}y = \frac{1}{\pi} \int_0^{+\infty} y \mathrm{e}^{-\frac{y^2}{2}(1+z^2)} \mathrm{d}y$$

$$= \frac{-1}{\pi(1+z^2)} \mathrm{e}^{-\frac{y^2}{2}(1+z^2)} \Big|_0^{+\infty} = \frac{1}{\pi(1+z^2)} .$$

由此知 Z 是服从柯西分布的随机变量.

4.两随机变量最大值、最小值的分布

设随机变量 (X,Y) 的联合分布函数为 $F(x,y)$，$F_X(x)$、$F_Y(y)$ 分别是关于 X 和 Y 的边缘分布函数，记 $U = \max\{X,Y\}$，$V = \min\{X,Y\}$，下面求 U，V 的分布函数.

因为事件 $\{\max(X,Y) \leqslant z\}$ 与事件 $\{X \leqslant z, Y \leqslant z\}$ 是等价的，由分布函数的定义知

$$F_U(z) = P\{U \leqslant z\} = P\{\max\{X,Y\} \leqslant z\} = P\{X \leqslant z, Y \leqslant z\} = F(z,z) .$$

$$F_V(z) = P\{V \leqslant z\} = P\{\min\{X,Y\} \leqslant z\} = 1 - P\{\min\{X,Y\} > z\}$$

$$= 1 - P\{X > z, Y > z\} = 1 - [1 - F_X(z) - F_Y(z) + F(z,z)]$$

$$= F_X(z) + F_Y(z) - F(z,z).$$

若 X 和 Y 相互独立，由上述讨论知

$$F_U(z) = F(z,z) = F_X(z)F_Y(z) , \qquad (3.33)$$

$$F_V(z) = F_X(z) + F_Y(z) - F(z,z) = F_X(z) + F_Y(z) - F_X(z)F_Y(z)$$

$$= 1 - [1 - F_X(z)][1 - F_Y(z)] . \qquad (3.34)$$

以上 X,Y 相互独立时的结论容易推广到 n 个相互独立的随机变量的情形. 设 $X_1, X_2, \cdots, X_n$ 是 n 个相互独立的随机变量，它们的分布函数分别为 $F_{X_i}(x)$（ $i = 1, 2, \cdots, n$ ），则 $U = \max\{X_1, X_2, \cdots, X_n\}$ 及 $V = \min\{X_1, X_2, \cdots, X_n\}$ 的分布函数分别为

$$F_U(z) = F_{X_1}(z)F_{X_2}(z)\cdots F_{X_n}(z) ,$$

$$F_V(z) = 1 - [1 - F_{X_1}(z)][1 - F_{X_2}(z)]\cdots[1 - F_{X_n}(z)] .$$

特别地，当 $X_1, X_2, \cdots, X_n$ 相互独立且有相同的分布函数 $F(x)$ 时有

$$F_U(z) = [F(z)]^n , \qquad (3.35)$$

$$F_V(z) = 1 - [1 - F(z)]^n . \qquad (3.36)$$

例 3.4.10 设系统 L 由两个相互独立的子系统 L_1, L_2 连接而成，连接的方式分别为：(1) 串联；(2) 并联；(3) 备用(当系统 L_1 损坏时，系统 L_2 开始工作)，如图 3.15 所示. 设 L_1, L_2 的寿命分别为 X, Y ，已知它们的概率密度分别为

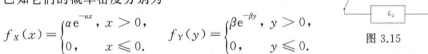

图 3.15

$$f_X(x) = \begin{cases} \alpha e^{-\alpha x}, & x > 0, \\ 0, & x \leqslant 0. \end{cases} \qquad f_Y(y) = \begin{cases} \beta e^{-\beta y}, & y > 0, \\ 0, & y \leqslant 0. \end{cases}$$

其中 $\alpha > 0, \beta > 0$ ，且 $\alpha \neq \beta$ ，分别对以上三种连接方式写出 L 的寿命 Z 的概率密度.

解 X, Y 的分布函数分别为

$$F_X(x) = \begin{cases} 1 - e^{-\alpha x}, & x > 0, \\ 0, & x \leqslant 0. \end{cases} \qquad F_Y(y) = \begin{cases} 1 - e^{-\beta y}, & y > 0, \\ 0, & y \leqslant 0. \end{cases}$$

(1)串联时，由于当 L_1, L_2 中有一个损坏，系统 L 就停止工作，所以这时 L 的寿命为 $Z = \min\{X, Y\}$ ，由式(3.34)知，其分布函数为

$$F_Z(z) = 1 - [1 - F_X(z)][1 - F_Y(z)] = \begin{cases} 1 - e^{-(\alpha+\beta)z}, & z > 0, \\ 0, & z \leqslant 0. \end{cases}$$

将上式两端对 z 求导，得 $Z = \min\{X, Y\}$ 的概率密度为

$$f_Z(z) = \begin{cases} (\alpha + \beta) \mathrm{e}^{-(\alpha+\beta)z}, & z > 0, \\ 0, & z \leqslant 0. \end{cases}$$

(2) 并联时，由于当且仅当 L_1, L_2 都损坏，系统 L 才停止工作，所以这时 L 的寿命为 $Z = \max\{X, Y\}$，由式 (3.33) 知，其分布函数为

$$F_Z(z) = F_X(z) F_Y(z) = \begin{cases} (1 - \mathrm{e}^{-\alpha z})(1 - \mathrm{e}^{-\beta z}), & z > 0, \\ 0, & z \leqslant 0. \end{cases}$$

求导可得 $Z = \max\{X, Y\}$ 的概率密度为

$$f_Z(z) = \begin{cases} \alpha \mathrm{e}^{-\alpha z} + \beta \mathrm{e}^{-\beta z} - (\alpha + \beta) \mathrm{e}^{-(\alpha+\beta)z}, & z > 0, \\ 0, & z \leqslant 0. \end{cases}$$

(3) 备用的情况下，当系统 L_1 损坏时系统 L_2 才开始工作，因此整个系统 L 的寿命是 L_1, L_2 的两个寿命之和，即 $Z = X + Y$，由式 (3.29) 知，当 $z \leqslant 0$ 时，$f_Z(z) = 0$；当 $z > 0$ 时，有

$$f_Z(z) = \int_{-\infty}^{+\infty} f_X(x) f_Y(z-x) \mathrm{d}x = \int_0^z \alpha \mathrm{e}^{-\alpha x} \beta \mathrm{e}^{-\beta(z-x)} \mathrm{d}x = \frac{\alpha\beta}{\alpha - \beta}(\mathrm{e}^{-\beta z} - \mathrm{e}^{-\alpha z}).$$

从而 $Z = X + Y$ 的概率密度为

$$f_Z(z) = \begin{cases} \dfrac{\alpha\beta}{\alpha - \beta}(\mathrm{e}^{-\beta z} - \mathrm{e}^{-\alpha z}), & z > 0, \\ 0, & z \leqslant 0. \end{cases}$$

例 3.4.11　设 $X_i \sim U[a, b]$（$i = 1, 2, \cdots, n$），且 $X_1, X_2, \cdots, X_n$ 相互独立，记 $U = \max\limits_{1 \leqslant i \leqslant n}\{X_i\}$，$V = \min\limits_{1 \leqslant i \leqslant n}\{X_i\}$，求 U，V 的分布函数及概率密度函数.

解　由已知 $X_i \sim U[a, b]$，其概率密度函数和分布函数分别为

$$f(x) = \begin{cases} \dfrac{1}{b-a}, & a \leqslant x \leqslant b, \\ 0, & \text{其他}, \end{cases} \qquad F(x) = \begin{cases} 0, & x < a, \\ \dfrac{x-a}{b-a}, & a \leqslant x \leqslant b, \\ 1, & x \geqslant b. \end{cases}$$

由式 (3.35) 知 U 的分布函数为

$$F_U(z) = [F(z)]^n = \begin{cases} 0, & z < a, \\ \left(\dfrac{z-a}{b-a}\right)^n, & a \leqslant z < b, \\ 1, & z \geqslant b. \end{cases}$$

将上式对 z 求导得到 U 的概率密度函数为

$$f_U(z) = F'_U(z) = \begin{cases} \dfrac{n\,(z-a)^{n-1}}{(b-a)^n}, & a \leqslant z < b, \\ 0, & \text{其他.} \end{cases}$$

由式(3.36)知 V 的分布函数为

$$F_V(z) = 1 - [1 - F(z)]^n = \begin{cases} 0, & z < a, \\ 1 - \left(\dfrac{b-z}{b-a}\right)^n, & a \leqslant z < b, \\ 1, & z \geqslant b. \end{cases}$$

将上式对 z 求导得到 V 的概率密度函数为

$$f_V(z) = F'_V(z) = \begin{cases} \dfrac{n\,(b-z)^{n-1}}{(b-a)^n}, & a \leqslant z < b, \\ 0, & \text{其他.} \end{cases}$$

习题 3.4

1.设随机变量 (X,Y) 的联合分布律为

X \ Y	−1	1	2
−1	0.1	0.2	0.3
2	0.2	0.1	0.1

试求：(1) $Z_1 = X+Y$；(2) $Z_2 = XY$；(3) $Z_3 = X/Y$；(4) $Z_4 = \max\{X,Y\}$ 的分布律.

2.设 $X_i \sim b(1,0.4)$，$i = 1,2,3,4$，且 X_1, X_2, X_3, X_4 相互独立，求行列式 $X = \begin{vmatrix} X_1 & X_2 \\ X_3 & X_4 \end{vmatrix}$ 的分布律.

3.设二维随机变量 (X,Y) 的概率密度为

$$f(x,y) = \begin{cases} 2e^{-(x+2y)}, & x > 0, y > 0, \\ 0, & \text{其他.} \end{cases}$$

求 $Z = X+2Y$ 的分布函数及概率密度函数.

4. 设 X,Y 是相互独立的随机变量，其概率密度分别为

$$f_X(x) = \begin{cases} 1, & 0 \leqslant x \leqslant 1, \\ 0, & \text{其他.} \end{cases} \qquad f_Y(y) = \begin{cases} e^{-y}, & y > 0, \\ 0, & y \leqslant 0. \end{cases}$$

求 $Z = X + Y$ 的概率密度.

5. 设 (X,Y) 在矩形区域 $G = \{(X,Y) \mid 0 \leqslant x \leqslant 1, 0 \leqslant y \leqslant 2\}$ 上服从均匀分布,求 $Z = \min\{X,Y\}$ 的概率密度.

6. 设随机变量 (X,Y) 的概率密度为

$$f(x,y) = \begin{cases} b\mathrm{e}^{-(x+y)}, & 0 < x < 1, 0 < y < +\infty, \\ 0, & \text{其他.} \end{cases}$$

(1) 试确定常数 b;

(2) 求边缘概率密度 $f_X(x)$,$f_Y(y)$;

(3) 求函数 $U = \max\{X,Y\}$ 的分布函数.

总习题 3

1. 设随机变量 X 与 Y 相互独立,且 X 与 Y 的概率分布分别为

X	0	1	2	3
p	$\dfrac{1}{2}$	$\dfrac{1}{4}$	$\dfrac{1}{8}$	$\dfrac{1}{8}$

Y	-1	0	1
p	$\dfrac{1}{3}$	$\dfrac{1}{3}$	$\dfrac{1}{3}$

则 $P\{X + Y = 2\} =$ 　　　　　　　　　　　　(　　).

(A) $\dfrac{1}{12}$ 　　　　(B) $\dfrac{1}{8}$ 　　　　(C) $\dfrac{1}{6}$ 　　　　(D) $\dfrac{1}{2}$

2. 设随机变量 X 与 Y 独立同分布,且 X 的分布函数为 $F(x)$,则 $Z = \max\{X,Y\}$ 的分布函数为　　　　　　　　　　　　(　　).

(A) $F^2(x)$ 　　　　　　　　　　　(B) $F(x)F(y)$

(C) $1 - [1 - F(x)]^2$ 　　　　　　　(D) $[1 - F(x)][1 - F(y)]$

3. 箱内有 6 个球,其中红、白、黑球的个数分别为 1,2,3 个,现从箱中随机地取出 2 个球,记 X 为取出的红球的个数,Y 为取出的白球的个数,求随机变量 (X,Y) 的概率分布.

4. 设二维随机变量 (X,Y) 的联合概率密度为

$$f(x,y) = \begin{cases} 6x, & 0 \leqslant x \leqslant y \leqslant 1, \\ 0, & \text{其他.} \end{cases}$$

求 $P\{X + Y \leqslant 1\}$.

5. 设二维随机变量 (X,Y) 服从区域 G 的均匀分布,其中区域 G 由直线 $x - y = 0$,$x + y = 2$ 与 $y = 0$ 围成.

(1) 求关于 X 的边缘概率密度 $f_X(x)$.

(2) 求条件概率密度 $f_{X|Y}(x \mid y)$.

6.设二维随机变量 (X,Y) 的联合概率密度为

$$f(x,y) = \begin{cases} e^{-x}, & 0 < y < x, \\ 0, & \text{其他}. \end{cases}$$

(1)求条件概率密度 $f_{Y|X}(y \mid x)$.

(2)求条件概率 $P\{X \leqslant 1 \mid Y \leqslant 1\}$.

7.袋中有 1 个红球,2 个黑球,3 个白球,现在从袋中取两次,每次取一个,若以 X,Y,Z 分别表示两次取球所取得的红、黑与白球的个数.

(1)求 $P\{X = 1 \mid Z = 0\}$.

(2)求二维随机变量 (X,Y) 的概率分布.

8.设某班车起点站上车乘客人数 X 服从参数为 $\lambda(\lambda > 0)$ 的泊松分布,每位乘客在中途下车的概率为 $p(0 < p < 1)$,且中途下车与否相互独立,以 Y 表示在中途下车的人数,求:

(1)在发车时有 n 个乘客的条件下,中途有 m 个人下车的概率;

(2)二维随机变量 (X,Y) 的联合分布.

9.设二维随机变量 (X,Y) 的概率密度为

$$f(x,y) = A e^{-2x^2 + 2xy - y^2}, \quad -\infty < x < +\infty, \quad -\infty < y < +\infty,$$

求常数 A 及条件概率密度 $f_{Y|X}(y \mid x)$.

10.设随机变量 X 的概率密度为 $f_X(x) = \begin{cases} 3x^2, & 0 < x < 1, \\ 0, & \text{其他}, \end{cases}$ 在 $X = x(0 < x < 1)$ 的条件下,随机变量 Y 的条件概率密度为 $f_{Y|X}(y \mid x) = \begin{cases} \dfrac{3y^2}{x^3}, & 0 < y < x, \\ 0, & \text{其他}, \end{cases}$ 求:

(1)二维随机变量 (X,Y) 的联合概率密度 $f(x,y)$.

(2)Y 的边缘概率密度 $f_Y(y)$.

11.设随机变量 X 与 Y 的概率分布分别为

X	0	1
p	$\dfrac{1}{3}$	$\dfrac{2}{3}$

Y	-1	0	1
p	$\dfrac{1}{3}$	$\dfrac{1}{3}$	$\dfrac{1}{3}$

且 $P\{X^2 = Y^2\} = 1$,求:

(1)二维随机变量 (X,Y) 的概率分布.

(2)$Z = XY$ 的概率分布.

12.设二维随机变量 (X,Y) 在矩形 $G = \{(x,y) \mid 0 \leqslant x \leqslant 2, 0 \leqslant y \leqslant 1\}$ 上服从均匀分布,记

$$U = \begin{cases} 0, & X \leqslant Y, \\ 1, & X > Y, \end{cases} \qquad V = \begin{cases} 0, & X \leqslant 2Y, \\ 1, & X > 2Y. \end{cases}$$

求：(1)U 和 V 的联合分布.

(2)边长 X 和 Y 的矩形面积 S 概率密度 $f(s)$.

13.设随机变量 X 和 Y 相互独立,其中 X 的概率分布为

X	1	2
p_k	0.3	0.7

而 Y 的概率密度为 $f(y)$,求随机变量 $U = X + Y$ 的概率密度 $g(u)$.

14.设随机变量 X 在区间 $(0,1)$ 上服从均匀分布,在 $X = x$（$0 < x < 1$）的条件下,随机变量 Y 在区间 $(0,x)$ 上服从均匀分布,求：

(1)随机变量 X 和 Y 的联合概率密度 $f(x,y)$.

(2)Y 的边缘概率密度 $f_Y(y)$.

(3)概率 $P\{X + Y > 1\}$.

15.设随机变量 X 与 Y 相互独立,且 $X \sim N(0,1)$,Y 具有分布律

$$P\{Y = 0\} = P\{Y = 1\} = \frac{1}{2} ,$$

记 $F_Z(z)$ 为随机变量 $Z = XY$ 的分布函数,求函数 $F_Z(z)$ 的间断点.

16.设随机变量 X 与 Y 相互独立,且 X 的概率分布为 $P\{X = i\} = \dfrac{1}{3}(i = -1,0,1)$,$Y$ 的概率密度为

$$f_Y(y) = \begin{cases} 1, 0 \leqslant y \leqslant 1, \\ 0, \text{其他}. \end{cases}$$

记 $Z = X + Y$,求：(1) $P\left\{Z \leqslant \dfrac{1}{2} \mid X = 0\right\}$ ；(2) 求 Z 的概率密度 $f_Z(z)$.

17.设随机变量 (X,Y) 的概率密度为

$$f(x,y) = \begin{cases} 2 - x - y, 0 < x < 1, 0 < y < 1, \\ 0, \qquad \text{其他}. \end{cases}$$

(1)求 $P\{X > 2Y\}$.

(2) 求 $Z = X + Y$ 的概率密度 $f_Z(z)$.

18.设二维随机变量 (X,Y) 在区域 $D = \{(x,y) \mid 0 < x < 1, x^2 < y < \sqrt{x}\}$ 上服从均匀分布,令

$$U = \begin{cases} 1, X \leqslant Y, \\ 0, X > Y. \end{cases}$$

(1)写出 (X,Y) 的联合概率密度.

(2)问 U 与 X 是否相互独立？并说明理由.

(3)求 $Z = U + X$ 的分布函数 $F_Z(z)$.

第 4 章　随机变量的数字特征

概率密度函数、分布律和分布函数都能完整地描述随机变量的统计规律. 但在许多实际应用中，我们并不需要全面考察随机变量的变化情况，只需知道随机变量的某些特征. 例如，已知两个班级每个同学的概率成绩是一个随机变量，如果要比较两个班概率成绩的好坏，通常只需比较他们的平均值，平均值大的当然就是概率成绩"较好"的班级。如果不去比较它们的平均值，而只看它们的分布列，虽然"全面"，但却使人不得要领，难以迅速地做出判断；如果恰巧两个班的平均成绩相同，则还需比较每个同学的成绩与平均值的偏离程度，偏离程度越小，同学间的差距越小，概率的总体成绩越好. 从上面的例子，我们看到与随机变量相关的某些数值，虽然不能完整地描述随机变量，但能描述随机变量在某些方面的特征. 这些数值就称作随机变量的数字特征，它们在理论和实践上都有重要的研究意义.

本章介绍随机变量常用的数字特征：数学期望，方差，相关系数和矩.

§4.1　数学期望

4.1.1　离散型随机变量的数学期望

数学期望是日常生活中最常用的数字特征，下面我们通过对一个例子的具体分析引入离散型随机变量数学期望的概念.

例 4.1.1　进行掷骰子游戏. 规定掷得一点得 1 分；掷出 2 点、3 点或 4 点得 3 分；掷出 5 点或 6 点得 4 分，共掷 N 次. 投掷一次所得分数 X 是一个离

散型随机变量, 按题意 X 的分布律为:

X	$x_1=1$	$x_2=3$	$x_3=4$
p_k	$\dfrac{1}{6}$	$\dfrac{3}{6}$	$\dfrac{2}{6}$

问投掷一次预期平均能得多少分?

解　若在 N 次投掷中, 得 1 分的共 n_1 次, 得 3 分的共 n_2 次, 得 4 分的共 n_3 次, 则 $n_1+n_2+n_3=N$, 那么平均投掷一次得分为

$$\frac{1\times n_1+3\times n_2+4\times n_3}{N}=x_1\times\frac{n_1}{N}+x_2\times\frac{n_2}{N}+x_3\times\frac{n_3}{N}=\sum_{k=1}^{3}x_k\frac{n_k}{N}.$$

这个数事先并不知道, 要等到游戏结束后才能知道. 注意到 n_k/N 是事件 $\{X=x_k\}$ 发生的频率. 在第 5 章中将会讲到当 N 充分大时, n_k/N 在某种意义下接近于事件 $\{X=x_k\}$ 的概率 p_k , 于是平均投掷一次得分为

$$\frac{n_1x_1+n_2x_2+n_3x_3}{N}=\sum_{k=1}^{3}x_k\frac{n_k}{N}\approx\sum_{k=1}^{3}x_kp_k. \tag{4.1}$$

以 x_k , p_k 的具体数据代入得

$$\sum_{k=1}^{3}x_kp_k=1\times\frac{1}{6}+3\times\frac{3}{6}+4\times\frac{2}{6}=3(分).$$

这就是说, 在投掷的次数 N 充分大时, 投掷者可以预期平均投掷一次能得 3 分左右.

式(4.1)表明当 N 充分大时, 随机变量 X 的观察值的算术平均值 $\sum\limits_{k=1}^{3}x_k\dfrac{n_k}{N}$ 接近于数 $\sum\limits_{k=1}^{3}x_kp_k$. 我们称 $\sum\limits_{k=1}^{3}x_kp_k$ 为离散型随机变量 X 的数学期望, 记作 $E(X)$. 以上讨论表明, 数学期望刻画了离散型随机变量 X 平均值的大小.

定义 4.1　设离散型随机变量 X 的分布律为

$$P\{X=x_k\}=p_k,k=1,2,\cdots$$

则当 $\sum\limits_{k=1}^{\infty}|x_k|p_k<\infty$ 时, 称 $\sum\limits_{k=1}^{\infty}x_kp_k$ 为随机变量 X 的**数学期望**, 记作 $E(X)$, 即

$$E(X)=\sum_{k=1}^{\infty}x_kp_k. \tag{4.2}$$

数学期望简称为**期望**或**均值**.

注(1)　级数 $\sum\limits_{k=1}^{\infty}|x_k|p_k<\infty$, 即 $\sum\limits_{k=1}^{\infty}x_kp_k$ 绝对收敛保证级数和不随级数各项次序的改变而改变, 也就是 $E(X)$ 的值与 X 取值顺序无关.

注(2) 随机变量 X 的数学期望 $E(X)$ 是一个常数,它是随机变量 X 的加权平均值,x_k 的权数就是相应的概率 p_k,数学期望具有重要的统计意义.

例 4.1.2 设盒子中有 5 个球,其中 2 个白球,3 个黑球,从中随机抽取 3 个球,记 X 为抽取到的白球数,求 $E(X)$.

解 X 只能取 $0,1,2$ 这三个实数值,并且有

$$P\{X=0\}=\frac{C_3^3}{C_5^3}=0.1 \;;\; P\{X=1\}=\frac{C_3^2 C_2^1}{C_5^3}=0.6 \;;$$

$$P\{X=2\}=1-P\{X=0\}-P\{X=1\}=0.3 .$$

于是

$$E(X)=0\times0.1+1\times0.6+2\times0.3=1.2 .$$

结果表明,若多次从盒子中取球,例如 1000 次(每次取 3 个),那么平均一次可取到 1.2 个白球,1000 次约有 1200 个白球。

例 4.1.3 设随机变量 $X \sim \pi(\lambda)$,求 X 的数学期望 $E(X)$.

解 X 的概率分布率为

$$P\{X=k\}=\frac{\lambda^k \mathrm{e}^{-\lambda}}{k!} \;(\lambda>0,k=0,1,2,\cdots) ,$$

由定义可得

$$E(X)=\sum_{k=0}^{\infty}kP\{X=k\}=\sum_{k=0}^{\infty}\frac{k\lambda^k \mathrm{e}^{-\lambda}}{k!}=\lambda \mathrm{e}^{-\lambda}\sum_{k=1}^{\infty}\frac{\lambda^{k-1}}{(k-1)!}=\lambda \mathrm{e}^{-\lambda}\mathrm{e}^{\lambda}=\lambda .$$

由此可知,泊松分布的参数 λ 就是 X 的数学期望. 因而只要知道泊松分布变量的数学期望,就能完全确定它的分布了.

注: 此处用到了指数函数 e^x 的麦克劳林展开式

$$\mathrm{e}^x=\sum_{k=0}^{\infty}\frac{x^k}{k!}=\sum_{k=1}^{\infty}\frac{x^{k-1}}{(k-1)!},-\infty<x<+\infty.$$

4.1.2 连续型随机变量的数学期望

若 X 是连续型随机变量,其概率密度为 $f(x)$,利用微积分的思想,如图 4.1 所示将 X 分割为若干小区间,则 X 落在小区间 $[x_i,x_{i+1})$ 的概率近似为 $f(x_i)\Delta x_i$.

则 X 的概率分布近似为

X_i	$\cdots$	x_0	x_1	$\cdots$	x_n	$\cdots$
p_i	$\cdots$	$f(x_0)\Delta x_0$	$f(x_1)\Delta x_1$	$\cdots$	$f(x_n)\Delta x_n$	$\cdots$

可看作 X 的离散近似,服从上述分布的离散型随机变量的数学期望

$\displaystyle\sum_i x_i f(x_i)\Delta x_i$ 也可近似地表示为 $\displaystyle\int_{-\infty}^{+\infty} x f(x)\,\mathrm{d}x$. 因此,有以下定义.

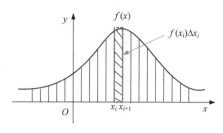

图 4.1

定义 4.2　设连续型随机变量 X 的概率密度函数为 $f(x)$,则当 $\displaystyle\int_{-\infty}^{\infty}|x|f(x)\,\mathrm{d}x<\infty$ 时,称 $\displaystyle\int_{-\infty}^{\infty} x f(x)\,\mathrm{d}x$ 为连续型随机变量 X 的**数学期望**,即

$$E(X)=\int_{-\infty}^{\infty} x f(x)\,\mathrm{d}x . \tag{4.3}$$

例 4.1.4　某种化合物的 PH 值 X 是一个随机变量,它的概率密度函数为

$$f(x)=\begin{cases}25(x-3.8), & 3.8\leqslant x\leqslant 4,\\ -25(x-4.2), & 4<x\leqslant 4.2,\\ 0, & \text{其他}.\end{cases}$$

求该种化合物 PH 值的数学期望 $E(X)$.

解　由式(4.3)可得

$$E(X)=\int_{-\infty}^{\infty} x f(x)\,\mathrm{d}x=\int_{-\infty}^{3.8}0x\,\mathrm{d}x+\int_{3.8}^{4}25x(x-3.8)\,\mathrm{d}x-\int_{4}^{4.2}25x(x-4.2)\,\mathrm{d}x+\int_{4.2}^{\infty}0x\,\mathrm{d}x=4 .$$

例 4.1.5　设随机变量 X 服从参数为 λ 的**指数分布**,其概率密度为

$$f(x)=\begin{cases}\lambda\,\mathrm{e}^{-\lambda x}, & x>0,\\ 0, & x\leqslant 0.\end{cases}$$

求 X 的数学期望 $E(X)$.

解　按式(4.3)有

$$E(X)=\int_{-\infty}^{+\infty} x f(x)\,\mathrm{d}x=\int_{0}^{+\infty} x\lambda\,\mathrm{e}^{-\lambda x}\,\mathrm{d}x=-x\,\mathrm{e}^{-\lambda x}\Big|_{0}^{+\infty}+\int_{0}^{+\infty}\mathrm{e}^{-\lambda x}\,\mathrm{d}x$$

$$=-\frac{1}{\lambda}\,\mathrm{e}^{-\lambda x}\Big|_{0}^{+\infty}=\frac{1}{\lambda} .$$

例 4.1.6 设随机变量 X 服从**柯西分布**，X 的概率密度为

$$f(x) = \frac{1}{\pi(1+x^2)}, -\infty < x < +\infty.$$

试证其期望不存在.

证 因为

$$\int_{-\infty}^{+\infty} |x| f(x)\mathrm{d}x = \int_{-\infty}^{+\infty} |x| \frac{\mathrm{d}x}{\pi(1+x^2)} = \int_{-\infty}^{0} \frac{-x}{\pi(1+x^2)}\mathrm{d}x + \int_{0}^{+\infty} \frac{x}{\pi(1+x^2)}\mathrm{d}x,$$

由于

$$\int_{0}^{+\infty} \frac{x}{\pi(1+x^2)}\mathrm{d}x = \lim_{A \to +\infty} \int_{0}^{A} \frac{x}{\pi(1+x^2)}\mathrm{d}x = \frac{1}{2\pi} \lim_{A \to +\infty} \ln(1+A^2) = +\infty,$$

由无穷积分收敛的定义知 $\int_{-\infty}^{\infty} |x| f(x)\mathrm{d}x$ 发散，故 X 的数学期望不存在.

因此，并非所有随机变量都有数学期望.

4.1.3 随机变量函数的数学期望

在许多实际问题中，我们常需要求某些随机变量函数的数学期望. 例如已知一球形零件的半径 X 是一个随机变量，则球的体积 $Y = \frac{4}{3}\pi X^2$ 也是一个随机变量. 如已知 X 的概率分布，而我们需要求的是 Y 的数学期望，按定义需求出 Y 的概率分布，但下面的结论表明，不需求 Y 的概率分布，可直接利用 X 的分布求出 $Y = g(X)$ 的数学期望，这为计算随机变量函数的数学期望带来了方便.

定理 4.1 设 X 为随机变量，$Y = g(X)$（g 为连续函数），且 $E(Y)$ 存在. 若 X 为离散型随机变量，设 X 的分布律为

$$P\{X = x_k\} = p_k, k = 1,2\cdots,$$

若 X 为连续型随机变量，设 X 的概率密度为 $f(x)$，则有

$$E(Y) = E[g(X)] = \begin{cases} \sum_{k=1}^{\infty} g(x_k)p_k, & (X \text{ 为离散型随机变量}), \\ \int_{-\infty}^{\infty} g(x)f(x)\mathrm{d}x, & (X \text{ 为连续型随机变量}). \end{cases} \tag{4.4}$$

类似地还可以得到下列定理.

定理 4.2 设 (X,Y) 是二维随机变量，$Z = g(X,Y)$（g 为连续函数）且 $E(Z)$ 存在. 若 (X,Y) 为二维离散型随机变量，设 (X,Y) 的联合概率分布

律为

$$P\{X = x_i, Y = y_j\} = p_{ij}(i, j = 1, 2\cdots).$$

若 (X, Y) 为二维连续型随机变量,设 (X, Y) 的联合概率密度函数为 $f(x, y)$,则有

$$E(Z) = E[g(X,Y)] = \begin{cases} \displaystyle\sum_{i=1}^{\infty} \sum_{j=1}^{\infty} g(x_i, y_j) p_{ij}, & [(X,Y) \text{ 为二维离散型随机变量}], \\ \displaystyle\int_{-\infty}^{\infty} \int_{-\infty}^{\infty} g(x,y) f(x,y) \mathrm{d}x \mathrm{d}y, & [(X,Y) \text{ 为二维连续型随机变量}]. \end{cases} \quad (4.5)$$

对一般的 n 维随机变量的函数,也有相应结论,在此不再赘述.

例 4.1.7　设随机变量 X 的分布律为

X	-2	0	1
p	0.3	0.2	0.5

求 $E(X^2)$, $E\left(\dfrac{1}{X+1}\right)$.

解　由随机变量函数期望的计算公式可得

$$E(X^2) = (-2)^2 \times 0.3 + 0^2 \times 0.2 + 1^2 \times 0.5 = 1.7 ,$$

$$E\left(\frac{1}{X+1}\right) = \frac{1}{-2+1} \times 0.3 + \frac{1}{0+1} \times 0.2 + \frac{1}{1+1} \times 0.5 = 0.15 .$$

例 4.1.8　设国际市场每年对我国某一生产厂家某种出口商品的需求量是一个随机变量 X (单位:吨),它服从区间 $[2000, 4000]$ 上的均匀分布,每销售出一吨该商品,可为该厂赚取外汇 3 万元;若销售不出去,则每吨商品需存储费 1 万元. 问该商品应出口多少吨,才能使该厂的平均收益最大?

解　已知随机变量 X 在区间 $[2000, 4000]$ 上服从均匀分布,则 X 的概率密度函数

$$f(x) = \begin{cases} \dfrac{1}{2000}, & 2000 \leqslant x \leqslant 4000, \\ 0, & \text{其他}. \end{cases}$$

设出口该商品 t 吨($2000 \leqslant t \leqslant 4000$),则国家收益 Y (单位:万元)可表示为

$$Y = g(X) = \begin{cases} 3t, & X \geqslant t; \\ 4X - t, & X < t. \end{cases}$$

因此,

$$E(Y) = E[g(X)] = \int_{-\infty}^{\infty} g(x) f(x) dx = \int_{2000}^{4000} \frac{1}{2000} g(x) dx$$

$$= \frac{1}{2000} \left[\int_{2000}^{t} (4x - t) dx + \int_{t}^{4000} 3t dx \right] = \frac{1}{2000} (-2t^2 + 14000t - 8 \times 10^6).$$

平均收益 $E(Y)$ 是 t 的二次函数，在 $t = 3500$ 时取到最大值. 因此，出口 3500 吨商品，才能使该厂的平均收益最大.

例 4.1.9 一餐馆有三种不同价格的快餐出售，价格分别为 10 元、12 元和 15 元. 随机地选取一对前来就餐的夫妇，以 X 表示丈夫所选快餐的价格，以 Y 表示妻子所选快餐的价格，X 和 Y 的联合分布律为

X \ Y	10	12	15
10	0.05	0.05	0.10
12	0.05	0.10	0.35
15	0	0.20	0.10

(1) 求 $X + Y$ 的数学期望.

(2) 求 $\max(X, Y)$ 的数学期望.

解 (1) 由式(4.5)可得

$$E(X + Y) = \sum_{i=1}^{3} \sum_{j=1}^{3} (x_i + y_j) p_{ij}$$

$$= 20 \times 0.05 + 22 \times 0.05 + 25 \times 0.10 + 22 \times 0.05 + 24 \times 0.10$$

$$+ 27 \times 0.35 + 25 \times 0 + 27 \times 0.20 + 30 \times 0.10 = 25.95 (元).$$

(2) 同理可得

$$E[\max(X, Y)] = \sum_{i=1}^{3} \sum_{j=1}^{3} \max(x_i, y_j) p_{ij}$$

$$= 10 \times 0.05 + 12 \times 0.05 + 15 \times 0.10 + 12 \times 0.05 + 12 \times 0.10$$

$$+ 15 \times 0.35 + 15 \times 0 + 15 \times 0.20 + 15 \times 0.10 = 14.15 (元).$$

例 4.1.10 设二维随机变量 (X, Y) 的概率密度函数为

$$f(x, y) = \begin{cases} 2x e^{-y}, & 0 \leqslant x \leqslant 1, \ y \geqslant 0, \\ 0, & 其他. \end{cases}$$

求 $E(X), E(XY)$.

解 由式(4.5)可得

$$E(X) = \int_{-\infty}^{\infty} \int_{-\infty}^{\infty} x f(x, y) dx dy = \int_{0}^{1} \int_{0}^{\infty} 2x^2 e^{-y} dy dx$$

$$= \int_{0}^{1} 2x^2 dx \cdot \int_{0}^{\infty} e^{-y} dy = \left(\frac{2}{3} x^3 \right) \Big|_{0}^{1} (-e^{-y}) \Big|_{0}^{+\infty} = \frac{2}{3}.$$

$$E(XY) = \int_{-\infty}^{\infty} \int_{-\infty}^{\infty} xyf(x,y)\mathrm{d}x\mathrm{d}y = \int_0^1 2x^2 \mathrm{d}x \cdot \int_0^{\infty} y\mathrm{e}^{-y}\mathrm{d}y$$

$$= \frac{2}{3}\int_0^{\infty} y\mathrm{e}^{-y}\mathrm{d}y = \frac{2}{3}\left(-y\mathrm{e}^{-y}\Big|_0^{\infty} + \int_0^{\infty}\mathrm{e}^{-y}\mathrm{d}y\right) = \frac{2}{3}.$$

此例中，求 $E(X)$ 时，也可先求出

$$f_X(x) = \int_{-\infty}^{\infty} f(x,y)\mathrm{d}y = \int_0^{+\infty} 2x\mathrm{e}^{-y}\mathrm{d}y = \begin{cases} 2x, & 0 \leqslant x \leqslant 1, \\ 0, & \text{其他}. \end{cases}$$

然后求得

$$E(X) = \int_{-\infty}^{\infty} xf_X(x)\mathrm{d}x = \int_0^1 2x^2\mathrm{d}x = \frac{2}{3}.$$

4.1.4 数学期望的性质

设 X, Y 是两个随机变量，其数学期望存在，C 为任意常数，则

(1) $E(C) = C$.

(2) $E(CX) = CE(X)$.

(3) $E(X + Y) = E(X) + E(Y)$.

(4) 若 X 和 Y 是相互独立的随机变量，则

$$E(XY) = E(X) \cdot E(Y).$$

证 这里仅对连续型的随机变量进行证明，离散型随机变量的证明与之类似，读者可自行证明.

(1) 取 $g(x) = C$，则 $E(C) = \int_{-\infty}^{\infty} Cf(x)\mathrm{d}x = C\int_{-\infty}^{\infty} f(x)\mathrm{d}x = C$.

(2) $E(CX) = \int_{-\infty}^{\infty} Cxf(x)\mathrm{d}x = C\int_{-\infty}^{\infty} xf(x)\mathrm{d}x = CE(X)$.

(3) 设二维随机变量 (X, Y) 的概率密度为 $f(x,y)$，其边缘概率密度分别为 $f_X(x)$，$f_Y(y)$，则

$$E(X + Y) = \int_{-\infty}^{\infty} \int_{-\infty}^{\infty} (x + y)f(x,y)\mathrm{d}x\mathrm{d}y$$

$$= \int_{-\infty}^{\infty} \int_{-\infty}^{\infty} xf(x,y)\mathrm{d}x\mathrm{d}y + \int_{-\infty}^{\infty} \int_{-\infty}^{\infty} yf(x,y)\mathrm{d}x\mathrm{d}y$$

$$= \int_{-\infty}^{\infty} x\left[\int_{-\infty}^{\infty} f(x,y)\mathrm{d}y\right]\mathrm{d}x + \int_{-\infty}^{\infty} y\left[\int_{-\infty}^{\infty} f(x,y)\mathrm{d}x\right]\mathrm{d}y$$

$$= \int_{-\infty}^{\infty} x f_X(x) \mathrm{d}x + \int_{-\infty}^{\infty} y f_Y(y) \mathrm{d}y = E(X) + E(Y).$$

(4)若 X 和 Y 相互独立,则有

$$E(XY) = \int_{-\infty}^{\infty}\int_{-\infty}^{\infty} xy f(x,y) \mathrm{d}x\mathrm{d}y = \int_{-\infty}^{\infty}\int_{-\infty}^{\infty} xy f_X(x) f_Y(y) \mathrm{d}x\mathrm{d}y$$

$$= \left[\int_{-\infty}^{\infty} x f_X(x) \mathrm{d}x\right]\left[\int_{-\infty}^{\infty} y f_Y(y) \mathrm{d}y\right] = E(X) \cdot E(Y).$$

性质(3)和性质(4)可推广到有限多个随机变量的情形.

例 4.1.11 设盒子中有 20 张颜色不同的卡片,有人从盒中取 10 次卡片,每次取一张,作放回抽样.设抽出的 10 张卡片中包含了 X 种不同颜色.求 X 的数学期望 $E(X)$.

解 引入随机变量:

$$X_i = \begin{cases} 1, & \text{第 } i \text{ 种颜色的卡片至少被抽到一次,} \\ 0, & \text{第 } i \text{ 种颜色的卡片从未被抽到,} \end{cases} \quad i=1,2,\cdots,20.$$

则有:$X = X_1 + X_2 + \cdots + X_{20}$.

在一次抽取中,第 i 种颜色的卡片未被抽到的概率为 $19/20$,从而 10 次均未被抽到的概率为 $(19/20)^{10}$,于是

$$P\{X_i = 0\} = (19/20)^{10},$$

从而 $P\{X_i = 1\} = 1 - (19/20)^{10}$,因此

$$E(X_i) = 0 \times P\{X_i = 0\} + 1 \times P\{X_i = 1\} = 1 - (19/20)^{10}, \quad (i = 1, 2, \cdots, 20).$$

所以

$$E(X) = E(X_1) + E(X_2) + \cdots + E(X_{20}) = 20[1 - (19/20)^{10}] \approx 8.025.$$

在上述计算中,我们把一个比较复杂的随机变量 X 拆成数个比较简单的随机变量 X_i 之和,根据数学期望的性质,只要求得这些简单随机变量的数学期望,再把它们相加即可得到 X 的数学期望.这是概率论中常用的一种方法.

习题 4.1

1.在下列句子中随机地取一单词,以 X 表示取到的单词包含的字母的个数,试写出 X 的分布律,并求 $E(X)$.

"Have a good time".

2.在上述句子的 13 个字母中随机地取一个字母,以 Y 表示取到的字母所在的单词所包含的字母数,写出 Y 的分布律,并求 $E(Y)$.

3.一批产品有一二三等品及废品 4 种,所占比例分别为 60%,20%,10%,10%,各级产品的出厂价分别为 6 元,4.8 元,4 元,2 元,求产品的平均出厂价.

4.设离散型随机变量 X 的分布列为:$P\left\{X = (-1)^k \dfrac{2^k}{k}\right\} = \dfrac{1}{2^k}$,$k = 1, 2, \cdots$,问 X 是否有数学期望?

5.设随机变量 X 具有分布:$P\{X = k\} = 1/5$,($k = 1, 2, 3, 4, 5$),求 $E(X)$,$E(X^2)$ 及 $E[(X + 2)^2]$.

6.某正方形场地,按照航空测量的数据,它的边长的数学期望为 350 米,又知航空测量的误差随机变量 X 的分布列为:

X /m	-30	-20	-10	0	10	20	30
p_k	0.05	0.08	0.16	0.42	0.16	0.08	0.05

而场地边长随机变量 Y 等于边长的数学期望与测量误差之和,即 $Y = 350 + X$,求场地面积的数学期望.

7.设 (X, Y) 的分布律为

Y ＼ X	1	2	3
-1	0.2	0.1	0
0	0.1	0	0.3
1	0.1	0.1	0.1

(1) 求 $E(X)$,$E(Y)$.

(2) 设 $Z = Y/X$,求 $E(Z)$.

(3) 设 $Z = (X - Y)^2$,求 $E(Z)$.

8.设 (X, Y) 的概率密度函数为:

$$f(x, y) = \begin{cases} (x + y)/3, & 0 \leqslant x \leqslant 2, 0 \leqslant y \leqslant 1, \\ 0, & \text{其他.} \end{cases}$$

求 $E(X)$,$E(Y)$,$E(X + Y)$,$E(X^2 + Y^2)$.

9.(X, Y) 在区域 $D = \{(x, y) \mid x \geqslant 0, y \geqslant 0, x + y \leqslant 1\}$ 上服从均匀分布,求 $E(X)$,$E(3X - 2Y)$,$E(XY)$.

10. 设某种商品每周的需求量 X 是连续型随机变量,且 $X \sim U(10, 30)$,经销商店进货数量是区间 $[10, 30]$ 中的某一个整数.商店每销售一单位商品可获利 500 元;若供大于求则剩余的每份商品带来亏损 100 元;若供不应求,则可从外部调剂供应,此时经调剂的每单位商品仅获利 300 元.为使商店所获利润期望值不少于 9280 元,试确定最少进货量.

§4.2 方差

随机变量的数学期望反映了随机变量的平均值，在许多实际问题中，只知道平均值是不够的，例如有甲，乙两种品牌的手表，它们的日走时误差分别为 X 和 Y，具有如下的分布律：

X	-1	0	1
p_k	0.1	0.8	0.1

Y	-2	-1	0	1	2
p_k	0.1	0.2	0.4	0.2	0.1

容易验证，$E(X)=E(Y)=0$，从数学期望的角度不能区分这两种品牌手表的优劣. 但从分布律看，对于甲种品牌的手表，大部分（占 80%）手表的日走时误差为 0，有少部分（占 20%）手表的日走时误差分散在 $E(X)$ 两侧；对于乙种品牌的手表，只有少部分（占 40%）手表的日走时误差为 0，却有大部分（占 60%）分散在 $E(Y)$ 两侧. 我们很容易地得到结论：甲种品牌的手表优于乙种品牌的手表.

直观上的感觉没有理论上的说服力，是否可以用数字定量地衡量上述手表的日走时误差呢，用概率论的语言来说就是能否用一个数字指标来衡量一个随机变量离开它的数学期望的偏离程度呢？如果可以的话，这个数字指标应该是什么呢？这就是本节要讨论的问题. 容易看到 $|X-E(X)|$ 能度量随机变量与其均值 $E(X)$ 的偏离程度，但是绝对值运算有许多不便之处，通常用 $[X-E(X)]^2$ 来度量这个偏差，但是 $[X-E(X)]^2$ 是一个随机变量，应该用它的平均值，即用 $E\{[X-E(X)]^2\}$ 这个数值来衡量 X 离开它的平均值 $E(X)$ 的偏离程度.

4.2.1 随机变量的方差

定义 4.3 设 X 是一个随机变量，若 $E\{[X-E(X)]^2\}$ 存在，称 $E\{[X-E(X)]^2\}$ 为 X 的**方差**，记为 $D(X)$ 或 $Var(X)$，即

$$D(X)=E\{[X-E(X)]^2\} . \tag{4.6}$$

方差的算术平方根 $\sqrt{D(X)}$ 称为 X 的均方差或标准差.

由定义知，方差实际上就是随机变量 X 的函数 $g(X)=[X-E(X)]^2$ 的数学期望. 若 X 为离散型随机变量，其分布律为 $P\{X=x_k\}=p_k,k=1,2,\cdots$；若 X 为连续型随机变量，其概率密度为 $f(x)$，则由式(4.4)得方差的计算公式如下：

$$D(X)=\begin{cases} \sum_{k=1}^{\infty}[x_k-E(X)]^2 p_k, & (X\text{ 为离散型随机变量}), \\ \int_{-\infty}^{\infty}[x-E(X)]^2 f(x)\mathrm{d}x, & (X\text{ 为连续型随机变量}). \end{cases} \tag{4.7}$$

直接用定义对方差进行计算，显得比较烦琐，因此常用以下公式计算方差

$$D(X) = E(X^2) - [E(X)]^2. \tag{4.8}$$

证　由方差的定义和数学期望的性质得

$$D(X) = E\{[X - E(X)]^2\} = E\{X^2 - 2XE(X) + [E(X)]^2\}$$
$$= E(X^2) - 2E(X) \cdot E(X) + [E(X)]^2 = E(X^2) - [E(X)]^2.$$

设随机变量 X 的数学期望 $E(X) = \mu$，方差 $D(X) = \sigma^2 (\sigma \neq 0)$，称

$$X^* = \frac{X - \mu}{\sigma},$$

为 X 的**标准化随机变量**. 易知

$$E(X^*) = \frac{1}{\sigma} E(X - \mu) = \frac{1}{\sigma}[E(X) - \mu] = 0,$$

$$D(X^*) = E(X^{*2}) - [E(X^*)]^2 = E\left[\left(\frac{X - \mu}{\sigma}\right)^2\right]$$

$$= \frac{1}{\sigma^2} E[(X - \mu)^2] = \frac{\sigma^2}{\sigma^2} = 1.$$

即 $X^* = \frac{X - \mu}{\sigma}$ 的数学期望为 0，方差为 1，在统计分析中有着广泛的应用.

对于前述手表的质量问题，可以用方差对它们的优劣进行判别. 由于

$$E(X) = E(Y) = 0,$$

利用式(4.8)有

$$D(X) = E(X^2) = (-1)^2 \cdot 0.1 + 0^2 \cdot 0.8 + 1^2 \cdot 0.1 = 0.2,$$

$$D(Y) = E(Y^2) = (-2)^2 \cdot 0.1 + (-1)^2 \cdot 0.2 + 0^2 \cdot 0.4 + 1^2 \cdot 0.2 + 2^2 \cdot 0.1 = 1.2.$$

显然有 $D(X) < D(Y)$，这说明甲种品牌的手表优于乙种品牌的手表.

下面我们利用式(4.8)求常见分布的方差.

例 4.2.1　设随机变量 $X \sim \pi(\lambda)$ 求 $D(X)$.

解　$X \sim \pi(\lambda)$，其概率分布律为

$$P\{X = k\} = \frac{\lambda^k e^{-\lambda}}{k!}, \lambda > 0, k = 0, 1, 2, \cdots,$$

由上节例 4.1.3 知 $E(X) = \lambda$，又

$$E(X^2) = E[X(X - 1) + X] = E[X(X - 1)] + E(X) = \sum_{k=0}^{\infty} k(k-1) \frac{\lambda^k e^{-\lambda}}{k!} + \lambda$$

$$= \lambda^2 e^{-\lambda} \sum_{k=2}^{\infty} \frac{\lambda^{k-2}}{(k-2)!} + \lambda = \lambda^2 e^{-\lambda} e^{\lambda} + \lambda = \lambda^2 + \lambda.$$

由此得

$$D(X) = E(X^2) - [E(X)]^2 = \lambda.$$

即，服从泊松分布的随机变量的数学期望和方差都等于参数 λ.

例 4.2.2 设 $X \sim U(a, b)$，求 $D(X)$.

解 X 的概率密度为

$$f(x) = \begin{cases} \dfrac{1}{b-a}, & a < x < b, \\ 0, & \text{其他.} \end{cases}$$

由此得

$$E(X) = \int_a^b x \, \frac{1}{b-a} \mathrm{d}x = \frac{a+b}{2},$$

$$E(X^2) = \int_a^b x^2 \, \frac{1}{b-a} \mathrm{d}x = \frac{a^2 + ab + b^2}{3},$$

$$D(X) = E(X^2) - [E(X)]^2 = \frac{a^2 + ab + b^2}{3} - \left(\frac{a+b}{2}\right)^2 = \frac{(b-a)^2}{12}.$$

例 4.2.3 设随机变量 X 服从参数为 λ 的指数分布，其概率密度为

$$f(x) = \begin{cases} \lambda \mathrm{e}^{-\lambda x}, & x > 0, \\ 0, & x \leqslant 0. \end{cases}$$

求 X 的方差 $D(X)$.

解 由上节例 4.1.5 知 $E(X) = 1/\lambda$，又

$$E(X^2) = \int_{-\infty}^{+\infty} x^2 f(x) \mathrm{d}x = \int_0^{+\infty} x^2 \lambda \mathrm{e}^{-\lambda x} \mathrm{d}x = -x^2 \, \mathrm{e}^{-\lambda x} \Big|_0^{+\infty} + \int_0^{+\infty} 2x \mathrm{e}^{-\lambda x} \mathrm{d}x$$

$$= -\frac{2}{\lambda} \int_0^{+\infty} x \mathrm{d}(\mathrm{e}^{-\lambda x}) = \frac{2}{\lambda^2}.$$

由此得到

$$D(X) = E(X^2) - [E(X)]^2 = \frac{2}{\lambda^2} - \frac{1}{\lambda^2} = \frac{1}{\lambda^2}.$$

例 4.2.4 设随机变量 X 服从几何分布，其分布律为

$$P\{X = k\} = p \, (1-p)^{k-1}, k = 1, 2, \cdots$$

其中 $0 < p < 1$ 是常数，求 $E(X)$，$D(X)$.

解 由式 (4.2) 可得

$$E(X) = \sum_{n=1}^{\infty} nP\{X = n\} = \sum_{n=1}^{\infty} np \, (1-p)^{n-1} = p \sum_{n=1}^{\infty} n \, (1-p)^{n-1}$$

$$= p \, \frac{1}{[1-(1-p)]^2} = \frac{1}{p}.$$

这是因为 $\dfrac{1}{1-x}=\sum\limits_{n=0}^{\infty}x^{n}$，$|\,x\,|<1$，等式两边同时对 x 求导，可得

$$\frac{1}{(1-x)^{2}}=\sum_{n=1}^{\infty}nx^{n-1}，|\,x\,|<1.$$

为了求 $D(X)$，等式两边再同时对 x 求导，可得

$$\frac{2}{(1-x)^{3}}=\sum_{n=2}^{\infty}n(n-1)x^{n-2}=\sum_{n=1}^{\infty}n(n+1)x^{n-1}，|\,x\,|<1.$$

又

$$E\,[X(X+1)]=\sum_{n=1}^{\infty}n(n+1)P\{X=n\}=p\sum_{n=1}^{\infty}n(n+1)\,(1-p)^{n-1}$$

$$=p\,\frac{2}{[1-(1-p)]^{3}}=\frac{2}{p^{2}}.$$

因此

$$D(X)=E(X^{2})-[E(X)]^{2}=E[X(X+1)-X]-[E(X)]^{2}$$

$$=E[X(X+1)]-E(X)-[E(X)]^{2}=\frac{2}{p^{2}}-\frac{1}{p}-\frac{1}{p^{2}}=\frac{1-p}{p^{2}}.$$

4.2.2　方差的性质

由数学期望的性质，可以导出方差的一些基本性质.

设 X ，Y 是两个随机变量，其方差存在，C 为任意常数，则

(1) $D(C)=0.$

(2) $D(CX)=C^{2}D(X).$

(3) $D(X+Y)=D(X)+D(Y)+2E\,[X-E(X)]\,[Y-E(Y)].$

特别地，当 X 和 Y 相互独立时，有

$$D(X\pm Y)=D(X)+D(Y).$$

(4) $D(X)\leqslant E\,(X-C)^{2}$，当且仅当 $C=E(X)$ 时，$E\,[(X-C)^{2}]$ 取得最小值 $D(X).$

(5) $D(X)=0$ 的充要条件是 $P\{X=C\}=1$，即 X 以概率 1 取常数 C．

证　(1) $D(C)=E\,[C-E(C)]^{2}=E\,[C-C]^{2}=0.$

(2) $E\,[CX-E(CX)]^{2}=C^{2}E\,[X-E(X)]^{2}$

$$=C^{2}D(X).$$

(3) $D(X+Y)=E[X+Y-E(X+Y)]^{2}$

$$=E[X-E(X)+Y-E(Y)]^{2}$$

$$=E\{[X-E(X)]^{2}+[Y-E(Y)]^{2}+2[X-E(X)]\,[Y-E(Y)]\}$$

$$=E[X-E(X)]^{2}+E[Y-E(Y)]^{2}+2E\{[X-E(X)]\,[Y-E(Y)]\}$$

$$= D(X) + D(Y) + 2E\{[X - E(X)][Y - E(Y)]\}.$$

若 X，Y 相互独立则

$$E\{[X - E(X)][Y - E(Y)]\} = E\{XY - XE(Y) - YE(X) + E(X) \cdot E(Y)\}$$
$$= E(XY) - E(X) \cdot E(Y) - E(Y) \cdot E(X) + E(X) \cdot E(Y) = 0.$$

即

$$D(X + Y) = D(X) + D(Y).$$

上式可以推广到 n 个相互独立随机变量之和的情形. 又由性质(2)和性质(3)可以得到以下结论.

设随机变量 $X_1, X_2, \cdots, X_n$ 相互独立，$C_1, C_2, \cdots, C_n$ 为任意常数，则有

$$D\left(\sum_{i=1}^{n} C_i X_i\right) = \sum_{i=1}^{n} C_i{}^2 D(X_i).$$

(4) $D(X) = E[X - E(X)]^2 = E[(X - C)^2] - [E(X) - C]^2 \leqslant E[(X - C)^2]$，显然当且仅当 $E(X) - C = 0$，即 $E(X) = C$ 时，$E[(X - C)^2]$ 取得最小值 $D(X)$.

例 4.2.5 设随机变量 $X \sim b(n, p)$，求 $E(X)$，$D(X)$

解 由二项分布的定义知，X 是 n 重伯努利试验中事件 A 发生的次数，其中 p 为在每次试验中事件 A 发生的概率，引入随机变量

$$X_k = \begin{cases} 1, & A \text{ 在第 } k \text{ 次试验中发生}, \\ 0, & A \text{ 在第 } k \text{ 次试验中不发生}, \end{cases} \quad k = 1, 2, \cdots, n,$$

则 $X = X_1 + X_2 + \cdots + X_n$. 由于 X_k 只依赖第 k 次试验，而各次试验相互独立，于是 $X_1, X_2, \cdots, X_n$ 相互独立，又知 X_k 服从(0—1)分布，$E(X_k) = p$，$D(X_k) = p(1 - p)$，所以

$$E(X) = E(X_1 + X_2 + \cdots + X_n) = E(X_1) + E(X_2) + \cdots + E(X_n) = np.$$
$$D(X) = D(X_1 + X_2 + \cdots + X_n) = D(X_1) + D(X_2) + \cdots + D(X_n) = np(1 - p).$$

性质(3)的应用大大简化了计算，如果直接按定义去求，则要麻烦得多.

例 4.2.6 设 $X \sim N(\mu, \sigma^2)$，求 $E(X)$，$D(X)$.

解 设 $Z = \dfrac{X - \mu}{\sigma}$，则 $Z \sim N(0, 1)$，Z 的概率密度函数为 $\varphi(t) = \dfrac{1}{\sqrt{2\pi}} e^{-t^2/2}$.

于是

$$E(Z) = \frac{1}{\sqrt{2\pi}} \int_{-\infty}^{\infty} t e^{-t^2/2} \, dt = 0.$$

$$D(Z) = E(Z^2) - [E(Z)]^2 = \frac{1}{\sqrt{2\pi}} \int_{-\infty}^{\infty} t^2 e^{-t^2/2} dt$$

$$= -\frac{1}{\sqrt{2\pi}} t e^{-t^2/2} \Big|_{-\infty}^{+\infty} + \frac{1}{\sqrt{2\pi}} \int_{-\infty}^{\infty} e^{-t^2/2} dt = 1.$$

又因为 $X = \mu + \sigma Z$ ，则

$$E(X) = E(\mu + \sigma Z) = \mu + \sigma E(Z) = \mu ,$$

$$D(X) = D(\mu + \sigma Z) = D(\mu) + D(\sigma Z) = \sigma^2 D(Z) = \sigma^2 .$$

即正态分布的两个参数分别为随机变量 X 的数学期望和方差.

一般地，若 $X_i \sim N(\mu_i, \sigma_i^2)$ $(i = 1, 2, \cdots, n)$ ，且它们相互独立，则它们的线性组合：

$$C_1 X_1 + C_2 X_2 + \cdots + C_n X_n \quad (C_1, C_2, \cdots, C_n \text{ 是不全为零的常数})$$

仍服从正态分布，且

$$C_1 X_1 + C_2 X_2 + \cdots + C_n X_n \sim N(\sum_{i=1}^{n} C_i \mu_i, \sum_{i=1}^{n} C_i^2 \sigma_i^2,) .$$

数学期望和方差在经济学中通常用来描述投资的平均收益和风险. 下面我们来看一个关于证券投资组合的风险与收益的问题.

例 4.2.7 设有 A，B 两种相互独立的证券，它们的收益与概率如下表所示.问应如何投资这两种证券最佳（即要满足收益越大越好，风险越小越好）？

类型	收益/元	概率
证券 A	-30	$\frac{1}{3}$
	30	$\frac{2}{3}$
证券 B	-20	$\frac{1}{2}$
	40	$\frac{1}{2}$

解 直接计算可得

证券 A 的平均收益：$E(A) = (-30) \times \frac{1}{3} + 30 \times \frac{2}{3} = 10(元).$

证券 A 的风险：$D(A) = E(A^2) - [E(A)]^2 = 800.$

证券 B 的平均收益：$E(B) = (-20) \times \frac{1}{2} + 40 \times \frac{1}{2} = 10(元).$

证券 B 的风险：$D(B) = E(B^2) - [E(B)]^2 = 900.$

若单独投资一种证券，则应选择证券 A，因为在平均收益相同的情况下，证券 A 的风险更低. 若两种证券同时投资，则需构造一个投资组合 $C = \alpha A + (1-\alpha)B$，其中 α 指一份 C 中 A 占的比例（$0 < \alpha < 1$）. 此时

$$E(C) = E[\alpha A + (1-\alpha)B] = \alpha E(A) + (1-\alpha)E(B) = 10 \text{（元）}.$$

$$D(C) = D[\alpha A + (1-\alpha)B] = \alpha^2 D(A) + (1-\alpha)^2 D(B)$$

$$= 800\alpha^2 + 900(1-\alpha)^2 = 1700\alpha^2 - 1800\alpha + 900.$$

当 $\alpha = \dfrac{9}{17}$ 时，$D(C)$ 取得最小值 423.53，即当 A 与 B 按 9:8 的比例组合时，虽然平均收益仍为 10 元，但风险比单独投资 A 减少将近一半. 故采用上述投资组合策略进行投资时最佳.

附：

表 4.1 常见概率分布及其数学期望与方差

概率分布	记号	分布律或概率密度	数学期望	方差
0−1 分布	$b(1,p)$	$P\{X=k\} = p^k(1-p)^{1-k}$ $k=0,1, 0<p<1$	p	$p(1-p)$
二项分布	$b(n,p)$	$P\{X=k\} = C_n^k p^k(1-p)^{n-k}$ $k=0,1,\cdots,n, 0<p<1$	np	$np(1-p)$
泊松分布	$\pi(\lambda)$	$P\{X=k\} = \dfrac{\lambda^k e^{-\lambda}}{k!},$ $k=0,1,2,\cdots, \lambda>0$	λ	λ
几何分布	$G(p)$	$P\{X=k\} = p(1-p)^{k-1},$ $k=1,2,\cdots, 0<p<1$	$\dfrac{1}{p}$	$\dfrac{1-p}{p^2}$
均匀分布	$U(a,b)$	$f(x) = \begin{cases} \dfrac{1}{b-a}, & a<x<b \\ 0, & \text{其他} \end{cases}$	$\dfrac{a+b}{2}$	$\dfrac{(b-a)^2}{12}$
正态分布	$N(\mu,\sigma^2)$	$f(x) = \dfrac{1}{\sqrt{2\pi}\sigma}e^{\frac{-(x-\mu)^2}{2\sigma^2}}$ $-\infty<\mu<+\infty, \sigma>0$	μ	σ^2
指数分布	$E(\lambda)$	$f(x) = \begin{cases} \lambda e^{-\lambda x}, & x>0, \\ 0, & x\leqslant 0. \end{cases} \lambda>0$	$\dfrac{1}{\lambda}$	$\dfrac{1}{\lambda^2}$

习题 4.2

1. A，B 两台机床同时加工零件，每生产一批数量较大的产品时，出次品的概率如表所示：

A 机床次品分布律

次品数 X	0	1	2	3
概率 p	0.7	0.2	0.06	0.04

B 机床次品分布律

次品数 Y	0	1	2	3
概率 p	0.8	0.06	0.04	0.10

问哪一台机床加工质量较好？

2. 设随机变量 X 具有密度函数

$$f(x) = \begin{cases} \dfrac{2}{\pi}\cos^2 x, & -\dfrac{\pi}{2} \leqslant x \leqslant \dfrac{\pi}{2}, \\ 0, & \text{其他.} \end{cases}$$

求 $E(X)$，$D(X)$.

3. 设随机变量 X 具有密度函数

$$f(x) = \begin{cases} x, & 0 < x \leqslant 1, \\ 2-x, & 1 < x < 2, \\ 0, & \text{其他.} \end{cases}$$

求 $E(X)$，$D(X)$.

4. 设随机变量 X 在 $(-1/2, 1/2)$ 上服从均匀分布，求 $Y = \sin(\pi X)$ 的数学期望与方差.

5. 设随机变量 X 与 Y 相互独立，且方差存在，试证

$$D(XY) = D(X) \cdot D(Y) + [E(X)]^2 \cdot D(Y) + D(X) \cdot [E(Y)]^2,$$

由此得出 $D(XY) \geqslant D(X) \cdot D(Y)$.

6. 已知随机变量 X 的密度函数为

$$f(x) = \begin{cases} ax^2 + bx + c, & 0 \leqslant x \leqslant 1, \\ 0, & \text{其他.} \end{cases}$$

又已知 $E(X) = 0.5$，$D(X) = 0.15$，求 a，b，c.

7. 设随机变量 X_1，X_2 的概率密度分别为

$$f_1(x) = \begin{cases} 2e^{-2x}, & x > 0, \\ 0, & x \leqslant 0. \end{cases} \qquad f_2(y) = \begin{cases} 4e^{-4y}, & y > 0, \\ 0, & y \leqslant 0. \end{cases}$$

试求：

(1) $E(X_1 + X_2)$，$E(2X_1 - 3X_2^2)$.

(2) 又设 X_1，X_2 相互独立，求 $E(X_1 X_2)$.

8. 设 X 表示 10 次独立重复射击命中目标的次数，每次命中目标的概率为 0.4，试求 X^2 的数学期望 $E(X^2)$.

9. 设随机变量 X 与 Y 相互独立，且 $E(X) = E(Y) = 1$，$D(X) = 2$，$D(Y) = 3$，试求 $D(XY)$.

10. 有 5 家商店联营，每个商店每两周售出的某种农产品的数量（以 kg 计）记为 X_i（$i = 1,2,3,4,5$），已知 $X_1 \sim N(210,215)$，$X_2 \sim N(220,250)$，$X_3 \sim N(200,225)$，$X_4 \sim N(260,285)$，$X_5 \sim N(310,250)$ 且相互独立.

(1) 求 5 家商店两周的总销售量的均值和方差.

(2) 商店每隔两周进货一次，为了使新的供货到达前商店不会脱销的概率大于 0.99，问商店的仓库应至少存储该产品多少千克？

§4.3 协方差与相关系数

4.3.1 协方差

对于二维随机变量 (X,Y)，随机变量 X 和 Y 的数学期望和方差只反映了各自的平均值以及偏离程度，并不能反映随机变量间的关系. 本节讨论描述 X 与 Y 之间相互关系的数字特征协方差和相关系数.

在上一节，我们看到当 X 与 Y 相互独立时，有 $E\{[X-E(X)][Y-E(Y)]\} = 0$，由此知道，当 $E\{[X-E(X)][Y-E(Y)]\} \neq 0$ 时，X 与 Y 肯定不独立. 这说明 $E\{[X-E(X)][Y-E(Y)]\}$ 的值在一定程度上反映了 X 与 Y 相互间的联系，为此我们引入以下定义.

定义 4.4 设 (X,Y) 是一个二维随机变量，若 $E\{[X-E(X)][Y-E(Y)]\}$ 存在，则称 $E\{[X-E(X)][Y-E(Y)]\}$ 为 X 与 Y 的**协方差**，记作：$\text{cov}(X,Y)$，即

$$\text{cov}(X,Y) = E\{[X - E(X)][Y - E(Y)]\} . \tag{4.9}$$

我们常常通过将式(4.9)化简为

$$\text{cov}(X,Y)=E(XY)-E(X)\cdot E(Y) \tag{4.10}$$

来计算协方差. 由数学期望的性质可得

$$\begin{aligned}
\text{cov}(X,Y)&=E\{[X-E(X)][Y-E(Y)]\}\\
&=E[XY-XE(Y)-YE(X)+E(X)\cdot E(Y)]\\
&=E(XY)-E(X)\cdot E(Y)-E(X)\cdot E(Y)+E(X)\cdot E(Y)\\
&=E(XY)-E(X)\cdot E(Y).
\end{aligned}$$

此即式(4.10).

推论 4.1　设 X，Y 为任意两个随机变量，如果其方差存在，则 $X+Y$ 的方差也存在，且

$$D(X+Y)=D(X)+D(Y)+2\text{cov}(X,Y). \tag{4.11}$$

由协方差的定义知它具有下述性质：

(1) $\text{cov}(X,Y)=\text{cov}(Y,X)$.

(2) $\text{cov}(aX,bY)=ab\,\text{cov}(X,Y)$，$a,b$ 为两个任意常数.

(3) $\text{cov}(X_1+X_2,Y)=\text{cov}(X_1,Y)+\text{cov}(X_2,Y)$.

(4) 若 X 和 Y 相互独立，则 $\text{cov}(X,Y)=0$，反之不一定成立.

证明略.

4.3.2　相关系数

协方差的数值虽然在一定程度上反映了 X 和 Y 相互间的联系，但其值还受 X 和 Y 本身取值大小的影响，比如 X 和 Y 同时增大到 k 倍，即 $X_1=kX$，$Y_1=kY$，这时 X_1 和 Y_1 间的相互联系与 X 和 Y 间的相互联系是相同的，然而协方差却增大到了 k^2 倍，即

$$\text{cov}(X_1,Y_1)=k^2\text{cov}(X,Y).$$

为了克服协方差的这一缺点，将每个随机变量标准化，取

$$X^*=\frac{X-E(X)}{\sqrt{D(X)}}，Y^*=\frac{Y-E(Y)}{\sqrt{D(Y)}}，$$

可得

$$\text{cov}(X^*,Y^*)=\frac{\text{cov}(X,Y)}{\sqrt{D(X)}\sqrt{D(Y)}}.$$

将 $\text{cov}(X^*,Y^*)$ 作为 X 和 Y 之间相互关系的一种度量，有下述定义.

定义 4.5　设 (X,Y) 是一个二维随机变量，X 和 Y 的方差均存在，且均为正数，则称

$$\rho_{XY} = \frac{\text{cov}(X,Y)}{\sqrt{D(X)}\ \sqrt{D(Y)}}$$

$$(4.12)$$

为 X 与 Y 的**相关系数**. 特别地,当 $\rho_{XY} = 0$ 时,称 **X 与 Y 不相关**.

由数学期望,方差和协方差的性质知,对于任意的常数 k ,有

$$\rho_{(kX)(kY)} = \frac{\text{cov}(kX,kY)}{\sqrt{D(kX)}\ \sqrt{D(kY)}} = \frac{k^2\text{cov}(X,Y)}{\sqrt{k^2D(X)}\ \sqrt{k^2D(Y)}} = \frac{\text{cov}(X,Y)}{\sqrt{D(X)}\ \sqrt{D(Y)}} = \rho_{XY} .$$

由此知,相关系数确实克服了协方差的不足.

例 4.3.1 设随机变量 (X,Y) 的概率密度函数

$$f(x,y) = \begin{cases} \dfrac{1}{8}(x+y), & 0 \leqslant x \leqslant 2, 0 \leqslant y \leqslant 2, \\ 0, & \text{其他.} \end{cases}$$

求 $\text{cov}(X,Y)$ 和 $D(X+Y)$, ρ_{XY} .

解 由期望的计算公式可得

$$E(X) = \int_{-\infty}^{\infty}\int_{-\infty}^{\infty} xf(x,y)\mathrm{d}x\,\mathrm{d}y = \int_0^2\int_0^2 \frac{x}{8}(x+y)\mathrm{d}x\,\mathrm{d}y = \frac{7}{6} ,$$

$$E(X^2) = \int_{-\infty}^{\infty}\int_{-\infty}^{\infty} x^2f(x,y)\mathrm{d}x\,\mathrm{d}y = \int_0^2\int_0^2 \frac{x^2}{8}(x+y)\mathrm{d}x\,\mathrm{d}y = \frac{5}{3} ,$$

$$E(XY) = \int_{-\infty}^{\infty}\int_{-\infty}^{\infty} xyf(x,y)\mathrm{d}x\,\mathrm{d}y = \int_0^2\int_0^2 \frac{xy}{8}(x+y)\mathrm{d}x\,\mathrm{d}y = \frac{4}{3} .$$

由 x , y 在 $f(x,y)$ 的表达式中的对称性,可知

$$E(Y) = E(X) = \frac{7}{6} , \quad E(Y^2) = E(X^2) = \frac{5}{3} ,$$

$$\text{cov}(X,Y) = E(XY) - E(X) \cdot E(Y) = \frac{4}{3} - \frac{49}{36} = -\frac{1}{36} ,$$

$$D(Y) = D(X) = E(X^2) - [E(X)]^2 = \frac{5}{3} - \left(\frac{7}{6}\right)^2 = \frac{11}{36} ,$$

$$D(X+Y) = D(X) + D(Y) + 2\text{cov}(X,Y) = \frac{5}{9} ,$$

$$\rho_{XY} = \frac{\text{cov}(X,Y)}{\sqrt{D(X)}\ \sqrt{D(Y)}} = -\frac{1}{11} .$$

例 4.3.2 设二维随机变量 $(X,Y) \sim N(\mu_1,\mu_2,\sigma_1^2,\sigma_2^2,\rho)$,求 ρ_{XY} .

解 由题意

$$E(X) = \mu_1 , \quad E(Y) = \mu_2 , \quad D(X) = \sigma_1^2 , \quad D(Y) = \sigma_2^2 .$$

$$\text{cov}(X,Y) = \int_{-\infty}^{\infty} \int_{-\infty}^{\infty} (x-\mu_1)(y-\mu_2)f(x,y)\mathrm{d}x\mathrm{d}y \,,$$

令 $u = \dfrac{x-\mu_1}{\sigma_1}$ ，$v = \dfrac{x-\mu_2}{\sigma_2}$ ，则

$$\text{cov}(X,Y) = \frac{\sigma_1\sigma_2}{2\pi\sqrt{1-\rho^2}} \int_{-\infty}^{+\infty} \int_{-\infty}^{+\infty} uv e^{-\frac{u^2-2\rho uv+v^2}{2(1-\rho^2)}} \mathrm{d}u\mathrm{d}v$$

$$= \frac{\sigma_1\sigma_2}{2\pi\sqrt{1-\rho^2}} \int_{-\infty}^{+\infty} \int_{-\infty}^{+\infty} uv e^{-\frac{1}{2}\left[\frac{(u-\rho v)^2}{1-\rho^2}+v^2\right]} \mathrm{d}u\mathrm{d}v \,.$$

令 $t_1 = \dfrac{u-\rho v}{\sqrt{1-\rho^2}}$ ，$t_2 = v$ ，则

$$\text{cov}(X,Y) = \frac{\sigma_1\sigma_2}{2\pi} \int_{-\infty}^{+\infty} \int_{-\infty}^{+\infty} e^{-\frac{1}{2}(t_1^2+t_2^2)} \mathrm{d}t_1\mathrm{d}t_2 = \sigma_1\sigma_2\rho \,,$$

因此，$\rho_{XY} = \rho$. 当 $\rho = 0$ 时，$\text{cov}(X,Y) = 0$，X，Y 相互独立.

对于二维正态分布有如下结论.

(1) 二维正态分布中的参数 ρ 就是 X 与 Y 的相关系数.

(2) 若 (X,Y) 服从二维正态分布，则 X，Y 相互独立的充要条件是 X，Y 不相关.

定理 4.3　设 ρ_{XY} 是随机变量 X，Y 的相关系数，则有

(1) $|\rho_{XY}| \leqslant 1$

(2) $|\rho_{XY}| = 1$ 的充要条件是，存在常数 a,b 使

$$P\{Y = a+bX\} = 1 \,,$$

即 X 与 Y 以概率 1 存在线性关系.

证明　略，有兴趣的读者可以参考有关文献.

注：相关系数只是随机变量间线性关系强弱的一个度量，当 $|\rho_{XY}| = 1$ 表明随机变量 X 与 Y 具有线性关系. $\rho = 1$ 时为正线性相关，$\rho = -1$ 时为负线性相关，当 $|\rho_{XY}| < 1$ 时，这种线性相关程度就随着 $|\rho_{XY}|$ 的减小而减弱；当 $|\rho_{XY}| = 0$ 时，意味着随机变量 X 与 Y 之间一定不存在线性关系.

由数学期望的性质和 ρ_{XY} 的定义容易得到以下定理.

定理 4.4　若随机变量 X，Y 相互独立，则 X，Y 不相关，即 $\rho_{XY} = 0$.

证　由 X，Y 相互独立，根据数学期望的性质，有 $E(XY) = E(X) \cdot E(Y)$，从而

$$\text{cov}(X,Y) = E(XY) - E(X) \cdot E(Y) = 0 \,,$$

由此即得

$$\rho_{XY} = \frac{\mathrm{cov}(X,Y)}{\sqrt{D(X)D(Y)}} = 0 ,$$

即 X , Y 不相关.

注意定理 4.4 的逆定理并不成立, 即 X , Y 不相关不能推出 X , Y 相互独立, 现举例如下.

例 4.3.3 设随机变量 (X,Y) 的分布律为

Y \ X	-1	0	1
-1	$\frac{1}{8}$	$\frac{1}{8}$	$\frac{1}{8}$
0	$\frac{1}{8}$	0	$\frac{1}{8}$
1	$\frac{1}{8}$	$\frac{1}{8}$	$\frac{1}{8}$

试验证 X 和 Y 是不相关, 但 X 和 Y 不是相互独立的.

证 先求出 X 和 Y 的边缘分布律如表:

X	-1	0	1
p_k	$\frac{3}{8}$	$\frac{2}{8}$	$\frac{3}{8}$

Y	-1	0	1
p_k	$\frac{3}{8}$	$\frac{2}{8}$	$\frac{3}{8}$

$$E(X) = E(Y) = (-1) \times \frac{3}{8} + 0 \times \frac{2}{8} + 1 \times \frac{3}{8} = 0 ,$$

$$E(XY) = \sum_{j=1}^{3} \sum_{i=1}^{3} x_i y_i p_{ij}$$

$$= (-1) \times (-1) \times \frac{1}{8} + (-1) \times 1 \times \frac{1}{8} + 1 \times (-1) \times \frac{1}{8} + 1 \times 1 \times \frac{1}{8} = 0.$$

可得 $E(XY) = E(X) \cdot E(Y)$, 因此 $\rho_{XY} = 0$, 故 X , Y 是不相关的. 又

$$P\{X=0, Y=0\} = 0 \neq P\{X=0\}P\{Y=0\} = \frac{2}{8} \times \frac{2}{8} .$$

故 X , Y 不是相互独立的.

由以上讨论知,"X , Y 不相关"与"X , Y 相互独立"是两个不相同的概念,"X , Y 不相关"只说明 X 与 Y 之间不存在线性关系, 而"X , Y 相互独立"说明 X 与 Y 之间完全无关, 即既不存在线性关系, 也不存在非线性关系. 因此由相互独立能推出不相关, 而由不相关却不能得到相互独立.

由数学期望、方差、协方差和相关系数的定义和性质可得下述推论.

推论 4.2 设随机变量 X 和 Y 的相关系数为 ρ_{XY} , 则如下四个命题等价:

(1) X 与 Y 不相关，即 $\rho_{XY}=0$；

(2) $\text{cov}(X,Y)=0$；

(3) $E(XY)=E(X)\cdot E(Y)$；

(4) $D(X+Y)=D(X)+D(Y)$．

4.3.3 矩与中心矩

定义 4.6 设 X 是随机变量，若

$$\mu_k=E(X^k)，k=1,2,\cdots \tag{4.13}$$

存在，称 μ_k 为 X 的 k 阶**原点矩**，简称 k 阶**矩**．

若

$$m_k=E\{[X-E(X)]^k\}，k=2,3\cdots \tag{4.14}$$

存在，称 m_k 为 X 的 k 阶**中心矩**．

显然，X 的数学期望 $E(X)$ 是 X 的一阶原点矩，方差 $D(X)$ 是 X 的二阶中心矩．

例 4.3.4 设随机变量 X 的分布律为

X	1	2	4	5
p_k	$\dfrac{1}{3}$	$\dfrac{1}{6}$	$\dfrac{1}{6}$	$\dfrac{1}{3}$

求 μ_2,m_3．

解 由定义可得

$$\mu_1=E(X)=1\times\frac{1}{3}+2\times\frac{1}{6}+4\times\frac{1}{6}+5\times\frac{1}{3}=3．$$

$$\mu_2=E(X^2)=1^2\times\frac{1}{3}+2^2\times\frac{1}{6}+4^2\times\frac{1}{6}+5^2\times\frac{1}{3}=12．$$

$$m_3=E\{[X-E(X)]^3\}=E[(X-3)^3]$$

$$=(-2)^3\times\frac{1}{3}+(-1)^3\times\frac{1}{6}+1^3\times\frac{1}{6}+2^3\times\frac{1}{3}=0．$$

4.3.4 协方差矩阵

定义 4.7 设二维随机变量 (X_1,X_2) 的四个协方差都存在，分别记为

$$b_{11}=\text{cov}(X_1,X_1)=D(X_1)，b_{12}=\text{cov}(X_1,X_2)，$$

$$b_{21}=\text{cov}(X_2,X_1)=b_{12}，b_{22}=\text{cov}(X_2,X_2)=D(X_2)．$$

将它们排列成二阶方阵

$$B = \begin{pmatrix} b_{11} & b_{12} \\ b_{21} & b_{22} \end{pmatrix},$$

称此矩阵为随机变量 (X_1, X_2) 的协方差矩阵.

若 (X_1, X_2) 服从二维正态分布，则有

$$B = \begin{pmatrix} \sigma_1^2 & \sigma_1\sigma_2\rho \\ \sigma_1\sigma_2\rho & \sigma_2^2 \end{pmatrix}.$$

类似地，可以定义 n 维随机变量的协方差矩阵. 设 n 维随机变量 $(X_1, X_2, \cdots, X_n)$ 的协方差

$$b_{ij} = \text{cov}(X_i, X_j) = E\{ [X_i - E(X_i)] [X_j - E(X_j)] \} \ (i, j = 1, 2, \cdots, n)$$

都存在，则称矩阵

$$B = \begin{pmatrix} b_{11} & b_{12} & \cdots & b_{1n} \\ b_{21} & b_{22} & \cdots & b_{2n} \\ \vdots & \vdots & & \vdots \\ b_{n1} & b_{n2} & \cdots & b_{nn} \end{pmatrix}$$

为 n 维随机变量 $(X_1, X_2, \cdots, X_n)$ 的协方差矩阵. 由于 $b_{ij} = b_{ji} (i \neq j, i, j = 1, 2, \cdots, n)$，上述矩阵是一个对称矩阵.

习题 4.3

1. (1)设 X_1, X_2, X_3, X_4 独立同在 $(0, 1)$ 上服从均匀分布，求 $D\left[\dfrac{1}{\sqrt{5}} \sum\limits_{k=1}^{4} kX_k \right]$.

(2)已知随机变量 X, Y 的方差分别为 25 和 36，相关系数为 0.4，求：$U = 3X + 2Y$ 的方差.

2. 一民航送客车载有 20 位旅客自机场开出，旅客有 10 个车站可以下车，如到达一个车站没有旅客下车就不停车. 以 X 表示停车的次数，求 $E(X)$ (设每位旅客在各个车站下车是等可能的，并设各旅客是否下车相互独立).

3. 将 n 只球 $(1 \sim n$ 号)随机地放进 n 只盒子 $(1 \sim n$ 号)中去，一只盒子装一只球，若一只球装入与球同号的盒子中，称为一个配对. 记 X 为总的配对数，求 $E(X)$.

4. 设随机变量 (X, Y) 的分布律为

Y \ X	-2	-1	1	2
1	0	0.25	0.25	0
4	0.25	0	0	0.25

试验证 X 和 Y 是不相关的，但 X 和 Y 不是相互独立的.

5. 设二维随机变量 (X,Y) 的概率密度函数为

$$f(x,y) = \begin{cases} 1/\pi, & x^2 + y^2 \leqslant 1, \\ 0, & x^2 + y^2 > 1. \end{cases}$$

证明随机变量 X 与 Y 不相关，也不相互独立.

6. 设 $X \sim N(\mu,\sigma^2)$，$Y \sim N(\mu,\sigma^2)$，且 X，Y 相互独立. 试求

$$Z_1 = \alpha X + \beta Y \text{ 和 } Z_2 = \alpha X - \beta Y$$

的相关系数（其中 α,β 是不为零的常数）.

7. 设二维随机变量 (X,Y) 的概率密度

$$f(x,y) = \begin{cases} x + y, & 0 \leqslant x \leqslant 1, 0 \leqslant y \leqslant 1, \\ 0, & \text{其他.} \end{cases}$$

求 $E(X)$，$E(Y)$，$D(X)$，$D(Y)$，$E(XY)$，$\mathrm{cov}(X,Y)$ 和 ρ_{XY}.

8. 设 (X,Y) 的联合概率密度为

$$f(x,y) = \begin{cases} 2 - x - y, & 0 \leqslant x \leqslant 1, 0 \leqslant y \leqslant 1, \\ 0, & \text{其他.} \end{cases}$$

(1) 求 $\mathrm{cov}(X,Y)$，ρ_{XY} 和 $D(2X - 3Y)$；

(2) X 与 Y 是否独立？

总习题 4

1. 某车间生产的圆盘的直径 X 在区间 (a,b) 内服从均匀分布. 试求圆盘面积的数学期望.

2. 设随机变量 X 的概率分布为 $P\{X = k\} = \dfrac{C}{k!}$，$k = 0,1,2,\cdots$，求 $E(X^2)$.

3.10 个人随机地进入 15 个房间，每个房间容纳的人数不限，设 X 表示有人的房间数，求 $E(X)$（设每个人进入每个房间是等可能的，且各人是否进入房间相互独立）.

4. 一工厂生产的某种设备的寿命 X（以年记）服从指数分布，其概率密度为

$$f(x) = \begin{cases} \dfrac{1}{4}e^{-x/4}, & x > 0, \\ 0, & x \leqslant 0. \end{cases}$$

工厂规定,出售的设备若在售出一年内损坏可予以调换.若工厂售出一台设备盈利100元,调换一台设备厂方需花费300元.试求厂方出售一台设备净盈利的数学期望.

5.设随机变量 X_1, X_2, X_3, X_4 相互独立,且有 $E(X_i) = i$,$D(X_i) = 5-i$,$(i = 1,2,3,4)$设

$$Y = 2X_1 - X_2 + 3X_3 - \frac{1}{2}X_4,$$

求 $E(Y)$,$D(Y)$.

6.设随机变量 X,Y 不相关,且 $E(X) = 2$,$E(Y) = 1$,$D(X) = 3$,试求 $E[X(X+Y-2)]$.

7.设二维离散型随机变量 (X,Y) 的概率分布为

X＼Y	0	1	2
0	$\dfrac{1}{4}$	0	$\dfrac{1}{4}$
1	0	$\dfrac{1}{3}$	0
4	$\dfrac{1}{12}$	0	$\dfrac{1}{12}$

(1)求 $P\{X = 2Y\}$.

(2)求 $Cov(X-Y,Y)$.

8.设二维随机变量 (X,Y) 的概率密度函数为

$$f(x,y) = \begin{cases} 1, & |y| < x, 0 < x < 1, \\ 0, & 其他. \end{cases}$$

试验证 X,Y 不相关,但 X,Y 不是相互独立的.

第 5 章 大数定律及中心极限定理

大数定律和中心极限定理是概率论中两类极限定理的统称,前者是从理论上证明随机现象的"频率稳定性",并进一步推广到"算术平均法则";后者证明了独立随机变量标准化和的极限分布是正态分布或近似正态分布的问题. 这两类极限定理揭示了随机现象的重要的统计规律,在理论和应用上都有很重要的意义.

§5.1 大数定律

我们曾经在第一章中用"频率的稳定性"引出概率这个基本概念. 许多试验结果表明,虽然一次随机试验中某确定事件发生与否不能预言,但是如果在相同条件下大量重复这个试验,则此事件发生的频率会稳定在某个值附近. 一般地,在一定条件下各事件出现可能性的大小是客观存在的,可以用上述频率的稳定值来度量. 频率的稳定性呈现在大量重复试验中,历史上把这个试验次数很大时出现的规律称作大数定律.

5.1.1 切比雪夫(Chebyshev)不等式

定理 5.1 设有随机变量 X,$E(X) = \mu$,$D(X) = \sigma^2$,则对任一实数 $\varepsilon > 0$,恒有

$$P\{|X - \mu| \geqslant \varepsilon\} \leqslant \frac{\sigma^2}{\varepsilon^2}. \tag{5.1}$$

证 考虑连续型随机变量的情况. 设 X 的密度函数为 $f(x)$,则

$$P\{|X - \mu| \geqslant \varepsilon\} = \int_{|x-\mu| \geqslant \varepsilon} f(x)\mathrm{d}x \leqslant \int_{|x-\mu| \geqslant \varepsilon} \left(\frac{x-\mu}{\varepsilon}\right)^2 f(x)\mathrm{d}x$$

$$\leqslant \frac{1}{\varepsilon^2} \int_{-\infty}^{+\infty} (x-\mu)^2 f(x)\mathrm{d}x = \frac{\sigma^2}{\varepsilon^2}.$$

与式(5.1)等价的不等式为

$$P\{|X - \mu| < \varepsilon\} \geqslant 1 - \frac{\sigma^2}{\varepsilon^2}. \tag{5.2}$$

式(5.1)或式(5.2)称为切比雪夫不等式. 切比雪夫不等式是一个很重要的不等式, 它既有理论价值又有重要的实际应用. 从切比雪夫不等式可以看出, 只要知道随机变量的均值和方差, 不必知道分布就能求出随机变量落入以均值为中心的 ε 邻域概率的概率范围.

例 5.1.1 设在每次试验中, 事件 A 出现的概率均为 $\frac{3}{4}$, 用切比雪夫不等式估计, 进行多少次独立重复试验才能使事件 A 出现的频率在 0.74 到 0.76 之间的概率至少为 0.90?

解 设 X 表示在 n 次独立重复试验中事件 A 发生的次数, 则 $X \sim b(n, 3/4)$, X 的期望和方差分别是

$$E(X) = n \cdot \frac{3}{4} = 0.75n, \ D(X) = n \cdot \frac{3}{4} \cdot \frac{1}{4} = 0.1875n.$$

由切比雪夫不等式, 得

$$P\left\{0.74 \leqslant \frac{X}{n} \leqslant 0.76\right\} = P\left\{0.74 - 0.75 \leqslant \frac{X}{n} - 0.75 \leqslant 0.76 - 0.75\right\}$$

$$= P\left\{\left|\frac{X}{n} - 0.75\right| \leqslant 0.01\right\} = P\{|X - 0.75n| \leqslant 0.01n\}$$

$$\geqslant 1 - \frac{0.1875n}{(0.01n)^2} = 1 - \frac{1875}{n}.$$

由此知, 要使 $P\left\{0.74 \leqslant \frac{X}{n} \leqslant 0.76\right\} \geqslant 0.90$, 只要 $1 - \frac{1875}{n} \geqslant 0.90$ 即可, 由该式可解出 $n \geqslant 18750$, 即至少要进行 18750 次试验才能达到要求.

5.1.2 大数定律

下面我们来讨论大数定律. 先引入依概率收敛的概念.

定义 5.1 设 $\{X_n\}$ 为一随机变量序列, a 为一常数, 若对任意的 $\varepsilon > 0$, 有

$$\lim_{n \to \infty} P\{|X_n - a| < \varepsilon\} = 1, \tag{5.3}$$

则称 $\{X_n\}$ 依概率收敛于 a, 记作 $X_n \xrightarrow{P} a$.

式(5.3)等价于

$$\lim_{n \to \infty} P\{|X_n - a| \geqslant \varepsilon\} = 0, \tag{5.4}$$

式(5.4)说明当 n 充分大时, X_n 与 a 之差的绝对值大于 ε 的概率很小. 由

于 ε 是任意的,这就保证了在大概率意义下 X_n 充分接近 a ,或收敛于 a .

概率收敛不同于高等数学中的极限收敛,在定义时要兼顾随机变量的"取值"与"概率"两个特性. 它常用于讨论"大数定律",其中最直接的就是讨论频率与概率关系的伯努利大数定律.

定理 5. 2　(伯努利(**Bernoulli**)大数定律)设 n_A 是 n 次独立重复试验中事件 A 发生的次数, p 是事件 A 在每次试验中发生的概率,则对于任意正数 $\varepsilon > 0$,有

$$\lim_{n \to \infty} P\left\{\left|\frac{n_A}{n} - p\right| < \varepsilon\right\} = 1 . \tag{5.5}$$

证　记 n_A 为随机变量 X ,则 $X \sim b(n, p)$,易见

$$E(X) = np , \quad D(X) = np(1-p) .$$

利用切比雪夫不等式可得,对任意 $\varepsilon > 0$,有

$$P\left\{\left|\frac{X}{n} - E\left(\frac{X}{n}\right)\right| \geqslant \varepsilon\right\} \leqslant \frac{D\left(\frac{X}{n}\right)}{\varepsilon^2} . \tag{5.6}$$

注意到

$$E\left(\frac{X}{n}\right) = \frac{1}{n}E(X) = \frac{np}{n} = p , \quad D\left(\frac{X}{n}\right) = \frac{1}{n^2}D(X) = \frac{np(1-p)}{n^2} = \frac{p(1-p)}{n} ,$$

代入式(5.6)后,得

$$P\left\{\left|\frac{X}{n} - p\right| \geqslant \varepsilon\right\} \leqslant \frac{p(1-p)}{n\varepsilon^2} .$$

由于 $p(1-p) \leqslant \dfrac{1}{4}$,从而

$$P\left\{\left|\frac{X}{n} - p\right| \geqslant \varepsilon\right\} \leqslant \frac{1}{4n\varepsilon^2} .$$

令 $n \to \infty$,注意到概率的非负性,有

$$\lim_{n \to \infty} P\left\{\left|\frac{n_A}{n} - p\right| \geqslant \varepsilon\right\} = 0 .$$

这说明 $\dfrac{n_A}{n} \xrightarrow{P} p$,从而式(5.5)得证.

伯努利大数定律的重要意义在于从理论上说明频率的极限是概率,在试验次数很大时,便可以用事件发生的频率来代替事件发生的概率. 在实践中人们还认识到大量测量值的算术平均值也具有稳定性. 与伯努利大数定律相似,我们有以下更一般的切比雪夫大数定律.

定理 5.3 （切比雪夫大数定律）设 $\{X_k\}$ 为一列相互独立的随机变量，且具有相同的数学期望与方差，即 $E(X_k)=\mu$，$D(X_k)=\sigma^2$，$k=1,2,\cdots$，作前 n 个随机变量的算术平均 $\bar{X}=\dfrac{1}{n}\sum\limits_{k=1}^{n}X_k$，则对于任意正数 ε，有

$$\lim_{n\to\infty}P\{\,|\bar{X}-\mu|<\varepsilon\}=1.$$

证 由于

$$E\left(\frac{1}{n}\sum_{k=1}^{n}X_k\right)=\frac{1}{n}\sum_{k=1}^{n}E(X_k)=\frac{1}{n}\cdot n\mu=\mu,$$

$$D\left(\frac{1}{n}\sum_{k=1}^{n}X_k\right)=\frac{1}{n^2}\sum_{k=1}^{n}D(X_k)=\frac{1}{n^2}\cdot n\sigma^2=\frac{\sigma^2}{n},$$

由切比雪夫不等式可得

$$P\left\{\left|\frac{1}{n}\sum_{k=1}^{n}X_k-\mu\right|<\varepsilon\right\}\geqslant 1-\frac{\dfrac{\sigma^2}{n}}{\varepsilon^2}.$$

在上式中令 $n\to\infty$，并注意到概率不能大于 1，就有

$$\lim_{n\to\infty}P\left\{\left|\frac{1}{n}\sum_{k=1}^{n}X_k-\mu\right|<\varepsilon\right\}=1.$$

该定律表明，当 n 很大时，随机变量 $X_1,X_2,\cdots,X_n$ 的算术平均 $\bar{X}=\dfrac{1}{n}\sum\limits_{k=1}^{n}X_k$ 接近于数学期望

$$E(X_1)=E(X_2)=\cdots=E(X_n)=\mu.$$

这种接近是在概率意义下的接近. 通俗地说，在定律的条件下，n 个随机变量的算术平均当 n 无限增加时将几乎变成一个常数.

例 5.1.2 设 $X_1,X_2,\cdots$ 为独立同分布的随机变量序列，均服从参数为 λ 的泊松分布，因为 $E(X_i)=\lambda$，$D(X_i)=\lambda$（$i=1,2,\cdots$），从而满足定理 5.3 的条件，由定理知

$$\lim_{n\to\infty}P\left\{\left|\frac{1}{n}\sum_{i=1}^{n}X_i-\lambda\right|<\varepsilon\right\}=1.$$

可以看出，伯努利大数定律是切比雪夫大数定律的特例，在它们的证明中都是以切比雪夫不等式为基础的，所以要求随机变量具有方差. 但是进一步的研究表明，方差存在这个条件并不是必要的. 这时，我们有以下的辛钦大数定律.

定理 5.4 (**辛钦(Khinchine)大数定律**)设 $\{X_k\}$ 为一列相互独立的随机变量,服从同一分布,且具有数学期望 $E(X_k)=\mu$ ($k=1,2,\cdots$),则对于任意正数 ε,有

$$\lim_{n\to\infty}P\left\{\left|\frac{1}{n}\sum_{k=1}^{n}X_k-\mu\right|<\varepsilon\right\}=1.$$

定理证明略.

显然,辛钦大数定律为寻找随机变量的期望值提供了一条切实可行的途径.

习题 5.1

1.设随机变量序列 $\{\xi_n\}$,$\{\eta_n\}$ 分别依概率收敛于随机变量 ξ,η,证明:

(1) $\xi_n+\eta_n \xrightarrow{P} \xi+\eta$;

(2) $\xi_n\times\eta_n \xrightarrow{P} \xi\times\eta$.

2.设随机变量序列 $\{\xi_n\}$ 依概率收敛于随机变量 ξ,$f(x)$ 为直线上的连续函数,证明 $f(\xi_n) \xrightarrow{P} f(\xi)$.

3.如果随机变量序列 $\{\xi_n\}$,当 $n\to\infty$ 时有 $\frac{1}{n^2}D(\sum_{k=1}^{n}\xi_k)\to0$,证明 $\{\xi_n\}$ 服从大数定律.

4.用切比雪夫不等式估计下列各题的概率:

(1) 废品率为 0.03,1000 个产品中废品多于 20 个且少于 40 个的概率;

(2) 200 个新生儿中,男孩多于 80 个而少于 120 个的概率(假设男孩和女孩的概率均为 0.5).

5.一颗骰子连续掷 4 次,点数总和记为 X,估计 $P(10<X<18)$.

§5.2 中心极限定理

我们在引入正态分布时已经提到,随机变量服从正态分布是由许多彼此没什么联系、对随机现象起不了很大影响、只是均匀地起到微小作用的随机

因素共同作用的结果. 这种现象就是中心极限定理的客观背景. 中心极限定理是统计学中比较重要的一个定理. 本节只介绍三个常用的中心极限定理,并举几个中心极限定理应用的例子.

定理 5.5　（独立同分布的中心极限定理）设 $\{X_k\}$ 是一列独立同分布的随机变量, 且有相同的数学期望 $E(X_k)=\mu$ 和方差 $D(X_k)=\sigma^2 \neq 0$ ($k=1$, $2,\cdots$), 则随机变量

$$Y_n = \frac{\sum\limits_{k=1}^{n} X_k - E(\sum\limits_{k=1}^{n} X_k)}{\sqrt{D(\sum\limits_{k=1}^{n} X_k)}} = \frac{\sum\limits_{k=1}^{n} X_k - n\mu}{\sqrt{n}\,\sigma}$$

的分布函数 $F_n(x)$ 对于任意 x 满足

$$\lim_{n\to\infty} F_n(x) = \lim_{n\to\infty} P\left\{ \frac{\sum\limits_{k=1}^{n} X_k - n\mu}{\sqrt{n}\,\sigma} \leqslant x \right\} = \int_{-\infty}^{x} \frac{1}{\sqrt{2\pi}} e^{\frac{-t^2}{2}} \, dt = \Phi(x).$$

这就是说, 均值为 μ, 方差为 $\sigma^2 > 0$ 的独立同分布的随机变量序列 $\{X_k\}$ 前 n 项之和 $\sum\limits_{k=1}^{n} X_k$ 的标准化变量, 当 n 充分大时, 有 $\dfrac{\sum\limits_{k=1}^{n} X_k - n\mu}{\sqrt{n}\,\sigma}$

$\overset{\text{近似地}}{\sim} N(0,1)$, 或者说 $\sum\limits_{k=1}^{n} X_k$ 近似地服从正态分布 $N(n\mu, n\sigma^2)$. 这样, 我们就可以利用正态分布对 $\sum\limits_{k=1}^{n} X_k$ 做理论分析或实际计算, 其好处是明显的.

例 5.2.1　一个复杂的系统由 n 个相互独立起作用的部件组成, 每个部件的可靠性为 0.9, 必须有至少 80% 的部件正常工作才能使系统工作, 问 n 至少为多少时, 才能使系统的可靠性为 0.95 ?

解　引入随机变量

$$X_i = \begin{cases} 0, & \text{第 } i \text{ 个部件工作不正常,} \\ 1, & \text{第 } i \text{ 个部件工作正常,} \end{cases} \quad i=1, 2, \cdots, n.$$

则诸 X_i 相互独立, 且服从相同的 $(0-1)$ 分布,

$$E(X_i)=0.9, \quad D(X_i)=0.09, \quad i=1, 2, \cdots, n.$$

现欲使

$$P\left\{ \sum_{i=1}^{n} X_i \geqslant 0.8n \right\} = 0.95,$$

即

$$P\left\{\frac{\sum\limits_{i=1}^{n}X_i - n\times 0.9}{0.3\sqrt{n}} \geq \frac{0.8n - 0.9n}{\sqrt{n\times 0.09}}\right\} = P\left\{\frac{\sum\limits_{i=1}^{n}X_i - n\times 0.9}{0.3\sqrt{n}} \geq \frac{-0.1n}{0.3\sqrt{n}}\right\} = 0.95,$$

由独立同分布的中心极限定理，$\dfrac{\sum\limits_{i=1}^{n}X_i - n\times 0.9}{0.3\sqrt{n}}$ 近似地服从 $N(0,1)$，

于是上式成为

$$1 - \Phi\left(\frac{-0.1n}{0.3\sqrt{n}}\right) = 0.95.$$

查表得

$$\frac{\sqrt{n}}{3} = 1.65,$$

所以

$$\sqrt{n} = 4.95,\ n = 24.5.$$

于是当 n 至少为 25 时，才能使系统的可靠性为 0.95.

定理 5.6 （棣莫弗—拉普拉斯（**De Moivre－Laplace**）定理）设随机变量 η_n 服从参数为 n 和 p（$0 < p < 1$）的二项分布，则对于任意 x，有

$$\lim_{n\to\infty}P\left\{\frac{\eta_n - np}{\sqrt{np(1-p)}} \leq x\right\} = \int_{-\infty}^{x}\frac{1}{\sqrt{2\pi}}\mathrm{e}^{\frac{-t^2}{2}}\mathrm{d}t = \Phi(x).$$

定理 5.6 是定理 5.5 的特殊情形. 该定理表明，正态分布是二项分布的极限分布，当 n 趋向无穷时，服从二项分布的随机变量 η_n 的概率可用正态分布 $N\left(np, np(1-p)\right)$ 的概率来近似.

例 5.2.2　某计算机系统有 120 个终端，每个终端有 5％ 的时间在使用，若各个终端使用与否是相互独立的，试求有 10 个或更多终端在使用的概率.

解　设 X 表示在某时刻使用的终端数，则 X 服从参数为 $n = 120$，$p = 0.05$ 的二项分布，由棣莫弗—拉普拉斯定理可得

$$P\{10 \leq X \leq 120\} = 1 - P\{X < 10\} \approx 1 - \Phi\left(\frac{10 - 6}{\sqrt{120\times 0.05\times 0.95}}\right)$$

$$= 1 - \Phi(1.65) = 0.047.$$

例 5.2.3　在一批种子中，良种占 1/6，我们有 99％ 的把握断定，在 6000 粒种子中良种占的比例与 1/6 之差是多少？这时相应的良种数落在哪个范围内？

解 任选 6000 粒种子可以看作 6000 次伯努利试验，此处 $p=1/6$，设 Y_n 为良种数，则依题意

$$P\left\{\left|\frac{Y_n}{6000}-\frac{1}{6}\right|<\varepsilon\right\}=0.99 ,$$

由棣莫弗—拉普拉斯定理可得

$$P\left\{\left|\frac{Y_n}{6000}-\frac{1}{6}\right|<\varepsilon\right\}=P\left\{\frac{\left|Y_n-6000\times\dfrac{1}{6}\right|}{\sqrt{6000\times\dfrac{1}{6}\times\dfrac{5}{6}}}\leqslant\frac{6000\varepsilon}{\sqrt{6000\times\dfrac{1}{6}\times\dfrac{5}{6}}}\right\}$$

$$\approx 2\Phi(120\sqrt{3}\varepsilon)-1=0.99,$$

从而 $\Phi(120\sqrt{3}\varepsilon)=0.995$. 查表得，$120\sqrt{3}\varepsilon=2.58$，由此解得 $\varepsilon=0.0124$. 即良种所占的比例与 $1/6$ 的差是 0.0124. 因为

$$P\left\{\left|\frac{Y_n}{6000}-\frac{1}{6}\right|<0.0124\right\}=P\left\{\left|Y_n-1000\right|<74.4\right\}\approx P\left\{925<Y_n<1075\right\},$$

即良种数应该在 925 粒至 1075 粒间.

例 5.2.4 利用中心极限定理重解例 5.1.1 中的问题.

解 由中心极限定理可得

$$P\left\{0.74\leqslant\frac{X}{n}\leqslant 0.76\right\}=P\left\{\left|X-0.75n\right|\leqslant 0.01n\right\}=P\left\{\frac{\left|X-0.75n\right|}{\sqrt{0.1875n}}\leqslant\frac{0.01n}{\sqrt{0.1875n}}\right\}$$

$$=P\left\{\frac{\left|X-0.75n\right|}{\sqrt{0.1875n}}\leqslant\sqrt{\frac{1}{1875}}\cdot\sqrt{n}\right\}\approx 2\Phi\left(\sqrt{\frac{1}{1875}}\cdot\sqrt{n}\right)-1.$$

所以，要使 $P\left\{0.74\leqslant\dfrac{X}{n}\leqslant 0.76\right\}\geqslant 0.90$，只要 $2\Phi\left(\sqrt{\dfrac{1}{1875}}\cdot\sqrt{n}\right)-1\geqslant$

0.90 即可，由此可得 $\Phi\left(\sqrt{\dfrac{1}{1875}}\cdot\sqrt{n}\right)\geqslant 0.95$，查标准正态分布表可得

$\sqrt{\dfrac{1}{1875}}\cdot\sqrt{n}\geqslant 1.645$，由此解得 $n\geqslant 5074$，即重复试验 5074 次以上就能达到要求.

显然，5074 远小于 18750，这再一次说明了切比雪夫不等式的估计精度是有限的，而中心极限定理却有着较高的精确度.

例 5.2.5 设由甲地至乙地有两种交通工具(例如可以坐汽车直达，比较快但费用稍多一点，也可走水陆联运，时间稍长但费用稍低)，每个旅客以 1/2 的概率选择一种交通工具. 假设有 1000 个旅客同时每天由甲地出发至乙

地，若要求在 100 次中有 99 次有足够的座位（从各种交通工具管理人员的角度看），问各种交通工具应各设多少座位？

解　对每一个旅客选择交通工具做观察，1000 个旅客到来，可看作是做了 1000 次伯努利试验，对于交通工具 A 来说，每次被使用的概率是 1/2，记选择交通工具 A 的旅客数为 η，则 $\eta \sim b(1000,1/2)$，$E(\eta)=500$，$D(\eta)=250$，由棣莫弗—拉普拉斯定理知，$\eta \sim N(500,250)$（近似地）. 若交通工具 A 有 s 个座位，则旅客座位够坐的概率为

$$P\{\eta \leqslant s\} = \sum_{k=0}^{s} P_{1000}(k) = \sum_{k=0}^{s} C_{1000}^{k} \left(\frac{1}{2}\right)^k \left(\frac{1}{2}\right)^{s-k} \approx F(s) = \Phi\left(\frac{s-500}{\sqrt{250}}\right).$$

按要求应有

$$P\{\eta \leqslant s\} \geqslant 0.99,$$

即要求

$$\Phi\left(\frac{s-500}{\sqrt{250}}\right) \geqslant 0.99.$$

查标准正态表可得

$$\Phi(2.33) = 0.9901 > 0.99,$$

取 s 使其满足

$$\frac{s-500}{\sqrt{250}} \geqslant 2.33,$$

由此解得 $s \geqslant 536.84$.

由此知，对交通工具 A 来说，至少需要设置 537 个座位，才能在 100 次中每次有 1000 个旅客随机选取交通工具时，最多只有一次出现座位不够的情形. 对于另一种交通工具有同样的结论.

下面再介绍另一个中心极限定理.

定理 5.7　**(李雅普诺夫 (Liapunov) 定理)** 设 $\{X_k\}$ 是相互独立的随机变量序列，它们具有数学期望 $E(X_k)=\mu_k$ 和方差 $D(X_k)=\sigma_k^2 > 0(k=1,2,\cdots)$，记 $B_n^2 = \sum_{k=1}^{n} \sigma_k^2$. 若存在正数 δ，当 $n \to \infty$ 时有

$$\frac{1}{B_n^{2+\delta}} \sum_{k=1}^{n} E\{|X_k - \mu_k|^{2+\delta}\} \to 0,$$

则随机变量之和 $\sum_{k=1}^{n} X_k$ 的标准化变量 $\dfrac{\sum\limits_{k=1}^{n} X_k - \sum\limits_{k=1}^{n} \mu_k}{B_n}$ 的分布函数 $F_n(x)$ 对

于任意 x 满足

$$\lim_{n\to\infty}F_n(x)=\lim_{n\to\infty}P\left\{\frac{\sum\limits_{k=1}^{n}X_k-\sum\limits_{k=1}^{n}\mu_k}{B_n}\leqslant x\right\}=\int_{-\infty}^{x}\frac{1}{\sqrt{2\pi}}\mathrm{e}^{\frac{-t^2}{2}}\mathrm{d}t=\Phi(x).$$

该定理表明，在定理的条件下，随机变量 $\dfrac{\sum\limits_{k=1}^{n}X_k-\sum\limits_{k=1}^{n}\mu_k}{B_n}$ 当 n 很大时，近似地服从正态分布. 若记

$$Y_n=\frac{\sum\limits_{k=1}^{n}X_k-\sum\limits_{k=1}^{n}\mu_k}{B_n},$$

当 n 很大时，有

$$\sum_{k=1}^{n}X_k=B_nY_n+\sum_{k=1}^{n}\mu_k\overset{\text{近似地}}{\sim}N\left(\sum_{k=1}^{n}\mu_k,B_n^2\right).$$

中心极限定理表明，在一般的条件下，当独立随机变量的个数增加时，其和的分布趋于正态分布. 这一事实阐明了正态分布的重要性. 中心极限定理揭示了为什么在实际应用中会经常遇到正态分布，也说明了产生正态分布变量的源泉. 在数理统计中我们也将看到，中心极限定理是大样本统计推断的理论基础.

习题 5.2

1. 有一批建筑用的木柱，其 80% 的长度不小于 3m，现从这批木柱中随机取出 100 根，试问其中至少有 30 根短于 3m 的概率是多少?

2. 某种电器元件的寿命服从均值为 100 小时的指数分布，现随机选取 16 只，设它们的寿命是相互独立的. 求这 16 只元件寿命总和大于 1920 小时的概率.

3. 在数值计算中，每个数值都取小数点后四位，第五位四舍五入(即可以认为计算误差在区间 $[-5\times10^{-5},5\times10^{-5}]$ 上服从均匀分布)，现有 1200 个数相加，求产生的误差总和的绝对值小于 0.003 的概率.

4. 某药厂断言，该厂生产的某药品对医治一种疑难的血液病治愈率为 0.8. 医院检验员任取 100 个服用此药的病人，如果其中多于 75 个治愈，就接受这一断言，否则就拒绝这一断言.

(1)若实际上此药对这种病的治愈是 0.8，问接受这一断言的概率是多少?

(2)若实际上此药对这种病的治愈率是 0.7，问接受这一断言的概率是多少?

5. 一射手在一次射击中，所得环数的分布律如下表所示.

X	6	7	8	9	10
p_k	0.05	0.05	0.1	0.3	0.5

问在 100 次射击中环数介于 900 环与 930 环之间的概率是多少？超过 950 环的概率是多少？

6. 设有 30 个电子元件 A_1，A_2，$\cdots$，A_{30}，其寿命分别为 X_1，X_2，$\cdots$，X_{30}，且都服从参数为 $\lambda = 0.1$ 的指数分布，它们的使用情况是当 A_i 损坏后，立即使用 A_{i+1}（$i = 1$，2，$\cdots$，29）. 求元件使用总时间 T 不小于 350h 的概率.

7. 大学英语四级考试，设有 85 道选择题，每题 4 个选择答案，只有一个正确. 若需要通过考试，必须答对 51 题以上. 试问某学生靠运气能通过四级考试的概率有多大？

总习题 5

1. 设 $\{X_n\}$ 是独立同分布的随机变量序列，且假设 $E(X_n) = 2$，$D(X_n) = 6$，证明

$$\frac{X_1^2 + X_2 X_3 + X_4^2 + X_5 X_6 + \cdots + X_{3n-2}^2 + X_{3n-1} X_{3n}}{n} \xrightarrow{P} a, n \to \infty$$

并确定常数 a 的值.

2. 已知随机变量的概率分布如下表所示.

X	1	2	3
P	0.2	0.3	0.5

试利用切比雪夫不等式估计事件 $\{|X - E(X)| < 1.5\}$ 的概率.

3. 用调查对象中的收看比例 k/n 作为某电视节目的收视率 p 的估计. 要有 90% 的把握，使 k/n 与 p 的差异不大于 0.05，问至少要调查多少对象？

4. 设电站供电网有 10000 盏电灯，夜晚每一盏灯开灯的概率都是 0.7，而假定开、关彼此都是独立的，求夜晚同时开着灯数在 6800 与 7200 之间的概率.

5. 设随机变量 $\xi_1, \xi_2, \cdots, \xi_n$ 相互独立，且均服从指数分布

$$f(x) = \begin{cases} \lambda e^{-\lambda x}, & x > 0 \\ 0, & x \leqslant 0 \end{cases}, \lambda > 0 \ \text{为使} \ P\left\{\left|\frac{1}{n}\sum_{k=1}^{n}\xi_k - \frac{1}{\lambda}\right| < \frac{1}{10\lambda}\right\} \geqslant \frac{95}{100}$$

求 n 的最小值.

6.某校共 4900 个学生，已知每天晚上每个学生到阅览室学习的概率为 0.1，问阅览室要准备多少个座位，才能以 99％的概率保证每个去阅览室的学生都有座位？

7.某工厂有 200 台同类型的机器，每台机器工作时需要的电功率为 Q 千瓦，由于工艺等原因，每台机器的实际工作时间只占全部工作的 75％，各台机器工作是相互独立的，求

（1）任一时刻有 144 至 160 台机器正在工作的概率；

（2）需要供应多少电功率可以保证所有机器正常工作的概率不少于 0.99？

第6章 样本及抽样分布

前五章我们讲述了概率论的基本内容,从本章开始将介绍本课程的第二部分——数理统计.数理统计是以概率论为理论基础的具有广泛应用的一个数学分支.它通过对随机现象的观察收集一定量的数据,然后进行整理、分析,并应用概率论的知识做出合理的估计、推断和预测.由此对所研究对象的概率特征有一个清晰的认识(比如它是否服从某种已知的分布,其数字特征是多少等),从而为做出正确决策提供科学依据.因此,要处理受随机因素影响的数据,或者通过观察、调查、试验获得的数据,可以用数理统计的方法来处理.把数理统计具体应用到不同的领域就形成了适用于特定领域的统计方法,如农业、生物和医学领域的"生物统计",教育和心理学领域的"教育统计",经济和商业领域的"计量经济",金融领域的"保险统计",地质和地震领域的"地质数学"等.这些方法或学科的共同基础都是数理统计.

在现实世界中存在着各种各样的数据,分析这些数据需要多种多样的方法,而数理统计中的方法和支持这些方法的相应理论是非常丰富的.这些内容大致可以归结成两大类:参数估计和假设检验.也就是根据不同的统计问题,由原始数据出发,用一些方法对分布或分布的未知参数进行估计和检验,它们构成了统计推断的两种基本形式,渗透到了数理统计的每个分支.

本章我们先介绍数理统计的一些基本概念,而后介绍几种重要的统计量及其分布,它们是后面几章的基础.

§6.1 总体与样本、经验分布函数

6.1.1 数理统计的基本概念

在数理统计中,我们往往研究有关对象的某一数量指标,由此考虑与这一数量指标相联系的随机试验,对该指标进行试验或观察.

定义 6.1 试验的全部可能的观察值称为**总体**. 这些值不一定都不相同, 数量上也不一定有限. 每一个可能的观察值称为**个体**. 总体中所包含的个体的个数称为总体的**容量**. 容量有限的称为**有限总体**, 容量无限的称为**无限总体**. 从总体中抽取的一部分个体组成一个**样本**, 样本中所含个体的个数称为**样本容量**.

例如考察我校大一女生的身高, 假设大一女生共 3000 人. 每个女生的身高是一个可能观察值即个体, 所得到的 3000 个观察值称为总体, 该总体容量为 3000, 是一个有限总体. 又比如测量某一海域任一点的深度, 所得总体是一个无限总体. 总体与一个随机变量 X 相对应, 总体中的每一个个体是随机试验的一个观察值, 因此它是某一随机变量 X 的值. 在数理统计中, 我们将不区分总体与相应的随机变量 X, 统称为总体 X. 随机变量 X 服从什么分布, 就称总体 X 服从什么分布.

若 $X_1, X_2, \cdots, X_n$ 是容量为 n 的样本, 可将其看成是 n 维随机向量 $(X_1, X_2, \cdots, X_n)$. 而每次具体抽样所得的数据, 就是这个 n 维随机变量的一个观测值 $x_1, x_2, \cdots, x_n$, 称为**样本值**.

例如, 某灯泡厂一天生产 5 万只 25 瓦白炽灯泡, 按规定, 使用寿命不足 1000 小时的为次品. 要考察其次品率, 随机地从 5 万只灯泡中抽出一部分, 比如抽出 1000 只, 就这 1000 只灯泡的寿命进行检验, 确定其次品数, 如果其中有 4 只次品, 我们就可以推断出这批 5 万只灯泡的次品率为 0.4%. 这种检验方法称为**抽样检验**. 这里 5 万只灯泡的寿命全体就是总体 X, 抽 1000 只灯泡检验其寿命, 就是做 1000 次随机试验. 因此样本可以看作 1000 个随机变量 $X_1, X_2, \cdots, X_{1000}$.

如果 $X_1, X_2, \cdots, X_n$ 是一组相互独立, 且与总体 X 具有相同分布的样本, 则称此样本为简单随机样本. 以后如无另外说明, 所提到的样本均指简单随机样本.

对于有限总体, 采用放回抽样就能得到简单随机样本. 当样本容量相对较少, 比如不超过总体的 5% 时, 在实际中可将不放回抽样近似地当作放回抽样来处理.

至于无限总体, 因抽取一个个体不影响它的分布, 所以总是用不放回抽样. 例如, 在生产过程中, 每隔一定时间抽取一个个体, 抽取 n 个就得到一个简单随机样本, 实验室中的记录, 水文、气象等观察资料都是样本. 试制新产品得到样品的质量指标, 也是常见的样本.

如果总体 X 具有分布函数 $F(x)$，X_1，X_2，$\cdots$，X_n 是取自这一总体的容量为 n 的样本，则 X_1，X_2，$\cdots$，X_n 的联合分布函数为

$$F(x_1, x_2, \cdots, x_n) = \prod_{i=1}^{n} F(x_i).$$

例 6.1.1 一批产品共有 N 件，需要进行抽样检验以了解不合格率 p. 设以 X 表示一件产品的质量指标，$X=0$ 表示这件产品是合格品，$X=1$ 表示这件产品是不合格品. 从这批产品中任取 n 件，每抽取一件后立即放回，搅匀后再抽第二件. 从 n 件产品中观测到 X 的值 $(x_1, x_2, \cdots, x_n)$ 是 n 维随机向量 $(X_1, X_2, \cdots, X_n)$ 的一组观测值，每一个 X_i $(i=1, 2, \cdots, n)$ 都与总体 X 有相同的分布，且 X_i 之间相互独立. 样本空间由一切可能的 n 维向量 $(x_1, x_2, \cdots, x_n)$ 组成，其中每一个 x_i $(i=1, 2, \cdots, n)$ 只能取 0 或 1 这两个数值中的一个，一切可能的 $(x_1, x_2, \cdots, x_n)$ 共有 2^n 个. 因此样本空间是由 n 维空间中含 2^n 个点的子集组成. 显然所得的是一个容量为 n 的简单随机样本.

如果总体 X 是离散型随机变量，其概率分布为 $P\{X=x_i\}=p(x_i)$，若容量为 n 的样本 $(X_1, X_2, \cdots, X_n)$ 的观测值为 $(x_1, x_2, \cdots, x_n)$，则样本的概率分布为

$$p(x_1, x_2, \cdots, x_n) = P\{X_1=x_1, X_2=x_2, \cdots, X_n=x_n,\} = \prod_{i=1}^{n} p(x_i).$$

如果总体 X 是连续型随机变量，其概率密度为 $f(x)$，则样本 $(X_1, X_2, \cdots, X_n)$ 的联合密度函数为 $f(x_1, x_2, \cdots, x_n) = \prod_{i=1}^{n} f(x_i)$.

若总体 X 服从正态分布，称总体 X 为正态总体. 若 $(X_1, X_2, \cdots, X_n)$ 是容量为 n 的简单随机样本，则其联合概率密度函数为

$$f(x_1, x_2, \cdots, x_n) = \prod_{i=1}^{n} \frac{1}{\sigma\sqrt{2\pi}} \exp\left\{-\frac{1}{2}\left(\frac{x_i-\mu}{\sigma}\right)^2\right\}$$

$$= \left(\frac{1}{\sigma\sqrt{2\pi}}\right)^n \exp\left\{-\frac{1}{2\sigma^2}\sum_{i=1}^{n}(x_i-\mu)^2\right\}.$$

6.1.2 简单数据处理

总体和样本是数理统计中的两个基本概念. 样本来自总体，自然带有总体的信息，从而可以从这些信息出发去研究总体的某些特征(分布或分布中参数). 另一方面，由样本研究总体可以省时省力(特别是针对破坏性的抽样试验而言). 我们称通过总体 X 的一个样本 X_1，X_2，$\cdots$，X_n，对总体 X 的分

布进行推断的问题为**统计推断问题**.

在实际应用中,总体的分布一般是未知的,或虽然知道总体分布所属的类型,但其中含有未知参数.统计推断就是利用样本值来对总体的分布类型、未知参数进行估计和推断.

通过观察或试验得到的样本值,一般是杂乱无章的,需要进行整理才能从总体上呈现其统计规律性.分组数据统计表及频率直方图是两种常用的整理方法.

1.分组数据统计表

若样本值较多时,可将其分成若干组,分组的区间长度一般取成相等,称区间的长度为组距.分组的组数应与样本容量相适应.分组太少,难以反映出分布的特征;分组太多,由于样本取值的随机性会使分布显得杂乱.因此,分组时,确定分组数(或组距)应以突出分布的特征并冲淡样本的随机波动性为原则.区间所含的样本值个数称为该区间的组频数.组频数与总的样本容量之比称为组频率.

2.频率直方图

频率直方图能直观地表示出组频数的分布,设 $x_1, x_2, \cdots, x_n$ 是样本的 n 个观察值,绘制频率直方图的步骤如下:

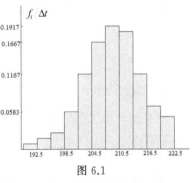

图 6.1

(1)求出 $x_1, x_2, \cdots, x_n$ 中的最小者 $x_{(1)}$ 与最大者 $x_{(n)}$.

(2)选取常数 a(略小于 $x_{(1)}$)和 b(略大于 $x_{(n)}$),并将区间 $[a, b]$ 等分成 m 个小区间(一般取 m ,使 m/n 在 $1/10$ 左右,且小区间不包含右端点):

$$[t_i, t_i + \Delta t) , \Delta t = \frac{b-a}{m}, i = 1, 2, \cdots, m.$$

(3)求出组频数 n_i ,组频率 $n_i/n \triangleq f_i$,以及

$$h_i = \frac{f_i}{\Delta t} , i = 1, 2, \cdots, m.$$

(4)在 $[t_i, t_i + \Delta t)$ 上以 h_i 为高, Δt 为宽作小矩形,其面积恰为 f_i ,所有小矩形合在一起就构成了频率直方图(图 6.1).

例 6.1.2 从某厂生产的某种零件中随机抽取 120 个,测得其质量如表 6.1 所示.列出分组表,并作频率直方图.

表 6.1　零件质量数据

200	202	203	208	216	206	222	213	209	219
216	203	197	208	206	209	206	208	202	203
206	213	218	207	208	202	194	203	213	211
193	213	208	208	204	206	204	206	208	209
213	203	206	207	196	201	208	207	213	208
210	208	211	211	214	220	211	203	216	221
211	209	218	214	219	211	208	221	211	218
218	190	219	211	208	199	214	207	207	214
206	217	214	201	212	213	211	212	216	206
210	216	204	221	208	209	214	214	199	204
211	201	216	211	209	208	209	202	211	207
220	205	206	216	213	206	206	207	200	198

解　我们先从这 120 个样本值中找出最小值为 190，最大值为 222，取 $a = 189.5$，$b = 222.5$，然后将区间 $[189.5, 222.5]$ 等分成 11 个小区间，其组距 $\Delta t = 3$，其分组表及频率直方图分别如表 6.2 和图 6.1 所示.

表 6.2　数据分组表

区间	组频数 n_i	组频率 f_i	高 $h_i = f_i/\Delta t$
189.5～192.5	1	1/120	1/360
192.5～195.5	2	2/120	2/360
195.5～198.5	3	3/120	3/360
198.5～201.5	7	7/120	7/360
201.5～204.5	14	14/120	14/360
204.5～207.5	20	20/120	20/360
207.5～210.5	23	23/120	23/360
210.5～213.5	22	22/120	22/360
213.5～216.5	14	14/120	14/360
216.5～219.5	8	8/120	8/360
219.5～222.5	6	6/120	6/360
合计	120	1	

由图 6.1 中可以看出，频率直方图呈中间高、两头低的"倒钟形"，可以粗略地认为该种零件的质量服从正态分布，其数学期望在 209 附近. 对此，我们将在第 7 章中进行检验.

为了从理论上进一步说明简单随机样本能很好地反映总体的情况，我们引入经验分布函数(或样本分布函数). 设有总体 X 的 n 个独立的观察值, 按从小到大的次序排列成 $x_1 \leqslant x_2 \leqslant \cdots \leqslant x_n$, 对 $(-\infty, +\infty)$ 上的一切 x , 称函数

$$F_n(x) = \begin{cases} 0, & x < x_1, \\ k/n, & x_k \leqslant x < x_{k+1}, k = 1, 2, \cdots, n-1 \\ 1, & x \geqslant x_n. \end{cases}$$

为总体 X 的经验分布函数或样本分布函数. 由定义知, $F_n(x)$ 的值 k/n 等于样本观测值落在区间 $(-\infty, x]$ 内的频率. $F_n(x)$ 与总体分布函数 $F(x)$ 具有完全相同的性质, 依伯努利大数定律知, 频率依概率收敛于概率, 所以将 $F_n(x)$ 称为经验分布函数.

例 6.1.3 设一个样本由六个 6, 七个 7, 八个 8, 九个 9 和十个 10 组成. 求样本容量 n , 样本均值 $\bar{x}$, 样本方差 s^2 及经验分布函数 $F_n(x)$.

解 样本容量为 $n = 6 + 7 + 8 + 9 + 10 = 40$.

$$\bar{x} = \frac{1}{40} \sum_{i=1}^{40} x_i = \frac{6 \times 6 + 7 \times 7 + 8 \times 8 + 9 \times 9 + 10 \times 10}{40} = 8.25 ,$$

$$s^2 = \frac{1}{39} \sum_{i=1}^{40} (x_i - \bar{x})^2 = \frac{(6 - 8.25)^2 \times 6 + \cdots + (10 - 8.25)^2 \times 10}{39} = 1.9872.$$

经验分布函数为

$$F_n(x) = \begin{cases} 0, & x < 6, \\ \dfrac{6}{40}, & 6 \leqslant x < 7, \\ \dfrac{13}{40}, & 7 \leqslant x < 8, \\ \dfrac{21}{40}, & 8 \leqslant x < 9, \\ \dfrac{30}{40}, & 9 \leqslant x < 10, \\ 1, & x \geqslant 10. \end{cases}$$

对于经验分布函数 $F_n(x)$, 格里汶科(Glivenko)在 1933 年证明了以下的结果:对于任一实数 x , 当 n 充分大时, $F_n(x)$ 以概率 1 一致收敛于总体分布函数 $F(x)$, 即

$$P\{\lim_{n \to \infty} \sup_{-\infty < x < \infty} |F_n(x) - F(x)| = 0\} = 1.$$

因此, 对于任一实数 x , 当 n 充分大时, 经验分布函数的任一个观察值

$F_n(x)$ 与总体分布函数 $F(x)$ 只有微小的差别. 在处理实际问题时, 可将 $F_n(x)$ 当作 $F(x)$ 来使用, 这也是后面参数矩法估计的理论基础.

§6.2　抽样分布

6.2.1　统计量

我们用样本推断总体时, 往往不是直接使用样本本身, 而是针对不同的问题构造样本的适当函数, 利用这些样本的函数进行统计推断. 我们有如下的定义:

定义 6.2　设 $X_1, X_2, \cdots, X_n$ 是来自总体 X 的一个样本, $g(X_1, X_2, \cdots, X_n)$ 是 $X_1, X_2, \cdots, X_n$ 的函数, 且 g 不含未知参数, 则称 $g(X_1, X_2, \cdots, X_n)$ 是一个**统计量**.

由定义可知, 统计量也是一个随机变量. 如果 $x_1, x_2, \cdots, x_n$ 是样本 $X_1, X_2, \cdots, X_n$ 的一组样本值, 那么 $g(x_1, x_2, \cdots, x_n)$ 是统计量 $g(X_1, X_2, \cdots, X_n)$ 的一个观察值.

下面给出几个常用的统计量:

样本平均值　$\bar{X} = \dfrac{1}{n} \sum\limits_{i=1}^{n} X_i$;

样本方差　$S^2 = \dfrac{1}{n-1} \sum\limits_{i=1}^{n} (X_i - \bar{X})^2$;

样本标准差　$S = \sqrt{S^2} = \sqrt{\dfrac{1}{n-1} \sum\limits_{i=1}^{n} (X_i - \bar{X})^2}$;

样本 k 阶(原点)矩　$A_k = \dfrac{1}{n} \sum\limits_{i=1}^{n} X_i^k$, $k = 1, 2, \cdots$;

样本 k 阶中心矩　$B_k = \dfrac{1}{n} \sum\limits_{i=1}^{n} (X_i - \bar{X})^k$, $k = 2, 3, \cdots$.

它们的观察值分别为

$$\bar{x} = \frac{1}{n} \sum_{i=1}^{n} x_i ;$$

$$s^2 = \frac{1}{n-1} \sum_{i=1}^{n} (x_i - \bar{x})^2 ;$$

$$s = \sqrt{s^2} = \sqrt{\frac{1}{n-1}\sum_{i=1}^{n}(x_i - \bar{x})^2} \; ;$$

$$a_k = \frac{1}{n}\sum_{i=1}^{n}x_i^k \; , \; k = 1, 2, \cdots;$$

$$b_k = \frac{1}{n}\sum_{i=1}^{n}(x_i - \bar{x})^k \; , \; k = 2, 3, \cdots.$$

由于经验分布函数依概率收敛于总体分布函数,很自然地会问:样本的数字特征与总体的数字特征之间有什么关系? 可以证明,只要总体的 r 阶矩存在,则样本的 r 阶矩依概率收敛于总体的 r 阶矩.

6.2.2　统计推断中常用的三个分布

下面介绍统计推断中最常用的三个分布:χ^2 分布,t 分布和 F 分布,它们都是由正态分布随机变量派生出来的,是正态总体下统计推断的基础.

1. χ^2 分布

设 $X \sim N(0,1)$,$X_1, X_2, \cdots, X_n$ 为 X 的一个样本,它们的平方和记作 χ^2,称统计量

$$\chi^2 = X_1^2 + X_2^2 + \cdots + X_n^2 , \tag{6.1}$$

服从自由度为 n 的 χ^2 分布,记为 $\chi^2 \sim \chi^2(n)$.此处,自由度 n 是指式(6.1)右端包含的独立变量的个数.

$\chi^2(n)$ 分布的概率密度为

$$f(x) = \begin{cases} \dfrac{1}{2^{\frac{n}{2}}\Gamma\left(\dfrac{n}{2}\right)}x^{\frac{n}{2}-1}\mathrm{e}^{-\frac{x}{2}}, & x > 0, \\ 0, & x \leqslant 0. \end{cases}$$

其中 $\Gamma(x) = \displaystyle\int_0^{+\infty}e^{-t}t^{x-1}dt, x > 0$.

$f(x)$ 的图形如图 6.2 所示.

χ^2 分布具有以下性质:

性质 1　(可加性)若 $\chi_1^2 \sim \chi^2(n_1)$,$\chi_2^2 \sim \chi^2(n_2)$,且 χ_1^2 与 χ_2^2 相互独立,则

$$\chi_1^2 + \chi_2^2 \sim \chi^2(n_1 + n_2) .$$

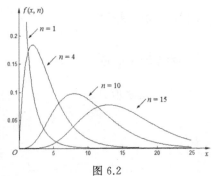

图 6.2

性质 2　若 $\chi^2 \sim \chi^2(n)$，则 $E(\chi^2) = n$，$D(\chi^2) = 2n$．

证明　因 $X_i \sim N(0,1)$，故 $E(X_i^2) = D(X_i) = 1$，所以有

$$E(\chi^2) = E\left(\sum_{i=1}^{n} X_i^2\right) = \sum_{i=1}^{n} E(X_i^2) = n .$$

利用分部积分容易算得 $E(X_i^4) = \int_{-\infty}^{+\infty} \frac{1}{\sqrt{2\pi}} x^4 e^{-\frac{x^2}{2}} dx = 3$，从而

$$D(X_i^2) = E(X_i^4) - [E(X_i^2)]^2 = 3 - 1 = 2 , \quad i = 1, 2, \cdots, n .$$

由此可得

$$D(\chi^2) = D\left(\sum_{i=1}^{n} X_i^2\right) = \sum_{i=1}^{n} D(X_i^2) = 2n .$$

定义 6.3　设连续随机变量 X 的分布函数为 $F(x)$，密度函数为 $f(x)$，对任意的 $\alpha \in (0,1)$，称满足条件 $P\{X > x_\alpha\} = \alpha$ 的 x_α 为此分布的上 α 分位点．

在 χ^2 分布中，对于给定的正数 α，$0 < \alpha < 1$，满足条件

$$P\{\chi^2 > \chi_\alpha^2(n)\} = \int_{\chi_\alpha^2(n)}^{\infty} f(x) dx = \alpha$$

的点 $\chi_\alpha^2(n)$ 称为 $\chi^2(n)$ 分布的上 α 分位点，如图 6.3 所示．

对于不同的 α，n，$\chi^2(n)$ 分布的上 α 分位点的值可查表得到．例如对于 $\alpha = 0.1$，$n = 25$，查得 $\chi_{0.1}^2(25) = 34.382$，即有

$$P\{\chi^2(25) > 34.382\} = 0.1 .$$

费歇尔（Fisher）曾证明：当 n 充分大时，近似地有

$$\chi_\alpha^2(n) \approx \frac{1}{2}\left(u_\alpha + \sqrt{2n-1}\right)^2$$

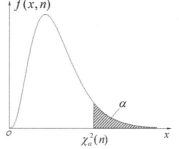

图 6.3

其中 u_α 是标准正态分布的上 α 分位点．因此在 n 较大时可用正态分布作为 χ^2 分布的近似分布．

2. t 分布

设 $X \sim N(0,1)$，$Y \sim \chi^2(n)$，并且 X，Y 独立，则称随机变量 $T = \dfrac{X}{\sqrt{Y/n}}$ 服从自由度为 n 的 t 分布，记作 $T \sim t(n)$．

自由度为 n 的 t 分布的概率密度为

$$f(t)=\frac{\Gamma\left(\dfrac{n+1}{2}\right)}{\sqrt{n\pi}\,\Gamma\left(\dfrac{n}{2}\right)}\left(1+\frac{t^2}{n}\right)^{-\frac{n+1}{2}},-\infty<t<+\infty$$

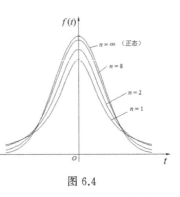

图 6.4

$f(t)$ 的图形如图 6.4 所示，它关于 $t=0$ 是对称的，并且形状类似于标准正态变量概率密度的图形. 可以证明，当 n 充分大时，t 分布以标准正态分布为极限.

对给定的正数 $\alpha(0<\alpha<1)$，满足

$$P\{T>t_\alpha(n)\}=\int_{t_\alpha(n)}^{\infty}f(t)\mathrm{d}t=\alpha$$

的点 $t_\alpha(n)$ 称为 t 分布的上 α 分位点，如图6.5所示. $t_\alpha(n)$ 可经查表得，由对称性知，$t_{1-\alpha}(n)=-t_\alpha(n)$. 当 $n\geqslant 45$ 时，可用标准正态分布的上 α 分位数代替 t 分布的上 α 分位数，即有 $t_\alpha(n)\approx z_\alpha(n\geqslant 45)$.

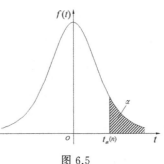

图 6.5

经简单计算可得

$$E(T)=0,D(T)=\frac{n}{n-2}(n>2).$$

3. F 分布

设 $U\sim\chi^2(n_1)$，$V\sim\chi^2(n_2)$，并且 U，V 独立，则称随机变量 $F=\dfrac{U/n_1}{V/n_2}$

服从自由度为 (n_1,n_2) 的 F 分布，记作 $F\sim F(n_1,n_2)$.

$F(n_1,n_2)$ 分布的概率密度函数为

$$f(x)=\begin{cases}\dfrac{\Gamma\left(\dfrac{n_1+n_2}{2}\right)\left(\dfrac{n_1}{n_2}\right)^{\frac{n_1}{2}}x^{\frac{n_1}{2}-1}}{\Gamma\left(\dfrac{n_1}{2}\right)\Gamma\left(\dfrac{n_2}{2}\right)\left(1+\dfrac{n_1}{n_2}x\right)^{-\frac{n_1+n_2}{2}}},&x>0,\\[4mm]0,&x\leqslant 0.\end{cases}$$

其图形如图 6.6 所示. 显然,若 $F \sim F(n_1,n_2)$,

则有 $\dfrac{1}{F} \sim F(n_2,n_1)$.

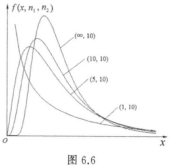

对于给定的 $\alpha(0 < \alpha < 1)$,称满足

$$P\{F > F_\alpha(n_1,n_2)\} = \int_{F_\alpha(n_1,n_2)}^{\infty} f(x)\mathrm{d}x = \alpha$$

的点 $F_\alpha(n_1,n_2)$ 为 $F(n_1,n_2)$ 分布的上 α 分位

点(图 6.7). F 分布的上 α 分位点可由查表而

图 6.6

得,例如 $\alpha = 0.05$,$n_1 = 10$,$n_2 = 12$,查 F 分布表得 $F_{0.05}(10,12) = 2.75$.

F 分布具有如下重要性质:

$$F_{1-\alpha}(n_1,n_2) = \frac{1}{F_\alpha(n_2,n_1)} .$$

如果 α 的值大于 0.5,不能直接从 F 分布表

查得其上 α 分位数,可利用此关系式求得. 例如

$\alpha = 0.95$,$n_1 = 10$,$n_2 = 12$,先查 $\alpha = 0.05$ 的分位

点,得 $F_{0.05}(12,10) = 2.91$,再由上述公式即得

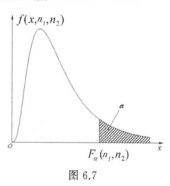

图 6.7

$$F_{0.95}(10,12) = \frac{1}{F_{0.05}(12,10)} = 0.34 .$$

例 6.2.1 设随机变量 T 服从 $t(n)$ 分布,求 T^2 的分布.

解 由 t 分布定义知

$$T = \frac{X}{\sqrt{Y/n}} ,$$

式中,$X \sim N(0,1)$,$Y \sim \chi^2(n)$,因 X 与 Y 相互独立,且 $X^2 \sim \chi^2(1)$,而

$$T^2 = \frac{X^2}{Y/n} = \frac{X^2/1}{Y/n} ,$$

由 F 分布的定义知,$T^2 \sim F(1,n)$.

6.2.3 正态总体的抽样分布

1. 单个正态总体的抽样分布

定理 6.1 设总体 $X \sim N(\mu,\sigma^2)$,$X_1,X_2,\cdots,X_n$ 是它的一个样本. $\bar{X}$

与 S^2 分别是样本均值与样本方差,则

(1) $\bar{X} \sim N(\mu,\dfrac{\sigma^2}{n})$;

(2) $\bar{X}$ 与 S^2 相互独立；

(3) $\dfrac{(n-1)S^2}{\sigma^2} \sim \chi^2(n-1)$.

证明略.

注 $E(\bar{X})$ 与总体均值 μ 相等，但 $D(\bar{X})$ 只等于总体方差 σ^2 的 $\dfrac{1}{n}$. 这就是说，n 越大，$\bar{X}$ 越向总体均值 μ 集中.

定理 6.1 是关于正态总体的样本均值 $\bar{X}$ 与样本方差 S^2 的基础性定理，结合统计学的三大分布便可以构造出一些重要的统计量，使之服从确定的已知分布.

定理 6.2 设总体 $X \sim N(\mu,\sigma^2)$，$X_1,X_2,\cdots,X_n$ 是它的一个样本. $\bar{X}$ 与 S^2 分别是样本均值与样本方差，则

(1) $U = \dfrac{\bar{X}-\mu}{\sigma/\sqrt{n}} \sim N(0,1)$；

(2) $T = \dfrac{\bar{X}-\mu}{S/\sqrt{n}} \sim t(n-1)$.

证 (1) 由定理 6.1 知，$\bar{X} \sim N(\mu,\dfrac{\sigma^2}{n})$，将其标准化即得 $\dfrac{\bar{X}-\mu}{\sigma/\sqrt{n}} \sim N(0,1)$.

(2) 因为 $\dfrac{\bar{X}-\mu}{\sigma/\sqrt{n}} \sim N(0,1)$，另由定理 6.1 中的 (3) 知

$$\dfrac{(n-1)}{\sigma^2}S^2 \sim \chi^2(n-1)\,,$$

且 $\dfrac{\bar{X}-\mu}{\sigma/\sqrt{n}}$ 与 $\dfrac{(n-1)S^2}{\sigma^2}$ 相互独立，由 t 分布的定义知

$$\dfrac{\dfrac{\bar{X}-\mu}{\sigma/\sqrt{n}}}{\sqrt{\dfrac{(n-1)}{\sigma^2}S^2/(n-1)}} = \dfrac{(\bar{X}-\mu)}{S/\sqrt{n}} \sim t(n-1)\,.$$

例 6.2.2 设总体 $X \sim N(12,4)$，抽取容量为 16 的样本. 求样本平均值 $\bar{X}$ 的分布及 $P\{\bar{X} > 13\}$.

解 因为 $X \sim N(12,4)$，即 $\mu=12$，$\sigma^2=4$，由于 $n=16$，$\dfrac{\sigma^2}{n}=\dfrac{4}{16}=0.5^2$，所以 $\bar{X} \sim N(12,0.5^2)$.由此可得

$$P\{\bar{X}>13\}=1-\Phi\left(\frac{13-12}{0.5}\right)=1-\Phi(2)=1-0.9772=0.028.$$

例 6.2.3 设随机变量 X,Y 独立同分布于正态总体 $N(0,3^2)$，X_1,X_2，$\cdots$，X_9 为来自总体 X 的一个简单随机样本，$Y_1,Y_2,\cdots,Y_9$ 为来自总体 Y 的一个简单随机样本，问统计量 $U=\dfrac{X_1+\cdots+X_9}{\sqrt{Y_1^2+\cdots+Y_9^2}}$ 服从何种分布？

解 因为 $X_i \sim N(0,3^2)$（$i=1,2,\cdots,9$），所以

$$\frac{1}{9}(X_1+X_2+\cdots+X_9)\sim N(0,1)，$$

由 $Y_i \sim N(0,3^2)$（$i=1,2,\cdots,9$），得 $\dfrac{1}{3}Y_i \sim N(0,1)$，即

$$\frac{1}{9}(Y_1^2+\cdots+Y_9^2)=\sum_{i=1}^{9}\left(\frac{Y_i}{3}\right)^2 \sim \chi^2(9)，$$

且 X 与 Y 独立，故

$$U=\frac{X_1+\cdots+X_9}{\sqrt{Y_1^2+\cdots+Y_9^2}}=\frac{\dfrac{1}{9}(X_1+X_2+\cdots+X_9)}{\sqrt{\dfrac{1}{9}(Y_1^2+Y_2^2+\cdots+Y_9^2)/9}} \sim t(9).$$

2.两个正态总体的抽样分布

对于两个正态总体的样本均值和样本方差，有以下定理.

定理 6.3 设总体 X 与 Y 相互独立，且 $X \sim N(\mu_1,\sigma_1^2)$，$Y \sim N(\mu_2,\sigma_2^2)$. $X_1,X_2,\cdots,X_{n_1}$ 是来自总体 X 的容量为 n_1 的样本，$Y_1,Y_2,\cdots,Y_{n_2}$ 是来自总体 Y 的容量为 n_2 的样本，$\bar{X}$ 和 $\bar{Y}$ 分别是这两个样本的样本均值，S_1^2 和 S_2^2 分别是这两个样本的样本方差，则有

(1) $\dfrac{S_1^2/S_2^2}{\sigma_1^2/\sigma_2^2} \sim F(n_1-1,n_2-1)$；

(2)当 $\sigma_1^2=\sigma_2^2=\sigma^2$ 时，

$$\frac{(\bar{X}-\bar{Y})-(\mu_1-\mu_2)}{S_w\sqrt{1/n_1+1/n_2}} \sim t(n_1+n_2-2),$$

其中 $S_w^2=\dfrac{(n_1-1)S_1^2+(n_2-1)S_2^2}{n_1+n_2-2}$.

证 (1)由定理 6.1,有

$$\frac{(n_1-1)S_1^2}{\sigma_1^2} \sim \chi^2(n_1-1) \ , \ \frac{(n_2-1)S_2^2}{\sigma_2^2} \sim \chi^2(n_2-1)$$

根据假设 S_1^2, S_2^2 独立,又由 F 分布的定义知

$$\frac{(n_1-1)S_1^2}{(n_1-1)\sigma_1^2} \Big/ \frac{(n_2-1)S_2^2}{(n_2-1)\sigma_2^2} \sim F(n_1-1, n_2-1)$$

即

$$\frac{S_1^2/S_2^2}{\sigma_1^2/\sigma_2^2} \sim F(n_1-1, n_2-1).$$

(2)因 $\bar{X} \sim N\left(\mu_1, \dfrac{\sigma^2}{n_1}\right)$, $\bar{Y} \sim N\left(\mu_2, \dfrac{\sigma^2}{n_2}\right)$,由于 X , Y 相互独立,故 $\bar{X}$

和 $\bar{Y}$ 也相互独立,从而有

$$\bar{X} - \bar{Y} \sim N\left(\mu_1 - \mu_2, \frac{\sigma^2}{n_1} + \frac{\sigma^2}{n_2}\right) ,$$

将其标准化,有

$$U = \frac{(\bar{X} - \bar{Y}) - (\mu_1 - \mu_2)}{\sigma\sqrt{1/n_1 + 1/n_2}} \sim N(0,1).$$

由于

$$\frac{(n_1-1)}{\sigma^2}S_1^2 \sim \chi^2(n_1-1) \ , \ \frac{(n_2-1)}{\sigma^2}S_2^2 \sim \chi^2(n_2-1).$$

且 S_1^2 与 S_2^2 相互独立,由 χ^2 分布的可加性知

$$V = \frac{(n_1-1)}{\sigma^2}S_1^2 + \frac{(n_2-1)}{\sigma^2}S_2^2 \sim \chi^2(n_1+n_2-2),$$

从而,按 t 分布的定义得

$$\frac{U}{\sqrt{V/(n_1+n_2-2)}} = \frac{(\bar{X} - \bar{Y}) - (\mu_1 - \mu_2)}{S_w\sqrt{1/n_1 + 1/n_2}} \sim t(n_1+n_2-2).$$

例 6.2.4 设随机变量 X , Y 独立同分布于正态总体 $N(30,3^2)$, X_1 , $X_2, \cdots, X_{20}$ 为来自总体 X 的一个简单随机样本, $Y_1, Y_2, \cdots, Y_{25}$ 为来自总体 Y 的一个简单随机样本, $\bar{X}$ 与 $\bar{Y}$, S_1^2 与 S_2^2 分别为这两个样本的均值与方差,求 $P\{S_1^2/S_2^2 \leqslant 0.4\}$.

解 因为 $\sigma_1^2 = \sigma_2^2 = 3^2$,由定理 6.3 中的(1),有

$$F = S_1^2/S_2^2 \sim F(20-1, 25-1)，即 S_1^2/S_2^2 \sim F(19, 24).$$

$$P\{S_1^2/S_2^2 \leqslant 0.4\} = P\{F \leqslant 0.4\} = P\left\{\frac{1}{F} \geqslant \frac{1}{0.4}\right\} = P\left\{\frac{1}{F} \geqslant 2.5\right\}.$$

由 F 分布的性质知 $1/F \sim F(24, 19)$，反查 F 分布表得 $F_{0.025}(24, 19) = 2.45$，即

$$P\left\{\frac{1}{F} \geqslant 2.45\right\} = 0.025 ,$$

由此知

$$P\{S_1^2/S_2^2 \leqslant 0.4\} \approx 0.025 .$$

注 利用 **MATLAB** 直接计算可得 $P\{S_1^2/S_2^2 \leqslant 0.4\} = 0.0227$.

习题 6.2

1.已知总体 $X \sim N(\mu, \sigma^2)$，其中 σ^2 已知，而 μ 未知，设 X_1, X_2, X_3 是取自总体 X 的样本.试问下面哪些是统计量？

(1) $X_1 + X_2 + X_3$；

(2) $X_1 - 3\mu$；

(3) $X_2^2 + \sigma^2$；

(4) $X_1 + \mu + \sigma^2$；

(5) $\max\{X_1, X_2, X_3\}$；

(6) $X_1 + X_2 + 2\sigma$；

(7) $\sum_{i=1}^{3} \frac{X_i^2}{\sigma^2}$；

(8) $\frac{\bar{X} - \mu}{2}$.

2.求下列各组样本值的平均值和样本方差.

(1)18, 20, 19, 22, 20, 21, 19, 19, 20, 21.

(2)54, 67, 68, 78, 70, 66, 67, 70.

3. (1)设总体 $X \sim N(0,1)$，则 $X^2 \sim$ _____；

(2)设随机变量 $F \sim F(n_1, n_2)$，则 $\frac{1}{F} \sim$ _____；

(3)设总体 $X \sim N(\mu, \sigma^2)$，则 $\bar{X} \sim$ _____，$\frac{(n-1)}{\sigma^2}S^2 \sim$ _____，$\frac{\bar{X} - \mu}{S/\sqrt{n}} \sim$ _____；

(4)设总体 $X \sim \chi^2(10)$，$Y \sim \chi^2(15)$，且 X 与 Y 相互独立，则 $E(X+Y) =$ _____，

$D(X+Y)=$ _____ .

4. 设随机变量 X 与 Y 都服从标准正态分布，则（　）

A. $X+Y$ 服从正态分布

B. X^2+Y^2 服从 χ^2 分布

C. X^2 与 Y^2 均服从 χ^2 分布

D. X^2/Y^2 服从 F 分布

5. 在总体 $X \sim N(52,6.3^2)$ 中随机抽取一容量为 36 的样本，求样本平均值 $\bar{X}$ 落在 50.8 到 53.8 之间的概率.

6. 设总体 $X \sim N(0,1)$，$X_1, X_2, \cdots, X_{10}$ 为总体的一个样本，求

(1) $P\left\{\sum_{i=1}^{10} X_i^2 > 15.99\right\}$；

(2) 写出 $X_1, X_2, \cdots, X_{10}$ 的联合概率密度函数；

(3) 写出 $\bar{X}$ 的概率密度.

7. 设总体 $X \sim N(0,1)$，$X_1, X_2, \cdots, X_5$ 为总体的一个样本. 确定常数 c，使

$$Y = \frac{c(X_1+X_2)}{\sqrt{X_3^2+X_4^2+X_5^2}} \sim t(3).$$

8. 设 X_1, X_2, X_3, X_4 是来自正态总体 $N(0,4)$ 的样本. 已知

$$Y = a\,(X_1-2X_2)^2 + b\,(3X_3-4X_4)^2$$

服从自由度为 2 的 χ^2 分布，求 a，b 的值.

9. 设总体 $X \sim N(\mu,0.3^2)$，$X_1, X_2, \cdots, X_n$ 为总体的一个样本，$\bar{X}$ 是样本均值. 问样本容量 n 至少应取多大，才能使

$$P\{|\bar{X}-\mu| < 0.1\} \geqslant 0.95.$$

10. 设总体 $X \sim N(\mu,16)$，$X_1, X_2, \cdots, X_{10}$ 为总体的一个样本. S^2 为样本方差，已知 $P\{S^2 > \alpha\} = 0.1$，求 α 的值.

11. 设 $(X_1, X_2, \cdots, X_{n+1})$ 为来自总体 $X \sim N(\mu,\sigma^2)$ 的一个样本，记

$$\bar{X}_n = \frac{1}{n}\sum_{i=1}^{n} X_i, \quad S_n^2 = \frac{1}{n-1}\sum_{i=1}^{n}(X_i-\bar{X})^2,$$

求证 $T = \sqrt{\dfrac{n}{n+1}} \cdot \dfrac{X_{n+1}-\bar{X}_n}{S_n} \sim t(n-1).$

总习题 6

1. 设 X_1, X_2, X_3, X_4 为来自总体 $N(1,\sigma^2)$（$\sigma > 0$）的简单随机样本，则统计量 $\dfrac{X_1-X_2}{|X_3+X_4-2|}$ 的分布为　　　　　　　　　　　　　　　　（　　）

A. $N(0,1)$　　　　　　B. $t(1)$　　　　　　C. $\chi^2(1)$　　　　　　D. $F(1,1)$

2. 设 X_1,X_2,X_3 为来自正态总体 $N(0,\sigma^2)$ 的简单随机样本,则统计量 $\dfrac{X_1-X_2}{\sqrt{2}\,|X_3|}$ 的分布为　　　　　　　　　　　　　　　　　　　　　　　　　　　　　（　　）

A. $F(1,1)$ 　　　　　　 B. $F(2,1)$ 　　　　　　 C. $t(1)$ 　　　　　　 D. $t(2)$

3. 设 $X_1,X_2,\cdots,X_n(n \geqslant 2)$ 为来自正态总体 $N(\mu,1)$ 的简单随机样本,若 $\bar{X}=\dfrac{1}{n}\sum\limits_{i=1}^{n}X_i$,则下列结论不正确的是　　　　　　　　　　　　　　　　　（　　）

A. $\sum\limits_{i=1}^{n}(X_i-\mu)^2$ 服从 χ^2 分布 　　　　 B. $2(X_n-X_1)^2$ 服从 χ^2 分布

C. $\sum\limits_{i=1}^{n}(X_i-\bar{X})^2$ 服从 χ^2 分布 　　　　 D. $n(\bar{X}-\mu)^2$ 服从 χ^2 分布

4. 设 $X_1,X_2,\cdots,X_n(n \geqslant 2)$ 为来自总体 $N(0,1)$ 的简单随机样本,$\bar{X}$ 为样本均值,S^2 为样本方差,则　　　　　　　　　　　　　　　　　　　　　　　　　　　　（　　）

A. $n\bar{X} \sim N(0,1)$ 　　　　　　　　　　 B. $nS^2 \sim \chi^2(n)$

C. $\dfrac{(n-1)\bar{X}}{S} \sim t(n-1)$ 　　　　　　 D. $\dfrac{(n-1)X_1^2}{\sum\limits_{i=2}^{n}X_i^2} \sim F(1,n-1)$

5. 设总体 X 服从正态分布 $N(\mu,\sigma^2)$,从中抽取简单随机样本 $X_1,X_2,\cdots,X_{2n}$,其样本均值为 $\bar{X}=\dfrac{1}{2n}\sum\limits_{i=1}^{2n}X_i$,求统计量 $Y=\sum\limits_{i=1}^{n}(X_i+X_{n+i}-2\bar{X})^2$ 的数学期望.

6. 设 $X_1,X_2,\cdots,X_n$ 和 $Y_1,Y_2,\cdots,Y_m$ 分别是取自正态总体 $N(\mu_1,\sigma_1^2)$ 和 $N(\mu_2,\sigma_2^2)$ 的样本,且相互独立,试求统计量 $U=a\bar{X}+b\bar{Y}$ 的分布,其中 a,b 是不全为零的已知常数.

7. 设 $X_1,X_2,\cdots,X_n$ 是独立同分布的随机变量,且都服从 $N(0,\sigma^2)$,试证

(1) $\dfrac{1}{\sigma^2}\sum\limits_{i=1}^{n}X_i^2 \sim \chi^2(n)$;

(2) $\dfrac{1}{n\sigma^2}\left(\sum\limits_{i=1}^{n}X_i\right)^2 \sim \chi^2(1)$.

第 7 章　参数估计

数理统计的基本任务是从样本推断总体的分布，主要包括两类问题：估计问题和假设检验问题. 估计问题分为参数估计和非参数估计. 在前面的章节中，我们多次使用"参数"这个词，指的是总体的分布函数中所含的未知参数. 在统计问题中，参数的含义更广泛，凡是用来刻画总体某方面性质的量都称为参数.

如果总体的分布类型已知，但是含有未知参数，需要通过样本来确定这些参数或参数的某函数，这类估计问题称为**参数估计**；如果总体的分布类型未知，需要通过样本来推断总体的分布，这类估计问题称为**非参数估计**.

本章讨论参数估计问题. 参数估计有两种方案：**点估计**和**区间估计**. 点估计就是用具体的数值估计未知参数，区间估计就是把未知参数估计在两个界限之间. 比如：估计 2017 年我国的国民生产总值为 75 万亿元，这是点估计；估计 2017 年我国的国民生产总值在 70 万亿至 80 万亿元之间，这是区间估计.

第 7.1 节介绍矩估计，第 7.2 节介绍极大似然估计，第 7.3 节介绍估计量的评选标准，第 7.4 节介绍区间估计.

§7.1　矩估计

定义 7.1　设总体 X 的分布函数为 $F(x;\theta)$，其中 θ 是待估参数. X_1，X_2，$\cdots$，X_n 是 X 的一个样本，x_1，x_2，$\cdots$，x_n 是相应的样本观察值. 点估计问题就是要构造一个适当的统计量 $\hat{\theta}(X_1,X_2,\cdots,X_n)$，用它的观察值 $\hat{\theta}(x_1,x_2,\cdots,x_n)$ 作为待估参数 θ 的近似值. 我们称 $\hat{\theta}(X_1,X_2,\cdots,X_n)$ 为 θ

的**估计量**，称 $\hat{\theta}(x_1, x_2, \cdots, x_n)$ 为待估参数 θ 的**估计值**. 在不致混淆的情况下，θ 的估计量和估计值统称为 θ 的估计，并都记为 $\hat{\theta}$.

下面根据不同的统计思想，我们介绍两种最常用的点估计方法：**矩估计法和极大似然估计法**. 本节先介绍矩估计.

矩估计法最早是由英国统计学家皮尔逊（K.Pearson）于 1894 年提出来的. 这个估计方法的基本思想既简单又直观：**替换原则**——用样本矩替换总体矩，即用样本矩作为总体矩的估计. 其理论依据是样本矩依概率收敛于总体矩，即

$$A_k \stackrel{P}{\longrightarrow} \mu_k, \quad B_k \stackrel{P}{\longrightarrow} m_k \tag{7.1}$$

其中 $\mu_k = E(X^k)$ 和 $m_k = E\{[X - E(X)]^k\}$ 分别是总体 X 的 k 阶原点矩和 k 阶中心矩，$A_k = \dfrac{1}{n}\sum_{i=1}^{n} X_i^k$ 和 $B_k = \dfrac{1}{n}\sum_{i=1}^{n}(X_i - \bar{X})^k$ 分别是样本的 k 阶原点矩和 k 阶中心矩.

设 $\theta_1, \theta_2, \cdots, \theta_m$ 是总体 X 的待估参数，并假定 X 的前 m 阶矩存在. 利用矩估计法求总体 X 未知参数 $\theta_1, \theta_2, \cdots, \theta_m$ 估计的**具体步骤**如下：

第一步：求总体 X 的前 m 阶矩（不妨设是原点矩）$\mu_1, \mu_2, \cdots, \mu_m$. 一般地，这些矩可以写成待估参数 $\theta_1, \theta_2, \cdots, \theta_m$ 的函数，记为

$$\mu_k = E(X^k) = g_k(\theta_1, \theta_2, \cdots, \theta_m), k = 1, 2, \cdots, m. \tag{7.2}$$

第二步：由上面的方程组，求出各参数关于总体前 m 阶矩 $\mu_1, \mu_2, \cdots, \mu_m$ 的函数，设为

$$\theta_k = h_k(\mu_1, \mu_2, \cdots, \mu_m), k = 1, 2, \cdots, m. \tag{7.3}$$

第三步：根据替换原则，以样本 k 阶矩 A_k 替换总体 k 阶矩 μ_k，即可得各参数的估计量为

$$\hat{\theta}_k = h_k(A_1, A_2, \cdots, A_m), k = 1, 2, \cdots, m. \tag{7.4}$$

我们称上述求得的 $\hat{\theta}_k$ 为参数 μ_k 的**矩估计**.

例 7.1.1　设总体 X 的均值 μ 和方差 σ^2 均存在，求它们的矩估计.

解　设 $X_1, X_2, \cdots, X_n$ 是一样本，由方差的计算公式，有

$$D(X) = E(X^2) - [E(X)]^2$$

从而 $\mu_2 = \sigma^2 + \mu^2$，令

$$\begin{cases} \mu = A_1, \\ \sigma^2 + \mu^2 = A_2. \end{cases} \quad 即 \quad \begin{cases} \mu = \bar{X}, \\ \sigma^2 + \mu^2 = \dfrac{1}{n}\sum_{i=1}^{n} X_i^2. \end{cases}$$

解之得

$$\hat{\mu} = \bar{X}, \quad \hat{\sigma}^2 = \frac{1}{n}\sum_{i=1}^{n} X_i^2 - \bar{X}^2 = \frac{1}{n}\sum_{i=1}^{n}(X_i - \bar{X})^2 = B_2.$$

注 此例说明，不论总体 X 的分布形式如何，样本均值 $\bar{X}$ 和样本二阶中心矩 B_2 分别是总体均值 μ 和总体方差 σ^2 的矩估计. 因此，在矩估计的求解步骤的第一步中，也可以用部分总体中心矩 m_k 代替原点矩 μ_k，并且在第三步中以相应的样本中心矩 B_k 替换总体中心矩 m_k 即可. 特别地，当总体中含有两个未知参数，通常用样本均值、样本二阶中心矩分别作为总体均值和方差的估计.

例 7.1.2 设总体 X 在 $[a, b]$ 上服从均匀分布，a，b 未知. $X_1, X_2, \cdots$, X_n 是来自总体 X 的样本，试求 a，b 的矩估计量.

解 因为

$$\mu_1 = E(X) = \frac{a+b}{2}, \mu_2 = E(X^2) = D(X) + [E(X)]^2 = \frac{(b-a)^2}{12} + \frac{(a+b)^2}{4}.$$

即

$$\begin{cases} a + b = 2\mu_1, \\ b - a = \sqrt{12(\mu_2 - \mu_1^2)}. \end{cases}$$

自这一方程组解得

$$a = \mu_1 - \sqrt{3(\mu_2 - \mu_1^2)}, \quad b = \mu_1 + \sqrt{3(\mu_2 - \mu_1^2)}.$$

分别以 A_1，A_2 代替 μ_1，μ_2，得到 a，b 的矩估计量分别是

$$\hat{a} = A_1 - \sqrt{3(A_2 - A_1^2)} = \bar{X} - \sqrt{\frac{3}{n}\sum_{i=1}^{n}(X_i - \bar{X})^2},$$

$$\hat{b} = A_1 + \sqrt{3(A_2 - A_1^2)} = \bar{X} + \sqrt{\frac{3}{n}\sum_{i=1}^{n}(X_i - \bar{X})^2}.$$

注 1 由于样本二阶中心矩 $B_2 = A_2 - A_1^2 = \dfrac{1}{n}\sum_{i=1}^{n}(X_i - \bar{X})^2$，因此 a，b 的矩估计量又可以写成 $\hat{a} = A_1 - \sqrt{3B_2}$，$\hat{b} = A_1 + \sqrt{3B_2}$.

注 2 此题若用总体二阶中心矩 m_2 代替二阶原点矩 μ_2，则计算更简单.

求解如下：

由 $\mu_1 = E(X) = \dfrac{a+b}{2}$，$m_2 = D(X) = \dfrac{(b-a)^2}{12}$，解得 $a = \mu_1 - \sqrt{3m_2}$，$b = \mu_1 + \sqrt{3m_2}$．再分别以 A_1，B_2 代替 μ_1，m_2，得到 a，b 的矩估计量分别是 $\hat{a} = A_1 - \sqrt{3B_2}$，$\hat{b} = A_1 + \sqrt{3B_2}$．

例 7.1.3　设总体 X 的概率密度函数为

$$f(x;\theta,\beta) = \begin{cases} \dfrac{1}{\sqrt{\theta}} e^{-\frac{x-\beta}{\sqrt{\theta}}}, & x \geqslant \beta, \theta > 0, \\ 0, & \text{其他．} \end{cases}$$

其中 θ，β 为未知参数，X_1，X_2，$\cdots$，X_n 是来自总体 X 的样本，求 θ 和 β 的矩估计．

解　因为

$$E(X) = \int_{\beta}^{+\infty} \frac{x}{\sqrt{\theta}} e^{-\frac{x-\beta}{\sqrt{\theta}}} \,dx \quad (\diamondsuit\; u = \frac{x-\beta}{\sqrt{\theta}})$$

$$= \int_{0}^{+\infty} \frac{(\beta+\sqrt{\theta}u)}{\sqrt{\theta}} e^{-u} \sqrt{\theta} \,du = \int_{0}^{+\infty} \beta e^{-u} \,du + \sqrt{\theta} \int_{0}^{+\infty} u e^{-u} \,du = \beta + \sqrt{\theta},$$

$$E(X^2) = \int_{\beta}^{+\infty} \frac{x^2}{\sqrt{\theta}} e^{-\frac{x-\beta}{\sqrt{\theta}}} \,dx \quad (\diamondsuit\; u = \frac{x-\beta}{\sqrt{\theta}}) = \int_{0}^{+\infty} (\beta+\sqrt{\theta}u)^2 e^{-u} \,du$$

$$= \beta^2 \int_{0}^{+\infty} e^{-u} \,du + 2\beta\sqrt{\theta} \int_{0}^{+\infty} u e^{-u} \,du + \theta \int_{0}^{+\infty} u^2 e^{-u} \,du = \beta^2 + 2\beta\sqrt{\theta} + 2\theta.$$

根据式(7.1)有下述方程组：

$$\begin{cases} \beta + \sqrt{\theta} = \bar{X}, \\ \beta^2 + 2\beta\sqrt{\theta} + 2\theta = \dfrac{1}{n} \sum_{i=1}^{n} X_i^2. \end{cases}$$

解之得

$$\overset{\wedge}{\theta} = \frac{1}{n} \sum_{i=1}^{n} (X_i - \bar{X})^2 = B_2,$$

$$\overset{\wedge}{\beta} = \bar{x} - \sqrt{\frac{1}{n} \sum_{i=1}^{n} (X_i - \bar{X})^2} = \bar{X} - \sqrt{B_2}.$$

故 θ 和 β 的矩估计分别为 $\overset{\wedge}{\theta} = B_2$ 和 $\overset{\wedge}{\beta} = \bar{X} - \sqrt{B_2}$．

例 7.1.4　设总体 X 的概率分布律

X	1	2	3
$p(x,\theta)$	θ^2	$2\theta(1-\theta)$	$(1-\theta)^2$

$X_1, X_2, \cdots, X_n$ 是来自总体 X 的样本，求参数 θ 的矩估计.

解 因为

$$E(X) = 1 \cdot \theta^2 + 2 \cdot 2\theta(1-\theta) + 3 \cdot (1-\theta)^2 = 3 - 2\theta$$

令 $3 - 2\theta = \bar{X}$，解之得 $\hat{\theta} = \frac{1}{2}(3 - \bar{X})$. 故参数 θ 的矩估计为 $\hat{\theta} = \frac{1}{2}(3 - \bar{X})$.

例 7.1.5 设总体 X 服从泊松分布 $\pi(\lambda)$，其中 $\lambda > 0$ 未知，$X_1, X_2, \cdots,$ X_n 是从该总体中抽取的样本，求参数 λ 的矩估计.

解 因为 $E(X) = \lambda$，$D(X) = \lambda$. 所以若从期望考虑，λ 的矩估计为 $\hat{\lambda} = \bar{X}$；若从方差考虑，λ 的矩估计为 $\hat{\lambda} = \frac{1}{n}\sum_{i=1}^{n}(X_i - \bar{X})^2 = B_2$.

注 此例说明，一个参数 λ 有两个不同的矩估计，在实际应用中，究竟采用哪一个，可以用 7.3 节中所介绍的估计优良性的标准来判断.

由上述例子可以看出，矩估计法是简便易行的，且适用性广，即使总体的分布类型未知，但只要知道待估参数关于总体各阶矩的函数形式，便可以求出参数的矩估计，使用起来尤为方便. 矩估计法的缺点是：①要求总体矩存在，否则不能使用；②对某些总体的参数，矩估计量可能不唯一，如上例. 这在应用时很不利；③矩估计法只利用了矩的信息，而没有充分利用分布对参数所提供的信息. 尽管如此，矩估计法还是一种很常用和很有效的点估计方法.

习题 7.1

1. 设 X 服从两点分布 $B(1, p)$，$X_1, X_2, \cdots, X_n$ 是来自该总体的一个样本，求未知参数 p 的矩估计量.

2. 设 $X_1, X_2, \cdots, X_n$ 是来自参数为 λ 的泊松分布总体的一个样本，试求 λ 的矩估计量.

3. 设总体 $X \sim U[0, \theta]$，现从该总体中抽取容量为 10 的样本，样本值为

$$0.5, 1.3, 0.6, 1.7, 2.2, 1.2, 0.8, 1.5, 2.0, 1.6,$$

试求参数 θ 的矩估计值.

4. 在一批零件中随机抽取 8 个，测得长度如下（单位：mm）：

53.001，53.003，53.001，53.005，53.000，52.998，53.002，53.006

设零件长度测定值服从正态分布. 求均值 μ，方差 σ^2 的矩估计值，并用矩估计法估计零件长度小于 53.004 的概率.

5. 设总体 X 的概率密度为

$$f(x;\theta) = \begin{cases} \theta c^{\theta} x^{-(\theta+1)}, & x > c, \\ 0, & \text{其他.} \end{cases}$$

其中 $c > 0$ 为已知，$\theta > 1$，θ 为未知参数，$X_1, X_2, \cdots, X_n$ 为总体的一个样本，$x_1, x_2, \cdots, x_n$ 为一组相应的样本观察值，求未知参数 θ 的矩估计量和矩估计值.

§7.2　极大似然估计

极大似然估计法首先由德国数学家高斯（C.F.Gauss）于 1821 年提出，然而，这个方法常归功于英国统计学家费歇尔（R.A.Fisher），因为费歇尔在 1922 年重新发现了这一方法，并且首先研究了该方法的一些优良性质，极大似然估计这一名称也是费歇尔给出的. 极大似然估计法是建立在**极大似然原理**的基础上的一种估计方法，极大似然原理是人们从长期的生活实践中提炼出来的，其内容可简单叙述为：若一个随机试验有若干个可能的结果 A，B，C，$\cdots$，如果在一次试验中，结果 A 出现，那么就认为试验条件对 A 出现有利，也即 A 出现的概率很大. 为了理解这一原理的含义，下面我们先来看一个简单又直观的例子.

例 7.2.1　设有外形完全相同的两个箱子，甲箱有 99 个白球 1 个黑球，乙箱有 1 个白球 99 个黑球. 今随机地抽取一箱，再从取出的一箱中抽取一球，结果取得白球. 问这球从哪一个箱子中取出？

解　容易算得，从甲箱中抽得白球的概率为 $P(白 \mid 甲) = 0.99$，从乙箱中抽得白球的概率为 $P(白 \mid 乙) = 0.01$. 现在我们只做一次试验取到了白球，说明试验条件对从甲箱中抽得白球更有利，因此认为这球取自甲箱.

这个推断和人们的经验认识"这球最像是从甲箱取到"相符，而最像即是"极大似然"之意. 极大似然估计的基本思想就是用最像 θ 的统计量 $\hat{\theta}$ 来估计 θ.

下面我们对离散型和连续型总体来阐述极大似然估计法的具体实现,首先我们介绍似然函数的概念.

定义 7.2 （1）设**离散型总体** X 的分布率为

$$P\{X=x\}=p(x;\theta), \quad \theta \in \Theta,$$

其中 θ 为待估参数,Θ 是 θ 的可能取值范围,则样本 $X_1,X_2,\cdots,X_n$ 的**联合分布律**

$$P\{X_1=x_1,X_2=x_2,\cdots,X_n=x_n\}=\prod_{i=1}^{n}p(x_i;\theta)$$

称为**似然函数**,并记为

$$L(\theta)=L(x_1,x_2,\cdots,x_n;\theta)=\prod_{i=1}^{n}p(x_i;\theta). \tag{7.5}$$

（2）设**连续型总体** X 的概率密度函数为

$$f(x;\theta), \quad \theta \in \Theta,$$

其中 θ 为待估参数,Θ 是 θ 的可能取值范围,则样本 $X_1,X_2,\cdots,X_n$ 的**联合概率密度函数**

$$f(x_1;\theta)f(x_2;\theta)\cdots f(x_n;\theta)=\prod_{i=1}^{n}f(x_i;\theta)$$

称为**似然函数**,并记为

$$L(\theta)=L(x_1,x_2,\cdots,x_n;\theta)=\prod_{i=1}^{n}f(x_i;\theta). \tag{7.6}$$

当总体 X 为离散型时,似然函数 $L(\theta)=\prod_{i=1}^{n}p(x_i;\theta)=P\{X_1=x_1,X_2=x_2,\cdots,X_n=x_n\}$ 表示样本 $X_1,X_2,\cdots,X_n$ 取到观察值 $x_1,x_2,\cdots,x_n$ 的概率. 当总体 X 为连续型时,似然函数 $L(\theta)=\prod_{i=1}^{n}f(x_i;\theta)=f(x_1,x_2,\cdots,x_n;\theta)$ 表示样本 $X_1,X_2,\cdots,X_n$ 取到观察值 $x_1,x_2,\cdots,x_n$ 的概率的"密度"(可理解为在一个单位量纲上的概率).

当样本 $X_1,X_2,\cdots,X_n$ 取定样本观察值 $x_1,x_2,\cdots,x_n$ 后,似然函数 $L(\theta)$ 就仅是待估参数 θ 的函数. 现在,已经取到了样本观察值 $x_1,x_2,\cdots,x_n$,这表明取到这一样本观察值的概率 $L(\theta)$ 比较大. 我们当然不会考虑那些不能使样本 $x_1,x_2,\cdots,x_n$ 出现的 $\theta \in \Theta$ 作为 θ 的估计.因此,在 θ 的取值范围 Θ 内,找到一个 $\hat{\theta}$,使其出现的可能性 $L(\theta)$ 最大,这个 $\hat{\theta}$ 就是 θ 的取值范围内与 θ 的真值"看起来"最像的那个值,称为 θ 的极大似然估计值. 换句话说,θ

的极大似然估计值就是似然函数 $L(\theta)$ 的最大值点.

定义 7.3　设 $L(\theta)$ 是似然函数,若存在 $\hat{\theta}=\hat{\theta}(x_1,x_2,\cdots,x_n)$,使得 $L(\hat{\theta})=\max\limits_{\theta\in\Theta}L(\theta)$,则称 $\hat{\theta}(x_1,x_2,\cdots,x_n)$ 为未知参数 θ 的**极大似然估计值**,而称统计量 $\hat{\theta}(X_1,X_2,\cdots,X_n)$ 为未知参数 θ 的**极大似然估计量**.

如何求似然函数 $L(\theta)$ 的最大值点呢? 由微积分学的知识知道,若 $L(\theta)$ 关于 θ 可导,则可通过求 $L(\theta)$ 的驻点得到. 但注意到 $L(\theta)$ 是多个含 θ 的函数的乘积,求导过程烦琐. 因此,我们将问题转化为求 $\ln L(\theta)$ 的驻点,这是因为 $\ln y$ 是 y 的严格单调递增函数,两者的最大值点相同,而 $\ln L(\theta)$ 关于 θ 求导相对简单. 另外,从理论上讲,这样得到的驻点并不一定是最大值点,有待进一步验证,这在很多实际问题中是可以讨论清楚的. 当然,过程往往比较烦琐. 但有时问题的讨论会比较容易,比如,当函数的最大值存在且驻点又唯一时,则该驻点就是最大值点,这点在以后的问题中不再详细讨论.

综上所述,我们将极大似然估计法的**一般步骤**归纳如下:

第一步:求出似然函数 $L(\theta)$;

第二步:取对数得 $\ln L(\theta)$;

第三步:建立似然方程 $\dfrac{\mathrm{d}\ln L(\theta)}{\mathrm{d}\theta}=0$;

第四步:解似然方程得极大似然估计值 $\hat{\theta}=\hat{\theta}(x_1,x_2,\cdots,x_n)$.

例 7.2.2　设某车间生产一批产品,要估计这批产品的不合格品率 p . 我们用随机变量 X 来描述一件产品是合格品或不是合格品.“ $X=1$ ”表示这件产品是不合格品,“ $X=0$ ”表示这件产品是合格品. X 服从概率分布
$$f(x;p)=\begin{cases}p^x(1-p)^{1-x}, & x=0,1,\\ 0, & \text{其他.}\end{cases}$$
其中 $0<p<1$ 为不合格品率. 求 p 极大似然估计量.

解　似然函数为
$$L(p)=p^{x_1}(1-p)^{1-x_1}\cdots p^{x_n}(1-p)^{1-x_n}=p^{\sum\limits_{i=1}^{n}x_i}(1-p)^{n-\sum\limits_{i=1}^{n}x_i}.$$
取对数,得
$$\ln L(p)=\sum_{i=1}^{n}x_i\ln p+(n-\sum_{i=1}^{n}x_i)\ln(1-p),$$
对 p 求导,并使其等于 0,得

$$\frac{\mathrm{dln}L(p)}{\mathrm{d}p} = \frac{\sum\limits_{i=1}^{n} x_i}{p} - \frac{n - \sum\limits_{i=1}^{n} x_i}{1-p} = 0 ,$$

解得 p 的极大似然估计值为

$$p_L = \frac{1}{n} \sum_{i=1}^{n} x_i = \bar{x} .$$

所以，p 的极大似然估计量为

$$\hat{p}_L = \bar{X} .$$

例 7.2.3 设总体 $X \sim \pi(\lambda)$，$X_1, X_2, \cdots, X_n$ 是来自总体 X 的样本，求参数 λ 的极大似然估计.

解 似然函数为

$$L(\lambda) = \prod_{i=1}^{n} \frac{\lambda^{x_i}}{x_i!} \mathrm{e}^{-\lambda} = \frac{\lambda^{\sum\limits_{i=1}^{n} x_i}}{x_1! \ x_2! \cdots x_n!} \cdot \mathrm{e}^{-n\lambda} ,$$

取对数，得

$$\mathrm{ln}L(\lambda) = \left(\sum_{i=1}^{n} x_i\right) \mathrm{ln}\lambda - \sum_{i=1}^{n} \mathrm{ln}(x_i!) - n\lambda ,$$

对 λ 求导，并使其等于 0，得

$$\frac{d}{\mathrm{d}\lambda} \mathrm{ln}L(\lambda) = \frac{1}{\lambda} \sum_{i=1}^{n} x_i - n = 0 .$$

解得 λ 的极大似然估计值为

$$\overset{\wedge}{\lambda} = \frac{1}{n} \sum_{i=1}^{n} x_i = \bar{x} .$$

λ 的极大似然估计量为

$$\overset{\wedge}{\lambda} = \bar{X} .$$

在有些情况下，似然方程的解可能不唯一，这时就需要进一步判定哪一个是最大值点，如下例所示.

例 7.2.4 设总体 X 的概率分布为

X	0	1	2	3
$f(x;\theta)$	θ^2	$2\theta(1-\theta)$	θ^2	$1-2\theta$

其中 $\theta(0 < \theta < 1/2)$ 是未知参数，试用总体 X 的样本观察值 $3, 0, 3, 1, 3,$ $1, 2, 3$ 求参数 θ 的极大似然估计值.

解 因为似然函数 $L(\theta) = \prod\limits_{i=1}^{n} f(x_i;\theta)$，故对于给定的样本值，有

$$L(\theta) = f(0;\theta) \cdot f^2(1;\theta) \cdot f(2;\theta) \cdot f^4(3;\theta)$$
$$= \theta^2 \cdot [2\theta(1-\theta)]^2 \cdot \theta^2 (1-2\theta)^4$$
$$= 4\theta^6 (1-\theta)^2 (1-2\theta)^4 ,$$

取对数，得

$$\ln L(\theta) = \ln 4 + 6\ln\theta + 2\ln(1-\theta) + 4\ln(1-2\theta) ,$$

两端对 θ 求导，得

$$\frac{d}{d\theta}\ln L(\theta) = \frac{6}{\theta} - \frac{2}{1-\theta} - \frac{8}{1-2\theta} = \frac{6 - 28\theta + 24\theta^2}{\theta(1-\theta)(1-2\theta)} ,$$

令

$$\frac{d}{d\theta}\ln L(\theta) = \frac{6 - 28\theta + 24\theta^2}{\theta(1-\theta)(1-2\theta)} = 0 ,$$

解之得 $\theta_{1,2} = \dfrac{7 \pm \sqrt{13}}{12}$. 又因

$$\frac{d^2}{d\theta^2}\ln L(\theta) = -\frac{6}{\theta^2} - \frac{2}{(1-\theta)^2} - \frac{16}{(1-2\theta)^2} < 0 ,$$

所以 $\theta_{1,2}$ 均为 $\ln L(\theta)$ 的极大值点，但因 $0 < \theta < \dfrac{1}{2}$，所以 $\dfrac{7 + \sqrt{13}}{12} > \dfrac{1}{2}$ 不合

题意，应舍去，故参数 θ 的极大似然估计值为 $\hat{\theta} = \dfrac{7 - \sqrt{13}}{12}$.

注：若参数 $\theta \in (0,1)$，则需比较 $L(\theta_1)$ 与 $L(\theta_2)$ 的大小，将函数值较
大的对应的参数值作为 θ 的极大似然估计值. 因

$$L(\theta_1) = L\left(\frac{7 + \sqrt{13}}{12}\right) = 0.0089 , \quad L(\theta_2) = L\left(\frac{7 - \sqrt{13}}{12}\right) = 3.478 \times 10^{-5} ,$$

因为 $L(\theta_1) > L(\theta_2)$，故此时应取 $\hat{\theta} = \dfrac{7 + \sqrt{13}}{12}$.

极大似然估计法也适用于分布中含有多个未知参数 $\theta_1, \theta_2, \cdots, \theta_k$ 的情
况. 这时，总体的分布律（连续型为密度函数）为 $f(x;\theta_1,\theta_2,\cdots,\theta_n)$，似然函
数为

$$L(\theta_1, \theta_2, \cdots, \theta_n) = L(x_1, x_2, \cdots, x_n; \theta_1, \theta_2, \cdots, \theta_n) = \prod_{i=1}^{n} f(x_i; \theta_1, \theta_2, \cdots, \theta_n) ,$$

$$(7.7)$$

将其取对数，然后对 $\theta_1, \theta_2, \cdots, \theta_n$ 分别求偏导并令各偏导数为 0，得似然方
程组

$$\begin{cases} \dfrac{\partial \ln L(\theta_1, \theta_2, \cdots, \theta_n)}{\partial \theta_1} = 0, \\[3mm] \dfrac{\partial \ln L(\theta_1, \theta_2, \cdots, \theta_n)}{\partial \theta_2} = 0, \\ \qquad\qquad \vdots \\ \dfrac{\partial \ln L(\theta_1, \theta_2, \cdots, \theta_n)}{\partial \theta_k} = 0. \end{cases} \tag{7.8}$$

该方程组的解 $\hat{\theta}_i = \hat{\theta}_i(x_1, x_2, \cdots, x_n)$ $(i = 1, 2, \cdots, k)$ 即为各未知参数 θ_i 的极大似然估计值.

例 7.2.5 设 $X \sim N(\mu, \sigma^2)$，μ, σ^2 为未知参数，$x_1, x_2, \cdots, x_n$ 是来自 X 的一个样本值. 求 μ，σ^2 的极大似然估计量.

解 X 的概率密度为

$$f(x; \mu, \sigma^2) = \frac{1}{\sqrt{2\pi}\sigma} \exp\left[-\frac{1}{2\sigma^2}(x - \mu)^2 \right],$$

似然函数为

$$L(\mu, \sigma^2) = L(x_1, x_2, \cdots, x_n; \mu, \sigma^2) = \prod_{i=1}^{n} \frac{1}{\sqrt{2\pi}\sigma} \exp\left[-\frac{1}{2\sigma^2}(x_i - \mu)^2 \right]$$

$$= (2\pi)^{-n/2}(\sigma^2)^{-n/2} \exp\left[-\frac{1}{2\sigma^2} \sum_{i=1}^{n}(x_i - \mu)^2 \right].$$

取对数，得

$$\ln L(\mu, \sigma^2) = -\frac{n}{2}\ln(2\pi) - \frac{n}{2}\ln\sigma^2 - \frac{1}{2\sigma^2}\sum_{i=1}^{n}(x_i - \mu)^2.$$

分别对 μ, σ^2 求偏导，并令其为 0，得

$$\begin{cases} \dfrac{\partial}{\partial \mu}\ln L = \dfrac{1}{\sigma^2}\left[\sum_{i=1}^{n}x_i - n\mu \right] = 0, \\[3mm] \dfrac{\partial}{\partial \sigma^2}\ln L = -\dfrac{n}{2\sigma^2} + \dfrac{1}{2(\sigma^2)^2}\sum_{i=1}^{n}(x_i - \mu)^2 = 0. \end{cases}$$

解得 μ，σ^2 的极大似然估计值

$$\hat{\mu} = \frac{1}{n}\sum_{i=1}^{n}x_i = \bar{x}, \quad \hat{\sigma}^2 = \frac{1}{n}\sum_{i=1}^{n}(x_i - \bar{x})^2 = b_2.$$

因此得 μ，σ^2 的极大似然估计量为

$$\hat{\mu} = \bar{X}, \quad \hat{\sigma}^2 = B_2 = \frac{1}{n}\sum_{i=1}^{n}(X_i - \bar{X})^2.$$

从前面的例子可以看到，参数的矩估计量和极大似然估计量有时是一样的，然而实际上，更多时候两者是不同的．另外，虽然通过求解似然方程得到极大似然估计是最常用的方法，但此方法在某些场合也会失效，请看下例.

例 7.2.6　设总体 X 在 $[a,b]$ 上服从均匀分布，a,b 未知，$x_1,x_2,\cdots,x_n$ 是一个样本观察值. 求 a,b 的极大似然估计量.

解　记 $x_{(1)}=\min(x_1,x_2,\cdots,x_n)$，$x_{(n)}=\max(x_1,x_2,\cdots,x_n)$. X 的概率密度是

$$f(x;a,b)=\begin{cases}\dfrac{1}{b-a}, & a\leqslant x\leqslant b,\\[2mm] 0, & \text{其他.}\end{cases}$$

由于 $a\leqslant x_1,x_2,\cdots,x_n\leqslant b$，等价于 $a\leqslant x_{(1)}$，$x_{(n)}\leqslant b$. 似然函数为

$$L(a,b)=L(x_1,x_2,\cdots,x_n;a,b)=\frac{1}{(b-a)^n}，a\leqslant x_{(1)}，b\geqslant x_{(n)}，$$

于是对于满足条件 $a\leqslant x_{(1)}$，$b\geqslant x_{(n)}$ 的任意 a,b 有

$$L(a,b)=L(x_1,x_2,\cdots,x_n;a,b)=\frac{1}{(b-a)^n}\leqslant\frac{1}{[x_{(n)}-x_{(1)}]^n}.$$

即 $L(a,b)$ 在 $a=x_{(1)}$，$b=x_{(n)}$ 时取到最大值 $\dfrac{1}{[x_{(n)}-x_{(1)}]^n}$. 故 a,b 的极大似然估计值为

$$\hat{a}=x_{(1)}=\min_{1\leqslant i\leqslant n}x_i，\hat{b}=x_{(n)}=\max_{1\leqslant i\leqslant n}x_i.$$

a,b 的极大似然估计量为

$$\hat{a}=\min_{1\leqslant i\leqslant n}X_i，\hat{b}=\max_{1\leqslant i\leqslant n}X_i.$$

极大似然估计有一个简单而有用的性质，即具有不变性：设 $\hat{\theta}$ 为 $f(x;\theta)$ 中参数 θ 的极大似然估计，并且函数 $u=u(\theta)$ 具有单值反函数 $\theta=\theta(u)$，则可以证明 $\hat{u}=u(\hat{\theta})$ 是 $u(\theta)$ 的极大似然估计.

事实上，由于 $\hat{\theta}$ 是 θ 的极大似然估计，所以有

$$L(x_1,x_2,\cdots,x_n;\hat{\theta})=\max_{\theta\in\Theta}L(x_1,x_2,\cdots,x_n;\theta),$$

其中 $x_1,x_2,\cdots,x_n$ 为总体的一个样本值，考虑到 $\hat{u}=u(\hat{\theta})$ 具有单值反函数 $\hat{\theta}=\theta(\hat{u})$，上式可写成

$$L(x_1,x_2,\cdots,x_n;\theta(\hat{u}))=\max_{\theta\in\Theta}L(x_1,x_2,\cdots,x_n;\theta)$$

$$= \max_{u \in U} L(x_1, x_2, \cdots, x_n; \theta(u)),$$

因此，$\hat{u} = u(\hat{\theta})$ 是 $u(\theta)$ 的极大似然估计. 这个性质称为**极大似然估计的不变性**.

例如，在例 7.2.5 中，我们求得了正态总体方差 σ^2 的极大似然估计为

$$\hat{\sigma}^2 = B_2 = \frac{1}{n} \sum_{i=1}^{n} (X_i - \bar{X})^2.$$

函数 $u = u(\sigma^2) = \sqrt{\sigma^2}$ 有单值反函数 $\sigma^2 = u^2 (u \geqslant 0)$，根据极大似然估计的不变性，得到标准差 σ 的极大似然估计为

$$\hat{\sigma} = \sqrt{\hat{\sigma}^2} = \sqrt{\frac{1}{n} \sum_{i=1}^{n} (X_i - \bar{X})^2}.$$

习题 7.2

1.设总体 $X \sim E(\lambda)$，其中 $\lambda > 0$ 为未知参数，$x_1, x_2, \cdots, x_n$ 为来自总体的一组样本值，求 λ 的矩估计量与极大似然估计量.

2.设总体 X 具有分布律为

X	1	2	3
p	θ^2	$2\theta(1-\theta)$	$(1-\theta)^2$

其中 $\theta (0 < \theta < 1)$ 为未知参数. 已知取得了样本值 $x_1 = 1, x_2 = 2, x_3 = 3$，试求 θ 的矩估计值和极大似然估计值.

3.设总体 X 服从几何分布，其概率分布为

$$P(X = k) = p(1-p)^{k-1}, \quad k = 1, 2, \cdots,$$

其中 $0 < p < 1$ 为未知参数，$x_1, x_2, \cdots, x_n$ 为来自总体的一组样本值，求 p 的矩估计量与极大似然估计量.

4.设总体 X 的概率密度函数为

$$f(x; \alpha) = \begin{cases} (\alpha+1)x^{\alpha}, & 0 < x < 1, \\ 0, & \text{其他.} \end{cases}$$

其中 $\alpha > -1$ 是未知参数，$X_1, X_2, \cdots, X_n$ 是来自 X 的样本，试求参数 α 的矩估计和极大似然估计. 现有样本观察值 0.1, 0.2, 0.9, 0.8, 0.7, 0.7，求参数 α 的矩估计值和极大似然估计值.

5. 设 $X_1, X_2, \cdots, X_n$ 为来自正态总体 $N(\mu_0, \sigma^2)$ 的简单随机样本,其中 μ_0 已知,$\sigma^2 > 0$ 未知. $\bar{X}$ 和 S^2 分别表示样本均值和样本方差.

(1) 求 σ^2 的极大似然估计量 $\hat{\sigma}^2$.

(2) 计算 $E(\hat{\sigma}^2)$ 和 $D(\hat{\sigma}^2)$.

6. 设 $x_1, x_2, \cdots, x_n$ 是总体 X 的一组样本观察值. 设 X 的概率密度函数为

$$f(x, \theta) = \begin{cases} e^{-(x-\theta)}, & x \geqslant \theta, \\ 0, & x < \theta, \end{cases}$$

其中 θ 未知. 证明 θ 的极大似然估计值为 $\hat{\theta} = \min_{1 \leqslant i \leqslant n} \{x_i\}$.

§7.3　估计量的评选标准

由前两节内容可知,对于同一参数,用不同的估计方法求出的估计量可能不相同,原则上任何统计量都可以作为未知参数的估计量. 那么究竟采用哪一个估计量为好呢? 这就涉及用什么样的标准来评价估计量的好坏问题. 下面给出几种衡量标准.

7.3.1　无偏性

未知参数 θ 的估计量是一个随机变量 $\hat{\theta}(X_1, X_2, \cdots, X_n)$,对一次具体的样本观察值 $x_1, x_2, \cdots, x_n$,其估计值相对于真值来说可能偏大,也可能偏小,而对于一个好的估计量,不应总是偏大或偏小,即是说在多次试验中所涉及的估计量的平均值应与真值吻合,这就是无偏性的要求.

定义 7.4　设 $\hat{\theta} = \hat{\theta}(X_1, X_2, \cdots, X_n)$ 为 θ 的估计量,若

$$E(\hat{\theta}) = \theta, \tag{7.9}$$

则称 $\hat{\theta}(X_1, X_2, \cdots, X_n)$ 为 θ 的**无偏估计量**,否则称为**有偏估计量**.

例 7.3.1　设总体 X 服从任意分布,且 $E(X) = \mu$,$D(X) = \sigma^2$,$X_1, X_2, \cdots, X_n$ 是取自该总体的样本. 证明样本均值 $\bar{X}$ 和样本方差 S^2 分别是 μ 和 σ^2 的无偏估计量.

证　由数学期望的性质知

$$E(\bar{X}) = E\left(\frac{1}{n} \sum_{i=1}^{n} X_i\right) = \frac{1}{n} \sum_{i=1}^{n} E(X_i) = \mu,$$

$$E(S^2) = E\Big[\frac{1}{n-1}\sum_{i=1}^{n}(X_i - \bar{X})^2\Big] = E\Big[\frac{1}{n-1}\Big(\sum_{i=1}^{n}X_i^2 - n\bar{X}^2\Big)\Big]$$

$$= \frac{1}{n-1}\Big[\sum_{i=1}^{n}E(X_i^2) - nE(\bar{X}^2)\Big]$$

$$= \frac{1}{n-1}\Big[\sum_{i=1}^{n}(\sigma^2 + \mu^2) - n\Big(\frac{\sigma^2}{n} + \mu^2\Big)\Big] = \sigma^2.$$

由此可知，样本均值 $\bar{X}$ 和样本方差 S^2 分别是 μ 和 σ^2 的无偏估计量.

注意，在计算中我们用到下述计算公式

$$E(X_i^2) = D(X_i) + [E(X_i)]^2 = \sigma^2 + u^2 \text{ 和 } E(\bar{X}^2) = D(X) + [E(\bar{X})]^2 = \frac{\sigma^2}{n} + \mu^2.$$

在 7.1 节中，我们知道总体方差 σ^2 的矩估计量是样本二阶中心矩 B_2，然而，它并不是总体方差 σ^2 的无偏估计. 这就是为什么要把样本二阶中心矩的分母 n 修正为 $n-1$ 而得到样本方差 S^2 的缘由.

无偏性是对估计量的最基本要求. 在工程技术中称差值 $E(\hat{\theta}) - \theta$ 为用 $\hat{\theta}$ 估计 θ 时所产生的系统偏差，对估计量的无偏性要求是保证没有系统偏差. 但是一般来说，一个未知参数可能有多个无偏估计. 如在上例中，因为 $E(X_1) = \mu$，故 X_1 也是 μ 的无偏估计. 事实上，如果 $\hat{\theta}_1, \hat{\theta}_2$ 都是未知参数 θ 的无偏估计，利用 $\hat{\theta}_1, \hat{\theta}_2$ 我们可以构造出无穷多个无偏估计，例如，取常数 k_1, k_2 满足 $k_1 + k_2 = 1$，则 $k_1\hat{\theta}_1 + k_2\hat{\theta}_2$ 均为 θ 的无偏估计. 由此可知，对于估计量的评判仅有无偏性是不够的，还需要其他的标准.

7.3.2 有效性

参数 θ 的两个无偏估计量 $\hat{\theta}_1$ 和 $\hat{\theta}_2$，其取值都在 θ 周围波动. 但若 $\hat{\theta}_1$ 的取值比 $\hat{\theta}_2$ 的取值更集中聚集在 θ 的邻近，我们便认为以 $\hat{\theta}_1$ 来估计 θ 比 $\hat{\theta}_2$ 更好些. 由于方差是随机变量取值与其数学期望（此时 $\hat{\theta}_1$ 和 $\hat{\theta}_2$ 的数学期望均为 θ）的偏离程度的度量，所以无偏估计以方差小者为好. 由此引出估计量的有效性这一概念.

定义 7.5 设 $\hat{\theta}_1 = \hat{\theta}(X_1, X_2, \cdots, X_n)$ 和 $\hat{\theta}_2 = \hat{\theta}_2(X_1, X_2, \cdots, X_n)$ 是 θ 的两个无偏估计量，若

$$D(\hat{\theta}_1) \leqslant D(\hat{\theta}_2), \tag{7.10}$$

则称 $\hat{\theta}_1$ 比 $\hat{\theta}_2$ **更有效.**

例 7.3.2 设总体 X 在 $[0,\theta]$ 上服从均匀分布，$X_1, X_2, \cdots, X_n$ 是取自

该总体的一个样本，证明：$\hat{\theta}_1=2\bar{X}$ 和 $\hat{\theta}_2=\frac{n+1}{n}\max\limits_{1\leqslant i\leqslant n}\{X_i\}$ 都是 θ 的无偏估计，问哪一个更有效？

证　因为 $E(X)=\theta/2$，故

$$E(\hat{\theta}_1)=E(2\bar{X})=2E(\bar{X})=2\cdot\frac{\theta}{2}=\theta,$$

又有

$$E(\hat{\theta}_2)=E\left(\frac{n+1}{n}\max_{1\leqslant i\leqslant n}\{X_i\}\right)=\frac{n+1}{n}E(\max_{1\leqslant i\leqslant n}\{X_i\}).$$

记 $Y=\max\limits_{1\leqslant i\leqslant n}\{X_i\}$，注意到总体 X 的密度函数为

$$f(x;\theta)=\begin{cases}\frac{1}{\theta}, & 0<x<\theta,\theta>0,\\ 0, & \text{其他}.\end{cases}$$

所以 Y 的密度函数为

$$f_Y(y)=n[F(y)]^{n-1}f(y)=\begin{cases}\frac{ny^{n-1}}{\theta^n}, & 0<y<\theta,\\ 0, & \text{其他}.\end{cases}$$

于是

$$E(Y)=\int_0^\theta\frac{ny^n}{\theta^n}\mathrm{d}y=\frac{n}{n+1}\theta,$$

所以有

$$E(\hat{\theta}_2)=\frac{n+1}{n}E(Y)=\theta.$$

即 $\hat{\theta}_1$ 和 $\hat{\theta}_2$ 都是 θ 的无偏估计量. 又

$$D(\hat{\theta}_1)=D(2\bar{X})=4D(\bar{X})=4\cdot\frac{D(X)}{n}=\frac{4}{n}\cdot\frac{\theta^2}{12}=\frac{\theta^2}{3n},$$

$$D(\hat{\theta}_2)=D\left(\frac{n+1}{n}Y\right)=\frac{(n+1)^2}{n^2}D(Y),$$

但

$$E(Y^2)=\int_0^\theta\frac{n}{\theta^n}y^{n+1}\mathrm{d}y=\frac{n}{n+2}\theta^2,$$

故

$$D(Y)=E(Y^2)-[E(Y)]^2=\frac{n}{n+2}\theta^2-\left(\frac{n}{n+1}\right)^2\theta^2$$

$$= (\frac{n}{n+2} - \frac{n^2}{(n+1)^2})\theta^2.$$

所以

$$D(\hat{\theta}_2) = \frac{(n+1)^2}{n^2}D(Y) = \frac{(n+1)^2}{n^2}\left[\frac{n}{n+2} - (\frac{n}{n+1})^2\right]\theta^2 = \frac{\theta^2}{n(n+2)}.$$

由于 $\frac{1}{n(n+2)} \leqslant \frac{1}{3n}$，因此 $D(\hat{\theta}_2) \leqslant D(\hat{\theta}_1)$，即 $\hat{\theta}_2$ 比 $\hat{\theta}_1$ 更有效.

定义 7.6 在未知参数 θ 的所有无偏估计量中，如果估计量 $\hat{\theta}(X_1, X_2, \cdots, X_n)$ 的方差 $D(\hat{\theta})$ 最小，则称 $\hat{\theta}$ 为 θ 的**最小方差无偏估计量**.

设总体 X 的分布密度为 $f(x, \theta)$，$\theta \in \Theta$（或分布律为 $P\{X = x\} = f(x, \theta)$），$X_1, X_2, \cdots, X_n$ 为总体 X 的一个样本，$\hat{\theta} = \hat{\theta}(X_1, X_2, \cdots, X_n)$ 为未知参数 θ 的一个无偏估计量，可以证明

$$D(\hat{\theta}) \geqslant \frac{1}{nI(\theta)}, \tag{7.11}$$

其中

$$I(\theta) = E\left[\frac{\partial \ln f(x, \theta)}{\partial \theta}\right]^2 \tag{7.12}$$

称为 Fisher 信息量，它的另一表达形式为

$$I(\theta) = -E\left[\frac{\partial^2 \ln f(x, \theta)}{\partial \theta^2}\right]. \tag{7.13}$$

有时式(7.13)比式(7.12)更易于计算. 式(7.11)称为罗—克拉美（Rao—Cramer)不等式，它右端的项称为罗—克拉美下界.

如果参数 θ 的一个估计量 $\hat{\theta}$ 满足

$$E(\hat{\theta}) = \theta \text{ 且 } D(\hat{\theta}) = \frac{1}{nI(\theta)}, \tag{7.14}$$

则称 $\hat{\theta}$ 为 θ 的最小方差无偏估计量.

例 7.3.3 设总体 $X \sim P(\lambda)$，$X_1, X_2, \cdots, X_n$ 为取自总体 X 的一个样本，证明：样本均值 $\bar{X}$ 是参数 λ 的最小方差无偏估计量.

证 因总体 $X \sim P(\lambda)$，所以 $E(X) = \lambda$，$D(X) = \lambda$. 所以

$$E(\bar{X}) = E(X) = \lambda, \quad D(\bar{X}) = \frac{1}{n}D(X) = \frac{\lambda}{n}.$$

又 X 的分布律为

$$P\{X=x\}=f(x,\lambda)=\frac{\lambda^x}{x!}\mathrm{e}^{-\lambda}\ ,$$

从而

$$\ln f(x,\lambda)=x\ln\lambda-\lambda-\ln x!\ .$$

所以

$$I(\lambda)=E\left[\frac{\partial\ln f(x,\lambda)}{\partial\lambda}\right]^2=E\left[\frac{X}{\lambda}-1\right]^2=\frac{1}{\lambda^2}E[(X-\lambda)^2]$$

$$=\frac{1}{\lambda^2}D(X)=\frac{1}{\lambda^2}\cdot\lambda=\frac{1}{\lambda}$$

故有

$$D(\bar{X})=\frac{\lambda}{n}=\frac{1}{nI(\lambda)}\ ,$$

由此知，$\hat{\lambda}=\bar{X}$ 是未知参数 λ 的最小方差无偏估计量.

7.3.3　一致性

容易看出，估计量 $\hat{\theta}(X_1,X_2,\cdots,X_n)$ 与样本容量 n 有关. 为明确起见，不妨将其记为 $\hat{\theta}_n$. 对 $\hat{\theta}_n$ 的一个自然要求是，当 n 充分大时，$\hat{\theta}_n$ 的取值与 θ 的误差应充分小，即估计量 $\hat{\theta}_n$ 的取值应稳定在参数 θ 的一个充分小的邻域内. 于是就有下面的一致性标准.

定义 7.7　若对于任意的 $\varepsilon>0$，有

$$\lim_{n\to\infty}P\{\mid\hat{\theta}_n-\theta\mid<\varepsilon\}=1\ ,\qquad(7.15)$$

则称 $\hat{\theta}_n$ 是 θ 的**一致估计量**（或称相合估计量）.

例 7.3.4　设总体 X 服从任何分布，且 $E(X)=\mu$，$D(X)=\sigma^2$. 证明样本均值 $\bar{X}$ 是总体均值 μ 的一致估计量.

证　因为样本 $X_1,X_2,\cdots,X_n$ 相互独立，且与 X 同分布，故有

$$E(X_i)=\mu，D(X_i)=\sigma^2（i=1,2,\cdots,n）.$$

由切比雪夫大数定律的推论知

$$\lim_{n\to\infty}P\{\mid\frac{1}{n}\sum_{i=1}^{n}X_i-\mu\mid<\varepsilon\}=1\ ,$$

即 $\bar{X}$ 是 μ 的一致估计量.

此外，还可以证明，样本的二阶中心矩 B_2 是总体方差 σ^2 的一致估计量.

习题 7.3

1. 设总体 X 的概率密度函数为

$$f(x,\theta) = \begin{cases} \dfrac{6x(\theta-x)}{\theta^3}, & 0 < x < \theta, \\ 0, & \text{其他.} \end{cases}$$

$X_1, X_2, \cdots, X_n$ 是来自总体 X 的样本.

(1) 求 θ 的矩估计量 $\hat{\theta}$.

(2) $\hat{\theta}$ 是 θ 的无偏估计吗?

(3) 求 $\hat{\theta}$ 的方差 $D(\hat{\theta})$.

2. 设总体 X 的概率密度函数为

$$f(x,\theta) = \begin{cases} \dfrac{1}{\theta} e^{-\frac{x}{\theta}}, & x > 0, \\ 0, & x \leqslant 0. \end{cases}$$

从该总体中抽取样本 X_1, X_2, X_3,考虑 θ 的如下 4 种估计:

$\hat{\theta}_1 = X_1$;

$\hat{\theta}_2 = \dfrac{1}{2}(X_1 + X_2)$;

$\hat{\theta}_3 = \dfrac{1}{3}(X_1 + 2X_2 + X_3)$;

$\hat{\theta}_4 = \dfrac{1}{3}(X_1 + X_2 + X_3)$.

(1) 这 4 个估计中,哪些是 θ 的无偏估计?

(2) 试比较这些估计的方差.

3. 设 $\hat{\theta}$ 是参数 θ 的无偏估计,且有 $D(\hat{\theta}) > 0$,试证 $(\hat{\theta})^2$ 不是 θ^2 的无偏估计.

4. 设 $X_1, X_2, \cdots, X_n$ 是来自总体 X 的一个样本,设 $E(X) = \mu$,$D(\bar{X}) = \sigma^2$.

(1) 确定常数 c 使 $c \sum\limits_{i=1}^{n-1} (X_{i+1} - X_i)^2$ 为 σ^2 的无偏估计.

(2) 确定常数 c 使 $(\bar{X})^2 - cS^2$ 是 μ^2 的无偏估计($\bar{X}$,S^2 分别是样本均值和样本方差).

5. 设总体 X 的均值为 μ,方差为 σ^2,从总体中抽取样本 X_1, X_2, X_3,证明下列统计量

$$\hat{\mu}_1 = \frac{X_1}{2} + \frac{X_2}{3} + \frac{X_3}{6};$$

$$\hat{\mu}_2 = \frac{X_1}{2} + \frac{X_2}{4} + \frac{X_3}{4};$$

$$\hat{\mu}_3 = \frac{X_1}{3} + \frac{X_2}{3} + \frac{X_3}{3} ;$$

都是总体均值 $E(X) = \mu$ 的无偏估计量，并确定哪个估计量更有效.

§7.4 区间估计

在未知参数的点估计中，尽管通过样本的观察值可以明确求出参数的估计值，结果也非常直观，但点估计值 $\hat{\theta}$ 仅仅是参数 θ 的一个近似值，由于 $\hat{\theta}$ 是一个随机变量，它会随着样本的抽取而随机变化，不会总是和 θ 相等，而是存在着误差，即使点估计量具备了很好的性质，例如它具有无偏性、有效性，但是它本身无法反映这种近似的精确度，且无法给出估计的可靠程度. 为了弥补这些不足，我们希望估计出一个范围，并知道该范围包含真实值的可靠程度. 这样的范围通常以区间的形式给出，同时还要给出该区间包含参数真实值的概率大小. 这种形式的估计称之为区间估计，这样的区间是可以构造出来的，即所谓置信区间.

定义 7.8 设总体 X 的分布函数 $F(x;\theta)$ 中含有未知参数 θ，$X_1, X_2, \cdots,$ X_n 是来自总体 X 的一个样本. $\hat{\theta}_1 = \hat{\theta}_1(X_1, X_2, \cdots, X_n)$ 和 $\hat{\theta}_2 = \hat{\theta}_2(X_1, X_2, \cdots, X_n)$ 是两个统计量. 若对给定的概率 $1-\alpha$（$0 < \alpha < 1$），有

$$P\{\hat{\theta}_1 < \theta < \hat{\theta}_2\} = 1 - \alpha, \tag{7.16}$$

则称随机区间 $(\hat{\theta}_1, \hat{\theta}_2)$ 为参数 θ 的置信度为 $1-\alpha$ 的（双侧）**置信区间**. $\hat{\theta}_1$ 和 $\hat{\theta}_2$ 分别称为**置信下限**和**置信上限**. $1 - \alpha$ 称为**置信度**（或**置信水平**）. 有时也称 $(\hat{\theta}_1, \hat{\theta}_2)$ 为 θ 的**区间估计**.

需要注意的是：置信区间是一个随机区间，对于一组给定的样本 $X_1,$ $X_2, \cdots, X_n$，这个区间可能包含未知参数真实值，也可能不包含. 但式 (7.16) 表明，对置信度为 $1-\alpha$ 的置信区间，它包含未知参数真实值的概率是 $1-\alpha$，不包含参数真实值的概率是 α. 例如，若置信度为 $1-\alpha = 95\%$，这时若重复抽样 1000 次，则在所得到的 1000 个区间中包含 θ 真实值的区间有 950 个左右，则不包含参数真实值的仅有 50 个左右.

评价一个置信区间的好坏有两个要素，一是其估计的精确程度，即精

度，这可以用区间的长度来刻画，长度越小，精度越高. 另一个要素是估计的可靠程度，即置信度 $1-\alpha$. 需要指出的是，在样本容量 n 固定时，当置信度 $1-\alpha$ 增大，置信区间的长度就会变大，从而精度变小. 反之，精度越高则置信度越低. 既然两者无法同时提高，那么在实际中我们一般的处理办法是先确定置信度 $1-\alpha$，然后再取适当大的样本容量 n 来提高精度，从而保证置信区间的长度具有预先给定的较小的长度.

对于给定的置信度 $1-\alpha$，怎样根据样本来确定未知参数 θ 的置信区间 $(\hat{\theta}_1, \hat{\theta}_2)$，这就是参数的区间估计问题. 寻求未知参数的置信区间的具体步骤如下：

(1) 设 $X_1, X_2, \cdots, X_n$ 是总体 X 的样本，取一个 θ 的较优的点估计 $\hat{\theta}_1(X_1, X_2, \cdots, X_n)$，最好是无偏的.

(2) 从 $\hat{\theta}$ 出发，找一个样本函数 $W = W(X_1, X_2, \cdots, X_n; \theta)$，其分布已知，且只含有唯一一个未知参数 θ，W 的分位点应能从表中查到.

(3) 查表求得 W 的 $1-\dfrac{\alpha}{2}$ 及 $\dfrac{\alpha}{2}$ 分位点 a，b，使

$$P\{a < W < b\} = 1-\alpha.$$

(4) 从不等式 $a < W < b$ 中解出 θ，得出其等价形式

$$\hat{\theta}_1(X_1, X_2, \cdots, X_n) < \theta < \hat{\theta}_2(X_1, X_2, \cdots, X_n).$$

于是，$(\hat{\theta}_1, \hat{\theta}_2)$ 是 θ 的置信度为 $1-\alpha$ 的置信区间. 这时有 $P\{\hat{\theta}_1 < \theta < \hat{\theta}_2\} = 1-\alpha$.

上述得到的区间是双侧置信区间. 当然，亦可类似地求出单侧置信区间，使得

$$P\{\theta < \hat{\theta}_2\} = 1-\alpha \text{ 或 } P\{\theta > \hat{\theta}_1\} = 1-\alpha.$$

下面我们着重介绍正态总体的均值和方差的区间估计.

7.4.1　正态总体未知参数的置信区间

1. 一个正态总体的情形

设总体 $X \sim N(\mu, \sigma^2)$，$X_1, X_2, \cdots, X_n$ 是来自总体 X 的样本，对给定的置信度 $1-\alpha$，分别求参数 μ 及 σ^2 的区间估计. 下面分几种情况分别讨论.

(1) 已知 $\sigma^2 = \sigma_0^2$，求总体均值 μ 的置信区间

我们知道，$\bar{X}$ 是 μ 的一个无偏估计，且由定理 6.1 知，$\bar{X} \sim N\left(\mu, \dfrac{\sigma^2}{n}\right)$，

将 $\bar{X}$ 标准化得样本函数 $U = \dfrac{\bar{X} - \mu}{\sigma_0/\sqrt{n}}$，它的分布是标准正态分布，即 $U =$

$\dfrac{\bar{X} - \mu}{\sigma_0/\sqrt{n}} \sim N(0,1)$，对于给定的置信度 $1-\alpha$，由 $P\{U < u_{\alpha/2}\} = 1 - \dfrac{\alpha}{2}$，及

$P\{U < u_{1-\alpha/2}\} = \dfrac{\alpha}{2}$，以及 $u_{\alpha/2} = -u_{1-\alpha/2}$（图 7.1）知

$$P\{\,|U| < u_{\alpha/2}\} = 1 - \alpha,$$

即

$$P\left\{-u_{\frac{\alpha}{2}} < \frac{\bar{X} - \mu}{\sigma_0/\sqrt{n}} < u_{\frac{\alpha}{2}}\right\} = 1 - \alpha,$$

即

$$P\left\{\bar{X} - u_{\frac{\alpha}{2}}\frac{\sigma_0}{\sqrt{n}} < \mu < \bar{X} + u_{\frac{\alpha}{2}}\frac{\sigma_0}{\sqrt{n}}\right\} = 1 - \alpha,$$

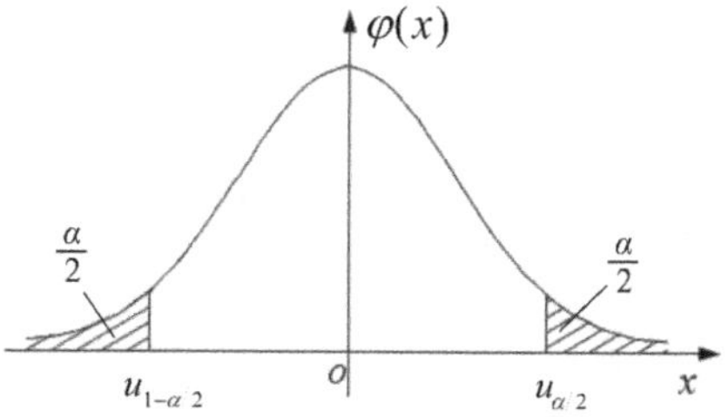

图 7.1

于是得到 μ 的置信度为 $1-\alpha$ 的置信区间为

$$\left(\bar{X} - u_{\frac{\alpha}{2}}\frac{\sigma_0}{\sqrt{n}}, \bar{X} + u_{\frac{\alpha}{2}}\frac{\sigma_0}{\sqrt{n}}\right). \tag{7.17}$$

例 7.4.1　从某厂生产的一种钢球中随机抽取 7 个，测得它们的直径（单位：mm）为

$$5.52 \quad 5.41 \quad 5.18 \quad 5.32 \quad 5.64 \quad 5.22 \quad 5.76$$

若钢球直径服从正态分布 $N(\mu, 0.16^2)$，求这种钢球平均直径 μ 的置信度为 95% 的置信区间.

解　计算样本均值

$$\bar{x} = \frac{1}{7}(5.52 + \cdots + 5.76) = 5.44,$$

因为置信度为 $1-\alpha = 0.95$，得 $\alpha = 0.05, 1 - \dfrac{\alpha}{2} = 0.975$. 查表，得 $u_{\frac{\alpha}{2}} = u_{0.025} = 1.96$，又 $n = 7, \sigma_0 = 0.16$，于是由式 (7.17)，有

$$\bar{x} - u_{\frac{\alpha}{2}}\frac{\sigma_0}{\sqrt{n}} = 5.44 - 1.96 \times \frac{0.16}{\sqrt{7}} = 5.32,$$

$$\bar{x} + u_{\frac{\alpha}{2}}\frac{\sigma_0}{\sqrt{n}} = 5.44 + 1.96 \times \frac{0.16}{\sqrt{7}} = 5.56,$$

于是这种钢球平均直径 μ 的置信度为 95% 的置信区间为 $(5.32, 5.56)$（mm）.

例 7.4.2　由过去的经验知道，60 日龄的雄鼠体重服从正态分布，且标

准差 $\sigma = 2.1$g，今从 60 日龄雄鼠中随机抽取 16 只测其体重，得数据如下（单位：g）：

$$20.3 \quad 21.5 \quad 22.0 \quad 19.8 \quad 22.5 \quad 23.7 \quad 25.4 \quad 24.3$$
$$23.2 \quad 26.8 \quad 18.7 \quad 21.9 \quad 24.4 \quad 22.8 \quad 26.2 \quad 21.4$$

求 60 日龄雄鼠体重均值 μ 置信度为 95% 的置信区间.

解　因为 $1 - \alpha = 0.95$，$\alpha = 0.05$，查正态分布表得 $u_{\alpha/2} = u_{0.025} = 1.96$，又

$\bar{x} = \dfrac{1}{16} \sum\limits_{i=1}^{16} x_i = 22.806$，$u_{\frac{\alpha}{2}} \dfrac{\sigma}{\sqrt{n}} = 1.96 \times \dfrac{2.1}{\sqrt{16}} = 1.029$，由式（7.17）得置信下限和

置信上限分别是

$$\bar{x} - u_{\frac{\alpha}{2}} \frac{\sigma}{\sqrt{n}} = 22.806 - 1.029 = 21.78 ，$$

$$\bar{x} + u_{\frac{\alpha}{2}} \frac{\sigma}{\sqrt{n}} = 22.806 + 1.029 = 23.84 .$$

故 60 日龄雄鼠体重均值 μ 置信度为 95% 的置信区间为 $(21.78, 23.84)$（g）.

例 7.4.3　假定某地一旅游者的消费额服从正态分布 $N(\mu, \sigma^2)$，且 $\sigma = 900$（元），今要对该地区旅游者的平均消费额加以估计. 为了能以 95% 的置信度相信这种估计误差会小于 100 元，问至少要调查多少人？

解　由题意知，$\alpha = 0.05$，$\sigma = 900$，查表得 $u_{0.025} = 1.96$. 由于

$$P\left\{ |\bar{X} - \mu| < u_{\frac{\alpha}{2}} \cdot \frac{\sigma}{\sqrt{n}} \right\} = 1 - \alpha = 0.95 ，$$

所以

$$u_{\frac{\alpha}{2}} \cdot \frac{\sigma}{\sqrt{n}} = 1.96 \times \frac{900}{\sqrt{n}} \leqslant 100 ，$$

由此解得

$$n \geqslant \left(\frac{1.96 \times 900}{100} \right)^2 \approx 311.17 .$$

故至少需要调查 312 人. 由式（7.17）知，在确保可靠度即置信度不变的情况下，要提高精确度只有增加容量 n.

(2) σ^2 未知，求总体均值 μ 的置信区间

由于 σ^2 未知，我们不能使用上述随机变量 U，此时可以使用 σ^2 的无偏估计 S^2 代替 σ^2，则得到随机变量

$$T = \frac{\bar{X} - \mu}{S / \sqrt{n}} ，$$

它含有未知参数 μ，其分布为自由度为 $n-1$ 的 t 分布，且分布与任何参数无关. 由于 t 分布的概率密度函数是单峰对称的(见图 7.2)，查 t 分布表得自由度为 $n-1$ 的 t 分布的 $\alpha/2$ 上侧分位数 $t_{\alpha/2}(n-1)$，使得

$$P\{\mid T \mid < t_{\alpha/2}(n-1)\} = 1-\alpha ,$$

于是

$$P\left\{\left|\frac{\bar{X}-\mu}{S/\sqrt{n}}\right| < t_{\frac{\alpha}{2}}(n-1)\right\} = 1-\alpha ,$$

即

$$P\left\{\bar{X}-t_{\frac{\alpha}{2}}(n-1)\frac{S}{\sqrt{n}} < \mu < \bar{X}+t_{\frac{\alpha}{2}}(n-1)\frac{S}{\sqrt{n}}\right\} = 1-\alpha .$$

故 μ 的置信度为 $1-\alpha$ 的置信区间为

$$\left(\bar{X}-t_{\frac{\alpha}{2}}(n-1)\frac{S}{\sqrt{n}}, \bar{X}+t_{\frac{\alpha}{2}}(n-1)\frac{S}{\sqrt{n}}\right) . \tag{7.18}$$

例 7.4.4　在例 7.4.1 中，若 σ^2 未知，求这种钢球平均直径 μ 的置信度为 95% 的置信区间.

解　计算样本均值和样本标准差为

$$\bar{x} = 5.44 , \quad s = 0.22 .$$

因为置信度 $1-\alpha=0.95$，得 $\alpha/2=0.025$，又 $n=7$，$n-1=6$，查表得

$$t_{\frac{\alpha}{2}}(n-1) = t_{0.025}(6) = 2.45 ,$$

于是

$$\bar{x}-t_{\frac{\alpha}{2}}(n-1)\frac{s}{\sqrt{n}} = 5.44-2.45\times\frac{0.22}{\sqrt{7}} = 5.24 ,$$

$$\bar{x}+t_{\frac{\alpha}{2}}(n-1)\frac{s}{\sqrt{n}} = 5.44+2.45\times\frac{0.22}{\sqrt{7}} = 5.64 .$$

此时，这种钢球平均直径 μ 的置信度为 95% 的置信区间为 $(5.24, 5.64)$ (mm).

例 7.4.5　为了估计一件物体的重量 μ，将其称了 10 次，得到重量(单位：kg)为

$$10.1 \quad 10 \quad 9.8 \quad 10.5 \quad 9.7 \quad 10.1 \quad 9.9 \quad 10.2 \quad 10.3 \quad 9.9$$

假设所称出的物体的重量服从 $N(\mu,\sigma^2)$，求该物体重量 μ 的置信度为 95% 的置信区间.

解 由题意知，$\alpha = 0.05$，$n = 10$，σ^2 未知，

$$t_{0.025}(9) = 2.262 \text{ , } \bar{x} = \frac{1}{10} \sum_{i=1}^{10} x_i = 10.05 \text{ , }$$

$$s^2 = \frac{1}{n-1} \sum_{i=1}^{10} (x_i - \bar{x})^2 = 0.058 \text{ , } s = 0.24 \text{ . }$$

则由式(7.24)得 μ 的置信下限为

$$\bar{x} - t_{\frac{\alpha}{2}}(n-1) \frac{s}{\sqrt{n}} = 10.05 - 2.2622 \times \frac{0.24}{\sqrt{10}} = 9.87 \text{ , }$$

置信上限为

$$\bar{x} + t_{\frac{\alpha}{2}}(n-1) \frac{s}{\sqrt{n}} = 10.05 + 2.2622 \times \frac{0.24}{\sqrt{10}} = 10.22 \text{ . }$$

故该物体重量 μ 的置信度为 95% 的置信区间为 $(9.87, 10.22)$ (kg).

(3) μ 未知时总体方差 σ^2 的置信区间

我们知道，S^2 是 σ^2 的无偏估计，故可取样本函数

$$\chi^2 = \frac{(n-1)S^2}{\sigma^2} \sim \chi^2(n-1) \text{ , }$$

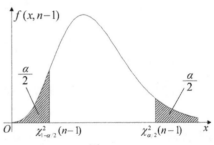

对于给定的置信区度 $1 - \alpha$，有

$$P\{\chi^2 < \chi_{\frac{\alpha}{2}}^2(n-1)\} = 1 - \frac{\alpha}{2} \text{ , }$$

$$P\{\chi^2 < \chi_{1-\frac{\alpha}{2}}^2(n-1)\} = \frac{\alpha}{2} \text{ (图 7.3) , }$$

图 7.3

从而有

$$P\{\chi_{1-\frac{\alpha}{2}}^2(n-1) < \chi^2 < \chi_{\frac{\alpha}{2}}^2(n-1)\} = 1 - \alpha \text{ , }$$

即

$$P\left\{\chi_{1-\frac{\alpha}{2}}^2(n-1) < \frac{(n-1)S^2}{\sigma^2} < \chi_{\frac{\alpha}{2}}^2(n-1)\right\} = 1 - \alpha \text{ , }$$

即

$$P\left\{\frac{(n-1)S^2}{\chi_{\frac{\alpha}{2}}^2(n-1)} < \sigma^2 < \frac{(n-1)S^2}{\chi_{1-\frac{\alpha}{2}}^2(n-1)}\right\} = 1 - \alpha \text{ . }$$

由此得总体方差 σ^2 的置信度为 $1 - \alpha$ 的置信区间为

$$\left(\frac{(n-1)S^2}{\chi_{\frac{\alpha}{2}}^2(n-1)}, \frac{(n-1)S^2}{\chi_{1-\frac{\alpha}{2}}^2(n-1)}\right) \text{ . } \tag{7.19}$$

例 7.4.6 在例 7.4.1 中，若 μ，σ^2 均未知，求总体方差 σ^2 的置信度为

95％的置信区间.

解 由例 7.4.4 知，$s^2 = 0.22^2$，又 $\alpha/2 = 0.025$，$1-\alpha/2 = 0.975$，$n = 7$，查表，有

$$\chi^2_{1-\frac{\alpha}{2}}(n-1) = \chi^2_{0.975}(6) = 1.24 \ , \ \chi^2_{\frac{\alpha}{2}}(n-1) = \chi^2_{0.025}(6) = 14.4 \ ,$$

于是

$$\frac{(n-1)s^2}{\chi^2_{\frac{\alpha}{2}}(n-1)} = \frac{(7-1) \times 0.22^2}{14.4} = 0.02 \ ,$$

$$\frac{(n-1)s^2}{\chi^2_{1-\frac{\alpha}{2}}(n-1)} = \frac{(7-1) \times 0.22^2}{1.24} = 0.23 \ .$$

由此得到总体方差 σ^2 的置信度为 95％的置信区间为 $(0.02, 0.23)$.

此外，由

$$1-\alpha = P\left\{ \frac{(n-1)S^2}{\chi^2_{\frac{\alpha}{2}}(n-1)} < \sigma^2 < \frac{(n-1)S^2}{\chi^2_{1-\frac{\alpha}{2}}(n-1)} \right\}$$

$$= P\left\{ \sqrt{\frac{(n-1)S^2}{\chi^2_{\frac{\alpha}{2}}(n-1)}} < \sigma < \sqrt{\frac{(n-1)S^2}{\chi^2_{1-\frac{\alpha}{2}}(n-1)}} \right\}$$

得到此时总体标准差 σ 的置信度为 $1-\alpha$ 的置信区间为

$$\left(\sqrt{\frac{(n-1)S^2}{\chi^2_{\frac{\alpha}{2}}(n-1)}} , \sqrt{\frac{(n-1)S^2}{\chi^2_{1-\frac{\alpha}{2}}(n-1)}} \right) . \tag{7.20}$$

2. 两个正态总体的情形

设某产品的质量指标 $X \sim N(\mu, \sigma^2)$. 但由于工艺改变，原料不同，设备不同或操作人员的改变，引起总体均值、总体方差有所改变. 此时需要了解这种改变有多大. 这就需要考虑两个正态总体均值差和总体方差比的区间估计.

设有两个正态总体

$$X \sim N(\mu_1, \sigma_1^2) \ , \ Y \sim N(\mu_2, \sigma_2^2) .$$

$X_1, X_2, \cdots, X_{n_1}$ 和 $Y_1, Y_2, \cdots, Y_{n_2}$ 是分别来自总体 X 和 Y 的两个独立样本，其样本均值和样本方差分别为

$$\bar{X} = \frac{1}{n_1} \sum_{i=1}^{n_1} X_i \ , \ \bar{Y} = \frac{1}{n_2} \sum_{j=1}^{n_2} Y_j \ ,$$

$$S_1^2 = \frac{1}{n_1-1} \sum_{i=1}^{n_1} (X_i - \bar{X})^2 \ , \ S_2^2 = \frac{1}{n_2-1} \sum_{j=1}^{n_2} (Y_j - \bar{Y})^2 .$$

(1) σ_1^2, σ_2^2 都已知，求总体均值差 $\mu_1 - \mu_2$ 的置信区间

因为 $\bar{X} - \bar{Y}$ 是 $\mu_1 - \mu_2$ 的无偏估计，且

$$D(\bar{X} - \bar{Y}) = D(\bar{X}) + D(\bar{Y}) = \frac{\sigma_1^2}{n_1} + \frac{\sigma_2^2}{n_2} ,$$

我们将 $\bar{X} - \bar{Y}$ 标准化，可得样本函数

$$U = \frac{\bar{X} - \bar{Y} - (\mu_1 - \mu_2)}{\sqrt{\sigma_1^2/n_1 + \sigma_2^2/n_2}} \sim N(0,1) .$$

对于给定的置信度 $1 - \alpha$ ，有

$$P\{\mid U \mid < u_{\alpha/2}\} = 1 - \alpha ,$$

即

$$P\left\{\left|\frac{\bar{X} - \bar{Y} - (\mu_1 - \mu_2)}{\sqrt{\sigma_1^2/n_1 + \sigma_2^2/n_2}}\right| < u_{\frac{\alpha}{2}}\right\} = 1 - \alpha .$$

也就是

$$P\left\{-u_{\frac{\alpha}{2}} < \frac{\bar{X} - \bar{Y} - (\mu_1 - \mu_2)}{\sqrt{\sigma_1^2/n_1 + \sigma_2^2/n_2}} < u_{\frac{\alpha}{2}}\right\} = 1 - \alpha .$$

从而由

$$P\{\bar{X} - \bar{Y} - u_{\frac{\alpha}{2}} \sqrt{\sigma_1^2/n_1 + \sigma_2^2/n_2} < \mu_1 - \mu_2 < \bar{X} - \bar{Y} + u_{\frac{\alpha}{2}} \sqrt{\sigma_1^2/n_1 + \sigma_2^2/n_2}\}$$
$$= 1 - \alpha .$$

得到 $\mu_1 - \mu_2$ 的 $1 - \alpha$ 的置信区间为

$$\left(\bar{X} - \bar{Y} - u_{\alpha/2} \sqrt{\sigma_1^2/n_1 + \sigma_2^2/n_2} , \ \bar{X} - \bar{Y} + u_{\alpha/2} \sqrt{\sigma_1^2/n_1 + \sigma_2^2/n_2}\right) . \quad (7.21)$$

(2) σ_1^2，σ_2^2 都未知，但 $\sigma_1^2 = \sigma_2^2 = \sigma^2$，求 $\mu_1 - \mu_2$ 的置信区间

因为

$$E(\bar{X} - \bar{Y}) = \mu_1 - \mu_2 , \ D(\bar{X} - \bar{Y}) = \frac{\sigma^2}{n_1} + \frac{\sigma^2}{n_2} ,$$

故有

$$\frac{\bar{X} - \bar{Y} - (\mu_1 - \mu_2)}{\sqrt{\frac{1}{n_1} + \frac{1}{n_2}}\,\sigma} \sim N(0,1) ,$$

又

$$\frac{(n_1 - 1)S_1^2}{\sigma^2} \sim \chi^2(n_1 - 1) , \ \frac{(n_2 - 1)S_2^2}{\sigma^2} \sim \chi^2(n_2 - 1) .$$

由 χ^2 分布的可加性知

$$\frac{(n_1-1)S_1^2}{\sigma^2}+\frac{(n_2-1)S_2^2}{\sigma^2}=\frac{(n_1-1)S_1^2+(n_2-1)S_2^2}{\sigma^2}\sim\chi^2(n_1+n_2-2).$$

根据 t 分布的定义知，样本函数

$$T=\frac{\bar{X}-\bar{Y}-(\mu_1-\mu_2)}{S_w\sqrt{1/n_1+1/n_2}}\sim t(n_1+n_2-2),$$

其中

$$S_w^2=\frac{(n_1-1)S_1^2+(n_2-1)S_2^2}{n_1+n_2-2}.$$

对于已给的置信度 $1-\alpha$，有

$$P\{|T|<t_{a/2}\}=1-\alpha,$$

即

$$P\left\{-t_{\frac{a}{2}}<\frac{\bar{X}-\bar{Y}-(\mu_1-\mu_2)}{S_w\sqrt{1/n_1+1/n_2}}<t_{\frac{a}{2}}\right\}=1-\alpha,$$

从而有

$$P\{\bar{X}-\bar{Y}-t_{a/2}S_w\sqrt{1/n_1+1/n_2}<\mu_1-\mu_2<\bar{X}-\bar{Y}+t_{a/2}S_w\sqrt{1/n_1+1/n_2}\}$$
$$=1-\alpha.$$

由此得 $\mu_1-\mu_2$ 的置信区间为

$$(\bar{X}-\bar{Y}-t_{a/2}S_w\sqrt{1/n_1+1/n_2},\ \bar{X}-\bar{Y}+t_{a/2}S_w\sqrt{1/n_1+1/n_2}),\quad(7.22)$$

其中 $t_{a/2}=t_{a/2}(n_1+n_2-2)$.

例 7.4.7 从甲、乙两个生产蓄电池的工厂的产品中，分别独立抽取一些样品. 测得蓄电池的电容量（$A\cdot h$）如下：

甲厂：144 141 138 142 141 143 138 137
乙厂：142 143 139 140 138 141 140 138 142 136

设两个工厂生产的蓄电池电容量分别服从正态分布 $N(\mu_1,\sigma_1^2)$ 和 $N(\mu_2,\sigma_2^2)$. 若 σ^2 未知，但已知 $\sigma_1^2=\sigma_2^2=\sigma^2$. 求总体均值差 $\mu_1-\mu_2$ 的置信度为 95% 的置信区间.

解 由样本观察值，算得

$$\bar{x}=140.5,\ s_1^2=6.57,\ n_1=8,$$
$$\bar{y}=139.9,\ s_2^2=4.77,\ n_2=10.$$

故

$$s_w=\sqrt{\frac{(n_1-1)s_1^2+(n_2-1)s_2^2}{n_1+n_2-2}}=\sqrt{\frac{7\times6.57+9\times4.77}{8+10-2}}=2.36.$$

因为 $1-\alpha=0.95$，得 $1-\alpha/2=0.975$，查表，有 $t_{\alpha/2}(n_1+n_2-2)=t_{0.025}(16)=$ 2.1199，于是

$$\bar{x}-\bar{y}-t_{\frac{\alpha}{2}}s_w\sqrt{\frac{1}{n_1}+\frac{1}{n_2}}=140.5-139.9-2.1199\times2.36\times\sqrt{\frac{1}{8}+\frac{1}{10}}=-1.77,$$

$$\bar{x}-\bar{y}+t_{\frac{\alpha}{2}}s_w\sqrt{\frac{1}{n_1}+\frac{1}{n_2}}=140.5-139.9+2.1199\times2.36\times\sqrt{\frac{1}{8}+\frac{1}{10}}=2.97.$$

所以 $\mu_1-\mu_2$ 的置信度为 95% 的置信区间为 $(-1.77,2.97)$（$A\cdot h$）.

（3）μ_1，μ_2 未知，总体方差比 $\dfrac{\sigma_1^2}{\sigma_2^2}$ 的置信区间

由于

$$\frac{(n_1-1)S_1^2}{\sigma_1^2}\sim\chi^2(n_1-1),\quad\frac{(n_2-1)S_2^2}{\sigma_2^2}\sim\chi^2(n_2-1),$$

由此知样本函数

$$F=\frac{S_1^2/\sigma_1^2}{S_2^2/\sigma_2^2}\sim F(n_1-1,n_2-1),$$

对于已给的置信度 $1-\alpha$，有（图7.4）

$$P\{F_{1-\frac{\alpha}{2}}<F<F_{\frac{\alpha}{2}}\}=1-\alpha,$$

这里 $F_{1-\alpha/2}$，$F_{\alpha/2}$ 分别是分位点 $F_{1-\frac{\alpha}{2}}(n_1-1,n_2-1)$，$F_{\frac{\alpha}{2}}(n_1-1,n_2-1)$ 的简写. 则有

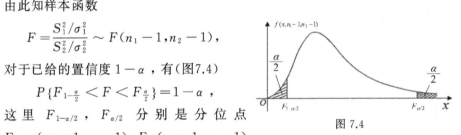

图 7.4

$$P\left\{F_{1-\frac{\alpha}{2}}(n_1-1,n_2-1)<\frac{S_1^2}{S_2^2}\bigg/\frac{\sigma_1^2}{\sigma_2^2}<F_{\frac{\alpha}{2}}(n_1-1,n_2-1)\right\}=1-\alpha,$$

于是

$$P\left\{\frac{S_1^2}{S_2^2F_{\frac{\alpha}{2}}(n_1-1,n_2-1)}<\frac{\sigma_1^2}{\sigma_2^2}<\frac{S_1^2}{S_2^2F_{1-\frac{\alpha}{2}}(n_1-1,n_2-1)}\right\}=1-\alpha.$$

故 $\dfrac{\sigma_1^2}{\sigma_2^2}$ 的置信度为 $1-\alpha$ 的置信区间为

$$\left(\frac{S_1^2}{S_2^2F_{\frac{\alpha}{2}}(n_1-1,n_2-1)},\frac{S_1^2}{S_2^2F_{1-\frac{\alpha}{2}}(n_1-1,n_2-1)}\right).\qquad(7.23)$$

例 7.4.8 在例 7.4.7 中，若不知 σ_1^2,σ_2^2，现求 $\dfrac{\sigma_1^2}{\sigma_2^2}$ 的置信度为 95% 的置信区间.

解 由例 7.4.7，知

$s_1^2 = 6.57$，$s_2^2 = 4.77$，$1 - \alpha = 0.975$，$\alpha/2 = 0.025$，$1 - \alpha/2 = 0.975$，
查表，知

$$F_{\alpha/2}(n_1 - 1, n_2 - 1) = F_{0.025}(7, 9) = 4.20，$$

$$F_{1 - \frac{\alpha}{2}}(n_1 - 1, n_2 - 1) = F_{0.975}(7, 9) = \frac{1}{F_{0.025}(9, 7)} = \frac{1}{4.82} = 0.21，$$

于是

$$\frac{s_1^2}{s_2^2 F_{\frac{\alpha}{2}}(n_1 - 1, n_2 - 1)} = \frac{6.57}{4.77 \times 4.20} = 0.33，$$

$$\frac{s_1^2}{s_2^2 F_{1 - \frac{\alpha}{2}}(n_1 - 1, n_2 - 1)} = \frac{6.57}{4.77 \times 0.21} = 6.56.$$

于是得 $\dfrac{\sigma_1^2}{\sigma_2^2}$ 的置信度为 95% 的置信区间为 $(0.33, 6.56)$.

*7.4.2　非正态总体参数的区间估计

在实际问题中，常常遇到总体分布不是正态分布的情形，在这种情况下，样本函数的分布无法确定，从而无法用前述方法确定总体未知参数的置信区间. 根据中心极限定理，当样本容量足够大时，可用正态分布总体参数置信区间的确定方法解决这类问题.

1.一个非正态总体均值的区间估计

设 $X_1, X_2, \cdots, X_n$ 是来自总体 X 的样本，且 $\mu = E(X)$，$\sigma^2 = D(X)$ 分别是总体均值与总体方差. 对于较大的样本容量 n，由中心极限定理知，样本函数

$$\frac{\bar{X} - \mu}{\sigma / \sqrt{n}}$$

近似服从标准正态分布. 对于较大的 n 近似地有

$$P\left\{\frac{|\bar{X} - \mu|}{\sigma / \sqrt{n}} < u_{\alpha/2}\right\} = 1 - \alpha.$$

若标准差 σ 已知，给定置信水平 $1 - \alpha$，总体均值 μ 的近似置信区间为

$$\left(\bar{X} - \frac{\sigma}{\sqrt{n}} u_{\alpha/2}, \bar{X} + \frac{\sigma}{\sqrt{n}} u_{\alpha/2}\right). \tag{7.24}$$

若 σ 未知，由于样本标准差 S 是总体标准差 σ 的一致估计，所以可以用样本标准差 S 代替总体标准差 σ. 依据中心极限定理，对于较大的样本容量 n 近似地有

$$\frac{\bar{X} - \mu}{S/\sqrt{n}} \sim N(0,1).$$

所以，在总体标准差 σ 未知时，均值 μ 的置信水平为 $1-\alpha$ 的近似置信区间为

$$\left(\bar{X} - \frac{S}{\sqrt{n}} u_{\alpha/2}, \bar{X} + \frac{S}{\sqrt{n}} u_{\alpha/2} \right). \tag{7.25}$$

2.两个非正态总体均值差的区间估计

设有两个独立的总体 X，Y，它们的分布是任意的，其均值 $E(X)=\mu_1$，$E(Y)=\mu_2$，方差 $D(X)=\sigma_1^2$，$D(Y)=\sigma_2^2$ 均存在，但都未知，现从两个总体中分别抽取样本容量为 n，m 的样本 $X_1, X_2, \cdots, X_n$ 与 $Y_1, Y_2, \cdots, Y_m$，$\bar{X}$ 与 $\bar{Y}$ 及 S_1^2 与 S_2^2 分别为这两个样本的样本均值及样本方差. 由中心极限定理知，当 n，m 充分大时，随机变量

$$\frac{\bar{X} - \bar{Y} - (\mu_1 - \mu_2)}{\sqrt{S_1^2/n + S_2^2/m}}$$

近似服从标准正态分布 $N(0,1)$. 由此知，二非正态总体均值差 $\mu_1-\mu_2$ 的置信水平为 $1-\alpha$ 的近似置信区间为

$$\left(\bar{X} - \bar{Y} - u_{\alpha/2}\sqrt{S_1^2/n + S_2^2/m}, \bar{X} - \bar{Y} + u_{\alpha/2}\sqrt{S_1^2/n + S_2^2/m} \right). \tag{7.26}$$

例7.4.9 在研究年龄与血液中的各种成分之间的关系时，通过随机抽样调查了 30 个 30 岁健康公民的血小板数. 测得数据如下（单位：万/mm³）：

26 19 18 16 26 17 20 20 19 22 19 12 29 15 22

19 27 25 28 24 35 28 19 23 31 30 23 30 17 22

用 μ 表示 30 岁健康公民的血小板数的总体均值，对于置信水平 0.95，计算 μ 的置信区间.

解 血小板数的分布一般不认为服从正态分布，但可以认为被选到的个体的血小板数是独立同分布的. 由已知数据经计算得 $\bar{x}=22.7$，$s=5.45$，代入式(7.25)，μ 的置信度为 0.95 的近似置信区间为 $(25.75, 29.65)$.

例7.4.10 某地区想评估两所中学的教学质量，分别在两所学校抽取样本，从甲中学中抽取 46 人，从乙中学中抽取 33 人. 对两所学校学生同时进行一次标准化考试，结果甲中学的平均分为 82.5 分，标准差为 8 分；乙中学的平均分为 78 分，标准差为 10 分. 根据上述资料求两所中学平均成绩之差的置信水平为 0.95 的置信区间.

解 设甲中学学生的考试分数为 X，乙中学学生的考试分数为 Y，可以认为 X，Y 相互独立，已知 $n=46$，$m=33$，$\bar{x}=82.5$，$\bar{y}=78$，$s_1=8$，$s_2=10$，查标准正态分布表得 $u_{0.025}=1.96$. 将以上数据代入式(7.26)得

$$\bar{x}-\bar{y}-u_{\alpha/2}\sqrt{s_1^2/n+s_2^2/m}=82.5-78-1.96\sqrt{8^2/46+10^2/33}\approx 0.4,$$

$$\bar{x}-\bar{y}+u_{\alpha/2}\sqrt{s_1^2/n+s_2^2/m}=82.5-78+1.96\sqrt{8^2/46+10^2/33}\approx 8.6.$$

故两所中学平均成绩之差的置信水平为 0.95 的近似置信区间为 $(0.4,8.6)$.

3.比率的区间估计

比率是在总体中具有某种特征的个体所占的比例，例如在一批产品中不合格品所占的比例，即产品的不合格率，在人口普查中某个民族的人口所占总人口的比例等. 在这一类问题中，可以认为所涉及的总体服从两点分布 $b(1,p)$，其中 p 就是相应问题中的比率.

若总体 $X\sim b(1,p)$，$0<p<1$. 设 $X_1,X_2,\cdots,X_n$ 是来自该总体的样本，其样本均值为 $\bar{X}$，因为 $E(X)=p$，$D(X)=p(1-p)$，所以 $E(\bar{X})=p$，$D(\bar{X})=p(1-p)/n$. 由中心极限定理知，当样本容量 n 足够大时，样本函数

$$U_n=\frac{\sum_{i=1}^{n}X_i-np}{\sqrt{np(1-p)}}=\frac{\bar{X}-p}{\sqrt{p(1-p)/n}}$$

近似地服从标准正态分布 $N(0,1)$. 对于给定的置信水平 $1-\alpha$，有

$$P\left\{\frac{|\bar{X}-p|}{\sqrt{p(1-p)/n}}<u_{\alpha/2}\right\}\approx 1-\alpha.$$

将不等式

$$\frac{|\bar{X}-p|}{\sqrt{p(1-p)/n}}<u_{\alpha/2}$$

两边平方整理，可得

$$(1+u_{\alpha/2}^2/n)p^2-(2\bar{X}+u_{\alpha/2}^2/n)p+\bar{X}^2=ap^2-bp+c<0.$$

其中 $a=1+u_{\alpha/2}^2/n$，$b=2\bar{X}+u_{\alpha/2}^2/n$，$c=\bar{X}^2$. 记 $y=g(p)=ap^2-bp+c$，显然，它是一条开口向上的抛物线，其和横坐标轴的交点 $\hat{p}_1$，$\hat{p}_2$ 分别是

$$\hat{p}_1=\frac{b-\sqrt{b^2-4ac}}{2a},\quad \hat{p}_2=\frac{b+\sqrt{b^2-4ac}}{2a}.$$

由于

$$\{p\in(\hat{p}_1,\hat{p}_2)\}=\{g(p)<0\}=\left\{\frac{|\bar{X}-p|}{\sqrt{p(1-p)/n}}<u_{\alpha/2}\right\},$$

从而有 $P\{\hat{p}_1 < p < \hat{p}_2\} \approx 1-\alpha$，由此得到比率 p 的置信水平为 $1-\alpha$ 的近似置信区间为

$$\left(\frac{b-\sqrt{b^2-4ac}}{2a}, \frac{b+\sqrt{b^2-4ac}}{2a} \right). \tag{7.27}$$

当样本容量 n 充分大时，由大数定律知，$\bar{X} \approx p$，所以近似地有

$$\frac{\bar{X}-p}{\sqrt{\bar{X}(1-\bar{X})/n}} \sim N(0,1).$$

于是，又可以从

$$P\left\{ \frac{|\bar{X}-p|}{\sqrt{\bar{X}(1-\bar{X})/n}} < u_{\alpha/2} \right\} \approx 1-\alpha$$

得到 p 的置信水平为 $1-\alpha$ 的近似置信区间为

$$\left(\bar{X} - u_{\alpha/2}\sqrt{\bar{X}(1-\bar{X})/n}, \bar{X} + u_{\alpha/2}\sqrt{\bar{X}(1-\bar{X})/n} \right). \tag{7.28}$$

例 7.4.11 在一批货物中抽取容量为 100 的样本，经检验发现 16 个次品，求这批货物次品率 p 的置信水平为 0.95 的置信区间.

解 次品率 p 就是总体 $X \sim b(1,p)$ 的分布参数，此处 $n=100$，$\bar{x} = 16/100 = 0.16$，$1-\alpha = 0.95$，$u_{\alpha/2} = u_{0.025} = 1.96$，按式(7.27)求 p 的置信区间. 经计算可得

$$a = 1 + 1.96^2/100 = 1.0384, b = 2 \times 0.16 + 1.96^2/100 = 0.3584, c = 0.16^2 = 0.0256.$$

代入式(7.27)，有

$$\frac{b-\sqrt{b^2-4ac}}{2a} = \frac{0.3584 - \sqrt{0.3584^2 - 4 \times 1.0384 \times 0.0256}}{2 \times 1.0384} \approx 0.1010,$$

$$\frac{b+\sqrt{b^2-4ac}}{2a} = \frac{0.3584 + \sqrt{0.3584^2 - 4 \times 1.0384 \times 0.0256}}{2 \times 1.0384} \approx 0.2442.$$

由此得到比率 p 的置信水平为 0.95 的近似置信区间为 $(0.1010, 0.2442)$.

例 7.4.12 在某人才交流中心随意抽取了 200 名要求流动的原在职人员的登记表，发现其中有 80 人具有大学本科以上的学历. 试求在该人才交流中心登记要求流动的原在职人员中，具有大学本科以上学历者所占比率的置信水平为 0.95 的置信区间.

解 设总体 X 为

$$X = \begin{cases} 1, \text{抽取的登记表中原在职者的学历为大学本科以上,} \\ 0, \text{抽取的登记表中原在职者的学历低于大学本科.} \end{cases}$$

则 $X \sim b(1, p)$，依题意，$n=200$ 可以认为充分大，可以用式(7.28)求比率 p 的置信区间. 由已知可得，在 200 个样本观测值中有 80 个 1，其余 120 个为 0，所以 $\bar{x}=80/200=0.4$，对于置信水平 $1-\alpha=0.95$，查标准正态分布表得 $u_{0.025}=1.96$. 将以上数据代入式(7.28)，得到比率 p 的置信水平为 0.95 的置信区间近似地为

$$(0.4 - 1.96 \sqrt{0.4(1-0.4)/200}, \quad 0.4 + 1.96 \sqrt{0.4(1-0.4)/200}) \approx$$
$(0.3321, 0.4679)$.

7.4.3 单侧置信区间

在许多实际问题中，常会遇到只需要求单侧的置信上限或下限的情形. 比如某品牌的彩电，当然是平均寿命越长越好. 于是我们关心的是这个品牌彩电的平均寿命 μ 最低可能为多少，即关心平均寿命的下限. 与此相反，在考虑一批产品的次品率 p 时，我们当然希望其值越低越好，于是我们关心的是这批产品的次品率最高可能为多少，即关心 p 的上限. 这就是单侧置信区间的问题.

定义 7.9 设总体 X 的分布函数 $F(x;\theta)$ 中含有未知参数 θ. $X_1, X_2, \cdots, X_n$ 是来自总体 X 的一个样本. 若存在统计量 $\hat{\theta}_1(X_1, X_2, \cdots, X_n)$，使得

$$P\{\theta > \hat{\theta}_1\}=1-\alpha, \tag{7.29}$$

则称 $\hat{\theta}_1$ 为参数 θ 的置信度为 $1-\alpha$ 的**单侧置信下限**，并称随机区间 $(\hat{\theta}_1, \infty)$ 为 θ 的置信度为 $1-\alpha$ 的**单侧置信区间**.

又若存在统计量 $\hat{\theta}_2(X_1, X_2, \cdots, X_n)$，使得

$$P\{\theta < \hat{\theta}_2\}=1-\alpha, \tag{7.30}$$

则称 $\hat{\theta}_2$ 为参数 θ 的置信度为 $1-\alpha$ 的**单侧置信上限**，并称随机区间 $(-\infty, \hat{\theta}_2)$ 为 θ 的置信度为 $1-\alpha$ 的**单侧置信区间**.

例 7.4.13 为估计制造某种产品所需的单件平均工时(单位:小时)，现制造 5 件，记录每件所需工时如下：

$$10.5, 11, 11.2, 12.5, 12.8$$

设制造单件产品所需工时 $X \sim N(\mu, \sigma^2)$，试求均值 μ 的 95% 的单侧置信下限和方差 σ^2 的 95% 的单侧置信上限.

解 (1)选取样本函数

$$T = \frac{\bar{X} - \mu}{S/\sqrt{n}} \sim t(n-1) \; ,$$

于是

$$P\left\{\frac{\bar{X} - \mu}{S/\sqrt{n}} < t_\alpha(n-1)\right\} = 1 - \alpha \; ,$$

即

$$P\left\{\mu > \bar{X} - t_\alpha(n-1)\frac{S}{\sqrt{n}}\right\} = 1 - \alpha \; . \tag{7.31}$$

故 μ 的置信度为 $1-\alpha$ 的单侧置信下限为 $\bar{X} - t_\alpha(n-1)\dfrac{S}{\sqrt{n}}$.

在本例中

$$\bar{x} = 11.6 \; , \; s^2 = 0.995 \; , \; n = 5 \; , \; 1 - \alpha = 0.95 \; .$$

查表，得 $t_\alpha(n-1) = t_{0.05}(4) = 2.1318$，故

$$\bar{x} - t_\alpha(n-1)\frac{s}{\sqrt{n}} = 11.6 - 2.1318 \times \frac{\sqrt{0.995}}{\sqrt{5}} = 10.65 \; ,$$

即制造单件产品平均工时最少为 10.65(小时).

(2)此时采用 χ^2 样本函数，有

$$\chi^2 = \frac{(n-1)S^2}{\sigma^2} \sim \chi^2(n-1) \; ,$$

从而由

$$P\left\{\frac{(n-1)S^2}{\sigma^2} > \chi^2_{1-\alpha}(n-1)\right\} = 1 - \alpha \; ,$$

即

$$P\left\{\sigma^2 < \frac{(n-1)S^2}{\chi^2_{1-\alpha}(n-1)}\right\} = 1 - \alpha \; ,$$

于是 σ^2 的置信度为 $1-\alpha$ 的单侧置信上限为 $\dfrac{(n-1)S^2}{\chi^2_{1-\alpha}(n-1)}$. $\tag{7.32}$

本例中，$s^2 = 0.995$，$\alpha = 0.05$，$\chi^2_{1-\alpha}(n-1) = \chi^2_{0.95}(4) = 0.711$. 于是

$$\frac{(n-1)s^2}{\chi^2_{1-\alpha}(n-1)} = \frac{4 \times 0.995}{0.711} = 5.598 \; ,$$

即 σ^2 的置信度为 95% 的单侧置信上限为 5.598.

例 7.4.14 从一批灯泡中随机地取 5 只作寿命试验，测得寿命(以小时计)为

$$1050 \quad 1100 \quad 1120 \quad 1250 \quad 1280$$

设灯泡寿命服从正态分布. 求灯泡寿命平均值的置信水平为 95% 的单侧置信下限.

解 $1-\alpha = 0.95, n = 5, t_\alpha(n-1) = t_{0.05}(4) = 2.1318, \bar{x} = 1160, s^2 = 9950$. 由式(7.31)得所求单侧置信下限为

$$\overset{\wedge}{\mu}_1 = \bar{x} - \frac{s}{\sqrt{n}} t_\alpha(n-1) = 1065 .$$

非正态总体均值及比率的单侧置信区间可以根据构造单侧置信区间的原则, 参照上节的方法给出, 在此不再赘述.

习题 7.4

1. 设某种清漆的 9 个样品, 其干燥时间(单位: 小时)分别为

$$6.0 \quad 5.7 \quad 5.8 \quad 6.5 \quad 7.0 \quad 6.3 \quad 5.6 \quad 6.1 \quad 5.0$$

设干燥时间服从正态分布 $N(\mu, \sigma^2)$. 求 μ 的置信度为 0.95 的置信区间.

(1)若由以往经验知 $\sigma = 0.6$(小时).

(2) 若 σ^2 未知.

2. 从某商店一年来的发票存根中随机抽取 26 张, 计算得平均金额为 78.5 元, 样本标准差为 20 元. 假设发票金额数服从正态分布 $N(\mu, \sigma^2)$, 其中 μ, σ^2 为未知参数. 试求该商店一年来发票平均金额数 μ 的置信度为 0.90 的置信区间.

3. 某种零件尺寸偏差 X 服从正态分布 $N(\mu, \sigma^2)$, 其中 μ, σ^2 为未知参数, 今随机抽取 10 个零件测得尺寸偏差(单位: μm)为: 1, 2, -2, 3, 2, 4, -2, 5, 3, 4. 试求 μ 和 σ^2 的置信度为 0.99 的置信区间.

4. 从一批火箭推力装置中抽取 10 个进行试验, 测得燃烧时间(s)如下:

$$50.7 \quad 54.9 \quad 54.3 \quad 44.8 \quad 42.2 \quad 69.8 \quad 53.4 \quad 66.1 \quad 48.1 \quad 34.5$$

设燃烧时间服从正态分布 $N(\mu, \sigma^2)$, 求燃烧时间标准差 σ 的置信度为 90% 的置信区间.

5. 甲, 乙两台机床生产同一型号的滚珠. 今从甲, 乙机床的产品中各抽取 8 个及 9 个样品, 测得它们的直径(单位: mm)如下

甲: 15.0 14.5 15.2 15.5 14.8 15.1 15.2 14.8

乙: 15.2 15.0 14.8 15.2 15.0 15.0 14.8 15.1 14.8

设滚珠直径服从正态分布

(1)求方差比 σ_1^2/σ_2^2 的置信度为 95% 的置信区间.

(2)设 $\sigma_1^2 = \sigma_2^2 = \sigma^2$, 求 $\mu_1 - \mu_2$ 的置信度为 95% 的置信区间.

6. 从汽车轮胎厂生产的某种轮胎中抽取 10 个样品进行磨损试验,直至轮胎行驶到磨坏为止. 测得它们的行驶路程(km)如下:

41250　41010　42650　38970　40200　42550　43500　40400　41870　39800

设汽车轮胎行驶路程服从正态分布 $N(\mu,\sigma^2)$,求

(1) μ 的置信度为 95% 的单侧置信下限.

(2) σ 的置信度为 95% 的单侧置信上限.

总习题 7

1. 设总体 X 的概率密度函数为

$$f(x,\theta) = \begin{cases} 5e^{-5(x-\theta)}, & x \geqslant \theta, \\ 0, & x < \theta. \end{cases}$$

$X_1, X_2, \cdots, X_n$ 是取自总体 X 的样本,试求参数 θ 的极大似然估计.

2. 设总体 X 服从对数正态分布,其分布密度为

$$f(x,\mu,\sigma^2) = \begin{cases} \dfrac{1}{\sqrt{2\pi}\,\sigma} \dfrac{1}{x} e^{-\frac{1}{2\sigma^2}(\ln x - \mu)^2}, & x > 0, \\ 0, & x \leqslant 0. \end{cases}$$

其中 $-\infty < \mu < +\infty, \sigma > 0$ 为未知参数,$X_1, X_2, \cdots, X_n$ 是取自该总体的一个样本,求参数 μ, σ^2 的极大似然估计.

3. 试证明均匀分布

$$f(x,\theta) = \begin{cases} \dfrac{1}{\theta}, & 0 < x \leqslant \theta, \\ 0, & \text{其他}. \end{cases}$$

中未知参数 θ 的极大似然估计量不是无偏的.

4. 设总体 X 的概率密度为 $f(x;\sigma) = \dfrac{1}{2\sigma} e^{-\frac{|x|}{\sigma}}, -\infty < x < \infty$,其中 $\sigma \in (0,+\infty)$ 为未知参数,$X_1, X_2, \cdots, X_n$ 为来自总体 X 的简单随机样本. 记 σ 的极大似然估计量 $\hat{\sigma}$.

(1) 求 $\hat{\sigma}$.

(2) 求 $E(\hat{\sigma})$ 和 $D(\hat{\sigma})$.

5. 某工程师为了解一台天平的精度,用该天平对一物体的质量做 n 次测量,该物体的质量 μ 是已知的,设 n 次测量结果 $X_1, X_2, \ldots, X_n$ 相互独立且均服从正态分布 $N(\mu,\sigma^2)$. 该工程师记录的是 n 次测量的绝对误差 $Z_i = |X_i - \mu|(i = 1,2,\cdots,n)$,利用 $Z_1, Z_2, \cdots$ 估计 σ.

(1)求 Z_i 的概率密度.

(2)利用一阶矩求 σ 的矩估计量.

(3)求 σ 的极大似然估计量.

6.设总体 X 的概率密度为 $f(x;\theta) = \begin{cases} \dfrac{3x^2}{\theta^3}, & 0 < x < \theta \\ 0, & \text{其他} \end{cases}$,其中 $\theta \in (0, +\infty)$ 为未知

参数,X_1, X_2, X_3 为来自总体 X 的简单随机样本,$T = \max\{X_1, X_2, X_3\}$.

(1)求 T 的概率密度.

(2)确定 a ,使得 aT 为 θ 的无偏估计.

7. 设从均值为 μ ,方差为 $\sigma^2 > 0$ 的总体中,分别抽取容量为 n_1, n_2 的两个独立样本. $\bar{X}_1$ 和 $\bar{X}_2$ 分别是两样本的样本均值.试证,对于任意常数 a ,b ($a + b = 1$),$Y = a\bar{X}_1 + b\bar{X}_2$ 都是 μ 的无偏估计,并确定常数 a ,b 使 $D(Y)$ 达到最小.

8.设有 k 台仪器,已知用第 i 台仪器测量时,测定值总体的标准差为 σ_i ($i = 1, 2, \cdots, k$)用这些仪器独立地对某一物理量 θ 各观察一次,分别得到 $X_1, X_2, \cdots, X_k$.设仪器都没有系统误差,即 $E(X_i) = \theta$ ($i = 1, 2, \cdots, k$),问 $a_1, a_2, \cdots, a_k$ 应取何值,方能使用 $\hat{\theta} = \sum_{i=1}^{k} a_i X_i$ 估计 θ 时,$\hat{\theta}$ 是无偏的,并且 $D(\hat{\theta})$ 最小?

9.设总体 X 的概率分布为

X	1	2	3
P	$1 - \theta$	$\theta - \theta^2$	θ^2

其中 $0 < \theta < 1$ 为未知参数,以 N_i 表示来自总体 X 的简单随机样本(样本容量为 n)中等于 i 的个数($i = 1, 2, 3$).试求常数 a_1, a_2, a_3 ,使 $T = \sum_{i=1}^{3} a_i N_i$ 为 θ 的无偏估计量,并求 T 的方差.

10. 对某种钢材的抗剪力进行 10 次测试,得试验结果如下(单位:kg):

$$578 \quad 572 \quad 570 \quad 568 \quad 572 \quad 570 \quad 570 \quad 596 \quad 584 \quad 572$$

若已知抗剪力服从正态分布 $N(\mu, \sigma^2)$,

(1)已知 $\sigma^2 = 25$,求 μ 的 95% 的置信区间.

(2)若 σ^2 未知,求 μ 的 95% 的置信区间.

11. 使用铂球测定引力常数(单位:$10^{-11}\,\mathrm{m}^3\,\mathrm{kg}^{-1}\,\mathrm{s}^{-2}$),得测定值如下:

$$6.661 \quad 6.676 \quad 6.667 \quad 6.678 \quad 6.669 \quad 6.668$$

设测定值服从 $N(\mu, \sigma^2)$ ，试求 μ 和 σ^2 的置信度为 90% 的置信区间.

12. 为了考察温度对某物体断裂强度的影响，在 70℃ 和 80℃ 下分别独立重复做了 8 次和 9 次试验，测得其断裂强度的数据如下（单位：mPa）：

70℃：15.0　14.8　15.2　15.4　14.9　15.1　15.2　14.8

80℃：15.2　15.0　14.8　15.1　15.0　14.6　14.8　15.1　14.5

假设 70℃ 和 80℃ 下的断裂强度分别用 X 和 Y 表示，且 $X \sim N(\mu_1, \sigma_1^2)$，$Y \sim N(\mu_2, \sigma_2^2)$，取置信度为 90%. 试求：

(1) $\sigma_1 = 0.18$，$\sigma_2 = 0.24$ 时，$\mu_1 - \mu_2$ 的置信区间.

(2) σ_1^2，σ_2^2 未知时，$\mu_1 - \mu_2$ 的置信区间.

(3) σ_1^2/σ_2^2 的置信区间.

13. 在 105 次射击中，有 60 次命中目标，试求命中率 p 的置信水平为 0.95 的置信区间.

第 8 章 假设检验

本章将讨论另一类统计推断问题——假设检验,其基本任务是根据样本所提供的信息,对关于未知总体分布某些方面(如总体均值、总体方差等)的假设做出合理的判断.假设检验与参数估计一样,在数理统计的理论研究与实际应用中都占有重要地位.

§8.1 假设检验

前一章中我们讨论了总体未知参数的估计问题.在一个统计问题中,如果人们对于参数的真值预先没有任何想法,则可利用样本对它做出点估计或区间估计,以确定它的近似值.在另一情况中,总体的分布或参数虽然未知,但人们根据专业知识或实践经验,预先对它们有一些了解.例如,放射性物质铀在一定时间间隔内放射的到达计数器上的 α 粒子数 X 服从泊松分布;据以往经验某电器零件的平均电阻为 2.6Ω 等.为了判断总体是否具有这些特性,人们常根据这些预知的相关知识先提出两个相互对立的假设.例如提出假设 H_0:X 服从泊松分布,假设 H_1:X 不服从泊松分布;假设 H_0:电器零件的平均电阻 $\mu=2.6\Omega$,假设 H_1:电器零件的平均电阻 $\mu\neq2.6\Omega$ 等.然后根据样本对所提出这对相互对立的假设做出判断,是接受 H_0(即拒绝 H_1)还是拒绝 H_0(即接受 H_1).例如,对于电器零件平均电阻的问题,若根据样本的判断是拒绝 H_0,则认为 $\mu\neq2.6\Omega$,其平均电阻发生了变化.

根据实际问题,提出关于总体分布函数的形式或关于总体参数值的陈述叫作**统计假设**.上面提到的种种假设都是统计假设.在一个问题中提出一对相互对立的假设,其中一个叫**原假设**或**零假设**,记为 H_0;另一个叫**备择假设**或**对立假设**(意指在原假设被拒绝后可供选择的假设),记为 H_1.我们要进行的工作就是根据样本做出接受或拒绝 H_0 的决策,这就叫作对假设 H_0 进行检验. 利用样本对假设做出两种可能的决策, 叫作**假设检验问题**.

下面结合例题说明假设检验的基本思想和做法.

例 8.1.1 设某粮食加工厂用打包机包装大米, 规定每袋米的标准重量为 100kg. 设打包机装得的大米重量服从正态分布, 根据以往长期经验知其标准差 $\sigma = 0.9$kg, 且保持不变. 某日开工后为检验打包机是否正常, 随机抽取该机所装的 9 袋大米, 称得净重为(kg):

$$100.5 \quad 98.6 \quad 105.0 \quad 98.4 \quad 102.5 \quad 101.2 \quad 99.5 \quad 98.9 \quad 99.3$$

问打包机是否正常?

设该打包机包装的每袋大米重量为 X, 则 $X \sim N(\mu, \sigma^2)$, 其中 $\sigma = 0.9$ 为已知, 问题是根据样本值来判断 μ 是否等于规定的标准 $\mu_0 = 100$. 若 $\mu = \mu_0$, 就意味着打包机正常工作, 否则就要对打包机进行调整.

为此, 我们先提出两个相互对立的假设

$$H_0: \mu = \mu_0; \quad H_1: \mu \neq \mu_0.$$

然后, 我们给出一个合理的法则, 根据这一法则, 利用已知样本做出决策是接受 H_0 还是拒绝 H_0, 从而判断打包机是否正常.

这是关于总体均值 μ 的假设检验, 考虑到样本均值 $\bar{X}$ 是 μ 的无偏估计量, 其观察值的大小在一定程度上反映了 μ 的大小, 因此, 我们使用 $\bar{X}$ 这一统计量来进行判断. 如果原假设 H_0 为真, 则样本均值 $\bar{X}$ 的观察值 $\bar{x}$ 应该比较集中在 μ_0 附近, 即观测值 $\bar{x}$ 与 μ_0 的差异 $|\bar{x} - \mu_0|$ 一般不应太大, 若 $|\bar{x} - \mu_0|$ 过分大, 就可以怀疑 H_0 的正确性而拒绝 H_0. 由于当 H_0 为真时, $\bar{X}$ 的标准化变量 $\dfrac{\bar{X} - \mu_0}{\sigma/\sqrt{n}}$ 服从标准正态分布 $N(0,1)$, 而衡量 $|\bar{x} - \mu_0|$ 的大小亦可归结为衡量 $\dfrac{|\bar{x} - \mu_0|}{\sigma/\sqrt{n}}$ 的大小. 因此, 我们可适当选取一正数 k, 使当观察值 $\bar{x}$ 满足 $\dfrac{|\bar{x} - \mu_0|}{\sigma/\sqrt{n}} \geq k$ 时就拒绝假设 H_0; 反之, 若 $\dfrac{|\bar{x} - \mu_0|}{\sigma/\sqrt{n}} < k$, 就接受假设 H_0. 那么, 如何确定正数 k 呢? 下面介绍确定 k 的一般方法.

我们知道, 在此做出决策的依据仅仅是一个样本. 因此, 由于抽样的随机性, 当 H_0 实际上为真时也有可能取到观察值 $\bar{x}$ 使 $\dfrac{|\bar{x} - \mu_0|}{\sigma/\sqrt{n}} \geq k$, 以致做

出拒绝假设 H_0 的决策，这就犯了一类错误，称为**"弃真"错误**或**第 I 类错误**，犯这类错误的概率记为

$$P\{当 H_0 为真时拒绝 H_0\} 或 P_{H_0}\{拒绝 H_0\}.$$

另一方面，当 H_0 不真时也有可能取到观察值 $\bar{x}$ 使 $\dfrac{|\bar{x}-\mu_0|}{\sigma/\sqrt{n}}<k$ ，以致做出接受假设 H_0 的决策，这也是一类错误，称为**"取伪"错误**或**第 II 类错误**，犯这类错误的概率记为

$$P\{当 H_0 为不真时接受 H_0\} 或 P_{H_1}\{接受 H_0\}.$$

不论如何选取 k（即不论做出何种决策），错误的发生总是不可避免的．若拒绝了 H_0 ，则可能犯第 I 类错误，若接受 H_0 则有可能犯第 II 类错误．

显然，我们希望犯这两类错误的概率都小．然而，在样本容量 n 给定的情况下，犯两类错误的概率是不可能同时被控制得很小的，若减少犯一类错误的概率，则犯另一类错误的概率往往会增大．要想使犯两类错误的概率同时减少，只有增大样本容量．在实际问题中，当样本容量固定时，一般总是将犯第 I 类错误的概率控制在一定限度内，即给出一个较小的正数 α（ $0<\alpha<1$ ），使犯第 I 类错误的概率不超过 α ．也就是，使得

$$P\{当 H_0 为真时拒绝 H_0\} \leqslant \alpha . \tag{8.1}$$

这里，" H_0 为真"表示样本来自 $N(\mu_0,\sigma^2)$ ，"拒绝 H_0 "表示 $\dfrac{|\bar{X}-\mu_0|}{\sigma/\sqrt{n}} \geqslant k$ ．这样，我们就能确定 k 了．因只允许犯第 I 类错误的概率最大为 α ，不妨令式 (8.1) 右端取等号，即令

$$P\{当 H_0 为真时拒绝 H_0\} = P_{H_0}\left\{\left|\dfrac{\bar{X}-\mu_0}{\sigma/\sqrt{n}}\right| \geqslant k\right\} = \alpha .$$

由于当 H_0 为真时 $U=\dfrac{\bar{X}-\mu_0}{\sigma/\sqrt{n}} \sim N(0,1)$ ，由标准正态分布上 α 分位点的定义（图 7.1），得 $k=u_{\alpha/2}$ ．因而，若 U 的观察值满足

$$|u|=\left|\dfrac{\bar{x}-\mu_0}{\sigma/\sqrt{n}}\right| \geqslant k=u_{\alpha/2} ,$$

则拒绝 H_0 ，而若

$$|u|=\left|\dfrac{\bar{x}-\mu_0}{\sigma/\sqrt{n}}\right| < k=u_{\alpha/2} ,$$

则接受 H_0 ．

例如，在本例中取 $\alpha = 0.05$，则有 $k = u_{0.05/2} = u_{0.025} = 1.96$，又已知 $n = 9$，$\sigma = 0.9$，由样本易算得 $\bar{x} = 100.43$，即有

$$|u| = \left| \frac{\bar{x} - \mu_0}{\sigma / \sqrt{n}} \right| = \left| \frac{100.43 - 100}{0.9 / \sqrt{9}} \right| = 1.43 < 1.96,$$

于是接受 H_0，认为这天打包机工作正常.

上例中所采用的检验法则是基于小概率事件原理的，即小概率事件在一次试验中基本上不会发生. 因此，通常 α 总是取得较小，一般取 $\alpha = 0.05$，0.01，0.005 等值. 因而若 H_0 为真，即当 $\mu = \mu_0$ 时，$\left\{ \left| \frac{\bar{X} - \mu_0}{\sigma / \sqrt{n}} \right| \geqslant u_{\alpha/2} \right\}$ 是一个小概率事件，根据小概率事件原理，就可以认为，如果 H_0 为真，则一次试验得到的观察值 $\bar{x}$，满足不等式 $\left| \frac{\bar{x} - \mu_0}{\sigma / \sqrt{n}} \right| \geqslant u_{\alpha/2}$ 几乎是不会发生的. 现在竟然在一次观察中出现了满足 $\left| \frac{\bar{x} - \mu_0}{\sigma / \sqrt{n}} \right| \geqslant u_{\alpha/2}$ 的 $\bar{x}$，我们有理由怀疑原假设 H_0 的正确性，因而拒绝 H_0；若出现的 $\bar{x}$ 满足不等式 $\left| \frac{\bar{x} - \mu_0}{\sigma / \sqrt{n}} \right| < u_{\alpha/2}$，此时没有理由拒绝原假设 H_0，因而只能接受假设 H_0.

以上我们的做法是，取统计量 $U = \dfrac{\bar{X} - \mu_0}{\sigma / \sqrt{n}}$ 作为**检验统计量**，控制犯第 I 类错误的概率不超过 α，从而将 U 可能取值的区域分为两部分：

$$V_1 = \left\{ \left| \frac{\bar{x} - \mu_0}{\sigma / \sqrt{n}} \right| < u_{\alpha/2} \right\} \text{ 和 } V_2 = \left\{ \left| \frac{\bar{x} - \mu_0}{\sigma / \sqrt{n}} \right| \geqslant u_{\alpha/2} \right\},$$

当检验统计量取区域 V_2 中的值时，我们拒绝原假设 H_0，称区域 V_2 为**拒绝域**，拒绝域的边界点称为**临界点**. 如在上例中拒绝域为 $|u| \geqslant u_{\alpha/2}$，从而 $u = -u_{\alpha/2}$ 及 $u = u_{\alpha/2}$ 为临界点.

这种只对犯第 I 类错误的概率加以控制，而不考虑犯第 II 类错误的概率的检验，称为**显著性检验**. 上述 α 称为**显著性水平**，上面关于 $\bar{x}$ 与 μ_0 有无显著差异的判断就是在显著性水平 α 之下做出的.

在进行显著性检验时，犯第 I 类错误的概率是由我们控制的，这就意味着 H_0 是受保护的，也表明 H_0，H_1 的地位不是对等的. 因此，在一对对立假设中，选哪一个作为 H_0 需要小心. 例如，考虑某种药品是否为真，可能会犯

两种错误:①将假药误为真药,则冒着伤害病人的健康甚至生命的危险;②将真药误为假药,则冒着造成经济损失的风险. 显然,犯错误①比犯错误②的后果严重,因此,我们选取" H_0:药品为假, H_1:药品为真",使得犯"将假药误为真药"的概率不超过 α . 即选择 H_0, H_1 使得两类错误中后果严重的错误成为第 I 类错误,这是选择 H_0, H_1 的一个原则.

前面的检验问题通常叙述成:在显著性水平 α 下,检验假设

$$H_0:\mu=\mu_0, \qquad H_1:\mu\neq\mu_0. \tag{8.2}$$

形如式(8.2)中的备择假设为 $H_1:\mu\neq\mu_0$,其中 μ 可能大于 μ_0 ,也可能小于 μ_0 ,其拒绝域在两侧,所以,称形如式(8.2)的假设检验为双边假设检验.

在有些情况下,我们只关心总体均值是否增大,例如,试验新工艺以提高灯泡的平均寿命. 这时,所考虑总体的均值应该越大越好. 如果我们能判断在新工艺下总体均值较以往正常生产的大,则可考虑采用新工艺. 此时,我们需要检验假设

$$H_0:\mu\leqslant\mu_0 ; H_1:\mu>\mu_0. \tag{8.3}$$

形如式(8.3)的假设检验,称为**右边检验**.

类似地,有时我们需要检验假设

$$H_0:\mu\geqslant\mu_0 ; H_1:\mu<\mu_0. \tag{8.4}$$

形如式(8.4)的假设检验,称为**左边检验**.

右边检验和左边检验统称为单边检验.

下面讨论单边检验的拒绝域.

设总体 $X\sim N(\mu,\sigma^2)$, σ 为已知, $X_1,X_2,\cdots,X_n$ 是来自 X 的样本. 给定显著性水平 α ,我们来求检验问题式(8.3)的拒绝域.

因 H_0 中的全部 μ 的值,都比 H_1 中的 μ 要小,当 H_1 为真时,观察值 $\bar{x}$ 往往偏大,因此拒绝域的形式应为

$$\{\bar{x}\geqslant k\}\quad (k\text{ 是某一常数}).$$

下面仿照例 8.1.1 的做法来确定常数 k . 因为当 $\mu\leqslant\mu_0$ 时 $\dfrac{\bar{x}-\mu}{\sigma/\sqrt{n}}\geqslant\dfrac{\bar{x}-\mu_0}{\sigma/\sqrt{n}}$,所以

$$P\{\text{当 }H_0\text{ 为真时拒绝 }H_0\}=P_{H_0}\{\bar{X}\geqslant k\}=P_{\mu\leqslant\mu_0}\left\{\frac{\bar{X}-\mu_0}{\sigma/\sqrt{n}}\geqslant\frac{k-\mu_0}{\sigma/\sqrt{n}}\right\}\leqslant$$

$$P_{\mu \leqslant \mu_0} \left\{ \frac{\bar{X} - \mu}{\sigma / \sqrt{n}} \geqslant \frac{k - \mu_0}{\sigma / \sqrt{n}} \right\}$$

要控制 $P\{$当 H_0 为真时拒绝 $H_0\} \leqslant \alpha$ ，只需令

$$P_{\mu \leqslant \mu_0} \left\{ \frac{\bar{X} - \mu}{\sigma / \sqrt{n}} \geqslant \frac{k - \mu_0}{\sigma / \sqrt{n}} \right\} = \alpha. \tag{8.5}$$

由于 $\dfrac{\bar{X} - \mu}{\sigma / \sqrt{n}} \sim N(0,1)$ ，由式(8.5)得到(见图

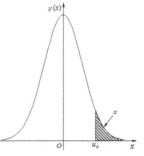

图 8.1

8.1)

$$\frac{k - \mu_0}{\sigma / \sqrt{n}} = u_\alpha,$$

即有 $k = \mu_0 + \dfrac{\sigma}{\sqrt{n}} u_\alpha$ ，得检验问题式(8.3)的拒绝域为

$$\left\{ \bar{X} \geqslant \mu_0 + \frac{\sigma}{\sqrt{n}} u_\alpha \right\}, \text{即} \left\{ u = \frac{\bar{X} - \mu_0}{\sigma / \sqrt{n}} \geqslant u_\alpha \right\}$$

也就是说，取 $U = \dfrac{\bar{X} - \mu_0}{\sigma / \sqrt{n}}$ 作为检验统计量，其拒绝域可写成

$$\left\{ u = \frac{\bar{x} - \mu_0}{\sigma / \sqrt{n}} \geqslant u_\alpha \right\}. \tag{8.6}$$

类似地，对于左边检验

$$H_0 : \mu \geqslant \mu_0, \qquad H_1 : \mu < \mu_0,$$

其拒绝域形式为

$$\left\{ \bar{x} \leqslant \mu_0 - \frac{\sigma}{\sqrt{n}} u_\alpha \right\},$$

或写成

$$\left\{ u = \frac{\bar{x} - \mu_0}{\sigma / \sqrt{n}} \leqslant - u_\alpha \right\}. \tag{8.7}$$

例 8.1.2 已知铁水中碳的百分含量为 $X \sim N(4.55, 0.108^2)$ ，现测定 5 炉，其碳的百分含量(%)为

$$4.28 \quad 4.40 \quad 4.42 \quad 4.35 \quad 4.37$$

如果方差 σ^2 不变，试问均值 μ 是否明显下降？($\alpha = 0.05$)

解 按题意需检验假设

$H_0 : \mu \geqslant \mu_0 = 4.55$(即假设没有明显下降)；$H_1 : \mu < \mu_0$(即假设有明显下降).

这是左边检验问题，查表得 $u_{0.05} = 1.645$，从而其拒绝域如式(8.7)所示，即为

$$\left\{ u = \frac{\bar{x} - \mu_0}{\sigma / \sqrt{n}} \leqslant - u_{0.05} = - 1.645 \right\} .$$

现由样本观测值算出

$$\bar{x} = 4.364 , u = \frac{4.364 - 4.55}{0.108 / \sqrt{5}} = - 3.851 < - 1.645 ,$$

由于 u 的值落在拒绝域中，所以我们在显著性水平 $\alpha = 0.05$ 下拒绝 H_0，即认为均值 μ 有明显下降.

综上所述，当总体分布形式已知时，参数假设检验问题的步骤可归纳如下：

(1)提出假设. 根据实际问题的要求，提出原假设 H_0 和备择假设 H_1，给定显著性水平 α 及样本容量 n.

(2)确定拒绝域. 选择合适的统计量，给出拒绝域的形式，然后按 $P\{$ 当 H_0 为真时拒绝 $H_0\} \leqslant \alpha$，确定拒绝域.

(3)执行统计决策. 根据样本值计算检验统计量的值，当检验统计量的值落在拒绝域内时拒绝原假设 H_0，否则接受原假设 H_0.

例 8.1.3 设 $X_1 , X_2 , \cdots , X_{16}$ 是正态总体 $N(\mu , 4)$ 的样本，考虑检验问题 $H_0 : \mu = 6$，$H_1 : \mu \neq 6$，拒绝域取为 $W = \{ | \bar{x} - 6 | \geqslant c \}$，试求 c 使得检验的显著性水平为 0.05，并求该检验在 $\mu = 6.5$ 处犯第 II 类错误的概率.

解 在 H_0 成立时，$\bar{X} \sim N\left(6 , \frac{1}{4} \right)$，由 $P\{ | \bar{X} - 6 | \geqslant c | \mu = 6 \} = 0.05$，得

$$P\left\{ \left| \frac{\bar{X} - 6}{0.5} \right| \geqslant \frac{c}{0.5} \right\} = 1 - \Phi(2c) = 0.025 ,$$

即 $\Phi(2c) = 0.975$，$2c = 1.96$，当 $c = 0.98$ 时，检验的显著性水平为 0.05.

检验在 $\mu = 6.5$ 处犯第 II 类错误的概率为

$$\beta = P\{ | \bar{X} - 6 | < 0.98 | \mu = 6.5 \}$$

$$= P\left\{ - \frac{0.98}{0.5} < \frac{\bar{X} - 6}{0.5} < \frac{0.98}{0.5} \right\}$$

$$= P\left\{ - 1.96 < \frac{\bar{X} - 6}{0.5} = \frac{\bar{X} - 6.5 + 0.5}{0.5} < 1.96 \right\}$$

$$= P\left\{-2.96 < \frac{\bar{X} - 6.5}{0.5} < 0.96\right\}$$

$$= \Phi(0.96) - \Phi(-2.96)$$

$$= 0.83.$$

例 8.1.4 某种灯泡的质量标准是平均使用寿命 X 不低于 $1000h$，若 $X \sim N(\mu, 100^2)$，对一批灯泡抽取样本容量为 $n = 81$，测得样本均值为 $\bar{X} = 990$，当显著性水平 $\alpha = 0.05$ 时，问商店是否应该购进这批灯泡？

解 以下给出两种解法.

(1)根据题意，提出假设检验问题：$H_0 : \mu \geqslant 1000, H_1 : \mu < 1000$（这是左边检验问题）.

由于 $z = \dfrac{990 - 1000}{100/\sqrt{81}} = -0.9 > -z_{0.05} = -1.645$，因此不能拒绝 H_0，即在显著性水平 $\alpha = 0.05$ 时，可以认为这批灯泡达到了质量标准，所以商店可以购进这批灯泡.

(2)如果把上面的 H_0 和 H_1 对调一下，现在假设检验问题变为：

$$H'_0 : \mu < 1000, \quad H'_1 : \mu \geqslant 1000 \text{（这是右边检验问题）.}$$

由于 $z = \dfrac{990 - 1000}{100/\sqrt{81}} = -0.9 < z_{0.05} = 1.645$，因此不能拒绝 H'_0，即在显著性水平 $\alpha = 0.05$ 时，可以认为这批灯泡没有达到质量标准，所以商店不能购进这批灯泡.

以上的(1)和(2)两种解法的不同之处在于"原假设"和"备择假设"正好相反，得到的结论也是截然相反的，这似乎是一个矛盾！

应该说明：对同一个问题，由于"背景"的了解不同，因而采用了不同的态度，具体通过选择原假设和备择假设来体现的. 这也不难理解前面(1)和(2)的矛盾：你产品的质量一贯很好，我认为稍差的样品尚未构成整批产品"质量未达标"的有力证据；你产品的质量一贯不好时，我认为虽测试合格的样品尚未构成整批产品"质量达标"的有力证据. 这两个结论的出发点不同，并无矛盾可言.

例如，某人是犯罪嫌疑人，有些不利于他的证据，但并非是起决定性作用的. 若我们要求"只有决定性的不利于他的证据才能判他有罪"，则他将被判为无罪. 反之，若我们要求"只有决定性的有利于他的证据才能判他无罪"，则他将被判为有罪. 这样的事情在日常生活中比比皆是，不足为奇.

习题 8.1

1.设 $X_1, X_2, \cdots, X_{36}$ 是来自正态总体 $N(\mu, 0.04)$ 的一个简单随机样本,其中 μ 为未知参数,记 $\bar{X} = \frac{1}{36} \sum_{i=1}^{36} X_i$,现对检验问题 $H_0: \mu = 0.5$,$H_1: \mu = \mu_1 > 0.5$,并取拒绝域 $D = \{\bar{X} > c\}$,显著性水平 $\alpha = 0.05$.(1)求常数 c.(2)若 $\alpha = 0.05$,$\mu_1 = 0.65$ 时,犯第 II 类错误的概率是多少?

2.某车间用一台机器包装茶叶,由经验可知该机器称得茶叶的重量服从正态分布 $N(0.5, 0.015^2)$,现从某天所包装的茶叶袋中随机抽取 9 袋,其平均重量为 $0.509g$,试问该机器工作是否正常?(显著性水平 $\alpha = 0.05$)

§8.2 正态总体均值的假设检验

8.2.1 单个正态总体 $N(\mu, \sigma^2)$ 均值 μ 的检验

设总体 $X \sim N(\mu, \sigma^2)$,均值 μ 未知,方差 σ^2 为已知或未知,$X_1, X_2, \cdots, X_n$ 是来自 X 的样本.给定显著性水平 α,我们来检验关于均值 μ 的假设:

(1) $H_0: \mu \leqslant \mu_0$, $H_1: \mu > \mu_0$;

(2) $H_0: \mu \geqslant \mu_0$, $H_1: \mu < \mu_0$;

(3) $H_0: \mu = \mu_0$, $H_1: \mu \neq \mu_0$.

1.方差 σ^2 已知时关于 μ 的检验(U 检验)

在上节中,利用统计量

$$U = \frac{\bar{X} - \mu_0}{\sigma / \sqrt{n}}$$

作为检验统计量,得到这些假设检验问题的拒绝域如表 8.1 所示.

表 8.1 均值 μ 的 U 检验法

原假设 H_0	备择假设 H_1	H_0 的拒绝域
$\mu = \mu_0$	$\mu \neq \mu_0$	$\{|u| \geqslant u_{\alpha/2}\}$
$\mu \leqslant \mu_0$	$\mu > \mu_0$	$\{u \geqslant u_\alpha\}$
$\mu \geqslant \mu_0$	$\mu < \mu_0$	$\{u \leqslant -u_\alpha\}$

上述检验统计量当 $\mu = \mu_0$ 时服从标准正态分布,该检验称为 **U 检验**.

例 8.2.1 设某产品的某项质量指标服从正态分布,已知它的标准差 $\sigma=150$,现从一批产品中随机地抽取 26 个,测得该项指标的平均值为 1637. 问能否认为这批产品的该项指标值为 $1600(\alpha=0.05)$?

解 (1)提出原假设:$H_0:\mu=1600$,$H_1:\mu\neq1600$;

(2)选取统计量 $U=\dfrac{\bar{X}-\mu_0}{\sigma/\sqrt{n}}\sim N(0,1)$;

(3)对于给定的显著性水平 $\alpha=0.05$,查标准正态分布表

$$u_{\frac{\alpha}{2}}=u_{0.025}=1.96,W_1=(-\infty,-u_{\frac{\alpha}{2}})\bigcup(u_{\frac{\alpha}{2}},\infty)$$

(4)计算统计量观察值

$$u=\frac{\bar{x}-\mu_0}{\sigma/\sqrt{n}}=\frac{1637-1600}{150/\sqrt{26}}\approx1.258;$$

(5)结论 $|u|=1.258<u_{\frac{\alpha}{2}}=1.96$,接受原假设 H_0.
即不能否定这批产品该项指标为 1600.

例 8.2.2 完成生产线上某件工作的平均时间不少于 15.5 分钟,标准差为 3 分钟. 对随机抽取的 9 名职工讲授一种新方法,训练期结束后,9 名职工完成此项工作的平均时间为 13.5 分钟. 这个结果是否说明用新方法所需时间比用老方法所需时间短? 设 $\alpha=0.05$,并假定完成这件工作的时间服从正态分布.

解 (单边检验问题)(1)提出原假设 $H_0:\mu\geqslant15.5$,$H_1:\mu<15.5$;

(2)选取统计量 $U=\dfrac{\bar{X}-\mu_0}{\sigma/\sqrt{n}}$;

(3)对于给定的显著性水平 $\alpha=0.05$,查标准正态分布表

$$u_\alpha=u_{0.05}=1.645,W_1=(-\infty,-1.645);$$

(4)计算统计量观察值

$$u=\frac{\bar{X}-\mu_0}{\sigma/\sqrt{n}}=\frac{13.5-15.5}{3/\sqrt{9}}=-2;$$

(5)结论:由于 $u=-2<-u_\alpha=-1.65$,所以拒绝原假设 H_0,而接受 H_1,即说明用新方法所需时间比用老方法所需时间短.

2.方差 σ^2 未知时关于 μ 的检验(t 检验)

方差 σ^2 未知时,就不能利用 $\dfrac{\bar{x}-\mu_0}{\sigma/\sqrt{n}}$ 来确定拒绝域了. 但注意到 S^2 是 σ^2 的无偏估计,我们用 S 代替 σ,使用统计量

$$T = \frac{\bar{X} - \mu_0}{S/\sqrt{n}}$$

作为检验统计量,与上节类似可得以下结果(表 8.2).

表 8.2　均值 μ 的 t 检验法

原假设 H_0	备择假设 H_1	H_0 的拒绝域
$\mu = \mu_0$	$\mu \neq \mu_0$	$\{|t| \geqslant t_{\alpha/2}(n-1)\}$
$\mu \leqslant \mu_0$	$\mu > \mu_0$	$\{t \geqslant t_\alpha(n-1)\}$
$\mu \geqslant \mu_0$	$\mu < \mu_0$	$\{t \leqslant -t_\alpha(n-1)\}$

上述检验法称为 t **检验法**.

在实际中,正态总体的方差 σ^2 常为未知,所以我们常用 t 检验法来检验关于正态总体均值的检验问题.

例 8.2.3　某地区青少年犯罪年龄构成服从正态分布,现随机抽取 9 名罪犯,其年龄如下:

$$22,17,19,25,25,18,16,23,24$$

试以 95% 的概率判断犯罪青少年的平均年龄是否为 18 岁.

解　问题可归结为检验假设

$$H_0: \mu = 18 , H_1: \mu \neq 18 ;$$

由于方差 σ^2 未知,用 t 检验.检验统计量

$$T = \frac{\bar{X} - \mu_0}{S/\sqrt{n}} \sim t(n-1) ,$$

对于给定的显著性水平 $\alpha = 0.05$,查 t 分布表得

$$t_{\frac{\alpha}{2}}(n-1) = t_{0.025}(8) = 2.3060 ;$$

由题意,计算得到样本均值和样本方差分别为 $\bar{x} = 21, s^2 = 12.5$,计算统计量观察值

$$t = \frac{\bar{x} - \mu_0}{s/\sqrt{n}} = \frac{21 - 18}{\sqrt{\frac{12.5}{9}}} \approx 2.55 ;$$

因为

$$|t| = 2.55 > t_{\frac{\alpha}{2}}(n-1) = 2.3060 .$$

所以拒绝原假设 H_0，而接受 H_1，即能以 95% 的把握推断该地区青少年犯罪的平均年龄不是 18 岁.

例 8.2.4 一手机生产厂家在其宣传广告中声称他们生产的某种品牌的手机的平均待机时间至少为 71.5 小时，质检部门检查了该厂生产的这种品牌的手机 6 部，得到的待机时间为

$$69 \quad 68 \quad 72 \quad 70 \quad 66 \quad 75$$

设手机的待机时间 $X \sim N(\mu, \sigma^2)$，由这些数据能否说明其广告有欺骗消费者之嫌疑？（显著性水平 $\alpha = 0.05$）

解 问题可归结为检验假设

$$H_0: \mu \geqslant \mu_0 = 71.5, \quad H_1: \mu < \mu_0 = 71.5 .$$

由于方差 σ^2 未知，用 t 检验. 检验统计量

$$T = \frac{\bar{X} - \mu_0}{S/\sqrt{n}} \sim t(n-1) ,$$

拒绝域为

$$\left\{ t = \frac{\bar{x} - \mu_0}{s/\sqrt{n}} < -t_\alpha(n-1) = -2.015 \right\} .$$

计算统计值

$$\bar{x} = 70, \quad s^2 = 10, \quad t = -1.162 ,$$

因为

$$t = -1.162 > -2.015 = t_\alpha(n-1) .$$

故接受 H_0，即不能认为该厂广告有欺骗消费者之嫌疑.

8.2.2 两个正态总体均值差的检验（t 检验）

设总体 $X \sim N(\mu_1, \sigma^2)$，$Y \sim N(\mu_2, \sigma^2)$，$\mu_1, \mu_2, \sigma^2$ 均未知. $X_1, X_2, \cdots,$ X_{n_1} 及 $Y_1, Y_2, \cdots, Y_{n_2}$ 分别是来自 X, Y 的样本，两样本独立. 样本均值分别为 $\bar{X} = \dfrac{1}{n_1} \sum_{i=1}^{n_1} X_i$，$\bar{Y} = \dfrac{1}{n_2} \sum_{i=1}^{n_2} Y_i$，样本方差分别为

$$S_1^2 = \frac{1}{n_1-1} \sum_{i=1}^{n_1} (X_i - \bar{X})^2 , \quad S_2^2 = \frac{1}{n_2-1} \sum_{i=1}^{n_2} (Y_i - \bar{Y})^2 .$$

需要注意的是，这里我们假设两正态总体方差相等，即 $\sigma_1^2 = \sigma_2^2 = \sigma^2$.

给定显著性水平 α，要检验的假设为：

(1) $H_0: \mu_1 \leqslant \mu_2$,　　$H_1: \mu_1 > \mu_2$;

(2) $H_0: \mu_1 \geqslant \mu_2$,　　$H_1: \mu_1 < \mu_2$;

(3) $H_0: \mu_1 = \mu_2$,　　$H_1: \mu_1 \neq \mu_2$.

现在来检验假设

$$H_0: \mu_1 = \mu_2,\ H_1: \mu_1 \neq \mu_2.$$

取检验统计量为

$$T = \frac{\bar{X} - \bar{Y}}{S_w \sqrt{1/n_1 + 1/n_2}} \sim t(n_1 + n_2 - 2),$$

其中

$$S_w = \sqrt{\frac{(n_1 - 1)S_1^2 + (n_2 - 1)S_2^2}{n_1 + n_2 - 2}}.$$

当 H_0 为真时，$\bar{X} - \bar{Y}$ 是 $\mu_1 - \mu_2 (=0)$ 的无偏估计，因而 $\bar{X} - \bar{Y}$ 的观察值应落在 0 的附近，即 t 的观察值应落在 0 附近，因而拒绝域的形式为

$$\{\,|t| \geqslant k\,\}\,(\,k\ \text{是某一常数}).$$

因为在 H_0 为真时

$$T = \frac{\bar{X} - \bar{Y}}{S_w \sqrt{1/n_1 + 1/n_2}} \sim t(n_1 + n_2 - 2).$$

对于给定的显著性水平 α，由

$$P\{\text{当}\ H_0\ \text{为真时拒绝}\ H_0\} = P_{H_0}\left\{\left|\frac{\bar{X} - \bar{Y}}{S_w \sqrt{1/n_1 + 1/n_2}}\right| \geqslant k\right\} = \alpha$$

得 $k = t_{\alpha/2}(n_1 + n_2 - 2)$，所以，本检验的拒绝域为

$$\left\{|t| = \left|\frac{\bar{x} - \bar{y}}{s_w \sqrt{1/n_1 + 1/n_2}}\right| \geqslant t_{\alpha/2}(n_1 + n_2 - 2)\right\}.$$

关于均值差的两个单边检验问题的拒绝域在表 8.3 中列出.

表 8.3　两正态总体均值差的 t 检验法

原假设 H_0	备择假设 H_1	H_0 的拒绝域
$\mu_1 = \mu_2$	$\mu_1 \neq \mu_2$	$\{\,|t| \geqslant t_{\alpha/2}(n_1 + n_2 - 2)\}$
$\mu_1 \leqslant \mu_2$	$\mu_1 > \mu_2$	$\{t \geqslant t_\alpha(n_1 + n_2 - 2)\}$
$\mu_1 \geqslant \mu_2$	$\mu_1 < \mu_2$	$\{t \leqslant -t_\alpha(n_1 + n_2 - 2)\}$

例 8.2.5　对用两种不同热处理方法加工的金属材料做抗拉强度试验，

得到的试验数据如下：

方法 I ：31 34 29 26 32 35 38 34 30 29 32 31

方法 II ：26 24 28 29 30 29 32 26 31 29 32 28

设两种热处理加工的金属材料的抗拉强度都服从正态分布，且方差相等. 比较两种方法所得金属材料的抗拉强度有无显著差异.（显著性水平 $\alpha = 0.05$）

解 设两总体的正态分布为 $X \sim N(\mu_1, \sigma^2)$ ，$Y \sim N(\mu_2, \sigma^2)$ ，本题要检验假设

$$H_0: \mu_1 = \mu_2, \quad H_1: \mu_1 \neq \mu_2.$$

检验统计量为

$$T = \frac{\bar{X} - \bar{Y}}{S_w \sqrt{1/n_1 + 1/n_2}},$$

$n_1 = n_2 = 12$，查 t 分布表得 $t_{\alpha/2}(n_1 + n_2 - 2) = t_{0.025}(22) = 2.0739$，由此得拒绝域为

$$\{|t| \geqslant 2.0739\},$$

由已知计算可得

$\bar{x} = 31.75$ ，$\bar{y} = 28.67$ ，$(n_1 - 1)s_1^2 = 112.25$ ，$(n_2 - 1)s_2^2 = 66.64$ ，$s_w = 2.85$ ，计算统计量的观测值，得

$$|t| = \left| \frac{\bar{x} - \bar{y}}{s_w \sqrt{1/n_1 + 1/n_2}} \right| = 2.647.$$

显然，$|t| = 2.647 > 2.0739 = t_{\alpha/2}(n_1 + n_2 - 2)$，故拒绝 H_0，即认为两种热处理方法加工的金属材料的平均抗拉强度有显著差异.

习题 8.2

1.某百货商场的日销售额服从正态分布，去年的日均销售额为 53.6 万元，方差为 36. 今年随机抽查了 10 个日销售额，算得样本均值 $\bar{x} = 57.7$ 万元，根据经验，今年日销售额的方差没有变化. 问：今年的日平均销售额与去年相比有无显著性变化（显著性水平 $\alpha = 0.05$）？

2.有一工厂生产一种灯管，已知灯管的寿命 X 服从正态分布 $N(\mu, 40000)$，根据以往的生产经验，知道灯管的平均寿命不会超过 1500 小时，为了提高灯管的平均寿命，工厂

采用了新的工艺. 为了弄清楚新工艺是否真的能提高灯管的平均寿命, 他们测试了采用新工艺生产的 25 只灯管寿命, 其平均值是 1575 小时. 尽管样本的平均值大于 1500 小时, 试问: 可否由此判定这恰是新工艺的效应, 而非偶然的原因使得抽出的这 25 只灯管的平均寿命较长(显著性水平 $\alpha = 0.05$)?

3. 正常人的脉搏平均为 72 次/分, 现某医生从铅中毒的患者中抽取 10 个人, 测得其脉搏(单位: 次/分)为:

$$54 \quad 67 \quad 68 \quad 78 \quad 70 \quad 66 \quad 67 \quad 70 \quad 65 \quad 69$$

设脉搏服从正态分布, 问在显著性水平 $\alpha = 0.05$ 下, 铅中毒患者与正常人的脉搏是否有显著性差异?

4. 测定某溶液中的水分, 得到 10 个测定值, 经统计 $\bar{x} = 0.452\%$, $s = 0.037\%$, 该溶液中的水分含量 $X \sim N(\mu, \sigma^2)$, σ^2 与 μ 未知, 试问在显著性水平 $\alpha = 0.05$ 下该溶液水分含量均值 μ 是否超过 0.5%?

5. 甲、乙两个品种的作物, 分别用 10 块地试种, 产量结果 $\bar{x} = 30.97$, $\bar{y} = 21.79$, $s_1^2 = 26.7$, $s_2^2 = 12.1$. 设甲、乙品种产量分别服从正态分布 $N(\mu_1, \sigma^2)$ 和 $N(\mu_2, \sigma^2)$, 试问在 $\alpha = 0.01$ 下, 这两种品种的产量是否有显著性差异?

6. 某卷烟厂生产甲、乙两种香烟, 分别对它们的尼古丁含量(单位: mg)作了六次测定, 得子样观察值为: 甲: 25, 28, 23, 26, 29, 22; 乙: 28, 23, 30, 25, 21, 27. 试问这两种香烟的尼古丁含量有无显著差异?(显著性水平 $\alpha = 0.05$, 认为这两种烟的尼古丁含量都服从正态分布, 且方差相等)

§8.3　正态总体方差的假设检验

现在来讨论有关正态总体方差的假设检验问题, 以下分别就单个总体和两个总体的情况进行讨论.

8.3.1　单个总体的情况(χ^2 检验)

设总体 $X \sim N(\mu, \sigma^2)$, μ, σ^2 未知, $X_1, X_2, \cdots, X_n$ 是来自 X 的样本. 给定显著性水平 α, 要求检验假设:

$$H_0 : \sigma^2 = \sigma_0^2, \quad H_1 : \sigma^2 \neq \sigma_0^2,$$

σ_0^2 为已知常数.

由于 S^2 是 σ^2 的无偏估计, 当 H_0 为真时, 观察值 s^2 与 σ_0^2 的比值 s^2/σ_0^2 一般是在 1 附近摆动, 而不应过分大于 1 或过分小于 1. 我们取 $\chi^2 =$

$\dfrac{(n-1)S^2}{\sigma_0^2}$ 作为检验统计量. 当 H_0 为真时, χ^2 的观察值应落在 $n-1$ 附近;而若 H_1 为真时 χ^2 的观察值倾向于偏离 $n-1$. 因而拒绝域的形式为

$$\{\chi^2 \leqslant k_1\} \bigcup \{\chi^2 \geqslant k_2\} \qquad (k_1, k_2 \text{ 为常数}). \tag{8.8}$$

对于给定的显著性水平 α,确定 k_1, k_2,使得

$$P\{\text{当 } H_0 \text{ 为真时拒绝 } H_0\} = P_{H_0}\left\{\left(\dfrac{(n-1)S^2}{\sigma_0^2} \leqslant k_1\right) \bigcup \left(\dfrac{(n-1)S^2}{\sigma_0^2} \geqslant k_2\right)\right\} = \alpha,$$

为计算方便,取

$$P_{H_0}\left\{\dfrac{(n-1)S^2}{\sigma_0^2} \leqslant k_1\right\} = \dfrac{\alpha}{2}, \quad P_{H_0}\left\{\dfrac{(n-1)S^2}{\sigma_0^2} \leqslant k_2\right\} = 1 - \dfrac{\alpha}{2}.$$

当 H_0 为真时,

$$\dfrac{(n-1)S^2}{\sigma_0^2} \sim \chi^2(n-1), \tag{8.9}$$

故得

$$k_1 = \chi^2_{1-\alpha/2}(n-1),$$
$$k_2 = \chi^2_{\alpha/2}(n-1).$$

于是得拒绝域为

$$\{\chi^2 \leqslant \chi^2_{1-\alpha/2}(n-1)\} \bigcup \{\chi^2 \geqslant \chi^2_{\alpha/2}(n-1)\}.$$

(图 8.2).

类似地,可以得到单边假设检验问题的拒绝域. χ^2 检验法的拒绝域(表 8.4).

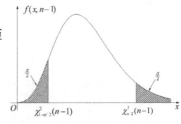

图 8.2

表 8.4 χ^2 检验法的拒绝域

原假设 H_0	备择假设 H_1	H_0 的拒绝域
$\sigma^2 = \sigma_0^2$	$\sigma^2 \neq \sigma_0^2$	$\{\chi^2 \leqslant \chi^2_{1-\alpha/2}(n-1)\} \bigcup \{\chi^2 \geqslant \chi^2_{\alpha/2}(n-1)\}$
$\sigma^2 \leqslant \sigma_0^2$	$\sigma^2 > \sigma_0^2$	$\{\chi^2 \geqslant \chi^2_{\alpha}(n-1)\}$
$\sigma^2 \geqslant \sigma_0^2$	$\sigma^2 < \sigma_0^2$	$\{\chi^2 \leqslant \chi^2_{1-\alpha}(n-1)\}$

例 8.3.1 一细纱车间纺出的某种细纱支数标准差为 1.2,从某日纺出的一批细纱中随机取 16 缕进行支数测量,算得样本标准差为 2.1,问纱的均匀度有无显著变化? 取 $\alpha = 0.05$,并假设总体是正态分布.

解 要检验的假设为

$$H_0 : \sigma^2 = \sigma_0^2 = 1.2^2 , \quad H_1 : \sigma^2 \neq \sigma_0^2 .$$

检验统计量

$$\chi^2 = \frac{(n-1)S^2}{\sigma_0^2} ,$$

在 H_0 为真时，$\chi^2 \sim \chi^2(n-1)$，本检验法的拒绝域为

$$\{ \chi^2 \leqslant \chi^2_{1-\alpha/2}(n-1) \} \bigcup \{ \chi^2 \geqslant \chi^2_{\alpha/2}(n-1) \} .$$

由已知计算可得

$$n = 16 , s^2 = 2.1^2 , \sigma_0^2 = 1.2^2 , \chi^2 = 45.94 .$$

查 χ^2 分布表，得

$$\chi^2_{1-\alpha/2}(n-1) = \chi^2_{0.975}(15) = 6.262 , \chi^2_{\alpha/2}(n-1) = \chi^2_{0.025}(15) = 27.488 .$$

由于 $\chi^2 = 45.94 > 27.488 = \chi^2_{0.025}(15)$，故拒绝 H_0，即纱的均匀度有显著变化.

8.3.2 两个总体方差的检验（F 检验）

设总体 $X \sim N(\mu_1, \sigma_1^2)$，$Y \sim N(\mu_2, \sigma_2^2)$，$\mu_1, \mu_2, \sigma_1^2, \sigma_2^2$ 均未知. X，Y 相互独立，$X_1, X_2, \cdots, X_{n_1}$ 及 $Y_1, Y_2, \cdots, Y_{n_2}$ 是来自 X，Y 的两样本，其样本方差分别为 S_1^2, S_2^2.

给定显著性水平 α，要检验的假设为：

(1) $H_0 : \sigma_1^2 \leqslant \sigma_2^2$， $H_1 : \sigma_1^2 > \sigma_2^2$；

(2) $H_0 : \sigma_1^2 \geqslant \sigma_2^2$， $H_1 : \sigma_1^2 < \sigma_2^2$；

(3) $H_0 : \sigma_1^2 = \sigma_2^2$， $H_1 : \sigma_1^2 \neq \sigma_2^2 :.$

现在来检验假设

$$H_0 : \sigma_1^2 \geqslant \sigma_2^2 , H_1 : \sigma_1^2 < \sigma_2^2 \tag{8.10}$$

因为 S_1^2, S_2^2 分别为 σ_1^2, σ_2^2 的无偏估计量，所以，当 H_1 为真时，S_1^2/S_2^2 有偏小的倾向，故其拒绝域的形式为

$$\{ s_1^2/s_2^2 \leqslant k \} \text{（ k 为常数）.}$$

对于给定的显著性水平 α，由

$$P\{ \text{当 } H_0 \text{ 为真时拒绝 } H_0 \} = P_{\sigma_1^2 \geqslant \sigma_2^2} \{ S_1^2/S_2^2 \leqslant k \} \leqslant P_{\sigma_1^2 \geqslant \sigma_2^2} \left\{ \frac{S_1^2/S_2^2}{\sigma_1^2/\sigma_2^2} \leqslant k \right\} = \alpha .$$

$$\tag{8.11}$$

及 $\dfrac{S_1^2/S_2^2}{\sigma_1^2/\sigma_2^2} \sim F(n_1-1, n_2-1)$，得 $k = F_{1-\alpha}(n_1-1, n_2-1)$，从而拒绝域为

$$\{ F = s_1^2/s_2^2 \leqslant F_{1-\alpha}(n_1-1, n_2-1) \} .$$

关于 σ_1^2, σ_2^2 的另外两个检验的拒绝域在表 8.5 中给出.

表 8.5　两正态总体方差比的 F 检验法

原假设 H_0	备择假设 H_1	H_0 的拒绝域
$\sigma_1^2 = \sigma_2^2$	$\sigma_1^2 \neq \sigma_2^2$	$\{F \leqslant F_{1-\alpha/2}(n_1-1,n_2-1)\} \bigcup \{F \geqslant F_{\alpha/2}(n_1-1,n_2-1)\}$
$\sigma_1^2 \leqslant \sigma_2^2$	$\sigma_1^2 > \sigma_2^2$	$\{F \geqslant F_\alpha(n_1-1,n_2-1)\}$
$\sigma_1^2 \geqslant \sigma_2^2$	$\sigma_1^2 < \sigma_2^2$	$\{F \leqslant F_{1-\alpha}(n_1-1,n_2-1)\}$

例 8.3.2　两台机床加工同种零件,分别从两台车床加工的零件中抽取 6 个和 9 个测量其直径,并计算得: $s_1^2 = 0.345, s_2^2 = 0.375$. 假定零件直径服从正态分布,试比较两台车床加工精度有无显著差异($\alpha = 0.10$)?

解　设两总体 X 和 Y 分别服从正态分布 $N(\mu_1,\sigma_1^2)$ 和 $N(\mu_2,\sigma_2^2)$,μ_1, μ_2,σ_1^2, σ_2^2 未知. 要检验的假设为

$$H_0:\sigma_1^2=\sigma_2^2,\ H_1:\sigma_1^2 \neq \sigma_2^2.$$

选取统计量 $F = S_1^2/S_2^2 \sim F(n_1-1,n_2-1)$.

由已知,$\alpha = 0.10$,$n_1 = 6$,$n_2 = 9$,$s_1^2 = 0.345$,$s_2^2 = 0.375$,查 F 分布表得

$$F_{\alpha/2}(n_1-1,n_2-1) = F_{0.05}(5,8) = 3.69,$$

$$F_{1-\alpha/2}(n_1-1,n_2-1) = F_{0.95}(5,8) = \frac{1}{F_{0.05}(8,5)} = \frac{1}{4.82} = 0.2075.$$

拒绝域为

$$\{F < 0.207\} \bigcup \{F > 3.69\}.$$

计算得到统计量的观测值为 $F_0 = s_1^2/s_2^2 = 0.92$. 由于 $0.27 < F_0 < 3.69$,故应接受 H_0,即认为两车床加工精度无差异.

习题 8.3

1.某厂生产某型号电池,其寿命长期以来服从方差为 $\sigma^2 = 1600h^2$ 的正态分布,现从中抽取 25 只进行测量,得 $s^2 = 2500h^2$,问在显著性水平 $\alpha = 0.05$ 下,这批电池的波动性较以往有无显著变化?

2.某维尼龙厂根据长期累积资料知道,所生产的维尼龙纤度服从正态分布,它的标准差为 0.048,某日随机抽取 5 根纤维,测得其纤度为 1.32, 1.55, 1.36, 1.40, 1.44,问该日所生产的维尼龙纤度的标准差是否有显著变化?($\alpha = 0.05$)

3.某工厂生产一批保险丝,从中任取 10 根试验其熔化时间,得 $\bar{x} = 60$,$s^2 = 120.8$.

设熔化时间服从正态分布 $N(\mu, \sigma^2)$，在 $\alpha = 0.01$ 下，试问熔化时间的方差是否大于 100？

4.某种导线，要求其电阻的标准差不得超过 $0.005(\Omega)$. 今在生产的一批导线中取样品 9 根，测得修正的样本标准差 $s = 0.007(\Omega)$，设总体为正态分布，问在水平 $\alpha = 0.05$ 下能否认为这批导线的标注差显著地偏大？

5. 设有两个来自不同正态总体的样本，$m = 4, n = 5, \bar{x} = 0.60, \bar{y} = 2.25, s_1^2 = 15.07$，$s_2^2 = 10.81$.在显著性水平 $\alpha = 0.05$ 下，试检验两个样本是否来自相同方差的正态总体？

总习题 8

1. 一种电子元件，要求其使用寿命不得低于 1000 小时，现在从一批这种元件中随机抽取 25 件，测得其寿命平均值为 950 小时，已知该种元件寿命服从标准差 $\sigma = 100$ 小时的正态分布，试在显著性水平 0.05 下确定这批产品是否合格.

2.设某次考试的学生成绩服从正态分布，从中随机地抽取 36 位考生的成绩，算得平均成绩为 66.5 分，标准差为 15 分，问在显著性水平为 0.05 下，是否可以认为这次考试全体考生的平均成绩为 70 分？并给出检验过程.

3.环境保护条例规定，在排放的工业废水中，某种有害物质的含量不得超过 0.5%. 设该种物质的含量 $X \sim N(\mu, \sigma^2)$，现抽取 5 份水样，测得这种有害物质的含量分别为 0.530%，0.542%，0.510%，0.495%，0.515%，问抽样结果是否表明有害物质的含量超过了规定的界限？取显著性水平 $\alpha = 0.05$.

4.某厂生产的某种型号的电池，其使用寿命(单位：h) $X \sim N(\mu, 5000)$.今有一批这种型号的电池，从生产情况看，使用寿命波动性较大，为了判断这种看法是否符合实际，从中随机抽取了 26 只电池，测出使用寿命，得到样本方差 $s^2 = 7200$，问根据这个数据能否推断这批使用寿命的波动性比以往有显著变化？取显著性水平为 $\alpha = 0.02$.

5.从一批保险丝中抽取 10 根试验其熔化时间，结果为：

$$42, 65, 75, 78, 71, 59, 57, 68, 54, 55$$

问是否可以认为这批保险丝熔化时间的方差不大于 80？（$\alpha = 0.05$，融化时间服从正态分布）

6. 某食品厂用自动装罐机装罐头食品，规定其标准重量为 250 克，标准差不超过 3 克时判定该机器工作正常，每天定时检验机器工作情况. 现抽取 16 罐，测得平均重量 $\bar{x} = 252$ 克，样本标准差 $s = 4$ 克. 假定罐头重量服从正态分布，试问该机器目前的工作是否正常？（$\alpha = 0.05$）

7.某纯净水生产厂用自动灌装机灌装纯净水，该自动灌装机正常罐装量 $X \sim N(18, 0.4^2)$，现测量某厂 9 个灌装样品的罐装量(单位：L)为：

18.0　17.6　17.3　18.2　18.1　18.5　17.9　18.1　18.3

在显著性水平 $\alpha = 0.05$ 下，试问：(1)该天罐装是否合格？(2)罐装量精度是否在标准范围内？

8.对两种羊毛织品进行强度试验，所得结果如下：

第一种：138，127，134，125；第二种：134，137，135，140，130，134

设两种羊毛织品的强度都服从方差相同的正态分布，问是否一种羊毛织品较另一种好？（$\alpha = 0.05$）

9.两种机床加工同一种零件，分别取 6 个和 9 个零件测量其长度，计算得修正的样本方差为 $s_1^2 = 0.345$，$s_2^2 = 0.357$。假设零件长度服从正态分布，问：是否认为两台机床加工的零件长度的方差无显著差异？（$\alpha = 0.05$）

10.某种零件的椭圆度服从正态分布，改变工艺前抽取 16 件，测得数据并算得 $\bar{x} = 0.081$，$s_x = 0.025$；改变工艺后抽取 20 件，测得数据并计算得 $\bar{y} = 0.07$，$s_y = 0.02$，问：

(1)改变工艺前后，方差有无明显差异.

(2)改变工艺前后，均值有无明显差异？（$\alpha = 0.05$）

第9章 方差分析与回归分析

这一章我们将利用前两章学过的参数估计和假设检验的知识来研究数理统计中具有广泛实际应用的两个内容——回归分析和方差分析. 在这里我们对此理论不做深入讨论, 仅从原理出发, 着重介绍应用这些原理解决实际问题的方法.

§9.1 单因素试验的方差分析

在各种实践活动中, 影响一个事件的因素往往很多. 在众多因素中, 每一个因素的改变都可能影响最终的结果. 然而有些因素影响较大, 有些因素影响较小, 故在实际问题中, 如何找出对事件最终结果有显著影响的那些因素, 显得十分必要. 方差分析就是根据对试验的结果进行分析, 通过建立数学模型, 鉴别各个因素影响程度的一种有效方法.

9.1.1 方差分析原理

在实际问题中, 体现试验目的的指标, 其结果往往受到多种条件的制约. 通常, 把影响指标的种种条件称为**因素**. 如以电池寿命作为指标, 则生产电池的原料及配比、机械设备、操作工艺等都是对指标有影响的因素. 为了便于分析, 我们将因素分成两类, 一类是可控制的, 如上述的原料配比、机械设备等; 另一类是不可控制的, 如生产误差、机械故障等. 以下我们所讨论的因素仅限可以控制的. 因素所处的现有状态, 称为该因素的水平.

如果在试验中只考虑一个因素的变化, 其他因素控制不变, 称为单因素试验. 如果多于一个因素在变化称为多因素试验. 本书着重讨论单因素试验的原理与方法, 对多因素方差分析的原理与方法读者可参阅其他参考书.

若在单因素试验中, 因素水平只有两个, 那么实际上就是前面已介绍过的双总体的比较问题. 若超过两个水平, 则需要考虑多个总体的比较问题, 单因素方差分析便是解决这类问题的有效方法.下面通过实例说明问题的提法.

例 9.1.1 为考察种子品种对作物产量的影响,同一作物选用三个命名为 A_1, A_2, A_3 的种子,分别在条件大体相同的 5 块等面积的小田块上试种,其作物产量(单位:kg)如表 9.1 所示.试分析种子的不同品种对作物产量的影响.

表 9.1 不同种子品种下作物产量实测表

种子品种代号	重复试验序号及作物实测产量					
(水平)	1	2	3	4	5	
A_1	128	126	139	130	142	133
A_2	125	137	125	117	106	122
A_3	148	132	139	125	151	139

这里试验的指标是作物产量,作物是因素,三种种子品种代表三个不同的水平.

(1)形成数据差异的直接原因是种子的不同品种.因此,每个品种下产量的均值差异检验是我们的主要任务.这种由因素(种子品种)造成的差异称为条件(系统)误差.

(2)同一品种下数据表现出来的差异称为试验(随机)误差,这是由客观条件的偶然干扰造成,与因素(品种)无直接联系.

方差分析正是分析两类误差的有效工具.

9.1.2 单因素试验的数学模型

设可控因素 A 有 s 个水平: A_1, A_2, $\cdots$, A_s ,每个水平的试验次数是 n_1, n_2, $\cdots$, n_s ,为了方便,将试验的实测数据由表 9.2 给出.

表 9.2 试验实测数据表

A_1	A_2	$\cdots$	A_s
x_{11}	x_{12}	$\cdots$	x_{1s}
x_{21}	x_{22}	$\cdots$	x_{2s}
$\vdots$	$\vdots$	$\cdots$	$\vdots$
$x_{n_1 1}$	$x_{n_s 2}$	$\cdots$	$x_{n_s s}$

为考察因素对指标的影响,把第 j 个水平 A_j 下的实测数据 X_{1j}, X_{2j}, $\cdots$, $X_{n_j j}$ 看作是从第 j 个总体 X_j ($j = 1, 2, \cdots, s$)中抽取的容量为 n_j 的样本.类似于 t 检验法,在方差分析中也是假定 s 个总体相互独立且服从相同方差(未知)的正态分布,其中水平 A_j 对应的总体 $X_j \sim N(\mu_j, \sigma^2)$.因而从假设

检验的角度分析，单因素方差分析实际上是对待检假设 H_0 和 H_1 进行显著性检验.即设 $H_0:\mu_1=\mu_2=\cdots=\mu_s$，$H_1:\mu_1,\mu_2,\cdots,\mu_s$ 不全相等.

如果检验结果拒绝 H_0，那么便认为因素对指标的影响是显著的，于是实测数据的差异可归结为水平变更的原因.反之，则认为抽样数据的差异是由随机误差引起的.

由此可见，方差分析本质上是多总体的均值检验，可看作是二总体下 t 检验法的推广.但具体检验过程和方法与 t 检验法有较大的差异.

我们假定各个水平 A_j（$j=1,2,\cdots,s$）下的样本 X_{1j}，X_{2j}，$\cdots$，$X_{n_j j}$ 来自具有相同方差 σ^2，均值分别为 μ_j（$j=1,2,\cdots,s$）的正态总体 $N(\mu_j,\sigma^2)$，μ_j 与 σ^2 未知，且设不同水平 A_j 下的样本之间相互独立.

由于 $X_{ij}\sim N(\mu_j,\sigma^2)$，$X_{ij}-\mu_j\sim N(0,\sigma^2)$，从而 $X_{ij}-\mu_j$ 可看成随机误差，将其记作 ε_{ij}，则 X_{ij} 可表为

$$\left.\begin{aligned}&X_{ij}=\mu_j+\varepsilon_{ij}\\&\varepsilon_{ij}\sim N(0,\sigma^2)，各\ \varepsilon_{ij}\ 相互独立，\\&i=1,2,\cdots,n_j,j=1,2,\cdots,s，\end{aligned}\right\}\tag{9.1}$$

其中 μ_j 与 σ^2 均为未知参数.式(9.1)称为单因素试验方差分析的数学模型.

9.1.3 单因素方差分析及其显著性检验的方法

1.方差分析的任务

（1）检验 s 个总体 $N(\mu_j,\sigma^2)$（$j=1,2,\cdots,s$）的均值是否相等，即检验前述假设

$$H_0:\mu_1=\mu_2=\cdots=\mu_s,H_1:\mu_1,\mu_2,\cdots,\mu_s\ 不全相等.\tag{9.2}$$

（2）对未知参数 μ_j（$j=1,2,\cdots,s$）及 σ^2 进行估计.

为了方便讨论将上述问题做形式上的改变，作 μ_j（$j=1,2,\cdots,s$）的加权平均

$$\mu=\frac{1}{n}\sum_{j=1}^{s}n_j\mu_j,$$

其中 $n=\sum_{j=1}^{s}n_j$，μ 称为总平均.再引入

$$\alpha_j=\mu_j-\mu,j=1,2,\cdots,s,$$

显然，$n_1\alpha_1+n_2\alpha_2+\cdots+n_s\alpha_s=0.\alpha_j$ 表示水平 A_j 下的总体平均值与总平均的差异，称为水平 A_j 的效应.利用上述记号，将模型(9.1)改写成如下形式：

$$\left.\begin{array}{l} X_{ij} = \mu + \alpha_j + \varepsilon_{ij}, \\ \varepsilon_{ij} \sim N(0, \sigma^2), \text{各}\ \varepsilon_{ij}\ \text{相互独立}, \\ i = 1, 2, \cdots, n_j, j = 1, 2, \cdots, s. \\ n_1\alpha_1 + n_2\alpha_2 + \cdots + n_s\alpha_s = 0. \end{array}\right\} \tag{9.1}'$$

显然,当且仅当 $\mu_1 = \mu_2 = \cdots = \mu_s$ 时,$\mu_j = \mu$,即 $\alpha_j = 0$($j = 1, 2, \cdots, s$),由此知假设式(9.2)等价于假设

$$H_0 : \alpha_1 = \alpha_2 = \cdots = \alpha_s = 0, \quad H_1 : \alpha_1, \alpha_2, \cdots, \alpha_s\ \text{不全为零.} \tag{9.2}'$$

2.离差平方和分解

显然,检验假设 H_0 可以采用 t 检验法,只要检验任意一个水平的效应 $\alpha_j = 0$,但是这样要做 s 次的检验,工作量大,并且也很烦琐,为了将问题简化,采用离差平方和分解的方法.对表 9.2 提供的数据进行处理,记

$$\bar{x}_{\cdot j} = \frac{1}{n_j}\sum_{i=1}^{n_j} x_{ij} \quad (j = 1, 2, \cdots, s). \tag{9.3}$$

$$\bar{x} = \frac{1}{n}\sum_{j=1}^{s}\sum_{i=1}^{n_j} x_{ij}, \quad n = n_1 + n_2 + \cdots + n_s. \tag{9.4}$$

其中 $\bar{x}_{\cdot j}$ 是水平 A_j 下的样本均值,称为组内平均(或列平均),而 $\bar{x}$ 称为总平均,它是从 s 个总体中抽得的样本的样本均值.通常我们用样本值 x_{ij} 与总平均 $\bar{x}$ 之间的偏差平方和来反映 x_{ij} 之间的波动.令

$$S_T = \sum_{j=1}^{s}\sum_{i=1}^{n_j}(x_{ij} - \bar{x})^2, \tag{9.5}$$

称 S_T 为总的偏差平方和.利用式(9.3)和式(9.4)将 S_T 作分解如下:

$$S_T = \sum_{j=1}^{s}\sum_{i=1}^{n_j}(x_{ij} - \bar{x})^2 = \sum_{j=1}^{s}\sum_{i=1}^{n_j}\left[(x_{ij} - \bar{x}_{\cdot j}) + (\bar{x}_{\cdot j} - \bar{x})\right]^2$$

$$= \sum_{j=1}^{s}\sum_{i=1}^{n_j}(x_{ij} - \bar{x}_{\cdot j})^2 + \sum_{j=1}^{s}\sum_{i=1}^{n_j}(\bar{x}_{\cdot j} - \bar{x})^2 + 2\sum_{j=1}^{s}\sum_{i=1}^{n_j}(x_{ij} - \bar{x}_{\cdot j})(\bar{x}_{\cdot j} - \bar{x}),$$

对于第三项,直接计算可得

$$2\sum_{j=1}^{s}\sum_{i=1}^{n_j}(x_{ij} - \bar{x}_{\cdot j})(\bar{x}_{\cdot j} - \bar{x}) = 2\sum_{j=1}^{s}(\bar{x}_{\cdot j} - \bar{x})\left(\sum_{i=1}^{n_j} x_{ij} - n_j\bar{x}_{\cdot j}\right)$$

$$= 2\sum_{j=1}^{s}(\bar{x}_{\cdot j} - \bar{x})(n_j\bar{x}_{\cdot j} - n_j\bar{x}_{\cdot j}) = 0,$$

记

$$S_e = \sum_{j=1}^{s}\sum_{i=1}^{n_j}(x_{ij} - \bar{x}_{\cdot j})^2, \tag{9.6}$$

$$S_A = \sum_{j=1}^{s} \sum_{i=1}^{n_j} (\bar{x}_{\cdot j} - \bar{x})^2 = \sum_{j=1}^{s} n_j \bar{x}_{\cdot j}^2 - n \bar{x}^2. \tag{9.7}$$

从而

$$S_T = S_e + S_A \tag{9.8}$$

为一个平方和分解式.

利用式(9.1)′可得

$$\bar{x}_{\cdot j} = \frac{1}{n_j} \sum_{i=1}^{n_j} (\mu + \alpha_j + \varepsilon_{ij}) = \mu + \alpha_j + \bar{\varepsilon}_{\cdot j},$$

$$\bar{x} = \frac{1}{n} \sum_{j=1}^{s} \sum_{i=1}^{n_j} (\mu + \alpha_j + \varepsilon_{ij}) = \mu + \frac{1}{n} \sum_{j=1}^{s} n_j \alpha_j + \bar{\varepsilon} = \mu + \bar{\varepsilon},$$

从而有

$$S_e = \sum_{j=1}^{s} \sum_{i=1}^{n_j} (\varepsilon_{ij} - \bar{\varepsilon}_{\cdot j})^2, \quad S_A = \sum_{j=1}^{s} n_j (\alpha_j + \bar{\varepsilon}_{\cdot j} - \bar{\varepsilon})^2.$$

由此知，S_e 反映了误差的波动，称其为误差的偏差平方和(或称为组内平方和)，它集中反映了试验中与因素及其水平无关的全部随机误差.在前述 H_0 为真时，S_A 反映误差的波动，在 H_0 不真时 S_A 反映因子 A 的不同水平效应间的差异(同时也包含误差)，称其为因素 A 的偏差平方和(或效应平方和)，它描述了试验中与偶然干扰无关的条件误差，其数值大小集中体现了因素及水平对指标的影响.

3. S_e 与 S_A 的统计特性

由于

$$\varepsilon_{ij} \sim N(0, \sigma^2), \quad \bar{\varepsilon}_{\cdot j} \sim N\left(0, \frac{\sigma^2}{n_j}\right), \quad \bar{\varepsilon} \sim N\left(0, \frac{\sigma^2}{n}\right),$$

$$j = 1, 2, \cdots, s \; ; \; i = 1, 2, \cdots, n_j.$$

由此可得，

$$E(S_e) = E\left[\sum_{j=1}^{s} \sum_{i=1}^{n_j} (\varepsilon_{ij} - \bar{\varepsilon}_{\cdot j})^2\right] = \sum_{j=1}^{s} E\left(\sum_{i=1}^{n_j} \varepsilon_{ij}^2 - n_j \bar{\varepsilon}_{\cdot j}^2\right)$$

$$= \sum_{j=1}^{s} \left[\sum_{i=1}^{n_j} E(\varepsilon_{ij}^2) - n_j E(\bar{\varepsilon}_{\cdot j}^2)\right] = \sum_{j=1}^{s} \left(\sum_{i=1}^{n_j} \sigma^2 - n_j \frac{\sigma^2}{n_j}\right)$$

$$= \sum_{j=1}^{s} (n_j \sigma^2 - \sigma^2) = (n - s)\sigma^2.$$

同理可得

$$E(S_A) = (s - 1)\sigma^2 + \sum_{j=1}^{s} n_j \alpha_j^2.$$

故有

$$E\left(\frac{S_e}{n-s}\right)=\sigma^2 ,$$

$$E\left(\frac{S_A}{s-1}\right)=\sigma^2+\frac{1}{s-1}\sum_{j=1}^{s}n_j\alpha_j^2 .$$

当 H_0 成立时,即 $\alpha_1=\alpha_2=\cdots=\alpha_s=0$ 时,

$$E\left(\frac{S_e}{n-s}\right)=E\left(\frac{S_A}{s-1}\right)=\sigma^2 .$$

否则

$$E\left(\frac{S_e}{n-s}\right)\leqslant E\left(\frac{S_A}{s-1}\right) .$$

从而当 H_0 不成立时,比值 $\dfrac{S_A/(s-1)}{S_e/(n-s)}$ 有偏大的趋势,将其记为 F ,即

$$F=\frac{S_A/(s-1)}{S_e/(n-s)} , \tag{9.9}$$

则 F 可作为检验 H_0 的统计量.

将 S_e 写成如下分项相加的形式

$$S_e=\sum_{i=1}^{n_j}(x_{i1}-\bar{x}._1)^2+\sum_{i=1}^{n_j}(x_{i2}-\bar{x}._2)^2+\cdots+\sum_{i=1}^{n_j}(x_{is}-\bar{x}._s)^2 , \tag{9.10}$$

其中 $\sum\limits_{i=1}^{n_j}(x_{ij}-\bar{x}._j)^2$ 是总体 $N(\mu_j,\sigma^2)$ 的样本方差的 n_j-1 倍,于是

$$\frac{\sum\limits_{i=1}^{n_j}(x_{ij}-\bar{x}._j)^2}{\sigma^2}\sim\chi^2(n_j-1) .$$

因诸 x_{ij} 相互独立,所以式(9.9)中的 s 个平方和相互独立,根据 χ^2 分布的可加性知

$$\frac{S_e}{\sigma^2}\sim\chi^2\left(\sum_{j=1}^{s}(n_j-1)\right) ,$$

而 $\sum\limits_{j=1}^{s}(n_j-1)=n-s$,故 $\dfrac{S_e}{\sigma^2}\sim\chi^2(n-s)$.

由式(9.7)知, S_A 是 s 个变量 $\sqrt{n_j}(x._j-\bar{x})$ ($j=1,2,\cdots,s$)的平方和,它们之间有关系

$$\sum_{j=1}^{s}\sqrt{n_j}\left[\sqrt{n_j}(\bar{x}._j-\bar{x})\right]=\sum_{j=1}^{s}n_j(\bar{x}._j-\bar{x})=\sum_{j=1}^{s}\sum_{i=1}^{n_j}x_{ij}-n\bar{x}=0 ,$$

由此知 S_A 的自由度为 $s-1$.进一步还可以证明 S_A 与 S_e 相互独立,且当 H_0 为真时

$$\frac{S_A}{\sigma^2} \sim \chi^2(s-1).$$

由以上分析知,当 H_0 为真时,$F = \dfrac{S_A/(s-1)}{S_e/(n-s)} \sim F(s-1, n-s)$.这就是方差分析中的检验统计量,它是通过两个方差的比给出的,这也是方差分析名称的由来.

根据上面的讨论,当 H_0 为真时,$\dfrac{S_A}{S_e}$ 不能太大,因此拒绝域的形式为

$$F \geqslant F_\alpha(s-1, n-s).$$

对给定的检验水平 α,查 $F_\alpha(s-1, n-s)$ 的值,由样本观察值计算 S_E,S_A,从而计算出统计量 F 的观察值.

(1)若 $F > F_\alpha(s-1, n-s)$ 时,拒绝 H_0,表示因素 A 的各水平下的效应有显著差异,或者说 $\mu_1, \mu_2, \cdots, \mu_s$ 不全相等;

(2)若 $F < F_\alpha(r-1, n-r)$ 时,则接受 H_0,表示因素 A 的各水平下的效应无显著差异.

9.1.4　实测演算

通常情况下,方差分析方法甚为繁杂,为方便起见,把上述讨论的主要方面汇总成方差分析表(表 9.3)予以简明表出.

表 9.3　单因素方差分析表

方差来源	平方和	自由度	均方和	方差比
组间(因素 A)	S_A	$s-1$	$\dfrac{S_A}{s-1}$	$F = \dfrac{S_A/s-1}{S_e/n-s}$
组内(误差)	S_e	$n-s$	$\dfrac{S_e}{n-s}$	
总和	S_T	$n-1$	临界值	$F = F_\alpha(s-1, n-s)$

在实际计算中可以按如下简化的公式来计算 S_T,S_A 和 S_e.记

$$T_{\cdot j} = \sum_{i=1}^{n_j} x_{ij}, \quad j = 1, 2, \cdots, s, \quad T_{\cdot\cdot} = \sum_{j=1}^{s} \sum_{i=1}^{n_j} x_{ij},$$

由此可得

$$S_T = \sum_{j=1}^{s} \sum_{i=1}^{n_j} x_{ij}^2 - n\,\bar{x}^2 = \sum_{j=1}^{s} \sum_{i=1}^{n_j} x_{ij}^2 - \frac{T_{\cdot\cdot}^2}{n},$$

$$S_A = \sum_{j=1}^{s} n_j \, \bar{x}_{\cdot j}^2 - n \, \bar{x}^2 = \sum_{j=1}^{s} \frac{T_{\cdot j}^2}{n_j} - \frac{T_{\cdot \cdot}^2}{n} \,,$$

$$S_e = S_T - S_A .$$

例 9.1.2 某粮食加工厂用 4 种不同方法贮藏粮食,在一段时间后,分别抽样化验测得含水率(%)如表 9.4 所示:

表 9.4 不同贮藏方法下含水率的实测数据表

贮藏方法(水平)	重复试验含水率的实测数据表				
	1	2	3	4	5
A_1	5.8	7.4	7.1	/	/
A_2	7.3	8.3	7.6	8.4	8.3
A_3	7.9	9.0	/	/	/
A_4	8.1	6.4	7.0	/	/

试问不同贮藏方法对粮食含水率的影响是否显著?($\alpha = 0.01$)

解 因素 A 的水平 $s = 4$,重复试验次数分别为 $n_1 = 3, n_2 = 5, n_3 = 2, n_4 = 3$,是单因素试验.假设贮藏方法 A_i 下的粮食含水率服从独立同方差的正态分布 $N(\mu_j, \sigma^2)$,$j = 1, 2, 3, 4$.

(1)提出待检假设,$H_0: \mu_1 = \mu_2 = \mu_3 = \mu_4$,$H_1: \mu_1, \mu_2, \mu_3, \mu_4$ 不全相等.

(2)计算行平均、总平均、行离差平方和,并列出表 9.5.

表 9.5 数据加工记录表

水平	行和($\sum$)	行平均($\bar{x}_i$)	行离差平方和(s_i)
A_1	20.3	6.76667	1.44667
A_2	39.9	7.98	0.988
A_3	16.9	8.45	0.605
A_4	21.5	7.16667	1.48667

总平均 $\bar{x} = 7.58462$.

根据表 9.5 计算三个离差平方和及其自由度,即

$$S_A = \sum_{i=1}^{4} n_i \, (x_i - \bar{x})^2 = 4.8106 \,, \quad K_A = s - 1 = 4 - 1 = 3$$

$$S_e = \sum_{i=1}^{4} S_i = 4.5263 \,, \quad K_e = n - s = 13 - 4 = 9$$

$$S_T = S_e + S_A = 9.3369 \,, \quad K_T = n - 1 = 13 - 1 = 12$$

(3)列方差分析表(表 9.6).

表 9.6 粮食含水率的方差分析表

方差来源	平方和	自由度	均方和	方差比
组间 (贮藏方法)	4.8106	3	1.6035 ($\frac{S_A}{s-1}$)	$F = \frac{1.6035}{0.5029} = 3.19$
组内(误差)	4.5263	9	0.5029 ($\frac{S_e}{n-s}$)	
总和	9.3369	12	临界值	$F_a = F_{0.01}(3,9) = 6.99$

由于 $F = 3.19 < F_{0.01}(3,9) = 6.99$，所以不能拒绝 H_0，认为各种贮藏方法所得的结果没有显著差异.

例 9.1.3 设有三台机器，用来生产规格相同的铝合金薄板. 取样，测量薄板的厚度精确至 1‰cm. 得结果如表 9.7 所示.

表 9.7 铝合金板的厚度

机器 I	机器 II	机器 III
0.236	0.257	0.258
0.238	0.253	0.264
0.248	0.255	0.259
0.245	0.254	0.267
0.243	0.261	0.262

问各台机器所生产的薄板的厚度有无显著的差异.

解 在此问题中，试验的指标是薄板的厚度，机器为因素，不同的三台机器就是这个因素的三个不同的水平. 本问题就是要检验假设($\alpha = 0.05$)

$H_0 : \mu_1 = \mu_2 = \mu_3$，$H_1 : \mu_1, \mu_2, \mu_3$ 不全相等.

此处 $s = 3, n_1 = n_2 = n_3 = 5, n = 15$，直接计算可得

$$S_T = \sum_{j=1}^{3} \sum_{i=1}^{5} x_{ij} - \frac{T_{..}^2}{15} = 0.963912 - \frac{3.8^2}{15} = 0.00124533,$$

$$S_A = \sum_{j=1}^{3} \frac{T_{.j}^2}{n_j} - \frac{T_{..}^2}{n} = \frac{1}{5}(1.21^2 + 1.28^2 + 1.31^2) - 3.8^2/15 = 0.00105333,$$

$$S_e = S_T - S_A = 0.000192.$$

S_T, S_A, S_e 的自由度依次为 $n-1 = 14, s-1 = 2, n-s = 12$，得方差分析表如表 9.8 所示.

表9.8　方差分析表

方差来源	平方和	自由度	均方和	F 比
因素	0.00105333	2	0.00052667	
				32.92
误差	0.000192	12	0.000016	
总和	0.00124533	14	/	/

因 $F_{0.05}(2,12)=3.89<32.92$，故在水平 0.05 下拒绝 H_0，认为各台机器生产的薄板厚度有显著的差异.

9.1.5　未知参数的估计

由于 $E\left(\dfrac{S_e}{n-s}\right)=\sigma^2$，故可取 σ^2 的无偏估计为 $\dfrac{S_e}{n-s}$，即

$$\overset{\wedge}{\sigma}^2=\frac{S_e}{n-s}.$$

又因

$$E(\bar{x})=E\left(\frac{1}{n}\sum_{j=1}^{s}\sum_{i=1}^{n_j}x_{ij}\right)=\frac{1}{n}\sum_{j=1}^{s}\sum_{i=1}^{n_j}E(x_{ij})=\frac{1}{n}\sum_{j=1}^{s}n_j\mu_j=\mu,$$

$$E(\bar{x}._j)=\frac{1}{n_j}\sum_{i=1}^{n_j}E(x_{ij})=\frac{1}{n_j}\sum_{i=1}^{n_j}\mu_j=\mu_j,$$

由此知，$\overset{\wedge}{\mu}=\bar{x}$，$\overset{\wedge}{\mu}_j=\bar{x}._j$ 分别是 μ，μ_j 的无偏估计.

若拒绝 H_0，则意味着效应 $\alpha_1,\alpha_2,\cdots,\alpha_s$ 不全为零.由 α_j 的定义

$$\alpha_j=\mu_j-\mu,j=1,2,\cdots,s$$

知，$\overset{\wedge}{\alpha}_j=\bar{x}._j-\bar{x}$ 是 α_j 的无偏估计，并且此时有关系式

$$\sum_{j=1}^{s}n_j\overset{\wedge}{\alpha}_j=\sum_{j=1}^{s}n_j\bar{x}._j-n\bar{x}=0$$

成立.

在拒绝 H_0 的同时，常需要做出两总体 $N(\mu_j,\sigma^2)$ 和 $N(\mu_k,\sigma^2)$（$j\neq k$）的均值差 $\mu_j-\mu_k$ 的区间估计.直接计算可得

$$E(\bar{x}._j-\bar{x}._k)=\mu_j-\mu_k,D(\bar{x}._j-\bar{x}._k)=\left(\frac{1}{n_j}+\frac{1}{n_k}\right)\sigma^2,$$

可以证明，$\bar{x}._j-\bar{x}._k$ 与 $S_e/(n-s)$ 相互独立，于是

$$\frac{(\bar{x}._j-\bar{x}._k)-(\mu_j-\mu_k)}{\sqrt{S_e(1/n_j+1/n_k)}}=\frac{(\bar{x}._j-\bar{x}._k)-(\mu_j-\mu_k)}{\sigma\sqrt{(1/n_j+1/n_k)}}\Bigg/\sqrt{\frac{\overline{S_e}}{\sigma^2(n-s)}}\sim t(n-s),$$

其中 $\bar{S}_e=S_e/(n-s)$.由此得均值差 $\mu_j-\mu_k=\alpha_j-\alpha_k$ 的置信水平为 $1-\alpha$ 的置信区间为

$$\left(\bar{x}_{\cdot j}-\bar{x}_{\cdot k}-t_{\alpha/2}(n-s)\sqrt{\bar{S}_e(1/n_j+1/n_k)},\right.$$

$$\left.\bar{x}_{\cdot j}-\bar{x}_{\cdot k}+t_{\alpha/2}(n-s)\sqrt{\bar{S}_e(1/n_j+1/n_k)}\right). \tag{9.11}$$

例 9.1.4 求例 9.1.3 中的未知参数 σ^2,μ_j,α_j($j=1,2,3$)的点估计及均值差的置信水平为 0.95 的置信区间.

解 由前述讨论知

$$\hat{\sigma}^2=S_e/(n-s)=0.00016,$$

$$\hat{\mu}_1=\bar{x}_{\cdot 1}=0.242,\hat{\mu}_2=\bar{x}_{\cdot 2}=0.256,\hat{\mu}_3=\bar{x}_{\cdot 3}=0.262,\hat{\mu}=\bar{x}=0.253,$$

$$\hat{\alpha}_1=\bar{x}_{\cdot 1}-\bar{x}=-0.011,\hat{\alpha}_2=\bar{x}_{\cdot 2}-\bar{x}=0.003,\hat{\alpha}_3=\bar{x}_{\cdot 3}-\bar{x}=0.009$$

查 t 分布表,$t_{0.025}(n-s)=t_{0.025}(12)=2.1788$,由此可得

$$t_{0.025}(12)\sqrt{\bar{S}_e(1/n_j+1/n_k)}=2.1788\sqrt{16\times10^{-6}\times\frac{2}{5}}=0.006,$$

将其代入式(9.11)得 $\mu_1-\mu_2$,$\mu_1-\mu_3$,$\mu_2-\mu_3$ 的置信区间分别为

$$(0.242-0.256-0.006,0.242-0.256+0.006)=(-0.020,-0.008),$$

$$(0.242-0.262-0.006,0.242-0.262+0.006)=(-0.026,-0.014),$$

$$(0.256-0.262-0.006,0.256-0.262+0.006)=(-0.012,0).$$

习题 9.1

1. 从某校初中二年级的四个班各随机抽一个学生先后参加 5 次年级数学竞赛,其成绩如表 9.9,问这四个学生的成绩是否存在显著差异?($\alpha=0.05$)

表 9.9 成绩表

试验水平	1	2	3	4	5
A1	85	80	81	95	88
A2	91	89	83	88	85
A3	83	76	92	95	90
A4	99	70	80	82	78

2. 一批由相同材料织成的布料,使用染整工艺 B1、B2、B3,分别处理后进行强度试验.实测数据(单位:$\mathrm{kg/m^2}$)为:

工艺 B1：0.94　0.86　0.90　1.26　1.04

工艺 B2：1.28　1.72　1.60　1.60

工艺 B3：1.02　0.86　1.00　1.22　1.33　1.10

试分析不同染整工艺下布料强度是否有显著差异.（$\alpha = 0.05$）

3. 设有三台机器，用来生产规格相同的铝合金薄板，取样测量薄板的厚度见表 9.10.

表 **9.10**　薄板厚度观测表

机器	铝合金板厚度/cm	平均值
A1	0.236，0.238，0.248，0.245，0.243	0.242
A2	0.257，0.253，0.255，0.254，0.261	0.256
A3	0.258，0.264，0.259，0.267，0.262	0.262

设除机器这一因素外，其他因素保持不变，试分析机器这一因素对铝合金板厚度有无显著影响.（$\alpha = 0.05$）

§9.2　回归分析原理

在实际工作中，人们常遇到一些相互制约的变量，这些变量之间存在着一定的依赖关系.这种关系表现出确定性和非确定性两种类型.其中确定性关系就是我们常见的函数关系；非确定性关系即给出自变量的值不能求出因变量的确定值，但两者之间存在密切关系，通常称为相关关系.

例如，消费者对某种商品的需求量与该种商品的价格之间存在相关关系，一般地，价格低、需求量大；价格高、需求量小，但从价格的高低，不能完全确定需求量的多少.

因此，对具有相关关系变量的研究，由于两者关系不确定，无法建立变量之间的函数表达式，但在实际工作中，又要求我们建立变量之间的数学表达式，才能解决问题.为此，在研究相关变量时，我们采用回归分析法.其原理是，通过处理样本观察值，找出相关关系变量之间的近似数学表达式（经验公式），然后检验此公式的有效性（与实际相吻合的程度）.这种处理变量之间相关关系的数理统计方法称为回归分析.

严格讲，回归与相关的含义是不同的.一般地，如果两个变量中的一个是可控的、非随机的，而另一个是变量随机，且随可控变量的变化而变化，则这种相关变量之间的关系称为回归关系；如果两个变量均为随机变量,则它们之间的关系称为相关关系.即回归与相关的差别仅在于把自变量看成是随机变量还是可控变量.但从计算的角度看,二者几乎没有差别,常常混合使用.例如在讨论相关关系时,可以把其中一变量看作可控变量而着重考察另一变量对它的统计依赖关系,即把两个变量的关系看作回归关系;在研究回归关系时,首先研究两个变量之间的相关关系,其次对明显具有相关性的变量进行回归分析.在本章的讨论中,我们认定自变量是确定性的量.因此,我们只讨论回归分析,在这个过程中再进行相关性检验.

在实际问题中,经常遇到一个自变量(可控),与一个随机因变量之间存在线性相关关系,这就是一元线性回归讨论的内容.

9.2.1　一元线性回归方程的建立

设变量 x 与 y 之间仅存在线性相关关系.由于 x 和 y 之间不存在确定的线性关系,因此, x 与 y 之间除了直线关系外,还具有一定的随机波动 ε ,设 x 与 y 之间的关系为

$$y = ax + b + \varepsilon \tag{9.12}$$

式(9.12)称为 y 对 x 的一元线性回归模型,其中 ε 为**随机误差**.

通常, ε 满足以下两条件:

(1)对自变量 x 的任一给定值 x_0 , ε 均为随机变量,且 $\varepsilon \sim N(0, \sigma^2)$.

(2)对自变量 X 的 N 个样本值 $x_1, x_2, \cdots, x_n$,相应的随机变量 $\varepsilon_1, \varepsilon_2, \cdots, \varepsilon_n$,相互独立.

如果(1)中的 ε 忽略不计,则 x 与 y 之间有近似的线性表达式.

$$\hat{y} = ax + b \tag{9.13}$$

上式称为 y 对 x 的一元线性回归方程.实际上,建立 y 与 x 的线性回归方程即式(9.13)中 a 与 b 的值.

以下介绍 a 与 b 的计算方法.

设 (x_1, y_1) , (x_2, y_2) , $\cdots$, (x_n, y_n) 是 n 对 x 与 y 的样本观测值,将 (x_i, y_i) ($i = 1, 2, \cdots, n$)描在直角坐标平面上,得到散点图,如图 9.1 所示.由散点图,可大致判断 x , y 是否存在线性关系.若存在,则我们可建立 y 对 x 的线性回归方程.但平面上直线有无穷

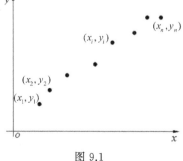

图 9.1

多条，究竟用哪一条直线合适，需要有一个明确的原则．一般的原则是要求 $\hat{y}=ax+b$ 能使所有样本观察值 y_i（$i=1,2,\cdots,$

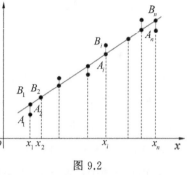

n）与由直线得出的估计值 ax_i+b 之差的平方和 $Q=\sum_{i=1}^{n}(y_i-\overset{\wedge}{y_i})^2=\sum_{i=1}^{n}(y_i-ax_i-b)^2$ 达到最小值（图 9.2），即求观察点 $A_i(x_i,y_i)$ 与直线上点 $B_i(x_i,\overset{\wedge}{y_i})$ 之间的距离 d_i 的平方和 $\sum_{i=1}^{n}d_i^2$ 达到最小.

图 9.2

这里 Q 定量地描述了回归方程与样本观察值总的接近程度．Q 是 a,b 的二元函数，要求回归方程即求使 Q 达到最小的 a,b 的估计值.这种求回归直线的方法称为最小二乘法.具体做法如下：

对 a,b 求偏导并令偏导数为零

$$\begin{cases}\dfrac{\partial Q}{\partial a}=0,\\[2mm]\dfrac{\partial Q}{\partial b}=0.\end{cases}$$

由此可得规范方程为：

$$\begin{cases}nb+\sum x_i a=\sum y_i,\\[2mm]\sum x_i b+\sum x_i^2 a=\sum x_i y_i.\end{cases}$$

求解此方程组得到如下结果

$$\begin{cases}\hat{a}=\dfrac{\sum_{i=1}^{n}(x_i-\bar{x})(y_i-\bar{y})}{\sum_{i=1}^{n}(x_i-\bar{x})^2}=\dfrac{\sum_{i=1}^{n}x_i y_i-n\bar{x}\cdot\bar{y}}{\sum_{i=1}^{n}x_i^2-n\bar{x}^2},\\[6mm]\hat{b}=\bar{y}-\hat{a}\,\bar{x}.\end{cases}$$

为叙述方便，记

$$S_{xx}=\sum(x_i-\bar{x})^2,$$

$$S_{yy}=\sum(y_i-\bar{y})^2,$$

$$S_{xy}=\sum(x_i-\bar{x})(y_i-\bar{y}).$$

从而所求回归方程为

$$\hat{y} = \hat{a}x + \hat{b} ,$$

其中

$$\hat{a} = \frac{S_{xy}}{S_{xx}} , \hat{b} = \bar{y} - \hat{a}\,\bar{x} . \tag{9.14}$$

例 9.2.1　某种物质在不同温度下可吸附另一种物质，如果温度 x（单位：℃）与吸附重量 y（单位：mg）的观测值如表 9.11 所示：

表 9.11　温度与重量对应关系表

温度 x_i	1.5	1.8	2.4	3.0	3.5	3.9	4.4	4.8	5.0
重量 y_i	4.8	5.7	7.0	8.3	10.9	12.4	13.1	13.6	15.3

试求吸附重量 y 和温度 x 的回归方程.

解　根据上述观测值确定回归系数：

$$\sum x_i = 30.3 , \sum y_i = 91.11 , \bar{x} = 3.367 , \bar{y} = 10.122 ,$$

$$\sum x_i^2 = 115.11 , \sum x_i y_i = 345.09 , \sum y_i^2 = 1036.65 ,$$

$$S_{xx} = 13.100 , S_{xy} = 38.387 , S_{yy} = 114.516 , n = 9 ,$$

$$\hat{a} = \frac{S_{xy}}{S_{xx}} = 2.9303 , \hat{b} = \bar{y} - \hat{a}\,\bar{x} = 0.2569 .$$

所求的回归方程为：

$$\hat{y} = 2.9303x + 0.2569 .$$

9.2.2　回归方程的有效性检验

从以上求回归直线方程的计算过程可以看出，随便给出一些散点，都可用最小二乘法配出一条回归直线，但这种情况下所配的回归直线不一定有意义. 只有当两个变量具有线性相关关系时，回归直线方程才有意义. 如何衡量两个变量线性相关程度的好坏，这也是回归直线方程有效性检验所需解决的问题.

若在 $y = ax + b + \varepsilon$ 中，$a = 0$，则说明 x 和 y 没有线性关系，显然 x 不能控制 y，即用回归方程 $\hat{y} = ax + b$ 不能描述 x 和 y 的线性关系. 因此，在进行回归直线方程的有效性检验设计时，首先提出假设 $H_0 : a = 0$，$H_1 : a \neq 0$.

检验 $H_0 : a = 0$ 是否成立通常有三种方法，F 检验法，t 检验法和相关系数检验法. 本书仅就 F 检验法做简单的介绍.

首先考虑因变量 y 取值的波动规律. y 取值的波动程度通常可用 y 的总偏差平方和衡量：

$$S_{yy}^2 = \sum (y_i - \bar{y})^2 = \sum (y_i - \hat{y}_i + \hat{y}_i - \bar{y})^2$$
$$= \sum (y_i - \hat{y}_i)^2 + \sum (\hat{y}_i - \bar{y})^2 + 2\sum (y_i - \hat{y}_i)(\hat{y}_i - \bar{y})$$
$$= \sum (y_i - \hat{y}_i)^2 + \sum (\hat{y}_i - \bar{y})^2 = Q + U , \tag{9.15}$$

其中

$$U = \sum (\hat{y}_i - \bar{y})^2 = \sum (ax_i + b - a\bar{x}b)^2$$
$$= a^2 \sum (x_i - \bar{x})^2 = a^2 S_{xx} , \tag{9.16}$$

称为回归平方和,它反映了总离差平方和中由于 x 对 y 的线性影响而引起 y 变动的部分.

$$Q = \sum (y_i - \hat{y}_i)^2 = S_{yy} - U \tag{9.17}$$

称为剩余平方和,它反映了总离差平方和中除 x 对 y 的线性影响之外的其他因素引起 y 变动的部分.

若 $Q = 0$,那么 $S_{yy}^2 = U$,这表明 y_i 的值被回归值 $\hat{y}_i$ 完全确定,即 x 可确定 y,x 与 y 线性关系密切.

如果 $Q = S_{yy}^2$,那么 $U = 0$,这说明 y_i 的变差是由除去 x 以外二种因素引起的,即 y 与 x 无关.

从以上分析可知,S_{yy}^2 给定后,U,Q 的大小反映了 x 对 y 的影响程度.U 越大,Q 越小,x 对 y 的线性影响程度越大;反之 U 越小,Q 越大,x 对 y 的线性影响程度越小.故 U,Q 的相对比值反映了 x 对 y 的线性相关程度.

S_{yy} 的自由度是 $n-1$,U 的自由度是 1,则 Q 的自由度是 $(n-1)-1 = n-2$,则

$$F = \frac{\dfrac{U}{1}}{\dfrac{Q}{(n-2)}} = \frac{(n-2)U}{Q} \sim F(1, n-2) .$$

由 U 与 Q 的意义不难看出:F 越大,回归作用越显著;F 越小,回归作用越不显著.因此,我们需要考虑的是,F 大到什么程度才能认为 x 与 y 之间线性关系显著这样的问题.

由于在 $H_0 : a = 0$ 成立的条件下 $F \sim F(1, n-2)$,所以对给定的检验标准 α,查附表可找到临界值 $F_\alpha(1, n-2)$.由样本观测值可求出 F 的值.如果 $F > F_\alpha$,则否定原假设,认为回归作用显著,即 x 与 y 之间存在显著的线性关系.如果 $F < F_\alpha$,则接受原假设,认为回归作用不显著,即 x 与 y 之间不

存在显著的线性关系.

例 9.2.2　小麦基本苗数 x 及有效穗数 y（单位：万）的 5 组观察数据如表 9.12 所示.

表 9.12　小麦苗数与有效穗数观测表

基本苗数 x_i	15.0	25.8	30.0	36.6	44.4
有效穗数 y_i	39.4	41.9	41.0	43.1	49.2

试求线性回归方程，并检验 y 与 x 之间的相关性（$\alpha = 0.05$）.

解　（1）做散点图（略）；

（2）计算得：

$$\bar{x} = 30.36, \bar{y} = 42.92, \qquad S_{yy} = \sum_{i=1}^{5} (y_i - \bar{y})^2 = 56.588,$$

$$S_{xx} = \sum_{i=1}^{5} x_i^2 - 5\bar{x}^2 = 492.912, \quad S_{xy} = \sum_{i=1}^{5} y_i x_i - 5\bar{x}\bar{y} = 148.704,$$

$$\hat{a} = \frac{S_{xy}}{S_{xx}} = 0.302, \hat{b} = \bar{y} - \hat{a}\bar{x} = 33.76.$$

由此得回归方程为

$$\hat{y} = 0.302x + 33.76.$$

（3）设 $H_0 : a = 0$，$H_1 : a \neq 0$，根据水平为 $\alpha = 0.05$，由式（9.16），

$$U = \hat{a}^2 S_{xx} = \frac{S_{xy}^2}{S_{xx}} = 44.956,$$

$$Q = S_{yy} - U = 11.632,$$

所以

$$F = \frac{(n-2)U}{Q} = \frac{(5-2) \times 44.956}{11.632} = 11.6.$$

查表得临界值 $F_{0.05}(1,3) = 10.1$，从而拒绝域为 $F \geqslant 10.1$，显然 $F > F_\alpha(1,3)$，所以拒绝 $H_0 : a = 0$，接受 $H_1 : a \neq 0$，可认为 x 与 y 具有线性相关性，即经验回归方程 $\hat{y} = 0.302x + 33.76$ 有效.

9.2.3　可线性化的非线性回归分析问题

在实际问题中，有时两个相关变量之间并不一定都是线性关系.这时，要直接建立变量间的非线性回归方程是十分困难的.通常的方法是：首先由观测数据画出散点图，由图大致确定 x 与 y 的函数关系，然后通过变量替换将曲线问题线性化，接着运用线性回归分析的方法，建立回归直线方程，再通过变换将直线方程还原为 x 与 y 之间的曲线方程.以下仅列出几个常见曲线的

线性化变换方法，不做深入的讨论.

(1)双曲线型 $y = \dfrac{a}{x} + b$

令 $x' = \dfrac{1}{x}$ ，则有

$$y = ax' + b;$$

(2)指数型 $y = c \cdot \mathrm{e}^{ax}$

若 $c > 0$，可令 $y' = \ln y$, $b = \ln c$,则 $y' = ax + b$,

若 $c < 0$，可令 $y' = \ln(-y)$，$b = \ln(-c)$ ，则 $y' = ax + b$ ，从而

$$y' = ax + b;$$

(3)幂函数型 $y = c \cdot x^a$

若 $c > 0$, 令 $y' = \ln y$，$b = \ln c$，$x' = \ln x$ ，则 $y' = ax' + b$,

若 $c < 0$, 令 $y' = \ln(-y)$，$b = \ln(-c)$，$x' = \ln x$ ，则 $y' = ax' + b$,从而

$$y' = ax' + b;$$

(4)对数曲线型 $y = a \cdot \ln x + b$

令 $x' = \ln x$ ，则

$$y = ax' + b;$$

(5)逻辑曲线型 $y = \dfrac{1}{a\mathrm{e}^{-x} + b}$

令 $y' = \dfrac{1}{y}$, $x' = \mathrm{e}^{-x}$ ，则

$$y' = ax' + b.$$

习题 9.2

1. 在钢线碳含量对于电阻的效应的研究中，得到如表 9.13 所示数据：

表 9.13 钢线碳含量对于电阻的效应的观测数据

碳含量 x	0.10	0.30	0.40	0.55	0.70	0.80	0.95
电阻 y	18	18	19	21	22.6	23.8	26

设对于给定的 x 、y 为正态变量，且方差与 x 无关. ($\alpha = 0.05$)

(1)画出散点图.

(2)求线性回归方程 $\hat{y} = \hat{a} + \hat{b}x$.

(3)检验假设 $H_0: b = 0$，$H_1: b \neq 0$.

2.考察温度对产量的影响,测得下列 10 组数据,如表 9.14 所示.

表 9.14 温度与安全关系观测数据表

温度 x	20	25	30	35	40	45	50	55	60	65
产量 y	13.2	15.1	16.4	17.1	17.9	18.7	19.6	21.2	22.5	24.3

(1)求经验回归方程 $\hat{y} = \hat{b}_0 + \hat{b}_1 x$.

(2)检验回归的显著性($\alpha = 0.05$).

总复习题 9

1. 粮食加工厂试验 5 种贮藏方法,检验它们对粮食含水率是否有显著影响,在贮藏前这些粮食的含水率几乎没有差别,贮藏后含水率如表 9.15 所示.问不同的贮藏方法对含水率的影响是否有明显差异($\alpha = 0.05$)?

表 9.15 粮食贮藏含水率观测表

含水率/%		试验批次				
		1	2	3	4	5
因素 A (贮藏方法)	A_1	7.3	8.3	7.6	8.4	8.3
	A_2	5.4	7.4	7.1		
	A_3	8.1	6.4			
	A_4	7.9	9.5	10.0		
	A_5	7.1				

2.设有三种机器 A、B、C 制造一种产品,对每种机器各观察 5 天,其日产量如表 9.16 所示.问机器与机器之间是否真正存在差别($\alpha = 0.05$)?

表 9.16 机器制造产品数量观测表

日产量		试验批次				
		1	2	3	4	5
机器因素	A	41	48	41	49	57
	B	65	57	54	72	64
	C	45	51	56	48	48

3.在某种产品表面进行腐蚀刻线试验,得到腐蚀浓度 y 与腐蚀时间 t 之间对应的一组数据如表 9.17 所示:

表 9.17　产品腐蚀浓度与被腐蚀时间的观测值表

时间 t/s	5	10	15	20	30	40	50	60	70	90	120
浓度 y/um	6	10	10	13	16	17	19	23	25	29	46

试求腐蚀浓度 y 对时间 t 的回归直线方程.

4.假设儿子的身高(y)与父亲的身高(x)适合一元正态线性回归模型,观察了 10 对英国父子的身高(英寸)如表 9.18 所示.

表 9.18　儿子身高与父亲身高的观测值表

x	60	62	64	65	66	67	68	70	72	74
y	63.6	65.2	66	65.5	66.9	67.1	67.4	63.3	70.1	70

(1)建立 y 关于 x 的回归方程.

(2)对线性回归方程做假设检验(检验水平取为 0.05).

(3)给出 $x_0 = 69$ 时,y_0 的置信度为 95% 的预测区间.

第 10 章　MATLAB 在概率统计中的应用

MATLAB 是 MATrix LABoratory 的缩写，是由美国 MathWorks 公司研发的科学计算软件，功能非常强大. MATLAB 提供了统计和机器学习工具箱（Statistics and Machine Learning Toolbox），提供了用统计和机器学习来对数据进行描述、分析和建模的函数和应用. 你可以使用描述统计和画图对数据进行解释性分析，拟合数据的概率分布，产生随机数用于蒙特卡罗模拟，进行参数估计和假设检验，还可以用回归分析和聚类分析算法对数据进行推断并建立模型等.

下面我们就本课程学习的概率统计的主要内容用 MATLAB 进行实现与分析.

§10.1　概率分布的 MATLAB 实现

MATLAB 统计与机器学习工具箱提供了大量用于概率统计分析的函数，常用的几种函数列于表 10.1：

表 10.1 几种常见分布命令

分布名	命令	分布函数	概率密度	逆概率	均值与方差	参数估计	随机数
正态分布	norm	normcdf	normpdf	norminv	normstat	normfit	normrnd
指数分布	exp	expcdf	exppdf	expinv	expstat	expfit	exprnd
均匀分布	unif	unifcdf	unifpdf	unifinv	unifstat	unifit	unifrnd
Γ 分布	gam	gamcdf	gampdf	gaminv	gamstat	gamfit	gamrnd
x^2 分布	chi2	chi2cdf	chi2pdf	chi2inv	chi2stat	————	chi2rnd
t 分布	t	tcdf	tpdf	tinv	tstat	————	trnd
F 分布	f	fcdf	fpdf	finv	fstat	————	frnd
泊松分布	poiss	poisscdf	poisspdf	poissinv	poissstat	poissfit	poissrnd
二项分布	bino	binocdf	binopdf	binoinv	binostat	binofit	binornd
几何分布	geo	geocdf	geopdf	geoinv	geostat	————	geornd
超几何分布	hyge	hygecdf	hygepdf	hygeinv	hygestat	————	hygernd

几种重要的描述统计函数列于表 10.2：

表 10.2 几种常见描述统计命令

均值	中位数	标准差	方差	偏度	峰度	极差	最大值	最小值	求和	中心矩
nanmean	nanmedian	nanstd	nanvar	skewness	kurtosis	range	nanmax	nanmin	nansum	moment

我们通过以下几例来学习表格中函数的用法.

例 10.1.1 某出租汽车公司拥有出租车 400 辆，设每天每辆出租车出现故障的概率为 0.02，试求一天内没有出现故障的概率.

解 设 X 是每天出现故障的出租车数，则 $X \sim b(400, 0.02)$，**在 MATLAB 中输入**

binopdf(0, 400, 0.02)

运行得到结果：3.0934e−04.

例 10.1.2 某一无线寻呼台，每分钟内收到寻呼的次数 X 服从参数为 $\lambda = 3$ 的泊松分布，求一分钟内收到 2 至 5 次寻呼的概率.

解：在 MATLAB 中输入

Y = poisspdf([2 3 4 5], 3); p = sum(Y)

运行得到结果：p = 0.7169.

注 1：若要求恰好收到 4 次寻呼的概率，可以输入 p = poisspdf(4, 3)，返回结果 p = 0.1680. 若要求泊松分布的均值和方差，可以在 MATLAB 中输入 [M, V] = poisstat(3) 得到均值 M = 3，方差 V = 3.

例 10.1.3 用 MATLAB 完成：

（1）画出正态分布 $N(0, 1)$ 和 $N(0, 4)$ 的概率密度函数和分布函数的图像.

(2) 计算标准正态分布的概率 $P\{-3 < X < 3\}$.

(3) 求标准正态分布的上 $\dfrac{\alpha}{2}$ 分位点 $z_{\alpha/2}$，其中 $\alpha = 0.05$.

解　(1) 在 **MATLAB** 中输入

$x = -6$：0.01：6；$y = \text{normpdf}(x)$；$z = \text{normpdf}(x,0,2)$；$\text{plot}(x,y,x,z)$

$\text{legend}('\text{pdf of N}(0,1)', '\text{pdf of N}(0,4)')$

$u = \text{normcdf}(x)$；$v = \text{normcdf}(x,0,2)$；figure

$\text{plot}(x,u,x,v)$

$\text{legend}('\text{cdf of N}(0,1)', '\text{cdf of N}(0,4)')$

运行后得到图 10.1 和图 10.2.

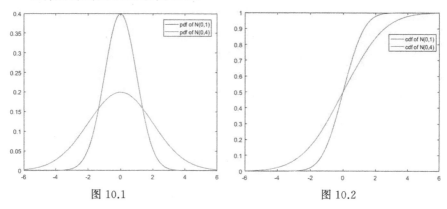

图 10.1　　　　　　　　　　　　　　　图 10.2

(2)在 **MATLAB** 中输入

$p = \text{normcdf}(3) - \text{normcdf}(-3)$

返回结果：$p = 0.9973$.

(3) $P(X > z_\alpha) = \alpha$，则 $P(X \leqslant z_\alpha) = 1 - \alpha$，因此 $P(X \leqslant z_{0.025}) = 0.975$.

在 MATLAB 中输入

$z = \text{norminv}(0.975)$

返回结果：$z = 1.9600$. 因此 $z_{0.025} = 1.96$.

例 10.1.4　用 MATLAB 产生 1 行 5 列的随机数，服从

(1)标准正态分布；(2) $[0,2]$ 上的均匀分布.

解　(1) 在 **MATLAB** 中输入 $n = \text{normrnd}(0,1,[1\ 5])$，

运行结果：$n = 0.8348$　　-0.2947　　-1.0606　　0.3449　　0.2610

(2)在 **MATLAB** 中输入 $r = \text{unifrnd}(0,2,1,5)$

运行结果：$r = 0.3152$　　1.9412　　1.9143　　0.9708　　1.6006

注 2：由于数据的产生是随机的，每次运行结果不同．

注 3：二维正态的分布函数，概率密度函数以及随机数的生成，可以调用 MATLAB 命令 **mvncdf**，**mvnpdf** 和 **mvnrnd** 得到．可以在 MATLAB 命令窗口输入 **doc mvnpdf** 等查看相关调用格式．

例 10.1.5   画出例 6.1.2 数据的频数直方图，并求这些数据的均值、中位数、标准差和极差．

解   用 **MATLAB** 命令 **hist** 来画图，将数据从 Excel 文档复制或者在 **MATLAB 中输入**

A = [200 202 203 208 216 206 222 213 209 219

216 203 197 208 206 209 206 208 202 203

206 213 218 207 208 202 194 203 213 211

193 213 208 208 204 206 204 206 208 209

213 203 206 207 196 201 208 207 213 208

210 208 211 211 214 220 211 203 216 221

211 209 218 214 219 211 208 221 211 218

218 190 219 211 208 199 214 207 207 214

206 217 214 201 212 213 211 212 216 206

210 216 204 221 208 209 214 214 199 204

211 201 216 211 209 208 209 202 211 207

220 205 206 216 213 206 206 207 200 198]

hist(A(：))

运行得到图 10.3，即默认将数据从最小到最大等分成 10 个小区间统计．

若运行 hist(A(：),15)，结果如图 10.4 所示，即将数据从最小到最大等分成 15 个小区间统计．每个小区间内的频数 counts 和小区间的中点 centers 可以通过如下命令实现(以 10 个小区间为例)：

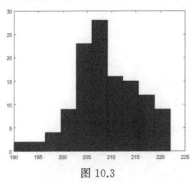
图 10.3

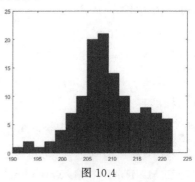
图 10.4

[counts,centers] = hist(A(:))

运行结果：counts ＝ 2　　2　　4　　9　　23　　28　　16　　15　　12　　9

centers ＝ 191.6000　　194.8000　　198.0000　　201.2000　　204.4000

207.6000　210.8000　214.0000　217.2000　220.4000

求均值、中位数、标准差和极差只需**在 MATLAB 中输入**

junzhi ＝ nanmean(A(:))

zhongweishu ＝ nanmedian(A(:))

biaozhuncha ＝ nanstd(A(:))

jicha ＝ range(A(:))

运行后分别输出：

junzhi＝208.9417；　zhongweishu＝208；　jicha＝32；　biaozhuncha＝6.3196.

§10.2　参数估计的 MATLAB 实现

MATLAB 统计工具箱中有专门计算总体均值、标准差的点估计和区间估计的函数（见表 10.1 第 7 列）. 对于正态总体参数估计的命令是

［muhat，sigmahat，muci，sigmaci］＝ normfit(data，alpha)

其中输入参数 data 为样本（数组或矩阵），alpha 为显著性水平（alpha 缺省时设定为 0.05）；输出参数 muhat 和 sigmahat 为总体均值和标准差的点估计，muci 和 sigmaci 为总体均值和标准差的置信度为 $1-\alpha$ 的区间估计. 当 data 为矩阵，data 的每一列作为一个样本. MATLAB 统计工具箱中还提供了一些具有特定分布总体的区间估计的命令，如 expfit，poissfit，gamfit，它们分别用于指数分布，泊松分布，gamma 分布. 具体用法可在 MATLAB 命令窗口输入 doc expfit 等查看.

例 10.2.1　以例 7.4.4 和 7.4.6 为例，**在 MATLAB 中输入**

data ＝ ［5.52 5.41 5.18 5.32 5.64 5.22 5.76］

［muhat，sigmahat，muci，sigmaci］＝ normfit(data)

运行得到结果：

muhat $=$

    5.4357

sigmahat $=$

    0.2160

muci $=$

    5.2359

    5.6355

sigmaci $=$

    0.1392

    0.4757

此例的结果表示数据 data 的正态总体期望的点估计为 5.4357，总体标准差的点估计为 0.2160，总体均值和总体标准差的置信度为 95% 的置信区间分别为 $[5.2359, 5.6355]$ 和 $[0.1392, 0.4757]$．

注：区间估计也可用假设检验命令得到，见下节

本例可用 $[h, p, ci] = ttest(data, 5.5, 0.05, 0)$ 例 7.4.4

               $[h, p, ci] = ztest(data, 5.5, 0.16, 0.05)$ 例 7.4.1

其中返回值 ci 即为 μ 的 $1-\alpha$ 的置信区间．

如果要求显著性水平为 0.01 的置信区间，只需将第二行命令修改为

$[muhat, sigmahat, muci, sigmaci] = normfit(data, 0.01)$

§10.3　假设检验的 MATLAB 实现

10.3.1　单个正态总体 $N(\mu, \sigma^2)$ 均值 μ 的检验

双边检验：$H_0 : \mu = \mu_0, H_1 : \mu \neq \mu_0$；

右边检验：$H_0 : \mu \leqslant \mu_0, H_1 : \mu > \mu_0$；

左边检验：$H_0 : \mu \geqslant \mu_0, H_1 : \mu < \mu_0$．

1.方差 σ^2 已知时关于 μ 的检验（z 检验）

$$[\mathbf{h}, \mathbf{p}, \mathbf{ci}] = \mathbf{ztest}(\mathbf{x}, \mathbf{m}, \mathbf{sigma}, \mathbf{alpha}, \mathbf{tail})$$

其中输入参数 x 为来自正态总体的样本，m 为原假设 H_0 中的 μ_0，sigma 为

总体标准差 σ，alpha 为显著性水平（alpha 缺省时设定为 0.05），tail $= 0$ 为双边检验（tail 缺省时设定为双边检验），tail $= 1$ 为右边检验，tail $= -1$ 为左边检验；输出参数 h $= 0$ 表示接受原假设，h $= 1$ 表示拒绝原假设，p 为样本 x 对应的 p 值，即原假设 H_0 成立的概率，ci 为均值的 $1-$ alpha 的置信区间.

例 10.3.1　以例 8.1.2 为例，在 **MATLAB 中输入**

x $= [4.28\ 4.40\ 4.42\ 4.35\ 4.37]$

$[h,p,ci] = $ ztest(x,4.55,0.108,0.05,-1)

运行后得到

h $=$

　　1

p $=$

　　5.8817e$-$05

ci $=$

　　$-$Inf　　4.4434

检验结果 h $= 1$ 表示拒绝原假设，即认为均值 $\mu < 4.55$ 显著成立；p $= 5.8817e-05$ 远小于 0.05，也说明拒绝原假设；μ 的置信度为 95% 的置信区间为 $(-\infty, 4.4434]$，不包含 4.55.

2.方差 σ^2 未知时关于 μ 的检验（t 检验）

$$[\mathbf{h,p,ci}] = \mathbf{ttest(x,m,alpha,tail)}$$

其中输入参数 x 为来自正态总体的样本，m 为原假设 H_0 中的 μ_0，alpha 为显著性水平（alpha 缺省时设定为 0.05），tail $= 0$ 为双边检验（tail 缺省时设定为双边检验），tail $= 1$ 为右边检验，tail $= -1$ 为左边检验；输出参数 h $= 0$ 表示接受原假设，h $= 1$ 表示拒绝原假设，p 为样本 x 对应的 p 值，即原假设 H_0 成立的概率，ci 为均值的 $1-$alpha 的置信区间.

例 10.3.2　以例 8.2.4 为例，在 **MATLAB 中输入**

x $= [69\ 68\ 72\ 70\ 66\ 75]$

$[h,p,ci] = $ ttest(x,71.5,0.05,-1)

运行后得到

h $=$

　　0

p $=$

　　　　　　0.1489

ci =

　　　－Inf　　72.6014

　　检验结果 h = 0 表示接受原假设,即认为均值 $\mu < 71.5$ 不显著成立;p = 0.1489 大于 0.05,也说明不能拒绝原假设;μ 的置信度为 95% 的置信区间为 $[-\infty, 72.6014]$,包含 71.5.

10.3.2　两个正态总体 $N(\mu_1, \sigma_1{}^2)$ 和 $N(\mu_2, \sigma_2{}^2)$ 均值差的检验（t 检验）

　　双边检验:$H_0: \mu_1 = \mu_2, H_1: \mu_1 \neq \mu_2$;

　　右边检验:$H_0: \mu_1 \leqslant \mu_2, H_1: \mu_1 > \mu_2$;

　　左边检验:$H_0: \mu_1 \geqslant \mu_2, H_1: \mu_1 < \mu_2$.

　　以下假设两正态总体方差相等,即 $\sigma_1{}^2 = \sigma_2{}^2$.

$$[\mathbf{h}, \mathbf{p}, \mathbf{ci}] = \mathbf{ttest2}(\mathbf{x}, \mathbf{y}, \mathbf{alpha}, \mathbf{tail})$$

其中输入参数 x,y 分别为来自正态总体 $N(\mu_1, \sigma_1{}^2)$ 和 $N(\mu_2, \sigma_2{}^2)$ 的样本,alpha 为显著性水平（alpha 缺省时设定为 0.05）,tail = 0 为双边检验（tail 缺省时设定为双边检验）,tail = 1 为右边检验,tail = －1 为左边检验;输出参数 h = 0 表示接受原假设,h = 1 表示拒绝原假设,p 为样本 x 对应的 p 值,即原假设 H_0 成立的概率,ci 为均值差的 1－alpha 的置信区间.

　　例 10.3.3　以例 8.2.5 为例,**在 MATLAB 中输入**

x = [31 34 29 26 32 35 38 34 30 29 32 31]

y = [26 24 28 29 30 29 32 26 31 29 32 28]

[h, p, ci] = ttest2(x, y)

运行后得到

h =

　　1

p =

　　0.0147

ci =

　　0.6689　　5.4978

　　检验结果 h = 1 表示拒绝原假设,即认为均值 $\mu_1 \neq \mu_2$ 显著成立;p = 0.0147 小于 0.05,也说明拒绝原假设;$\mu_1 - \mu_2$ 的置信度为 95% 的置信区间为 [0.6689, 5.4978] ,不包含 0.

10.3.3　单个正态总体 $N(\mu,\sigma^2)$ 方差 σ^2 的检验(χ^2 检验)

双边检验：$H_0:\sigma^2=\sigma_0^2,H_1:\sigma^2\neq\sigma_0^2$；

右边检验：$H_0:\sigma^2\leqslant\sigma_0^2,H_1:\sigma^2>\sigma_0^2$；

左边检验：$H_0:\sigma^2\geqslant\sigma_0^2,H_1:\sigma^2<\sigma_0^2$.

$$[\mathbf{h},\mathbf{p},\mathbf{ci}]=\mathbf{vartest}(\mathbf{x},\mathbf{v},\mathbf{alpha},\mathbf{tail})$$

其中输入参数 x 为来自正态总体的样本，v 为原假设 H_0 中的 σ_0^2，alpha 为显著性水平（alpha 缺省时设定为 0.05），tail ＝ 0 为双边检验（tail 缺省时设定为双边检验），tail ＝ 1 为右边检验，tail ＝ －1 为左边检验；输出参数 h ＝ 0 表示接受原假设，h ＝ 1 表示拒绝原假设，p 为样本 x 对应的 p 值，即原假设 H_0 成立的概率，ci 为方差的 1－alpha 的置信区间.

例 10.3.4　电工器材厂生产一批熔丝，抽取 10 根试验其熔断时间，结果为 42，65，75，78，71，59，57，68，54，55.已知熔断时间服从正态分布，问是否可以认为整批熔丝的熔断时间的方差不大于 80? 取显著性水平 $\alpha=0.05$.

解　检验

$$H_0:\sigma^2\leqslant 80,H_1:\sigma^2>80;$$

在 MATLAB 中输入

x ＝ [42, 65, 75, 78, 71, 59, 57, 68, 54, 55]

[h,p,ci] ＝ vartest(x,80,0.05,1)

运行后得到

h ＝

　　0

p ＝

　　0.1332

ci ＝

　　64.8030　　　Inf

检验结果 h ＝ 0 表示接受原假设，即认为方差 $\sigma^2>80$ 不显著成立；p ＝0.1332 大于 0.05，也说明不能拒绝原假设；σ^2 的置信度为 95％ 的置信区间为 [64.8030，＋∞)，包含 80.

10.3.4　两个正态总体 $N(\mu_1,\sigma_1^2)$ 和 $N(\mu_2,\sigma_2^2)$ 方差齐性的检验 (F 检验)

双边检验：$H_0:\sigma_1^2=\sigma_2^2,H_1:\sigma_1^2\neq\sigma_2^2$；

右边检验：$H_0: \sigma_1^2 \leqslant \sigma_2^2, H_1: \sigma_1^2 > \sigma_2^2$；

左边检验：$H_0: \sigma_1^2 \geqslant \sigma_2^2, H_1: \sigma_1^2 < \sigma_2^2$.

$$[\mathbf{h}, \mathbf{p}, \mathbf{ci}] = \mathbf{vartest}2(\mathbf{x}, \mathbf{y}, \mathbf{alpha}, \mathbf{tail})$$

其中输入参数 x, y 分别为来自正态总体 $N(\mu_1, \sigma_1^2)$ 和 $N(\mu_2, \sigma_2^2)$ 的样本，alpha 为显著性水平（alpha 缺省时设定为 0.05），tail $= 0$ 为双边检验（tail 缺省时设定为双边检验），tail $= 1$ 为右边检验，tail $= -1$ 为左边检验；输出参数 $h = 0$ 表示接受原假设，$h = 1$ 表示拒绝原假设，p 为样本 x 对应的 p 值，即原假设 H_0 成立的概率，ci 为方差比的 $1 - alpha$ 的置信区间.

例 10.3.5 某啤酒公司为了了解公司实验室成品总酸度检验的精确度问题，决定和省质检中心进行对标实验. 同一批样品得出的数据如下：

省质检中心：1.2, 1.25, 1.24, 1.14, 1.26, 1.2, 1.18, 1.2, 1.2, 1.22

公司实验室：1.24, 1.2, 1.2, 1.19, 1.18, 1.23, 1.24, 1.2, 1.24, 1.24, 1.22, 1.2, 1.19

确定两个实验室的检测精度是否一致.

解 检验

$$H_0: \sigma_1^2 = \sigma_2^2, H_1: \sigma_1^2 \neq \sigma_2^2;$$

在 MATLAB 中输入

x $= [1.2, 1.25, 1.24, 1.14, 1.26, 1.2, 1.18, 1.2, 1.2, 1.22]$

y $= [1.24, 1.2, 1.2, 1.19, 1.18, 1.23, 1.24, 1.2, 1.24, 1.24, 1.22, 1.2, 1.19]$

$[\mathrm{h}, \mathrm{p}, \mathrm{ci}] = \mathrm{vartest}2(\mathrm{x}, \mathrm{y})$

运行后输出

h $=$

    0

p $=$

    0.1451

ci $=$

    0.7210   9.5821

检验结果 h $= 0$ 表示接受原假设，即认为方差 $\sigma_1^2 \neq \sigma_2^2$ 不显著成立；p $= 0.1451$ 大于 0.05，也说明不能拒绝原假设；σ_1^2/σ_2^2 的置信度为 95% 的置信区间为 $[0.7210, 9.5821)$，包含 1.

§10.4　单因素方差分析的 MATLAB 实现

单因素方差分析的命令是

$$[\mathbf{p}, \mathbf{tbl}, \mathbf{stats}] = \mathbf{anova1}(\mathbf{y}, \mathbf{group})$$

其中输入参数 y 为不同水平下的两列或多列数据组成的样本，group 表明矩阵 y 中相应元素的组别，group 中的值为整数，最大值为需要比较的不同组的数量，最小值为 1. 每组至少应有一个元素，但并不要求每组的元素个数相同，因此适用于数据不均衡的情况. 若 y 中各列元素个数相同，group 可以省略. 输出参数 p 表示原假设成立的概率，tbl 表示输出方差分析表，stats 表示输出箱型图.

例 10.4.1　以例 9.1.1 为例，**在 MATLAB 中输入**

y = [128　125　148；　126　137　132；139　125　139；　130　117　125；　142　106　151]

[p,tbl,stats] = anova1(y)

运行后输出

p =

    0.0548

tbl =

'Source'	'SS'	'df'	'MS'	'F'	'Prob>F'
'Columns'	[743.3333]	[2]	[371.6667]	[3.7353]	[0.0548]
'Error'	[1194]	[12]	[99.5000]	[]	[]
'Total'	[1.9373e+03]	[14]	[]	[]	[]

stats =

gnames：[3x1 char]

n：[5 5 5]

source：'anova1'

means：[133 122 139]

df：12

s：9.9750

结果表明：p = 0.0548 > 0.05，认为三种种子的产量没有显著差异. 方差分析表（tbl）中有 6 列，第一列显示 y 中差异来源；第二列显示平方和；第三列显示每种差异有关的自由度；第四列显示"F 比"；第五列显示 F 统计量的数值；第六列显示检验的最小显著性概率. stats 返回的附加统计数据中 mean 一行给出了三种种子的平均产量的点估计. 图 10.5 的 ANOVA Table 为方差分析表. 图 10.6 的方差分析箱型图显示三种种子平均产量的直观差异. 若要进一步进行多重比较，可用 MATLAB 命令 c = multcompare (stats) 得到.

ANOVA Table

Source	SS	df	MS	F	Prob>F
Columns	743.33	2	371.667	3.74	0.0548
Error	1194	12	99.5		
Total	1937.33	14			

图 10.5

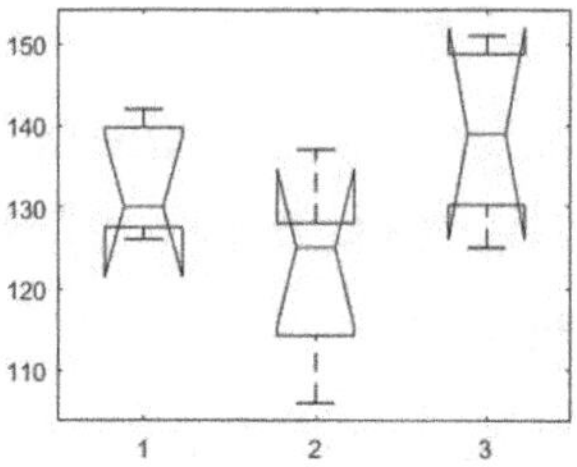

图 10.6

例 10.4.2　以例 9.1.3 为例，在 MATLAB 中输入

y = [0.236 0.257 0.258；0.238 0.253 0.264；0.248 0.255, 0.259；0.245 0.254 0.267；0.243 0.261 0.262]

[p,tbl,stats] = anoval(y)

运行后输出

p =

　　1.3431e−05

tbl =

'Source'	'SS'	'df'	'MS'	'F'	'Prob>F'
'Columns'	[0.0011]	[2]	[5.2667e−04]	[32.9167]	[1.3431e−05]
'Error'	[1.9200e−04]	[12]	[1.6000e−05]	[]	[]
'Total'	[0.0012]	[14]	[]	[]	[]

stats =

　　　gnames：[3x1 char]

　　　n：[5 5 5]

　　　source：'anoval'

　　　mean：[0.2420　0.2560　0.2620]

　　　df：12

　　　s：0.0040

结果可以参考例 10.4.1 做相应的解释(见图 10.7，10.8).

図 10.7

図 10.8

§10.5　回归分析的 MATLAB 实现

多元线性回归模型为：

$$y = \beta_0 + \beta_1 x_1 + \cdots + \beta_{p-1} x_{p-1} + \varepsilon,$$

其中，$\varepsilon \sim N(0, \sigma^2)$. 可以用如下 MATLAB 命令实现.

$$[\mathbf{b}, \mathbf{bint}, \mathbf{r}, \mathbf{rint}, \mathbf{stats}] = \mathbf{regress}(\mathbf{y}, \mathbf{X}, \mathbf{alpha})$$

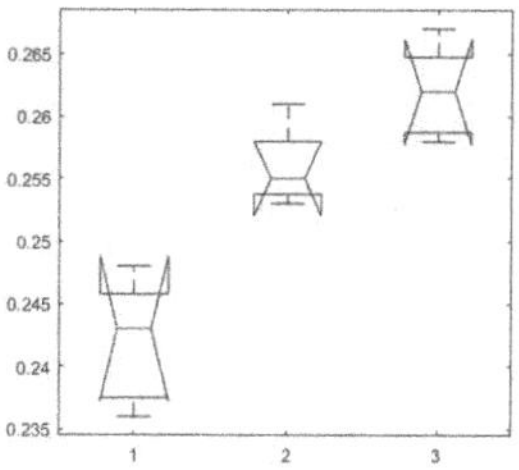

其中输入参数 y 表示因变量的 n 个观测值的 n×1 向量，X 表示 p 个自变量的 n 个观测值的 n×p 矩阵，alpha 为显著性水平（alpha 缺省时设定为0.05）. 输出参数 b 返回多元线性回归系数 β 的最小二乘估计，bint 是 p×2 矩阵，返回 β 的 1—alpha 的置信区间，r 是模型拟合残差向量，n×2 矩阵 rint 是模型拟合残差的 1—alpha 的置信区间，1×4 矩阵 stats 依次返回可决系数 r^2 的值，方差分析的 F 统计量的值，显著性概率 p 值和模型方差 σ^2 的估计值.

注 4：regress 命令也可以用于一元线性回归.

例 10.5.1　以例 9.2.2 为例，**在 MATLAB 中输入**

x = [15.0 25.8 30.0 36.6 44.4]'

X = [ones(5,1),x]

y = [39.4 41.9 41.0 43.1 49.2]

[b,bint,r,rint,stats] = regress(y,X)

运行后输出

b =

　33.7609

    0.3017

bint =

    24.7085   42.8132

    0.0183   0.5851

r =

    1.1139

    0.3557

    −1.8114

    −1.7025

    2.0443

rint =

    −3.7231   5.9509

    −8.6490   9.3604

    −9.3237   5.7009

    −8.8740   5.4690

    −0.1330   4.2217

stats =

    0.7928   11.4772   0.0428   3.9088

结果表明，参数的估计值 $\hat{\beta}_0 = 33.7609, \hat{\beta}_1 = 0.3017$，$\hat{\beta}_0$ 的置信区间为 $[24.7085, 42.8132]$，$\hat{\beta}_1$ 的置信区间为 $[0.0183, 0.5851]$，可决系数 $r^2 = 0.7928$ 的值，$F = 11.4772$，$p = 0.0428 < 0.05$，可知以下回归方程在 $\alpha = 0.05$ 的水平下显著有效.

$$y = 33.7609 + 0.3017x.$$

注 5：我们也可以用 **polyfit** 来实现一元多项式

$$y = p_1 x^n + p_2 x^{n+1} + \cdots + p_n x + p_{n+1}$$

的回归.

$$[\mathbf{p}, \mathbf{S}] = \mathbf{polyfit}(\mathbf{x}, \mathbf{y}, \mathbf{n})$$

其中输入参数 x 表示自变量观测值的向量，y 表示因变量观测值的向量，n 是多项式的次数；输出参数 $p = [p_1, \cdots p_{n+1}]$ 表示以上 n 次多项式系数的最小二乘拟合，S 是一个矩阵，用来结合 **polyval** 命令估计预测误差.

例 10.5.2   例 10.5.1 的一元线性回归也可以通过以下方式实现

x = $[15.0\ 25.8\ 30.0\ 36.6\ 44.4]$

y = $[39.4\ 41.9\ 41.0\ 43.1\ 49.2]$

$[p, S] = polyfit(x, y, 1)$

运行后返回

$p =$

    0.3017　　33.7609

$S =$

    R：[2x2 double]

    df：3

    normr：3.4244

可以用 **y = polyval(p, x)** 计算回归多项式在 x 处的预测值 y.

在上述命令之后，可以在 Matlab 命令窗口继续输入

$y1 = polyval(p, x)$

运行后返回

$y1 =$

    38.2861　　41.5443　　42.8114　　44.8025　　47.1557

即回归多项式在原自变量 x = [15.0 25.8 30.0 36.6 44.4]处的预测值为上述 y，注意与观察值的区别.y−y1 即为例 10.5.1 中的 r.

我们可以用以下命令画出上述拟合的示意图（见图 10.9）：

$x1 = 0：0.1：60；$

$y1 = polyval(p, x1)；$

$plot(x1, y1, 'r', x, y, '+')$

$axis([0\ 60\ 0\ 60])$

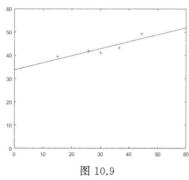

图 10.9

习题参考答案

第1章　随机事件及其概率

习题 1.1

1. (1) $\Omega = \left\{ \dfrac{i}{n} \mid i = 0, 1, 2, \cdots, 100n \right\}$，其中 n 为小班人数.

(2) $\Omega = \{123, 124, 125, 134, 135, 145, 234, 235, 245, 345\}$.

(3) $\Omega = \{1, 2, \cdots\}$.

(4) $\Omega = \{(x, y) \mid x^2 + y^2 < 1\}$.

2. (1) $\{5\}$；　(2) $\{1, 3, 4, 5, 6, 7, 8, 9, 10\}$；　(3) $\{2, 3, 4, 5\}$；

(4) $\{1, 5, 6, 7, 8, 9, 10\}$；　(5) $\{1, 8, 9, 10\}$.

3. (1) $\{x \mid 0 \leqslant x < 1/4\} \bigcup \{x \mid 3/2 < x \leqslant 2\}$.

(2) $\{x \mid 0 \leqslant x < 1/4\} \bigcup \{x \mid 1/2 < x \leqslant 1\} \bigcup \{x \mid 3/2 < x \leqslant 2\}$.

(3) $\{x \mid 0 \leqslant x \leqslant 1/2\} \bigcup \{x \mid 1 < x \leqslant 2\}$.

(4) $\{x \mid 1/4 \leqslant x \leqslant 1/2\} \bigcup \left\{x \mid 1 < x \leqslant \dfrac{3}{2}\right\}$.

4. (1) A；　(2) $AC \bigcup B$；　(3) AB .

5. (1) A, B, C 中恰有一个发生.

(2) A, B, C 中至少有两个发生.

(3) A 发生且 B, C 不同时发生.

(4) A, B, C 不多于一个发生.

6. 略.

7. $A \bigcup \overline{A}B \bigcup \overline{A}\,\overline{B}C$.

习题 1.2

1. $P(A)-P(B)\leqslant P(A-B)\leqslant P(A)\leqslant P(A\bigcup B)\leqslant P(A)+P(B)$.

当 $B\subset A$ 时有 $P(A)-P(B)=P(A-B)$，$P(A)=P(A\bigcup B)$；

当 $P(B)=0$ 时有 $P(A-B)=P(A)$；

当 $P(AB)=0$ 时有 $P(A)=P(A-B)$，$P(A\bigcup B)=P(A)+P(B)$.

2. 0.7； 0.3； 0.2； 0.5.

3. 略.

4. $\dfrac{5}{8}$.

5. (1) 0.2； (2) 0.3； (3) 0.7； (4) 0.3.

习题 1.3

1. (1) $\dfrac{1}{2}$； (2) $\dfrac{2}{3}$； (3) $\dfrac{5}{6}$.

2. (1) $\dfrac{1}{12}$； (2) $\dfrac{1}{20}$.

3. $\dfrac{1}{60}$.

4. (1) 0.4067； (2) 0.0006078； (3) 0.0007294.

5. (1) $\dfrac{25}{91}$； (2) $\dfrac{6}{91}$.

6. $\dfrac{\sqrt{3}}{2}$.

7. 0.8793.

习题 1.4

1. 则该地区淹没的概率为 0.27；当河流乙泛滥时,引起河流甲泛滥的概率为 0.15.

2. $\dfrac{7}{120}$.

3. 略.

4. $\dfrac{3}{200}$.

5. $\dfrac{n(N+1)+mN}{(m+n)(M+N+1)}$.

6. 0.956.

7. 0.9524.

8. 0.97.

习题 1.5

1. 0.75

2. (1) 0.45；　(2) 0.615；　(3) 0.385；　(4) 0.7.

3. 0.458.

4. $\dfrac{3}{5}$.

5. $r^3(2-r)$.

6. 0.9933.

7. 59.

8. 0.648.

9. (1) 0.3208；　(2) 0.4362.

10. 略.

总习题 1

1. (1) $A_1 \bigcup A_2$；　(2) $A_1 \overline{A_2}\,\overline{A_3}$；

　(3) $A_1 A_2 A_3$；　(4) $A_1 \bigcup A_2 \bigcup A_3$；

(5) $\overline{A_1}A_2A_3 \bigcup A_1\overline{A_2}A_3 \bigcup A_1A_2\overline{A_3}$.

2. (1) $A\overline{B}\overline{C}+\overline{A}B\overline{C}+AB\overline{C}+ABC+\overline{A}BC+A\overline{B}C+\overline{A}\overline{B}C$；

(2) $AB\overline{C}+C$；

(3) $AB\overline{C}+\overline{A}B\overline{C}+\overline{A}BC=B\overline{A}+AB\overline{C}=B\overline{C}+\overline{A}BC$.

3. $1-p$.

4. $\dfrac{A_N^n}{N^n}$.

5. (1) $\dfrac{3}{8}$； (2) $\dfrac{9}{16}$； (3) $\dfrac{1}{16}$.

6. $\dfrac{1}{4}$.

7. $\dfrac{2}{5}$.

8. $\dfrac{13}{48}$.

9. $\dfrac{2}{3}$.

10. $\dfrac{1}{4}$.

11. (1) $\dfrac{5}{9}$； (2) $\dfrac{16}{63}$； (3) $\dfrac{16}{35}$.

12. $3p^2(1-p)^2$.

13. 0.994.

第 2 章   随机变量及其分布

习题 2.1

1. $A=(X\leqslant 10)$；$B=(5\leqslant X\leqslant 10)$.

2. $\{X\leqslant 666\}$.

习题 2.2

1. $a = \mathrm{e}^{-\lambda}$.

2.

X	100000	60000	40000	0
p_k	0.16	0.24	0.24	0.36

3. $P\{X=k\} = (1-p)^{k-1}p$, $k=1,2,\cdots$; $P\{Y=k\} = (1-p)^k p$,
   $k=0,1,2,\cdots$.

4. 事件 $\{X=k\}$ 表示" k 次试验中出现 $k-1$ 次正面,1 次反面,或出现
   $k-1$ 次反面,1 次正面",于是,X 的分布律为
   $$P\{X=k\} = p^{k-1}(1-p) + (1-p)^{k-1}p, \quad k=2,3,4,\cdots.$$

5. $P\{X=4\} = \dfrac{2}{3}\mathrm{e}^{-2}$, $P\{X>1\} = 1 - 3\mathrm{e}^{-2}$.

6. 0.9972.

习题 2.3

1.

X	−1	2	4
p_k	0.2	0.5	0.3

2.

$$(1)\ F(x) = P\{X \leqslant x\} = \begin{cases} 0, & x < -1, \\ 0.2, & -1 \leqslant x < 1, \\ 0.7, & 1 \leqslant x < 2, \\ 1, & x \geqslant 2. \end{cases} \quad ;\ (2)\ 0.8;\ (3)\ 1.$$

3. (1)

X	0	1	2
p	$\dfrac{22}{35}$	$\dfrac{12}{35}$	$\dfrac{1}{35}$

$$(2)\ F(x) = \begin{cases} 0, & x < 0, \\ \dfrac{22}{35}, & 0 \leqslant x < 1, \\ \dfrac{34}{35}, & 1 \leqslant x < 2, \\ 1, & x \geqslant 2. \end{cases}$$

$(3)\ P(X \leqslant \dfrac{1}{2}) = 0,\ P(1 \leqslant X \leqslant \dfrac{3}{2}) = \dfrac{12}{35}, P(1 < X < 2) = 0.$

4.

X	0	1	2	3
p	0.008	0.096	0.384	0.512

$$F(x) = \begin{cases} 0, & x < 0, \\ 0.008, & 0 \leqslant x < 1, \\ 0.104, & 1 \leqslant x < 2, \\ 0.488, & 2 \leqslant x < 3, \\ 1, & x \geqslant 3. \end{cases}$$

$P(X \geqslant 2) = 0.896$

$$5.\ F(x) = \begin{cases} 0, & x < 0, \\ \dfrac{x}{a}, & 0 \leqslant x < a, \\ 1, & x \geqslant a. \end{cases}$$

$$6.\ (1)\ F(x) = \begin{cases} 0 & x < 0, \\ x^2 & 0 \leqslant x < 1, \\ 1 & x \geqslant 1. \end{cases};\quad (2)\ 0.4.$$

习题 2.4

$1.\ (1)\ f(x) = \begin{cases} x\mathrm{e}^{-x}, & x \geqslant 0, \\ 0, & x < 0. \end{cases};\quad (2)\ P\{X \leqslant 2\} = F(2) = 1 - 3\mathrm{e}^{-2}.$

$2.\ (1)\ A = \dfrac{2}{\pi},\quad (2)\ \dfrac{1}{6},\quad (3)\ \dfrac{2}{\pi}\arctan \mathrm{e}^x;$

3. (1) $A = \dfrac{1}{2}$, $B = \dfrac{1}{\pi}$; (2) $\dfrac{1}{3}$;

(3) $f(x) = F'(x) = \begin{cases} \dfrac{1}{\pi \sqrt{a^2 - x^2}}, & |x| < a, \\ 0, & |x| \geqslant a. \end{cases}$

4. (1) $h = \dfrac{2}{a}$, $f(x) = \begin{cases} \dfrac{2}{a} - \dfrac{2x}{a^2}, & 0 < x < a, \\ 0, & 其他. \end{cases}$

(2) $F(x) = \begin{cases} 0, & x < 0, \\ \dfrac{2x}{a} - \dfrac{x^2}{a^2}, & 0 \leqslant x < a, \\ 1, & x \geqslant a. \end{cases}$ (3) $\dfrac{1}{4}$.

5. $\dfrac{27}{32}$.

6. (1) $\dfrac{169}{512}$; (2) $\dfrac{21}{512}$.

7. 0.8.

8. $a = 3.290$.

9. $x_1 = 57.975$, $x_2 = 60.63$.

10. 2.28%.

习题 2.5

1.

Y	0	1	4	9
p_k	$\dfrac{1}{5}$	$\dfrac{7}{30}$	$\dfrac{1}{5}$	$\dfrac{11}{30}$

2. (1) $f_Y(y) = \begin{cases} \dfrac{1}{y}, & 1 < y < e, \\ 0, & 其他. \end{cases}$; (2) $f_Y(y) = \begin{cases} \dfrac{1}{2} e^{-\frac{y}{2}}, & y > 0, \\ 0, & y \leqslant 0. \end{cases}$

3. (1) $f_Y(y) = \begin{cases} \dfrac{1}{\sqrt{2\pi} y} e^{-\frac{(\ln y)^2}{2}}, & y > 0, \\ 0, & y \leqslant 0, \end{cases}$

(2) $f_Y(y) = \begin{cases} \dfrac{1}{2\sqrt{\pi(y-1)}}e^{-\frac{y-1}{4}}, & y > 1, \\ 0, & y \leqslant 1. \end{cases}$

(3) $f_Y(y) = \begin{cases} \dfrac{2}{\sqrt{2\pi}}e^{-\frac{y^2}{2}}, & y > 0, \\ 0, & y \leqslant 0. \end{cases}$

4. (1) $f_Y(y) = \begin{cases} f(\sqrt[3]{y}) \cdot \dfrac{1}{3}y^{-\frac{2}{3}}, & y \neq 0, \\ 0, & y = 0. \end{cases}$

(2) $f_Y(y) = \begin{cases} f(\sqrt{y}) \cdot \dfrac{1}{2\sqrt{y}}, & y > 0, \\ 0, & y \leqslant 0. \end{cases}$

5. $f_Y(y) = \begin{cases} \dfrac{2}{\pi\sqrt{1-y^2}}, & 0 < y < 1, \\ 0, & \text{其他}. \end{cases}$

6. $f_Y(y) = \begin{cases} \dfrac{2}{\pi\sqrt{1-y^2}}, & 0 < y < 1, \\ 0, & \text{其他}. \end{cases}$

总习题 2

1. 是.

2. $F_1(x)$ 是；$F_2(x)$ 不是,因为 $F_2(+\infty) = 0 \neq 1$.

3.

X	0	1	2
P	$\dfrac{21}{38}$	$\dfrac{15}{38}$	$\dfrac{2}{38}$

4. (1) $P = 0.5$； (2) $P = \pm\dfrac{\sqrt{2}}{2}$.

5.

X	1	2	3
P	$\dfrac{1}{3} - d$	$\dfrac{1}{3}$	$\dfrac{1}{3} + d$

其中 d 应满足条件：$0<|d|<\dfrac{1}{3}$.

6. $c=\dfrac{1}{1-\mathrm{e}^{-\lambda}}$ ；

7. $1-\dfrac{11}{3^5}$.

8. $A=\dfrac{1}{2}$ ，$P\approx 0.632$；

9. $\dfrac{3}{5}$.

10. (1) 0.5328，0.6977； (2) $C=3$.

11. $a=1$; $F(x)=\dfrac{1}{2}+\dfrac{1}{\pi}\arctan x$; $\dfrac{1}{2}$.

12. $f(x)=\begin{cases}0, & x\leqslant 0 , \\ \dfrac{a^3 x^2}{2}\mathrm{e}^{-ax}, & x>0.\end{cases}$ $P\left\{0<x<\dfrac{1}{a}\right\}\approx 0.08.$

13. 当 $0<y<\dfrac{2}{\pi}$ 时，$f_Y(y)=\dfrac{2}{\pi}$; $f_z(z)=\begin{cases}\dfrac{2}{\pi(1+z^2)} , z>0, \\ 0, & z\leqslant 0.\end{cases}$

14. $f_X(x)=\begin{cases}0 & x\leqslant -R \text{ 或 } x\geqslant R, \\ \dfrac{1}{\pi\sqrt{R^2-x^2}} & -R<x<R .\end{cases}$

第 3 章　多维随机变量及其分布

习题 3.1

1.

X＼Y	0	1/3	1
−1	0	1/12	1/3
0	1/6	0	0
2	5/12	0	0

2.

X ╲ Y	0	1	2	3	$p_i.$
0	1/56	9/56	9/56	1/56	5/14
1	6/56	18/56	6/56	0	15/28
2	3/56	3/56	0	0	3/28
$p._j$	5/28	15/28	15/56	1/56	1

3.

Y ╲ X	0	1	2	3	$p_j.$
1	0	3/8	3/8	0	3/4
3	1/8	0	0	1/8	1/4
$p_i.$	1/8	3/8	3/8	1/8	1

4. (1) 1/8； (2) 3/8； (3) 27/32； (4) 2/3.

5. (1) $A = 2$； (2) $F(x,y) = \begin{cases} (1-e^{-x})(1-e^{-2y}), & x > 0, \ y > 0, \\ 0, & \text{其他}. \end{cases}$

(3) $f_X(x) = \begin{cases} e^{-x}, & x > 0, \\ 0, & \text{其他}. \end{cases}$ $f_Y(y) = \begin{cases} 2e^{-2y}, & y > 0, \\ 0, & \text{其他}. \end{cases}$

6. (1) $A = 4$； (2) $F(x,y) = \begin{cases} x^2 y^2, & 0 \leqslant x \leqslant 1, 0 \leqslant y \leqslant 1, \\ x^2, & 0 \leqslant x \leqslant 1, \ y > 1, \\ y^2, & x > 1, \ 0 \leqslant y \leqslant 1, \\ 1, & x > 1, y > 1, \\ 0, & \text{其他}. \end{cases}$

(3) $f_X(x) = \begin{cases} 2x, & 0 \leqslant x \leqslant 1, \\ 0, & \text{其他}. \end{cases}$ $f_Y(y) = \begin{cases} 2y, & 0 \leqslant y \leqslant 1, \\ 0, & \text{其他}. \end{cases}$

7. $f(x,y) = \begin{cases} 6, & (x,y) \in G, \\ 0, & \text{其他}. \end{cases}$

$f_X(x) = \begin{cases} 6x - 6x^2, & 0 \leqslant x \leqslant 1, \\ 0, & \text{其他}. \end{cases}$ $f_Y(y) = \begin{cases} 6(\sqrt{y} - y), & 0 \leqslant y \leqslant 1, \\ 0, & \text{其他}. \end{cases}$

习题 3.2

1. (1)在 $Y=1$ 的条件下，X 的条件分布律为

X	0	1	2	3
p_k	0.75	0.125	0.1	0.025

(2)在 $X=2$ 的条件下，Y 的条件分布律为

Y	0	1	2
p_k	0.625	0.25	0.125

2. 在 $Y=0$ 的条件下，X 的条件分布律为

X	0	1	2
p_k	$\frac{6}{13}$	$\frac{4}{13}$	$\frac{3}{13}$

在 $Y=1$ 的条件下，X 的条件分布律为

X	0	1	2
p_k	$\frac{6}{11}$	$\frac{3}{11}$	$\frac{2}{11}$

在 $X=0$ 的条件下，Y 的条件分布律为

Y	0	1
p_k	$\frac{1}{2}$	$\frac{1}{2}$

在 $X=1$ 的条件下，Y 的条件分布律为

Y	0	1
p_k	$\frac{4}{7}$	$\frac{3}{7}$

在 $X=2$ 的条件下，Y 的条件分布律为

Y	0	1
p_k	$\frac{3}{5}$	$\frac{2}{5}$

3. (1) $f_X(x) = \begin{cases} 2e^{-2x}, & x > 0, \\ 0, & x \leqslant 0. \end{cases}$ (2) $1 - 2e^{-2} + e^{-4}$;

    (3) $f_{X|Y}(x \mid y) = \begin{cases} 2e^{-2x}, & x > 0, y > 0, \\ 0, & \text{其他.} \end{cases}$ $f_{Y|X}(y \mid x) = \begin{cases} e^{-y}, & x > 0, y > 0, \\ 0, & \text{其他.} \end{cases}$

4. $47/64$.

习题 3.3

1.独立.

2. (1)

Y \ X	-1	0	1
1	1/4	0	1/4
2	0	1/2	0

(2)不独立.

3. (1) $f_X(x) = \begin{cases} 2x^2 + \dfrac{2}{3}x, & 0 < x < 1, \\ 0, & \text{其他.} \end{cases}$ $f_Y(y) = \begin{cases} \dfrac{1}{6}y + \dfrac{1}{3}, & 0 < y < 2, \\ 0, & \text{其他.} \end{cases}$

(2) 不独立； (3) $7/45$.

4. $f_X(x) = \begin{cases} \dfrac{1}{a^2}(a - |x|), & |x| < a, \\ 0, & |x| \geqslant a. \end{cases}$

    $f_Y(y) = \begin{cases} \dfrac{1}{a^2}(a - |y|), & |y| < a, \\ 0, & |y| \geqslant a. \end{cases}$ X 与 Y 不独立.

5. $1 - e^{-\frac{1}{2}}$.

6. (1) $f(x, y) = \begin{cases} \dfrac{1}{2}e^{-\frac{y}{2}}, & 0 < x < 1, \ y > 0, \\ 0, & \text{其他.} \end{cases}$

(2) $1 - \sqrt{2\pi}\,[\Phi(1) - \Phi(0)] = 0.1445$.

习题 3.4

1. (1)

$Z_1 = X + Y$	-2	0	1	3	4
p_k	0.1	0.2	0.5	0.1	0.1

(2)

$Z_2 = XY$	-2	-1	1	2	4
p_k	0.5	0.2	0.1	0.1	0.1

(3)

$Z_3 = X/Y$	-2	-1	$-\dfrac{1}{2}$	1	2
p_k	0.2	0.2	0.3	0.2	0.1

(4)

$Z_4 = \max\{X,Y\}$	-1	1	2
P	0.1	0.2	0.7

2.

X	-1	0	1
p_k	0.1344	0.7312	0.1344

3. $F_Z(z) = \begin{cases} 1 - e^{-z} - z e^{-z}, & z > 0, \\ 0, & z \leqslant 0. \end{cases}$; $f_Z(z) = \begin{cases} z e^{-z}, & z > 0, \\ 0, & z \leqslant 0. \end{cases}$

4. $f_Z(z) = \begin{cases} 1 - e^{-z}, & 0 \leqslant z \leqslant 1, \\ (e-1)e^{-z}, & z > 1, \\ 0, & 其他. \end{cases}$

5. $f_Z(z) = \begin{cases} \dfrac{3}{2} - z, & 0 < z < 1, \\ 0, & 其他. \end{cases}$

6. (1) $b = \dfrac{1}{1 - e^{-1}}$;

(2) $f_X(x) = \begin{cases} \dfrac{e^{-x}}{1 - e^{-1}}, & 0 < x < 1, \\ 0, & 其他. \end{cases}$ $f_Y(y) = \begin{cases} e^{-y}, & y > 0, \\ 0, & y \leqslant 0. \end{cases}$

$$(3)\ F_U(z) = \begin{cases} 0, & z < 0, \\ \dfrac{(1-\mathrm{e}^{-z})^2}{1-\mathrm{e}^{-1}}, & 0 \leqslant z < 1, \\ 1-\mathrm{e}^{-z}, & z \geqslant 1. \end{cases}$$

总习题 3

1. C.

2. A.

3.

X \ Y	0	1	2
0	1/5	2/5	1/15
1	1/5	2/15	0

4. $\dfrac{1}{4}$.

5. (1) $f_X(x) = \begin{cases} x, & 0 < x < 1, \\ 2-x, & 1 \leqslant x < 2, \\ 0, & 其他. \end{cases}$

(2) $f_{X|Y}(x \mid y) = \dfrac{f(x,y)}{f_Y(y)} = \begin{cases} \dfrac{1}{2-2y}, & y < x < 2-y, \\ 0, & 其他. \end{cases}$

6. (1) $f_{Y|X}(y \mid x) = \dfrac{f(x,y)}{f_X(x)} = \begin{cases} \dfrac{1}{x}, & 0 < y < x, \\ 0, & 其他. \end{cases}$ (2) $\dfrac{\mathrm{e}-2}{\mathrm{e}-1}$.

7. (1) $\dfrac{4}{9}$.

(2)

X \ Y	0	1	2
0	1/4	1/3	1/9
1	1/6	1/9	0
2	1/36	0	0

8. (1) $P\{Y=m \mid X=n\}=C_n^m p^m (1-p)^{n-m}, 0 \leqslant m \leqslant n, n=0,1,2,\cdots$.

(2) $P\{X=n, Y=m\}=\dfrac{\lambda^n}{n!}e^{-\lambda} \cdot C_n^m p^m (1-p)^{n-m}, 0 \leqslant m \leqslant n, n=0,1,2,\cdots$.

9. $A=\dfrac{1}{\pi}$, $f_{Y \mid X}(y \mid x)=\dfrac{f(x,y)}{f_X(x)}=\dfrac{1}{\sqrt{\pi}}e^{-(y-x)^2}$, $-\infty < x < +\infty$, $-\infty < y < +\infty$

10. (1) $f(x,y)=\begin{cases}\dfrac{9y^2}{x}, & 0<x<1, 0<y<x, \\ 0, & \text{其他}.\end{cases}$

(2) $f_Y(y)=\begin{cases}-9y^2\ln y, & 0<y<1, \\ 0, & \text{其他}.\end{cases}$

11. (1)

X \ Y	−1	0	1
0	0	1/3	0
1	1/3	0	1/3

(2)

Z	−1	0	1
p_k	1/3	1/3	1/3

12. (1)

U \ V	0	1
0	1/4	0
1	1/4	1/2

(2) $f_S(s)=\begin{cases}\dfrac{1}{2}(\ln 2 - \ln s), & 0<s<2, \\ 0, & \text{其他}.\end{cases}$

13. $g(u)=0.3f(u-1)+0.7f(u-2)$.

14. (1) $f(x,y)=\begin{cases}\dfrac{1}{x}, & 0<y<x<1, \\ 0, & \text{其他}.\end{cases}$

(2) $f_Y(y)=\begin{cases}-\ln y, & 0<y<1, \\ 0, & \text{其他}.\end{cases}$ (3) $1-\ln 2$.

15. $z = 0$.

16.(1) $\dfrac{1}{2}$.　(2) $f(z) = \begin{cases} \dfrac{1}{3}, & -1 < z < 2, \\ 0, & \text{其他.} \end{cases}$

17. (1) $\dfrac{7}{24}$.　(2) $f_Z(z) = \begin{cases} 2z - z^2, & 0 < z < 1, \\ z^2 - 4z + 4, & 1 \leqslant z < 2, \\ 0, & \text{其他.} \end{cases}$

18. (1) $f(x,y) = \begin{cases} 3, & x^2 < y < \sqrt{x}, 0 < x < 1, \\ 0, & \text{其他.} \end{cases}$

(2) X 与 U 不独立.

(3) $F(z) = \begin{cases} 0, & z < 0, \\ \dfrac{3}{2}z^2 - z^3, & 0 \leqslant z < 1, \\ \dfrac{1}{2} + 2(z-1)^{\frac{3}{2}} - \dfrac{3}{2}(z-1)^2, & 1 \leqslant z < 2, \\ 1, & z \geqslant 2, \end{cases}$

第 4 章　随机变量的数学期望

习题 4.1

1. $13/4$.

2. $49/13$.

3. 5.16(元).

4. $D(X) = 0.6064 < 0.9264 = D(Y)$，$A$ 机床质量较好.

5. 因 $\displaystyle\sum_{k=1}^{\infty} \left| (-1)^k \dfrac{2^k}{k} \cdot \dfrac{1}{2^k} \right| = \sum_{k=1}^{\infty} \dfrac{1}{k}$ 发散，所以 X 的数学期望不存在.

6. $E(X) = 3$，$E(X^2) = 11$，$E[(X+2)^2] = 27$.

7. 122686.

8. (1) $E(X) = 2$，$E(Y) = 0$；　(2) $-1/15$；(3) 5.

9. $11/9, 5/9, 16/9, 13/6$.

10. $1/3$, $1/3$, $1/12$.

11. 因此最少进货量 $a = 21$.

习题 4.2

1. 0；$\dfrac{\pi^2}{12} - \dfrac{1}{2}$.

2. 1；$1/6$.

3. 0；$1/2$.

4. 略.

5. $a = 12, b = -12, c = 3$.

6. (1) $3/4$, $5/8$； (2) $1/8$.

7. 18.4.

8. 11.

9. (1) $E(X) = \displaystyle\sum_{i=1}^{5} E(X_i) = 1200, D(X) = \displaystyle\sum_{i=1}^{5} D(X_i) = 1225$；

  (2) $1281.55\text{kg} \approx 1282\text{kg}$.

习题 4.3

1. (1) $1/2$；(2) 513.

2. $10 \times \left[1 - \left(\dfrac{9}{10} \right)^{20} \right]$.

3. 1.

4. 略.

5. 略.

6. $\rho_{Z_1 Z_2} = \dfrac{\alpha^2 - \beta^2}{\alpha^2 + \beta^2}$.

7. $E(X) = E(Y) = 7/12$, $D(X) = D(Y) = 11/144$,

  $E(XY) = 1/3$, $\text{cov}(X,Y) = -1/144$, $\rho_{XY} = -1/11$.

8. (1) $-1/144$, $-1/11$, $155/144$； (2) 不独立.

总习题 4

1. $\dfrac{(a^2+ab+b^2)\pi}{12}$.

2. 2.

3. $E(X)=E\left(\sum\limits_{i=1}^{15}X_i\right)=15\left[1-\left(\dfrac{14}{15}\right)^{10}\right]$.

4. $300\mathrm{e}^{-1/4}-200$.

5. $E(Y)=7,D(Y)=37.25$.

6. 5.

7. $\dfrac{1}{3}$; $-2/3$.

8. 略.

第 5 章　大数定律及中心极限定理

习题 5.1

1~3 略.

4. (1)0.709;　(2) 0.875.

5. 0.271.

习题 5.2

1. 0.0062.

2. 0.2119.

3. 0.9974.

4. 0.8944;0.1379.

5. $2\Phi(1.35)-1$；$1-\Phi(1.35)$．

6. 0.1814.

7. 0.

总习题 5

1. $a=14$；

2. 0.73；

3. 271；

4. 0.95；

5. 2000；

6. 539；

7. (1)0.9246； (2)165.

第6章 样本及抽样分布

习题 6.2

1. (1)(3)(4)(5)(6)(7)是,(2)(8)不是.

2. (1) 19.9, 1.43； (2) 67.5, 292.018.

3. (1) $\chi^2(1)$； (2) $F(n_2,n_1)$；

   (3) $N(\mu,\sigma^2/n)$，$\chi^2(n-1)$，$t(n-1)$； (4) 25, 50.

4. C.

5. 0.8302.

6. (1) 0.10； (2) $f(x_1,\cdots,x_n)=\left(\dfrac{1}{\sqrt{2\pi}}\right)^{10}\cdot\exp\left(-\dfrac{1}{2}\sum_{i=1}^{10}x_i^2\right)$；

   (3) $f(y)=\sqrt{5/\pi}\,\mathrm{e}^{-5y^2}$．

7. $\sqrt{6}/2$.

8. $a=1/20,b=1/100$.

9. 35.

10. 26.105.

总习题 6

1.B； 2.C； 3.B； 4.D； 5. $2(n-1)\sigma^2$； 6. $N\left(a\mu_1 + b\mu_2, \dfrac{a^2\sigma_1^2 + b^2\sigma_2^2}{n}\right)$.

第 7 章　参数估计

习题 7.1

1. $\hat{p}_{矩} = \bar{x}$.

2. $\hat{\lambda}_{矩} = \bar{x}$.

3. $\hat{\theta}_{矩} = 2.68$.

4. $\hat{\mu}_{矩} = 53.002, \sigma_{矩}^2 = 6 \times 10^{-6}$ ，0.7939.

5. $\hat{\theta}_{矩} = \dfrac{\bar{x}}{\bar{x} - c}$, $\hat{\theta}_{矩} = \dfrac{\bar{x}}{\bar{x} - c}$.

习题 7.2

1. $\hat{\lambda}_{矩} = \dfrac{1}{\bar{x}}$, $\hat{\lambda}_{MLE} = \dfrac{1}{\bar{x}}$.

2. $\hat{\theta}_{矩} = \dfrac{1}{2}$, $\hat{\theta}_{mle} = \dfrac{1}{2}$.

3. $\hat{p}_{矩} = \dfrac{1}{\bar{x}}$, $\hat{p}_{MLE} = \dfrac{1}{\bar{x}}$.

4. $\overset{\wedge}{\alpha}_{矩} = \dfrac{4}{13} \approx 0.3077$, $\overset{\wedge}{\alpha}_{mle} \approx 0.2112$.

5. (1) $\overset{\wedge}{\sigma}^2 = \dfrac{1}{n} \sum\limits_{i=1}^{n} (X_i - \mu_0)^2$; (2) $E(\overset{\wedge}{\sigma}^2) = \sigma^2$, $D(\overset{\wedge}{\sigma}^2) = \dfrac{2\sigma^4}{n}$.

6. 略.

习题 7.3

1. (1) $\overset{\wedge}{\theta} = 2\bar{x}$; (2) 是; (3) $D(\overset{\wedge}{\theta}) = \dfrac{\theta^2}{5n}$.

2. (1) $\overset{\wedge}{\theta}_1$, $\overset{\wedge}{\theta}_2$, $\overset{\wedge}{\theta}_4$ 是 θ 的无偏估计，$\overset{\wedge}{\theta}_3$ 不是 θ 的无偏估计;

   (2) $D(\overset{\wedge}{\theta}_4) < D(\overset{\wedge}{\theta}_2) < D(\overset{\wedge}{\theta}_3) < D(\overset{\wedge}{\theta}_1)$.

3. 略.

4. (1) $c = \dfrac{1}{2(n-1)}$; (2) $c = \dfrac{1}{n}$.

5. $D(\overset{\wedge}{\mu}_1) > D(\overset{\wedge}{\mu}_2) > D(\overset{\wedge}{\mu}_3)$，$\overset{\wedge}{\mu}_3$ 最有效.

习题 7.4

1. (1) $(5.6080, 6.3920)$; (2) $(5.5584, 6.4416)$.

2. $(71.8001, 85.1999)$.

3. μ 的置信区间为 $(-0.4703, 4.4703)$;

   σ^2 的置信区间为 $(1.96, 26.64)$.

4. $(7.6964, 17.3609)$.

5. (1) $(0.8079, 17.9258)$; (2) $(-0.2269, 0.2741)$.

6. (1) 40394.05; (2) 2344.14.

总习题 7

1. $\hat{\theta}_{MLE} = \min\limits_{1 \leqslant i \leqslant n} \{X_i\}$.

2. $\hat{\mu}_{MLE} = \dfrac{1}{n} \sum\limits_{i=1}^{n} \ln X_i$, $\hat{\sigma}^2_{MLE} = \dfrac{1}{n} \sum\limits_{i=1}^{n} \left(\ln X_i - \dfrac{1}{n} \sum\limits_{i=1}^{n} \ln X_i \right)^2$.

3. $\hat{\theta}_{MLE} = \max\limits_{1 \leqslant i \leqslant n} \{X_i\}$.

4. (1) $\hat{\sigma} = \dfrac{1}{n} \sum\limits_{i=1}^{n} |X_i|$; (2) $E(\hat{\sigma}) = \sigma$, $D(\hat{\sigma}) = \dfrac{\sigma^2}{n}$.

5. (1) $f(z) = F'(z) = \begin{cases} \dfrac{2}{\sqrt{2\pi}\sigma} \mathrm{e}^{-\frac{z^2}{2\sigma^2}}, & z > 0, \\ 0, & z \leqslant 0. \end{cases}$

   (2) $\hat{\sigma}_{矩} = \sqrt{\dfrac{\pi}{2}} \bar{Z}$; (3) $\sigma_{MLE} = \sqrt{\dfrac{1}{n} \sum\limits_{i=1}^{n} Z_i^2}$.

6. (1) $f_T(x) = \begin{cases} \dfrac{9x^8}{\theta^9}, & 0 < x < \theta, \\ 0, & 其他. \end{cases}$ (2) $a = \dfrac{10}{9}$.

7. $a = \dfrac{n_1}{n_1 + n_2}$, $b = \dfrac{n_2}{n_1 + n_2}$.

8. $a_i = \dfrac{1}{\sigma_i^2 \sum\limits_{i=1}^{n} \dfrac{1}{\sigma_i^2}}$, $i = 1, 2, \cdots, k$.

9. $a_1 = 0$, $a_2 = \dfrac{1}{n}$, $a_3 = \dfrac{1}{n}$; $D(T) = \dfrac{1}{n} \theta(1-\theta)$.

10. (1) $(572.1010, 578.2990)$; (2) $(568.9746, 581.4254)$.

11. μ 的置信区间为 $(6.6647, 6.6750)$；σ^2 的置信区间为 $(1.76 \times 10^{-5}, 17.02 \times 10^{-5})$.

12. (1) $(-0.0181, 0.3181)$; (2) $(-0.0442, 0.3442)$; (3) $(0.2271, 2.9621)$.

13. $(0.4768, 0.6661)$.

第8章 假设检验

习题 8.1

1. (1) $c = 0.5548$.　(2) $\beta = 0.0021$.

2. 若假设 $H_0: \mu_0 = 0.5$，$H_1: \mu_0 \neq 0.5$；应接受 H_0，即可以认为该机器工作正常.

习题 8.2

1. 建立假设 $H_0: \mu = \mu_0 = 53.6$；$H_1: \mu \neq \mu_0$，拒绝原假设，即认为今年的日平均销售额与去年相比有显著性变化.

2. 假设检验问题：$H_0: \mu \leqslant 1500$；$H_1: \mu > 1500$，否定原假设 H_0，即认为新工艺事实上提高了灯管的平均寿命.

3. 检验假设：$H_0: \mu = \mu_0 = 72$，$H_1: \mu \neq 72$. 拒绝 H_0，即铅中毒者与正常人的脉搏有显著差异.

4. 检验假设：$H_0: \mu \leqslant 0.5\%$，$H_1: \mu > 0.5\%$，接受 H_0，即认为水分含量均值不超过 0.5%.

5. 检验假设：$H_0: \mu_1 = \mu_2$，$H_1: \mu_1 \neq \mu_2$，拒绝 H_0，即甲,乙两种作物的产量有显著差异.

6. $H_0: \mu_1 = \mu_2$，$H_1: \mu_1 \neq \mu_2$，接受 H_0，即可以认为两种香烟的尼古丁含量没有明显差异.

习题 8.3

1. 检验假设：$H_0: \sigma^2 = \sigma_0^2$，$H_1: \sigma^2 \neq \sigma_0^2$，接受 H_0，即电池的波动性较以往无明显变化.

2. $H_0: \sigma^2 = 0.048^2$，$H_1: \sigma^2 \neq 0.048^2$，拒绝原假设.

3. 检验假设为：$H_0:\sigma^2\geqslant100$，$H_1:\sigma^2<100$，接受 H_0，即可以认为熔化时间的方差大于 100.

   本题如果将检验假设设为：$H_0:\sigma^2\leqslant100$，$H_1:\sigma^2>100$，则接受 H_0，即熔化时间的方差不大于 100.

4. $H_0:\sigma^2\leqslant0.005$，$H_1:\sigma^2>0.005$，拒绝 H_0，认为这批导线的标准差显著地偏大.

5. 检验假设为：$H_0:\sigma_1^2=\sigma_2^2$；$H_1:\sigma_1^2\neq\sigma_2^2$，接受 H_0，即可以认为两个样本是来自方差相同的正态总体.

总习题 8

1. 检验假设：$H_0:\mu=1000$，$H_1:\mu<1000$，拒绝假设 H_0，选择备择假设 H_1，所以以为这批产品不合格.

2. 提出假设：$H_0:\mu=70$，$H_1:\mu\neq70$. 接受假设 $H_0:\mu=70$，即在显著性水平 0.05 下，可以认为这次考试全体考生的平均成绩为 70 分.

3. 提出假设：$H_0:\mu\leqslant0.5\%$，$H_1:\mu>0.5\%$. 拒绝 H_0，即可以认为这种有害物质的含量超过了规定的界限.

4. 提出假设：$H_0:\sigma^2=5000$，$H_1:\sigma^2\neq5000$. 接受 H_0，即认为这批电池使用寿命的波动性和以往比较没有显著变化.

5. $H_0:\sigma^2\leqslant80$，$H_1:\sigma^2>80$. 接受 H_0，即可以认为方差不大于 80.

6. (1)先检验 μ 是否等于 250 克. $H_0:\mu=250$，$H_1:\mu\neq250$，接受 H_0.

   (2)再检验 σ^2 是否超过了 3^2. 检验假设：$H_0':\sigma^2\leqslant9$，$H_1':\sigma^2>9$.拒绝 H_0'.

   综合(1)和(2)，在显著性水平 $\alpha=0.05$ 时，可以认为机器工作不正常.

7. (1) 检验灌装是否合格，即检验均值是否为 18，故提出假设：$H_0:\mu=18$，$H_1:\mu\neq18$，接受 H_0，即该天灌装合格.

   (2)检验灌装量精度是否在标准范围内，即检验假设：$H_0:\sigma^2\leqslant0.4^2$，$H_1:\sigma^2>0.4^2$，接受 H_0，即灌装精度是在标准范围内.

8. 检验假设：$H_0:\mu_1=\mu_2$，$H_1:\mu_1\neq\mu_2$，拒绝 H_0，即不能说一种羊毛织品较另一种好.

9. 检验假设：$H_0: \sigma_1^2 = \sigma_2^2$，$H_1: \sigma_1^2 \neq \sigma_2^2$，接受 H_0，即认为两台机床加工的零件长度的方差无显著差异.

10. (1)先检验：$H_0: \sigma_1^2 = \sigma_2^2$，$H_1: \sigma_1^2 \neq \sigma_2^2$，接受原假设，即可以认为改变工艺前后椭圆度的方差没有显著差异.

   (2)检验假设：$H_0: \mu_1 = \mu_2$，$H_1: \mu_1 \neq \mu_2$，接受 H_0，即可以认为改变工艺前后椭圆度的均值没有显著差异.

第 9 章　方差分析与回归分析

习题 9.1

1. 四个学生成绩无显著差异.

2. $Q_A = 0.76$，$Q_e = 0.3497$，有显著差异.

3. 机器生产的铝合金板厚度有显著的差异.

习题 9.2

1. (1)图略；　(2)$\hat{y} = 13.9584 + 12.5503x$；　(3)回归效果显著.

2. (1)$\hat{y} = 8.928 + 0.2271x$；　(2)经检验回归方程显著.

总习题 9

1. 认为不同的贮藏方法对含水率的影响没有显著差异.

2. 认为机器与机器之间存在显著差异.

3. $\hat{y} = 5.344 + 0.304t$.

4. (1)$\hat{y} = 41.772 + 0.3713x$；　(2)经检验,回归效果显著；

   (3)(63.0433,71.6105).

附录　附表

附表 1

二项分布 $P\{X \leqslant x\} = \sum\limits_{k=0}^{x} C_n^k p^k (1-p)^{n-k}$ 的数值表

n	x	p											
		0.001	0.002	0.003	0.005	0.01	0.02	0.03	0.05	0.10	0.15	0.20	0.25	0.30
2	0	0.9980	0.9960	0.9940	0.9900	0.9801	0.9604	0.9409	0.9025	0.8100	0.7225	0.6400	0.5625	0.4900
	1	1.0000	1.0000	1.0000	1.0000	0.9999	0.9996	0.9991	0.9975	0.9900	0.9775	0.9600	0.9375	0.9100
	2				1.0000	1.0000	1.0000	1.0000	1.0000	1.0000	1.0000	1.0000	1.0000	1.0000
3	0	0.9970	0.9940	0.9910	0.9851	0.9703	0.9412	0.9127	0.8574	0.7290	0.6141	0.5120	0.4219	0.3430
	1	1.0000	1.0000	1.0000	0.9999	0.9997	0.9988	0.9974	0.9927	0.9720	0.9392	0.8960	0.8438	0.7840
	2				1.0000	1.0000	1.0000	1.0000	0.9999	0.9990	0.9966	0.9920	0.9844	0.9730
									1.0000	1.0000	1.0000	1.0000	1.0000	1.0000
4	0	0.9960	0.9920	0.9881	0.9801	0.9606	0.9224	0.8853	0.8145	0.6561	0.5220	0.4096	0.3164	0.2401
	1	1.0000	1.0000	0.9999	0.9999	0.9994	0.9977	0.9948	0.9860	0.9477	0.8905	0.8192	0.7383	0.6517
	2			1.0000	1.0000	1.0000	1.0000	0.9999	0.9995	0.9963	0.9880	0.9728	0.9492	0.9163
	3						1.0000	1.0000	0.9999	0.9995	0.9984	0.9961	0.9919
										1.0000	1.0000	1.0000	1.0000	1.0000
5	0	0.9950	0.9900	0.9851	0.9752	0.9510	0.9039	0.8587	0.7738	0.5905	0.4437	0.3277	0.2373	0.1681
	1	1.0000	1.0000	0.9999	0.9998	0.9990	0.9962	0.9915	0.9774	0.9185	0.8352	0.7373	0.6328	0.5282
	2			1.0000	1.0000	1.0000	0.9999	0.9997	0.9988	0.9914	0.9734	0.9421	0.8965	0.8369
	3						1.0000	1.0000	1.0000	0.9995	0.9978	0.9933	0.9844	0.9692
	4									1.0000	0.9999	0.9997	0.9990	0.9976
	5										1.0000	1.0000	1.0000	1.0000
6	0	0.9940	0.9881	0.9821	0.9704	0.9415	0.8858	0.8330	0.7351	0.5314	0.3771	0.2621	0.1780	0.1176
	1	1.0000	0.9999	0.9999	0.9996	0.9985	0.9943	0.9875	0.9672	0.8857	0.7765	0.6554	0.5339	0.4202

续表

n	x	\(p\)												
		0.001	0.002	0.003	0.005	0.01	0.02	0.03	0.05	0.10	0.15	0.20	0.25	0.30
	2		1.0000	1.0000	1.0000	1.0000	0.9998	0.9995	0.9978	0.9842	0.9527	0.9011	0.8306	0.7443
	3						1.0000	1.0000	0.9999	0.9987	0.9941	0.9830	0.9624	0.9295
	4								1.0000	0.9999	0.9996	0.9984	0.9954	0.9891
	5									1.0000	1.0000	0.9999	0.9998	0.9993
	6											1.0000	1.0000	1.0000
7	0	0.9930	0.9861	0.9792	0.9655	0.9321	0.8681	0.8080	0.6983	0.4783	0.3206	0.2097	0.1335	0.0824
	1	1.0000	0.9999	0.9998	0.9995	0.9980	0.9921	0.9829	0.9556	0.8503	0.7166	0.5767	0.4449	0.3294
	2		1.0000	1.0000	1.0000	1.0000	0.9997	0.9991	0.9962	0.9743	0.9262	0.8520	0.7564	0.6471
	3						1.0000	1.0000	0.9998	0.9973	0.9879	0.9667	0.9294	0.8740
	4								1.0000	0.9998	0.9988	0.9953	0.9871	0.9712
	5									1.0000	0.9999	0.9996	0.9987	0.9962
	6										1.0000	1.0000	0.9999	0.9998
	7												1.0000	1.0000
8	0	0.9920	0.9841	0.9763	0.9607	0.9227	0.8508	0.7837	0.6634	0.4305	0.2725	0.1678	0.1001	0.0576
	1	1.0000	0.9999	0.9998	0.9993	0.9973	0.9897	0.9777	0.9428	0.8131	0.6572	0.5033	0.3671	0.2553
	2		1.0000	1.0000	1.0000	0.9999	0.9996	0.9987	0.9942	0.9619	0.8948	0.7969	0.6785	0.5518
	3					1.0000	1.0000	0.9999	0.9996	0.9950	0.9786	0.9437	0.8862	0.8059
	4						1.0000	1.0000	0.9996	0.9971	0.9896	0.9727	0.9420	
	5								1.0000	0.9998	0.9988	0.9958	0.9887	
	6									1.0000	0.9999	0.9996	0.9987	
	7										1.0000	1.0000	0.9999	
	8												1.0000	
9	0	0.9910	0.9821	0.9733	0.9559	0.9135	0.8337	0.7602	0.6302	0.3874	0.2316	0.1342	0.0751	0.0404
	1	1.0000	0.9999	0.9997	0.9991	0.9966	0.9869	0.9718	0.9288	0.7748	0.5995	0.4362	0.3003	0.1960
	2		1.0000	1.0000	1.0000	0.9999	0.9994	0.9980	0.9916	0.9470	0.8591	0.7382	0.6007	0.4628
	3					1.0000	1.0000	0.9999	0.9994	0.9917	0.9661	0.9144	0.8343	0.7297
	4						1.0000	1.0000	0.9991	0.9944	0.9804	0.9511	0.9012	
	5								0.9999	0.9994	0.9969	0.9900	0.9747	
	6									1.0000	1.0000	0.9997	0.9987	0.9957

（续表）

n	x	p												
		0.001	0.002	0.003	0.005	0.01	0.02	0.03	0.05	0.10	0.15	0.20	0.25	0.30
	7											1.0000	0.9999	0.9996
	8												1.0000	1.0000
	9													1.0000
10	0	0.9900	0.9802	0.9704	0.9511	0.9044	0.8171	0.7374	0.5987	0.3487	0.1969	0.1074	0.0563	0.0282
	1	1.0000	0.9998	0.9996	0.9989	0.9957	0.9838	0.9655	0.9139	0.7361	0.5443	0.3758	0.2440	0.1493
	2		1.0000	1.0000	1.0000	0.9999	0.9991	0.9972	0.9885	0.9298	0.8202	0.6778	0.5256	0.3828
	3					1.0000	1.0000	0.9999	0.9990	0.9872	0.9500	0.8791	0.7759	0.6496
	4							1.0000	0.9999	0.9984	0.9901	0.9672	0.9219	0.8497
	5								1.0000	0.9999	0.9986	0.9936	0.9803	0.9527
	6									1.0000	0.9999	0.9991	0.9965	0.9894
	7										1.0000	0.9999	0.9996	0.9984
	8											1.0000	1.0000	0.9999
	9													1.0000
11	0	0.9891	0.9782	0.9675	0.9464	0.8953	0.8007	0.7153	0.5688	0.3138	0.1673	0.0859	0.0422	0.0198
	1	0.9999	0.9998	0.9995	0.9987	0.9948	0.9805	0.9587	0.8981	0.6974	0.4922	0.3221	0.1971	0.1130
	2	1.0000	1.0000	1.0000	1.0000	0.9998	0.9988	0.9963	0.9848	0.9104	0.7788	0.6174	0.4552	0.3127
	3					1.0000	1.0000	0.9998	0.9984	0.9815	0.9306	0.8389	0.7133	0.5696
	4							1.0000	0.9999	0.9972	0.9841	0.9496	0.8854	0.7897
	5								1.0000	0.9997	0.9973	0.9883	0.9657	0.9218
	6									1.0000	0.9997	0.9980	0.9924	0.9784
	7										1.0000	0.9998	0.9988	0.9957
	8											1.0000	0.9999	0.9994
	9												1.0000	1.0000
12	0	0.9881	0.9763	0.9646	0.9416	0.8864	0.7847	0.6938	0.5404	0.2824	0.1422	0.0687	0.0317	0.0138
	1	0.9999	0.9997	0.9994	0.9984	0.9938	0.9769	0.9514	0.8816	0.6590	0.4435	0.2749	0.1584	0.0850
	2	1.0000	1.0000	1.0000	1.0000	0.9998	0.9985	0.9952	0.9804	0.8891	0.7358	0.5583	0.3907	0.2528
	3					1.0000	0.9999	0.9997	0.9978	0.9744	0.9078	0.7946	0.6488	0.4925
	4						1.0000	1.0000	0.9998	0.9957	0.9761	0.9274	0.8424	0.7237
	5								1.0000	0.9995	0.9954	0.9806	0.9456	0.8822

续表

n	x	0.001	0.002	0.003	0.005	0.01	0.02	0.03	0.05	0.10	0.15	0.20	0.25	0.30
														p
	6									0.9999	0.9993	0.9961	0.9857	0.9614
	7									1.0000	0.9999	0.9994	0.9972	0.9905
	8										1.0000	0.9999	0.9996	0.9983
	9											1.0000	1.0000	0.9998
	10													1.0000
13	0	0.9871	0.9743	0.9617	0.9369	0.8775	0.7690	0.6730	0.5133	0.2542	0.1209	0.0550	0.0238	0.0097
	1	0.9999	0.9997	0.9993	0.9981	0.9928	0.9730	0.9436	0.8646	0.6213	0.3983	0.2336	0.1267	0.0637
	2	1.0000	1.0000	1.0000	1.0000	0.9997	0.9980	0.9938	0.9755	0.8661	0.6920	0.5017	0.3326	0.2025
	3					1.0000	0.9999	0.9995	0.9969	0.9658	0.8820	0.7473	0.5843	0.4206
	4						1.0000	1.0000	0.9997	0.9935	0.9658	0.9009	0.7940	0.6543
	5								1.0000	0.9991	0.9925	0.9700	0.9198	0.8346
	6									0.9999	0.9987	0.9930	0.9757	0.9376
	7									1.0000	0.9998	0.9988	0.9944	0.9818
	8										1.0000	0.9998	0.9990	0.9960
	9											1.0000	0.9999	0.9993
	10												1.0000	0.9999
	11													1.0000
14	0	0.9861	0.9724	0.9588	0.9322	0.8687	0.7536	0.6528	0.4877	0.2288	0.1028	0.0440	0.0178	0.0068
	1	0.9999	0.9996	0.9992	0.9978	0.9916	0.9690	0.9355	0.8470	0.5846	0.3567	0.1979	0.1010	0.0475
	2	1.0000	1.0000	1.0000	1.0000	0.9997	0.9975	0.9923	0.9699	0.8416	0.6479	0.4481	0.2811	0.1608
	3					1.0000	0.9999	0.9994	0.9958	0.9559	0.8535	0.6982	0.5213	0.3552
	4						1.0000	1.0000	0.9996	0.9908	0.9533	0.8702	0.7415	0.5842
	5								1.0000	0.9985	0.9885	0.9561	0.8883	0.7805
	6									0.9998	0.9978	0.9884	0.9617	0.9067
	7									1.0000	0.9997	0.9976	0.9897	0.9685
	8										1.0000	0.9996	0.9978	0.9917
	9											1.0000	0.9997	0.9983
	10												1.0000	0.9998
	11													1.0000

续表

n	x	p												
		0.001	0.002	0.003	0.005	0.01	0.02	0.03	0.05	0.10	0.15	0.20	0.25	0.30
15	0	0.9851	0.9704	0.9559	0.9276	0.8601	0.7386	0.6333	0.4633	0.2059	0.0874	0.0352	0.0134	0.0047
	1	0.9999	0.9996	0.9991	0.9975	0.9904	0.9647	0.9270	0.8290	0.5490	0.3186	0.1671	0.0802	0.0353
	2	1.0000	1.0000	1.0000	0.9999	0.9996	0.9970	0.9906	0.9638	0.8159	0.6042	0.3980	0.2361	0.1268
	3				1.0000	1.0000	0.9998	0.9992	0.9945	0.9444	0.8227	0.6482	0.4613	0.2969
	4						1.0000	0.9999	0.9994	0.9873	0.9383	0.8358	0.6865	0.5155
	5							1.0000	0.9999	0.9978	0.9832	0.9389	0.8516	0.7216
	6								1.0000	0.9997	0.9964	0.9819	0.9434	0.8689
	7									1.0000	0.9994	0.9958	0.9827	0.9500
	8										0.9999	0.9992	0.9958	0.9848
	9										1.0000	0.9999	0.9992	0.9963
	10											1.0000	0.9999	0.9993
	11												1.0000	0.9999
	12													1.0000
16	0	0.9841	0.9685	0.9531	0.9229	0.8515	0.7238	0.6143	0.4401	0.1853	0.0743	0.0281	0.0100	0.0033
	1	0.9999	0.9995	0.9989	0.9971	0.9891	0.9601	0.9182	0.8108	0.5147	0.2839	0.1407	0.0635	0.0261
	2	1.0000	1.0000	1.0000	0.9999	0.9995	0.9963	0.9887	0.9571	0.7892	0.5614	0.3518	0.1971	0.0994
	3				1.0000	1.0000	0.9998	0.9989	0.9930	0.9316	0.7899	0.5981	0.4050	0.2459
	4						1.0000	0.9999	0.9991	0.9830	0.9209	0.7982	0.6302	0.4499
	5							1.0000	0.9999	0.9967	0.9765	0.9183	0.8103	0.6598
	6								1.0000	0.9995	0.9944	0.9733	0.9204	0.8247
	7									0.9999	0.9989	0.9930	0.9729	0.9256
	8									1.0000	0.9998	0.9985	0.9925	0.9743
	9										1.0000	0.9998	0.9984	0.9929
	10											1.0000	0.9997	0.9984
	11												1.0000	0.9997
	12													1.0000
17	0	0.9831	0.9665	0.9502	0.9183	0.8429	0.7093	0.5958	0.4181	0.1668	0.0631	0.0225	0.0075	0.0023
	1	0.9999	0.9995	0.9988	0.9968	0.9877	0.9554	0.9091	0.7922	0.4818	0.2525	0.1182	0.0501	0.0193
	2	1.0000	1.0000	1.0000	0.9999	0.9994	0.9956	0.9866	0.9497	0.7618	0.5198	0.3096	0.1637	0.0774

p

n	x	0.001	0.002	0.003	0.005	0.01	0.02	0.03	0.05	0.10	0.15	0.20	0.25	0.30
	3				1.0000	1.0000	0.9997	0.9986	0.9912	0.9174	0.7556	0.5489	0.3530	0.2019
	4						1.0000	0.9999	0.9988	0.9779	0.9013	0.7582	0.5739	0.3887
	5							1.0000	0.9999	0.9953	0.9681	0.8943	0.7653	0.5968
	6								1.0000	0.9992	0.9917	0.9623	0.8929	0.7752
	7									0.9999	0.9983	0.9891	0.9598	0.8954
	8									1.0000	0.9997	0.9974	0.9876	0.9597
	9										1.0000	0.9995	0.9969	0.9873
	10											0.9999	0.9994	0.9968
	11											1.0000	0.9999	0.9993
	12												1.0000	0.9999
	13													1.0000
18	0	0.9822	0.9646	0.9474	0.9137	0.8345	0.6951	0.5780	0.3972	0.1501	0.0536	0.0180	0.0056	0.0016
	1	0.9998	0.9994	0.9987	0.9964	0.9862	0.9505	0.8997	0.7735	0.4503	0.2241	0.0991	0.0395	0.0142
	2	1.0000	1.0000	1.0000	0.9999	0.9993	0.9948	0.9843	0.9419	0.7338	0.4797	0.2713	0.1353	0.0600
	3				1.0000	1.0000	0.9996	0.9982	0.9891	0.9018	0.7202	0.5010	0.3057	0.1646
	4						1.0000	0.9998	0.9985	0.9718	0.8794	0.7164	0.5187	0.3327
	5							1.0000	0.9998	0.9936	0.9581	0.8671	0.7175	0.5344
	6								1.0000	0.9988	0.9882	0.9487	0.8610	0.7217
	7									0.9998	0.9973	0.9837	0.9431	0.8593
	8									1.0000	0.9995	0.9957	0.9807	0.9404
	9										0.9999	0.9991	0.9946	0.9790
	10										1.0000	0.9998	0.9988	0.9939
	11											1.0000	0.9998	0.9986
	12												1.0000	0.9997
	13													1.0000
19	0	0.9812	0.9627	0.9445	0.9092	0.8262	0.6812	0.5606	0.3774	0.1351	0.0456	0.0144	0.0042	0.0011
	1	0.9998	0.9993	0.9985	0.9960	0.9847	0.9454	0.8900	0.7547	0.4203	0.1985	0.0829	0.0310	0.0104
	2	1.0000	1.0000	1.0000	0.9999	0.9991	0.9939	0.9817	0.9335	0.7054	0.4413	0.2369	0.1113	0.0462
	3				1.0000	1.0000	0.9995	0.9978	0.9868	0.8850	0.6841	0.4551	0.2631	0.1332

续表

n	x	\(p \)												
		0.001	0.002	0.003	0.005	0.01	0.02	0.03	0.05	0.10	0.15	0.20	0.25	0.30
	4						1.0000	0.9998	0.9980	0.9648	0.8556	0.6733	0.4654	0.2822
	5							1.0000	0.9998	0.9914	0.9463	0.8369	0.6678	0.4739
	6								1.0000	0.9983	0.9837	0.9324	0.8251	0.6655
	7									0.9997	0.9959	0.9767	0.9225	0.8180
	8									1.0000	0.9992	0.9933	0.9713	0.9161
	9										0.9999	0.9984	0.9911	0.9674
	10										1.0000	0.9997	0.9977	0.9895
	11											1.0000	0.9995	0.9972
	12												0.9999	0.9994
	13												1.0000	0.9999
	14													1.0000
20	0	0.9802	0.9608	0.9417	0.9046	0.8179	0.6676	0.5438	0.3585	0.1216	0.0388	0.0115	0.0032	0.0008
	1	0.9998	0.9993	0.9984	0.9955	0.9831	0.9401	0.8802	0.7358	0.3917	0.1756	0.0692	0.0243	0.0076
	2	1.0000	1.0000	1.0000	0.9999	0.9990	0.9929	0.9790	0.9245	0.6769	0.4049	0.2061	0.0913	0.0355
	3				1.0000	1.0000	0.9994	0.9973	0.9841	0.8670	0.6477	0.4114	0.2252	0.1071
	4						1.0000	0.9997	0.9974	0.9568	0.8298	0.6296	0.4148	0.2375
	5							1.0000	0.9997	0.9887	0.9327	0.8042	0.6172	0.4164
	6								1.0000	0.9976	0.9781	0.9133	0.7858	0.6080
	7									0.9996	0.9941	0.9679	0.8982	0.7723
	8									0.9999	0.9987	0.9900	0.9591	0.8867
	9									1.0000	0.9998	0.9974	0.9861	0.9520
	10										1.0000	0.9994	0.9961	0.9829
	11											0.9999	0.9991	0.9949
	12											1.0000	0.9998	0.9987
	13												1.0000	0.9997
	14													1.0000
25	0	0.9753	0.9512	0.9276	0.8822	0.7778	0.6035	0.4670	0.2774	0.0718	0.0172	0.0038	0.0008	0.0001
	1	0.9997	0.9988	0.9974	0.9931	0.9742	0.9114	0.8280	0.6424	0.2712	0.0931	0.0274	0.0070	0.0016
	2	1.0000	1.0000	0.9999	0.9997	0.9980	0.9868	0.9620	0.8729	0.5371	0.2537	0.0982	0.0321	0.0090

n	x	0.001	0.002	0.003	0.005	0.01	0.02	0.03	0.05	0.10	0.15	0.20	0.25	0.30
												p		
	3			1.0000	1.0000	0.9999	0.9986	0.9938	0.9659	0.7636	0.4711	0.2340	0.0962	0.0332
	4					1.0000	0.9999	0.9992	0.9928	0.9020	0.6821	0.4207	0.2137	0.0905
	5						1.0000	0.9999	0.9988	0.9666	0.8385	0.6167	0.3783	0.1935
	6							1.0000	0.9998	0.9905	0.9305	0.7800	0.5611	0.3407
	7								1.0000	0.9977	0.9745	0.8909	0.7265	0.5118
	8									0.9995	0.9920	0.9532	0.8506	0.6769
	9									0.9999	0.9979	0.9827	0.9287	0.8106
	10									1.0000	0.9995	0.9944	0.9703	0.9022
	11										0.9999	0.9985	0.9893	0.9558
	12										1.0000	0.9996	0.9966	0.9825
	13											0.9999	0.9991	0.9940
	14											1.0000	0.9998	0.9982
	15												1.0000	0.9995
	16													0.9999
	17													1.0000
30	0	0.9704	0.9417	0.9138	0.8604	0.7397	0.5455	0.4010	0.2146	0.0424	0.0076	0.0012	0.0002	0.0000
	1	0.9996	0.9983	0.9963	0.9901	0.9639	0.8795	0.7731	0.5535	0.1837	0.0480	0.0105	0.0020	0.0003
	2	1.0000	1.0000	0.9999	0.9995	0.9967	0.9783	0.9399	0.8122	0.4114	0.1514	0.0442	0.0106	0.0021
	3			1.0000	1.0000	0.9998	0.9971	0.9881	0.9392	0.6474	0.3217	0.1227	0.0374	0.0093
	4					1.0000	0.9997	0.9982	0.9844	0.8245	0.5245	0.2552	0.0979	0.0302
	5						1.0000	0.9998	0.9967	0.9268	0.7106	0.4275	0.2026	0.0766
	6							1.0000	0.9994	0.9742	0.8474	0.6070	0.3481	0.1595
	7								0.9999	0.9922	0.9302	0.7608	0.5143	0.2814
	8								1.0000	0.9980	0.9722	0.8713	0.6736	0.4315
	9									0.9995	0.9903	0.9389	0.8034	0.5888
	10									0.9999	0.9971	0.9744	0.8943	0.7304
	11									1.0000	0.9992	0.9905	0.9493	0.8407
	12										0.9998	0.9969	0.9784	0.9155
	13										1.0000	0.9991	0.9918	0.9599
	14											0.9998	0.9973	0.9831

n	x	p												
		0.001	0.002	0.003	0.005	0.01	0.02	0.03	0.05	0.10	0.15	0.20	0.25	0.30
	15											0.9999	0.9992	0.9936
	16											1.0000	0.9998	0.9979
	17												0.9999	0.9994
	18												1.0000	0.9998
	19													1.0000

附表 2　泊松分布表

$$P\{X \geqslant x\} = 1 - F(x-1) = \sum_{k=x}^{\infty} \frac{e^{-\lambda}\lambda^k}{k!}$$

k \ λ	0.2	0.3	0.4	0.5	0.6
0	1.0000000	1.0000000	1.0000000	1.0000000	1.0000000
1	0.1812692	0.2591818	0.3296800	0.3934693	0.4511884
2	0.0175231	0.0369363	0.0615519	0.0902040	0.1219014
3	0.0011485	0.0035995	0.0079263	0.0143877	0.0231153
4	0.0000568	0.0002658	0.0007763	0.0017516	0.0033581
5	0.0000023	0.0000158	0.0000612	0.0001721	0.0003945
6	0.0000001	0.0000008	0.0000040	0.0000142	0.0000389
	0.0000000	0.0000000	0.0000002	0.0000010	0.0000033

k \ λ	0.7	0.8	0.9	1.0	1.2
0	1.0000000	1.0000000	1.0000000	1.0000000	1.0000000
1	0.5034147	0.5506710	0.5934303	0.6321206	0.6988058
2	0.1558050	0.1912079	0.2275176	0.2642411	0.3373727
3	0.0341416	0.0474226	0.0628569	0.0803014	0.1205129
4	0.0057535	0.0090799	0.0134587	0.0189882	0.0337690
5	0.0007855	0.0014113	0.0023441	0.0036598	0.0077458
6	0.0000900	0.0001843	0.0003435	0.0005942	0.0015002
7	0.0000089	0.0000207	0.0000434	0.0000832	0.0002511
8	0.0000008	0.0000021	0.0000048	0.0000102	0.0000370
9	0.0000001	0.0000002	0.0000005	0.0000011	0.0000049
10	0.0000000	0.0000000	0.0000000	0.0000001	0.0000006
0	1.0000000	1.0000000	1.0000000	1.0000000	1.0000000
1	0.5034147	0.5506710	0.5934303	0.6321206	0.6988058
2	0.1558050	0.1912079	0.2275176	0.2642411	0.3373727
3	0.0341416	0.0474226	0.0628569	0.0803014	0.1205129
4	0.0057535	0.0090799	0.0134587	0.0189882	0.0337690
5	0.0007855	0.0014113	0.0023441	0.0036598	0.0077458
6	0.0000900	0.0001843	0.0003435	0.0005942	0.0015002
7	0.0000089	0.0000207	0.0000434	0.0000832	0.0002511
8	0.0000008	0.0000021	0.0000048	0.0000102	0.0000370
9	0.0000001	0.0000002	0.0000005	0.0000011	0.0000049
10	0.0000000	0.0000000	0.0000000	0.0000001	0.0000006

k \ λ	1.4	1.6	1.8	2.0	2.2
0	1.0000000	1.0000000	1.0000000	1.0000000	1.0000000
1	0.7534030	0.7981035	0.8347011	0.8646647	0.8891968
2	0.4081673	0.4750691	0.5371631	0.5939942	0.6454299
3	0.1665023	0.2166415	0.2693789	0.3233236	0.3772863
4	0.0537253	0.0788135	0.1087084	0.1428765	0.1806476
5	0.0142533	0.0236823	0.0364067	0.0526530	0.0724963
6	0.0032011	0.0060403	0.0103780	0.0165636	0.0249098
7	0.0006223	0.0013358	0.0025694	0.0045338	0.0074613
8	0.0001065	0.0002604	0.0005615	0.0010967	0.0019776
9	0.0000163	0.0000454	0.0001097	0.0002374	0.0004695
10	0.0000022	0.0000071	0.0000194	0.0000465	0.0001009
11	0.0000003	0.0000010	0.0000031	0.0000083	0.0000198
12	0.0000000	0.0000001	0.0000005	0.0000014	0.0000036
13			0.0000001	0.0000002	0.0000006
14					0.0000001

k \ λ	2.5	3.0	3.5	4.0	4.5
0	1.0000000	1.0000000	1.0000000	1.0000000	1.0000000
1	0.9179150	0.9502129	0.9698026	0.9816844	0.9888910
2	0.7127025	0.8008517	0.8641118	0.9084218	0.9389005
3	0.4561869	0.5768099	0.6791528	0.7618967	0.8264219
4	0.2424239	0.3527681	0.4633673	0.5665299	0.6577040
5	0.1088220	0.1847368	0.2745550	0.3711631	0.4678964
6	0.0420210	0.0839179	0.1423864	0.2148696	0.2970696
7	0.0141873	0.0335085	0.0652881	0.1106740	0.1689494
8	0.0042467	0.0119045	0.0267389	0.0511336	0.0865865
9	0.0011403	0.0038030	0.0098737	0.0213634	0.0402573
10	0.0002774	0.0011025	0.0033149	0.0081322	0.0170927
11	0.0000616	0.0002923	0.0010194	0.0028398	0.0066687
12	0.0000126	0.0000714	0.0002890	0.0009152	0.0024043
13	0.0000024	0.0000161	0.0000760	0.0002737	0.0008051
14	0.0000004	0.0000034	0.0000186	0.0000763	0.0002516
15	0.0000001	0.0000007	0.0000043	0.0000199	0.0000737
16		0.0000001	0.0000009	0.0000049	0.0000203
17			0.0000002	0.0000011	0.0000053
18				0.0000002	0.0000013
19				0.0000001	0.0000003
20					0.0000001

λ k	5.0	6.0	7.0	8.0	9.0
0	1.0000000	1.0000000	1.0000000	1.0000000	1.0000000
1	0.9932621	0.9975212	0.9990881	0.9996645	0.9998766
2	0.9595723	0.9826487	0.9927049	0.9969808	0.9987659
3	0.8753480	0.9380312	0.9703638	0.9862460	0.9937678
4	0.7349741	0.8487961	0.9182346	0.9576199	0.9787735
5	0.5595067	0.7149435	0.8270084	0.9003676	0.9450364
6	0.3840393	0.5543204	0.6992917	0.8087639	0.8843095
7	0.2378165	0.3936972	0.5502889	0.6866257	0.7932192
8	0.1333717	0.2560202	0.4012862	0.5470392	0.6761030
9	0.0680936	0.1527625	0.2709087	0.4074527	0.5443474
10	0.0318281	0.0839240	0.1695041	0.2833757	0.4125918
11	0.0136953	0.0426209	0.0985208	0.1841142	0.2940117
12	0.0054531	0.0200920	0.0533496	0.1119240	0.1969916
13	0.0020189	0.0088275	0.0269998	0.0637972	0.1242266
14	0.0006980	0.0036285	0.0128114	0.0341807	0.0738508
15	0.0002263	0.0014004	0.0057172	0.0172570	0.0414663
16	0.0000690	0.0005091	0.0024066	0.0082310	0.0220357
17	0.0000199	0.0001749	0.0009582	0.0037180	0.0111059
18	0.0000054	0.0000569	0.0003618	0.0015943	0.0053196
19	0.0000014	0.0000176	0.0001299	0.0006504	0.0024264
20	0.0000003	0.0000052	0.0000444	0.0002529	0.0010560
21	0.0000001	0.0000015	0.0000145	0.0000940	0.0004393
22		0.0000004	0.0000045	0.0000334	0.0001750
23		0.0000001	0.0000014	0.0000114	0.0000668
24			0.0000004	0.0000037	0.0000245
25			0.0000001	0.0000012	0.0000087
26				0.0000004	0.0000029
27				0.0000001	0.0000010
28					0.0000003
29					0.0000001

附表3　标准正态分布表

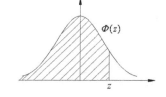

$$\Phi(z) = \frac{1}{\sqrt{2\pi}} \int_{-\infty}^{z} e^{-t^2/2} dt = P\{Z \leqslant z\}$$

	0.00	0.01	0.02	0.03	0.04	0.05	0.06	0.07	0.08	0.09
0.0	0.5000	0.5040	0.5080	0.5120	0.5160	0.5199	0.5239	0.5279	0.5319	0.5359
0.1	0.5398	0.5438	0.5478	0.5517	0.5557	0.5596	0.5636	0.5675	0.5714	0.5753
0.2	0.5793	0.5832	0.5871	0.5910	0.5948	0.5987	0.6026	0.6064	0.6103	0.6141
0.3	0.6179	0.6217	0.6255	0.6293	0.6331	0.6368	0.6406	0.6443	0.6480	0.6517
0.4	0.6554	0.6591	0.6628	0.6664	0.6700	0.6736	0.6772	0.6808	0.6844	0.6879
0.5	0.6915	0.6950	0.6985	0.7019	0.7054	0.7088	0.7123	0.7157	0.7190	0.7224
0.6	0.7257	0.7291	0.7324	0.7357	0.7389	0.7422	0.7454	0.7486	0.7517	0.7549
0.7	0.7580	0.7611	0.7642	0.7673	0.7703	0.7734	0.7764	0.7794	0.7823	0.7852
0.8	0.7881	0.7910	0.7939	0.7967	0.7995	0.8023	0.8051	0.8078	0.8106	0.8133
0.9	0.8159	0.8186	0.8212	0.8238	0.8264	0.8289	0.8315	0.8340	0.8365	0.8389
1.0	0.8413	0.8438	0.8461	0.8485	0.8508	0.8531	0.8554	0.8577	0.8599	0.8621
1.1	0.8643	0.8665	0.8686	0.8708	0.8729	0.8749	0.8770	0.8790	0.8810	0.8830
1.2	0.8849	0.8869	0.8888	0.8907	0.8925	0.8944	0.8962	0.8980	0.8997	0.9015
1.3	0.9032	0.9049	0.9066	0.9082	0.9099	0.9115	0.9131	0.9147	0.9162	0.9177
1.4	0.9192	0.9207	0.9222	0.9236	0.9251	0.9265	0.9278	0.9292	0.9306	0.9319
1.5	0.9332	0.9345	0.9357	0.9370	0.9382	0.9394	0.9406	0.9418	0.9430	0.9441
1.6	0.9452	0.9463	0.9474	0.9484	0.9495	0.9505	0.9515	0.9525	0.9535	0.9545
1.7	0.9554	0.9564	0.9573	0.9582	0.9591	0.9599	0.9608	0.9616	0.9625	0.9633
1.8	0.9641	0.9648	0.9656	0.9664	0.9671	0.9678	0.9686	0.9693	0.9700	0.9706
1.9	0.9713	0.9719	0.9726	0.9732	0.9738	0.9744	0.9750	0.9756	0.9762	0.9767
2.0	0.9772	0.9778	0.9783	0.9788	0.9793	0.9798	0.9803	0.9808	0.9812	0.9817
2.1	0.9821	0.9826	0.9830	0.9834	0.9838	0.9842	0.9846	0.9850	0.9854	0.9857
2.2	0.9861	0.9864	0.9868	0.9871	0.9874	0.9878	0.9881	0.9884	0.9887	0.9890
2.3	0.9893	0.9896	0.9898	0.9901	0.9904	0.9906	0.9909	0.9911	0.9913	0.9916
2.4	0.9918	0.9920	0.9922	0.9925	0.9927	0.9929	0.9931	0.9932	0.9934	0.9936
2.5	0.9938	0.9940	0.9941	0.9943	0.9945	0.9946	0.9948	0.9949	0.9951	0.9952
2.6	0.9953	0.9955	0.9956	0.9957	0.9959	0.9960	0.9961	0.9962	0.9963	0.9964
2.7	0.9965	0.9966	0.9967	0.9968	0.9969	0.9970	0.9971	0.9972	0.9973	0.9974
2.8	0.9974	0.9975	0.9976	0.9977	0.9977	0.9978	0.9979	0.9979	0.9980	0.9981
2.9	0.9981	0.9982	0.9982	0.9983	0.9984	0.9984	0.9985	0.9985	0.9986	0.9986
3.0	0.9987	0.9990	0.9993	0.9995	0.9997	0.9998	0.9998	0.9999	0.9999	1.0000

注：本表最后一行自左至右依次是 $\Phi(3.0)$、…、$\Phi(3.9)$ 的值

附表 4　t 分布临界值表

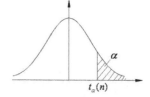

$$P\{t(n) > t_\alpha(n)\} = \alpha$$

α $\diagdown$ n	0.25	0.10	0.05	0.025	0.01	0.005
1	1.000 0	3.077 7	6.313 8	12.706 2	31.820 7	63.657 4
2	0.816 5	1.885 6	2.920 0	4.303 7	6.964 6	9.924 8
3	0.764 9	1.637 7	2.353 4	3.182 4	4.540 7	5.840 9
4	0.740 7	1.533 2	2.131 8	2.776 4	3.764 9	4.6041
5	0.726 7	1.475 9	2.015 0	2.570 6	3.364 9	4.0322
6	0.717 6	1.439 8	1.943 2	2.446 9	3.142 7	3.707 4
7	0.711 1	1.414 9	1.894 6	2.364 6	2.998 0	3.499 5
8	0.706 4	1.396 8	1.859 5	2.306 0	2.896 5	3.355 4
9	0.702 7	1.383 0	1.833 1	2.262 2	2.821 4	3.249 8
10	0.699 8	1.372 2	1.812 5	2.228 1	2.763 8	3.169 3
11	0.697 4	1.363 4	1.795 9	2.201 0	2.718 1	3.105 8
12	0.695 5	1.356 2	1.782 3	2.178 8	2.681 0	3.054 5
13	0.693 8	1.350 2	1.770 9	2.164 0	2.650 3	3.012 3
14	0.692 4	1.345 0	1.761 3	2.144 8	2.624 5	2.976 8
15	0.691 2	1.340 6	1.753 1	2.131 5	2.602 5	2.946 7
16	0.690 1	1.336 8	1.745 9	2.119 9	2.583 5	2.920 8
17	0.689 2	1.333 4	1.739 6	2.109 8	2.566 9	2.898 2
18	0.688 4	1.330 4	1.734 1	2.100 9	2.552 4	2.878 4
19	0.687 6	1.327 7	1.729 1	2.093 0	2.539 5	2.860 9
20	0.687 0	1.325 3	1.724 7	2.086 0	2.528 0	2.845 3
21	0.686 4	1.323 2	1.720 7	2.079 6	2.517 7	2.831 4
22	0.685 8	1.321 2	1.717 1	2.073 9	2.508 3	2.818 8
23	0.685 3	1.319 5	1.713 9	2.068 7	2.499 9	2.807 3
24	0.684 8	1.317 8	1.710 9	2.063 9	2.492 2	2.796 9
25	0.684 4	1.316 3	1.708 1	2.059 5	2.485 1	2.787 4
26	0.684 0	1.315 0	1.705 6	2.055 5	2.478 6	2.778 7
27	0.683 7	1.313 7	1.703 3	2.051 8	2.472 7	2.770 7
28	0.683 4	1.312 5	1.701 1	2.048 4	2.467 1	2.763 3
29	0.683 0	1.311 4	1.699 1	2.045 2	2.462 0	2.756 4
30	0.682 8	1.310 4	1.687 3	2.042 3	2.457 3	2.750 0
31	0.682 5	1.309 5	1.695 5	2.039 5	2.452 8	2.744 0
32	0.682 2	1.308 6	1.693 9	2.036 9	2.448 7	2.738 5

α n	0.25	0.10	0.05	0.025	0.01	0.005
33	0.682 0	1.307 7	1.692 4	2.034 5	2.444 8	2.733 3
34	0.681 8	1.307 0	1.690 9	2.032 2	2.441 1	2.728 4
35	0.681 6	1.306 2	1.689 6	2.030 1	2.437 7	2.723 8
36	0.681 4	1.305 5	1.688 3	2.028 1	2.434 5	2.719 5
37	0.681 2	1.304 9	1.687 1	2.026 2	2.431 4	2.715 4
38	0.681 0	1.304 2	1.686 0	2.024 4	2.428 6	2.711 6
39	0.680 8	1.303 6	1.684 9	2.022 7	2.425 8	2.707 9
40	0.680 7	1.303 1	1.683 9	2.021 1	2.423 3	2.704 5
41	0.680 5	1.302 5	1.682 9	2.019 5	2.420 8	2.701 2
42	0.680 4	1.302 0	1.682 0	2.018 1	2.418 5	2.698 1
43	0.680 2	1.301 6	1.681 1	2.016 7	2.416 3	2.695 1
44	0.680 1	1.301 1	1.680 2	2.015 4	2.414 1	2.692 3
45	0.680 0	1.300 6	1.679 4	2.014 1	2.412 1	2.689 6

附表5　χ^2 分布表

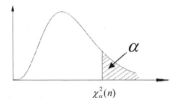

$$P\{\chi^2(n) > \chi_\alpha^2(n)\} = \alpha$$

α / n	0.995	0.99	0.975	0.95	0.9	0.75
1	0.0000	0.0002	0.0010	0.0039	0.0158	0.1015
2	0.0100	0.0201	0.0506	0.1026	0.2107	0.5754
3	0.0717	0.1148	0.2158	0.3518	0.5844	1.2125
4	0.2070	0.2971	0.4844	0.7107	1.0636	1.9226
5	0.4117	0.5543	0.8312	1.1455	1.6103	2.6746
6	0.6757	0.8721	1.2373	1.6354	2.2041	3.4546
7	0.9893	1.2390	1.6899	2.1673	2.8331	4.2549
8	1.3444	1.6465	2.1797	2.7326	3.4895	5.0706
9	1.7349	2.0879	2.7004	3.3251	4.1682	5.8988
10	2.1559	2.5582	3.2470	3.9403	4.8652	6.7372
11	2.6032	3.0535	3.8157	4.5748	5.5778	7.5841
12	3.0738	3.5706	4.4038	5.2260	6.3038	8.4384
13	3.5650	4.1069	5.0088	5.8919	7.0415	9.2991
14	4.0747	4.6604	5.6287	6.5706	7.7895	10.1653
15	4.6009	5.2293	6.2621	7.2609	8.5468	11.0365
16	5.1422	5.8122	6.9077	7.9616	9.3122	11.9122
17	5.6972	6.4078	7.5642	8.6718	10.0852	12.7919
18	6.2648	7.0149	8.2307	9.3905	10.8649	13.6753
19	6.8440	7.6327	8.9065	10.1170	11.6509	14.5620
20	7.4338	8.2604	9.5908	10.8508	12.4426	15.4518
21	8.0337	8.8972	10.2829	11.5913	13.2396	16.3444
22	8.6427	9.5425	10.9823	12.3380	14.0415	17.2396
23	9.2604	10.1957	11.6886	13.0905	14.8480	18.1373
24	9.8862	10.8564	12.4012	13.8484	15.6587	19.0373
25	10.5197	11.5240	13.1197	14.6114	16.4734	19.9393
26	11.1602	12.1981	13.8439	15.3792	17.2919	20.8434
27	11.8076	12.8785	14.5734	16.1514	18.1139	21.7494
28	12.4613	13.5647	15.3079	16.9279	18.9392	22.6572
29	13.1211	14.2565	16.0471	17.7084	19.7677	23.5666

n \ α	0.995	0.99	0.975	0.95	0.9	0.75
30	13.7867	14.9535	16.7908	18.4927	20.5992	24.4776
31	14.4578	15.6555	17.5387	19.2806	21.4336	25.3901
32	15.1340	16.3622	18.2908	20.0719	22.2706	26.3041
33	15.8153	17.0735	19.0467	20.8665	23.1102	27.2194
34	16.5013	17.7891	19.8063	21.6643	23.9523	28.1361
35	17.1918	18.5089	20.5694	22.4650	24.7967	29.0540
36	17.8867	19.2327	21.3359	23.2686	25.6433	29.9730
37	18.5858	19.9602	22.1056	24.0749	26.4921	30.8933
38	19.2889	20.6914	22.8785	24.8839	27.3430	31.8146
39	19.9959	21.4262	23.6543	25.6954	28.1958	32.7369
40	20.7065	22.1643	24.4330	26.5093	29.0505	33.6603
41	21.4208	22.9056	25.2145	27.3256	29.9071	34.5846
42	22.1385	23.6501	25.9987	28.1440	30.7654	35.5099
43	22.8595	24.3976	26.7854	28.9647	31.6255	36.4361
44	23.5837	25.1480	27.5746	29.7875	32.4871	37.3631
45	24.3110	25.9013	28.3662	30.6123	33.3504	38.2910
50	27.9907	29.7067	32.3574	34.7643	37.6886	42.9421
60	35.5345	37.4849	40.4817	43.1880	46.4589	52.2938
70	43.2752	45.4417	48.7576	51.7393	55.3289	61.6983
80	51.1719	53.5401	57.1532	60.3915	64.2778	71.1445
90	59.1963	61.7541	65.6466	69.1260	73.2911	80.6247
100	67.3276	70.0649	74.2219	77.9295	82.3581	90.1332

n \ α	0.5	0.25	0.1	0.05	0.025	0.01	0.005
1	0.4549	1.3233	2.7055	3.8415	5.0239	6.6349	7.8794
2	1.3863	2.7726	4.6052	5.9915	7.3778	9.2103	10.5966
3	2.3660	4.1083	6.2514	7.8147	9.3484	11.3449	12.8382
4	3.3567	5.3853	7.7794	9.4877	11.1433	13.2767	14.8603
5	4.3515	6.6257	9.2364	11.0705	12.8325	15.0863	16.7496
6	5.3481	7.8408	10.6446	12.5916	14.4494	16.8119	18.5476
7	6.3458	9.0371	12.0170	14.0671	16.0128	18.4753	20.2777
8	7.3441	10.2189	13.3616	15.5073	17.5345	20.0902	21.9550
9	8.3428	11.3888	14.6837	16.9190	19.0228	21.6660	23.5894
10	9.3418	12.5489	15.9872	18.3070	20.4832	23.2093	25.1882
11	10.3410	13.7007	17.2750	19.6751	21.9200	24.7250	26.7568
12	11.3403	14.8454	18.5493	21.0261	23.3367	26.2170	28.2995
13	12.3398	15.9839	19.8119	22.3620	24.7356	27.6882	29.8195
14	13.3393	17.1169	21.0641	23.6848	26.1189	29.1412	31.3193
15	14.3389	18.2451	22.3071	24.9958	27.4884	30.5779	32.8013
16	15.3385	19.3689	23.5418	26.2962	28.8454	31.9999	34.2672
17	16.3382	20.4887	24.7690	27.5871	30.1910	33.4087	35.7185
18	17.3379	21.6049	25.9894	28.8693	31.5264	34.8053	37.1565
19	18.3377	22.7178	27.2036	30.1435	32.8523	36.1909	38.5823
20	19.3374	23.8277	28.4120	31.4104	34.1696	37.5662	39.9968
21	20.3372	24.9348	29.6151	32.6706	35.4789	38.9322	41.4011
22	21.3370	26.0393	30.8133	33.9244	36.7807	40.2894	42.7957
23	22.3369	27.1413	32.0069	35.1725	38.0756	41.6384	44.1813
24	23.3367	28.2412	33.1962	36.4150	39.3641	42.9798	45.5585
25	24.3366	29.3389	34.3816	37.6525	40.6465	44.3141	46.9279
26	25.3365	30.4346	35.5632	38.8851	41.9232	45.6417	48.2899

n \ α	0.5	0.25	0.1	0.05	0.025	0.01	0.005
27	26.3363	31.5284	36.7412	40.1133	43.1945	46.9629	49.6449
28	27.3362	32.6205	37.9159	41.3371	44.4608	48.2782	50.9934
29	28.3361	33.7109	39.0875	42.5570	45.7223	49.5879	52.3356
30	29.3360	34.7997	40.2560	43.7730	46.9792	50.8922	53.6720
31	30.3359	35.8871	41.4217	44.9853	48.2319	52.1914	55.0027
32	31.3359	36.9730	42.5847	46.1943	49.4804	53.4858	56.3281
33	32.3358	38.0575	43.7452	47.3999	50.7251	54.7755	57.6484
34	33.3357	39.1408	44.9032	48.6024	51.9660	56.0609	58.9639
35	34.3356	40.2228	46.0588	49.8018	53.2033	57.3421	60.2748
36	35.3356	41.3036	47.2122	50.9985	54.4373	58.6192	61.5812
37	36.3355	42.3833	48.3634	52.1923	55.6680	59.8925	62.8833
38	37.3355	43.4619	49.5126	53.3835	56.8955	61.1621	64.1814
39	38.3354	44.5395	50.6598	54.5722	58.1201	62.4281	65.4756
40	39.3353	45.6160	51.8051	55.7585	59.3417	63.6907	66.7660
41	40.3353	46.6916	52.9485	56.9424	60.5606	64.9501	68.0527
42	41.3352	47.7663	54.0902	58.1240	61.7768	66.2062	69.3360
43	42.3352	48.8400	55.2302	59.3035	62.9904	67.4593	70.6159
44	43.3352	49.9129	56.3685	60.4809	64.2015	68.7095	71.8926
45	44.3351	50.9849	57.5053	61.6562	65.4102	69.9568	73.1661
50	49.3349	56.3336	63.1671	67.5048	71.4202	76.1539	79.4900
60	59.3347	66.9815	74.3970	79.0819	83.2977	88.3794	91.9517
70	69.3345	77.5767	85.5270	90.5312	95.0232	100.4252	104.2149
80	79.3343	88.1303	96.5782	101.8795	106.6286	112.3288	116.3211
90	89.3342	98.6499	107.5650	113.1453	118.1359	124.1163	128.2989
100	99.3341	109.1412	118.4980	124.3421	129.5612	135.8067	140.1695

附表6　F 分布临界值表

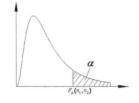

$$P\{F(n_1,n_2) > F_\alpha(n_1,n_2)\} = \alpha$$

$\alpha = 0.10$

n_1 / n_2	1	2	3	4	5	6	7	8	9	10	12	15	20	24	30	40	60	120	∞
1	39.86	49.50	53.59	55.33	57.24	58.20	58.91	59.44	59.86	60.19	60.71	61.22	61.74	62.06	62.26	62.53	62.79	63.06	63.33
2	8.53	9.00	9.16	9.24	6.29	9.33	9.35	9.37	9.38	9.39	9.41	9.42	9.44	9.45	9.46	9.47	9.47	9.48	9.49
3	5.54	5.46	5.39	5.34	5.31	5.28	5.27	5.25	5.24	5.23	5.22	5.20	5.18	5.18	5.17	5.16	5.15	5.14	5.13
4	4.54	4.32	4.19	4.11	4.05	4.01	3.98	3.95	3.94	3.92	3.90	3.87	3.84	3.83	3.82	3.80	3.79	3.78	3.76
5	4.06	3.78	3.62	3.52	3.45	3.40	3.37	3.34	3.32	3.30	3.27	3.24	3.21	3.19	3.17	3.16	3.14	3.12	3.10
6	3.78	3.46	3.29	3.18	3.11	3.05	3.01	2.98	2.96	2.94	2.90	2.87	2.84	2.82	2.80	2.78	2.76	2.74	2.72
7	3.59	3.26	3.07	2.96	2.88	2.83	2.78	2.75	2.72	2.70	2.67	2.63	2.59	2.58	2.56	2.54	2.51	2.49	2.47
8	3.46	3.11	2.92	2.81	2.73	2.67	2.62	2.59	2.56	2.54	2.50	2.46	2.42	2.40	2.38	2.36	2.34	2.32	2.29
9	3.36	3.01	2.81	2.69	2.61	2.55	2.51	2.47	2.44	2.42	2.38	2.34	2.30	2.28	2.25	2.23	2.21	2.18	2.16
10	3.20	2.92	2.73	2.61	2.52	2.46	2.41	2.38	2.35	2.32	2.28	2.24	2.20	2.18	2.16	2.13	2.11	2.08	2.06
11	3.23	2.86	2.66	2.54	2.45	2.39	2.34	2.30	2.27	2.25	2.21	2.17	2.12	2.10	2.08	2.05	2.03	2.00	1.97
12	3.18	2.81	2.61	2.48	2.39	2.33	2.28	2.24	2.21	2.19	2.15	2.10	2.06	2.04	2.01	1.99	1.96	1.93	1.90
13	3.14	2.76	2.56	2.43	2.35	2.28	2.23	2.20	2.16	2.14	2.10	2.05	2.01	1.98	1.96	1.93	1.90	1.88	1.85
14	3.10	2.73	2.52	2.39	2.31	2.24	2.19	2.15	2.12	2.10	2.05	2.01	1.96	1.94	1.91	1.89	1.82	1.83	1.80
15	3.07	2.70	2.49	2.36	2.27	2.21	2.16	2.12	2.09	2.06	2.02	1.97	1.92	1.90	1.87	1.85	1.82	1.79	1.76
16	3.05	2.67	2.46	2.33	2.24	2.18	2.13	2.09	2.06	2.03	1.99	1.94	1.89	1.87	1.84	1.81	1.78	1.75	1.72
17	3.03	2.64	2.44	2.31	2.22	2.15	2.10	2.06	2.03	2.00	1.96	1.91	1.86	1.84	1.81	1.78	1.75	1.72	1.69
18	3.01	2.62	2.42	2.29	2.20	2.13	2.08	2.04	2.00	1.98	1.93	1.89	1.84	1.81	1.78	1.75	1.72	1.69	1.66
19	2.99	2.61	2.40	2.27	2.18	2.11	2.06	2.02	1.98	1.96	1.91	1.86	1.81	1.79	1.76	1.73	1.70	1.67	1.63
20	2.97	2.50	2.38	2.25	2.16	2.09	2.04	2.00	1.96	1.94	1.89	1.84	1.79	1.77	1.74	1.71	1.68	1.64	1.61
21	2.96	9.57	2.36	2.23	2.14	2.08	2.02	1.98	1.95	1.92	1.87	1.83	1.78	1.75	1.72	1.69	1.66	1.62	1.59
22	2.95	2.56	2.35	2.22	2.13	2.06	2.01	1.97	1.93	1.90	1.86	1.81	1.76	1.73	1.70	1.67	1.64	1.60	1.57
23	2.94	2.55	2.34	2.21	2.11	2.05	1.99	1.95	1.92	1.89	1.84	1.80	1.74	1.72	1.69	1.66	1.62	1.59	1.55
24	2.93	2.54	2.33	2.19	2.10	2.04	1.98	1.94	1.91	1.88	1.83	1.78	1.73	1.70	1.67	1.64	1.61	1.57	1.53
25	2.92	2.53	2.32	2.18	2.09	2.02	1.97	1.93	1.89	1.87	1.82	1.77	1.72	1.69	1.66	1.63	1.59	1.56	1.52
26	2.91	2.52	2.31	2.17	2.08	2.01	1.96	1.92	1.88	1.86	1.81	1.76	1.71	1.68	1.65	1.61	1.58	1.54	1.50
27	2.90	2.51	2.30	2.17	2.07	2.00	1.95	1.91	1.87	1.85	1.80	1.75	1.70	1.67	1.64	1.60	1.57	1.53	1.49
28	2.89	2.50	2.29	2.16	2.60	2.00	1.94	1.90	1.87	1.84	1.79	1.74	1.69	1.66	1.63	1.59	1.56	1.52	1.48
29	2.89	2.50	2.28	2.15	2.06	1.99	1.93	1.89	1.86	1.83	1.78	1.73	1.68	1.65	1.62	1.58	1.55	1.51	1.47
30	2.88	2.49	2.22	2.14	2.05	1.98	1.93	1.88	1.85	1.82	1.77	1.72	1.67	1.64	1.61	1.57	1.54	1.50	1.46
40	2.84	2.41	2.23	2.00	2.00	1.93	1.87	1.83	1.79	1.76	1.71	1.66	1.61	1.57	1.54	1.51	1.47	1.42	1.38
60	2.79	2.39	2.18	2.04	1.95	1.87	1.82	1.77	1.74	1.71	1.66	1.60	1.54	1.51	1.48	1.44	1.40	1.35	1.29
120	2.75	2.35	2.13	1.99	1.90	1.82	1.77	1.72	1.68	1.65	1.60	1.55	1.48	1.45	1.41	1.37	1.32	1.26	1.19
∞	2.71	2.30	2.08	1.94	1.85	1.77	1.72	1.67	1.63	1.60	1.55	1.49	1.42	1.38	1.34	1.30	1.24	1.17	1.00

$\alpha = 0.05$

n_1 / n_2	1	2	3	4	5	6	7	8	9	10	12	15	20	24	30	40	60	120	∞
1	161.4	199.5	215.7	224.6	230.2	234.0	236.8	238.9	240.5	241.9	243.9	245.9	248.0	249.1	250.1	251.1	252.2	253.3	254.3
2	18.51	19.00	19.16	19.25	19.30	19.33	19.35	19.37	19.38	19.40	19.41	19.43	19.45	19.45	19.46	19.47	19.48	19.49	19.50
3	10.13	9.55	9.28	9.12	9.90	8.94	8.89	8.85	8.81	8.79	8.74	8.70	8.66	8.64	8.62	8.59	8.57	8.55	8.53
4	7.71	6.94	6.59	6.39	6.26	6.16	6.09	6.04	6.00	5.96	5.91	5.86	5.80	5.77	5.75	5.72	5.69	5.66	5.63
5	6.61	5.79	5.41	5.19	5.05	4.95	4.88	4.82	4.77	4.74	4.68	4.62	4.56	4.53	4.50	4.46	4.43	4.40	4.36
6	5.99	5.14	4.76	4.53	4.39	4.28	4.21	4.15	4.10	4.06	4.00	3.94	3.87	3.84	3.81	3.77	3.74	3.70	3.67
7	5.59	4.74	4.35	4.12	3.97	3.87	3.79	3.73	3.68	3.64	3.57	3.51	3.44	3.41	3.38	3.34	3.30	3.27	3.23
8	5.32	4.46	4.07	3.84	3.69	3.58	3.50	3.44	3.69	3.35	3.28	3.22	3.15	3.12	3.08	3.04	3.01	2.97	2.93
9	5.12	4.26	3.86	3.63	3.48	3.37	3.29	3.23	3.18	3.14	3.07	3.01	2.94	2.90	2.86	2.83	2.79	2.75	2.71
10	4.96	4.10	3.71	3.48	3.33	3.22	3.14	3.07	3.02	2.98	2.91	2.85	2.77	2.74	2.70	2.66	2.62	2.58	2.54
11	4.84	3.98	3.59	3.36	3.20	3.09	3.01	2.95	2.90	2.85	2.79	2.72	2.65	2.61	2.57	2.53	2.49	2.45	2.40
12	4.75	3.89	3.49	3.26	3.11	3.00	2.91	2.85	2.80	2.75	2.69	2.62	2.54	2.51	2.47	2.43	2.38	2.34	2.30
13	4.67	3.81	3.41	3.18	3.03	2.92	2.83	2.77	2.71	2.67	2.60	2.53	2.46	2.42	2.38	2.34	2.30	2.25	2.21
14	4.60	3.74	3.34	3.11	2.96	2.85	2.76	2.70	2.65	2.60	2.53	2.46	2.39	2.35	2.31	2.27	2.22	2.18	2.13
15	4.54	3.68	3.29	3.06	2.90	2.79	2.71	2.64	2.59	2.54	2.48	2.40	2.33	2.29	2.25	2.20	2.16	2.11	2.07
16	4.49	3.63	3.24	3.01	2.85	2.74	2.66	2.59	2.54	2.49	2.42	2.35	2.28	2.24	2.19	2.15	2.11	2.06	2.01
17	4.45	3.59	3.20	2.96	2.81	2.70	2.61	2.55	2.49	2.45	2.38	2.31	2.23	2.19	2.15	2.10	2.06	2.01	1.96
18	4.41	3.55	3.16	2.93	2.77	2.66	2.58	2.51	2.46	2.41	2.34	2.27	2.19	2.15	2.11	2.06	2.02	1.97	1.92
19	4.38	3.52	3.13	2.90	2.74	2.63	2.54	2.48	2.42	2.38	2.31	2.23	2.16	2.11	2.07	2.03	1.98	1.93	1.88
20	4.35	3.49	3.10	2.87	2.71	2.60	2.51	2.45	2.39	2.35	2.28	2.20	2.12	2.08	2.04	1.99	1.95	1.90	1.84
21	4.32	3.47	3.07	2.84	2.68	2.57	2.49	2.42	2.37	2.32	2.25	2.18	2.10	2.05	2.01	1.96	1.92	1.87	1.81
22	4.30	3.44	3.05	2.82	2.66	2.55	2.46	2.40	2.34	2.30	2.23	2.15	2.07	2.03	1.98	1.94	1.89	1.84	1.78
23	4.28	3.42	3.03	2.80	2.64	2.53	2.44	2.37	2.32	2.27	2.20	2.13	2.05	2.01	1.96	1.91	1.86	1.81	1.76
24	4.26	3.40	3.01	2.78	2.62	2.51	2.42	2.36	2.30	2.25	2.18	2.11	2.03	1.98	1.94	1.89	1.84	1.79	1.73
25	4.24	3.39	2.99	2.76	2.60	2.49	2.40	2.34	2.28	2.24	2.16	2.09	2.01	1.96	1.92	1.87	1.82	1.77	1.71
26	4.23	3.37	2.98	2.74	2.59	2.47	2.39	2.32	2.27	2.22	2.15	1.07	1.99	1.95	1.90	1.85	1.80	1.75	1.69
27	4.21	3.35	2.96	2.73	2.57	2.46	2.37	2.31	2.25	2.20	2.13	1.06	1.97	1.93	1.88	1.84	1.79	1.73	1.67
28	4.20	3.34	2.95	2.71	2.56	2.45	2.36	2.29	2.24	2.19	2.12	1.04	1.96	1.91	1.87	1.82	1.77	1.71	1.65
29	4.18	3.33	2.93	2.70	2.55	2.43	2.35	2.28	2.22	2.18	2.10	1.03	1.94	1.90	1.85	1.81	1.75	1.70	1.64
30	4.17	3.32	2.92	2.69	2.53	2.42	2.33	2.27	2.21	2.16	2.09	2.01	1.93	1.89	1.84	1.79	1.74	1.68	1.62
40	4.08	3.23	2.84	2.61	2.45	2.34	2.25	2.18	2.12	2.08	2.00	1.92	1.84	1.79	1.74	1.69	1.64	1.58	1.51
60	4.00	3.15	2.76	2.53	2.37	2.25	2.17	2.10	2.04	1.99	1.92	1.84	1.75	1.70	1.65	1.59	1.53	1.47	1.39
120	3.92	3.07	2.68	2.45	2.29	2.17	2.09	2.02	1.96	1.91	1.83	1.75	1.66	1.61	1.55	1.50	1.43	1.35	1.25
∞	3.84	3.00	2.60	2.37	2.21	2.10	2.01	1.94	1.88	1.83	1.75	1.67	1.57	1.52	1.46	1.39	1.32	1.22	1.00

续表

$\alpha = 0.025$

n_1 / n_2	1	2	3	4	5	6	7	8	9	10	12	15	20	24	30	40	60	120	∞
1	647.8	799.5	864.2	899.6	921.8	937.1	948.2	956.7	963.3	968.6	976.7	984.9	993.1	997.2	1001	1006	1010	1014	1018
2	38.51	39.00	39.17	39.25	139.30	39.33	39.36	39.37	39.39	39.40	39.41	39.43	39.45	39.46	39.46	39.47	39.48	39.49	39.50
3	17.44	16.04	15.44	15.10	14.88	14.73	14.62	14.54	14.47	14.42	14.34	14.25	14.17	14.12	14.08	14.04	13.99	13.95	13.90
4	12.22	10.65	9.98	9.60	9.36	9.20	9.07	8.98	8.90	8.84	8.75	8.66	8.56	8.51	8.46	8.41	8.36	8.31	8.26
5	10.01	8.43	7.76	7.39	7.15	6.98	6.85	6.76	6.68	6.62	6.52	6.43	6.33	6.28	6.23	6.18	6.12	6.07	6.02
6	8.81	7.26	6.60	6.23	5.99	5.82	5.70	5.60	5.52	5.46	5.37	5.27	5.17	5.12	5.07	5.01	4.96	4.90	4.85
7	8.07	6.54	5.89	5.52	5.29	5.12	4.99	4.90	4.82	4.76	4.67	4.57	4.47	4.42	4.36	4.31	4.25	4.20	4.14
8	7.57	6.06	5.42	5.05	4.82	4.65	4.53	4.43	4.36	4.30	4.20	4.10	4.00	3.95	3.89	3.84	3.78	3.73	3.67
9	7.21	5.71	5.08	4.72	4.48	4.32	4.20	4.10	4.03	3.96	3.87	3.77	3.67	3.61	3.56	3.51	3.45	3.39	3.33
10	6.94	5.46	4.83	4.47	4.24	4.07	3.95	3.85	3.78	3.72	3.62	3.52	3.42	3.37	3.31	3.26	3.20	3.14	3.08
11	6.72	5.26	4.63	4.28	4.04	3.88	3.76	3.66	3.59	3.53	3.43	3.33	3.23	3.17	3.12	3.06	3.00	2.94	2.88
12	6.55	5.10	4.47	4.12	3.89	3.73	3.61	3.51	3.44	3.37	3.28	3.18	3.07	3.02	2.96	2.91	2.85	2.79	2.72
13	6.41	4.97	4.35	4.00	3.77	3.60	3.48	3.39	3.31	3.25	3.15	3.05	2.95	2.89	2.84	2.78	2.72	2.66	2.60
14	6.30	4.86	4.24	3.89	3.66	3.50	3.38	3.29	3.21	3.15	3.05	2.95	2.84	2.79	2.73	2.67	2.61	2.55	2.49
15	6.20	4.77	4.15	3.80	3.58	3.41	3.29	3.30	3.12	3.06	2.96	2.86	2.76	2.70	2.64	2.59	2.52	2.46	2.40
16	6.12	4.69	4.08	3.73	3.50	3.34	3.22	3.12	3.05	2.99	2.89	2.79	2.68	2.63	2.57	2.51	2.45	2.38	2.32
17	6.04	4.62	4.01	3.66	3.44	3.28	3.16	3.06	2.98	2.92	2.82	2.72	2.62	2.56	2.50	2.44	2.38	2.32	2.25
18	5.98	4.56	3.95	3.61	3.38	3.22	3.10	3.01	2.93	2.87	2.77	2.67	2.56	2.50	2.44	2.38	2.32	2.26	2.19
19	5.92	4.51	3.90	3.56	3.33	3.17	3.05	2.96	2.88	2.82	2.72	2.62	2.51	2.45	2.39	2.35	2.27	2.20	2.13
20	5.87	4.46	3.86	3.51	3.29	3.13	3.01	2.91	2.84	2.77	2.68	2.57	2.46	2.41	2.35	2.29	2.22	2.16	2.09
21	5.83	4.42	3.82	3.48	3.25	3.09	2.97	2.87	2.80	2.73	2.64	2.53	2.42	2.37	2.31	2.25	2.18	2.11	2.04
22	5.79	4.38	3.78	3.44	3.22	3.05	2.93	2.84	2.76	2.70	2.60	2.50	2.39	2.33	2.27	2.21	2.14	2.08	2.00
23	5.75	4.35	3.75	3.41	3.18	3.02	2.90	2.81	2.73	2.67	2.57	2.47	2.36	2.30	2.24	2.18	2.11	2.04	1.97
24	5.72	4.32	3.72	3.38	3.15	2.99	2.87	2.78	2.70	2.64	2.54	2.44	2.33	2.27	2.21	2.15	2.08	2.01	1.94
25	5.69	4.29	3.69	3.35	3.13	2.97	2.85	2.75	2.68	2.61	2.51	2.41	2.30	2.24	2.18	2.12	2.05	1.98	1.91
26	5.66	4.27	3.67	3.33	3.10	2.94	2.82	2.73	2.65	2.59	2.49	2.39	2.28	2.22	2.16	2.09	2.03	1.95	1.88
27	5.63	4.24	3.65	3.31	3.08	2.92	2.80	2.71	2.63	2.57	2.47	2.36	2.25	2.19	2.13	2.07	2.00	1.93	1.85
28	5.61	4.22	3.63	3.29	3.06	2.90	2.78	2.69	2.61	2.55	2.45	2.34	2.23	2.17	2.11	2.05	1.98	1.91	1.83
29	5.59	4.20	3.61	3.27	3.04	2.88	2.76	2.67	2.59	2.53	2.43	2.32	2.21	2.15	2.09	2.03	1.96	1.89	1.81
30	5.57	4.18	3.59	3.25	3.03	2.87	2.75	2.65	2.57	2.51	2.41	2.31	2.20	2.14	2.07	2.01	1.94	1.87	1.79
40	5.42	4.05	3.46	3.13	2.90	2.74	2.62	2.53	2.45	2.39	2.29	2.18	2.07	2.01	1.94	1.88	1.80	1.72	1.64
60	5.29	3.93	3.34	3.01	2.79	2.63	2.51	2.41	2.33	2.27	2.17	2.06	1.94	1.88	1.82	1.74	1.67	1.58	1.48
120	5.15	3.80	3.23	2.89	2.67	2.52	2.39	2.30	2.22	2.16	2.05	1.94	1.82	1.76	1.69	1.61	1.53	1.43	1.31
∞	5.02	3.69	3.12	2.79	2.57	2.41	2.29	2.19	2.11	2.05	1.94	1.83	1.71	1.64	1.57	1.48	1.39	1.27	1.00

$\alpha = 0.01$

n_1 / n_2	1	2	3	4	5	6	7	8	9	10	12	15	20	24	30	40	60	120	∞
1	4 052	5000	5403	5625	5764	5859	5928	5982	6062	6056	6106	6157	6209	6235	6261	6287	6313	6339	6366
2	98.50	99.00	99.17	99.25	99.30	99.33	99.36	99.37	99.39	99.40	99.42	99.43	99.45	99.46	99.47	99.47	99.48	99.49	99.50
3	34.12	30.82	29.46	28.71	28.24	27.91	27.67	27.49	27.35	27.23	27.05	26.87	26.69	26.60	26.50	26.41	26.32	26.22	26.13
4	21.20	18.00	16.69	15.98	15.52	15.21	14.98	14.80	14.66	14.55	14.37	14.20	14.02	13.93	13.84	13.75	13.65	13.56	13.46
5	16.26	13.27	12.06	11.39	10.97	10.67	10.46	10.29	10.16	10.05	9.29	9.72	9.55	9.47	9.38	9.29	9.20	9.11	9.02
6	13.75	10.92	9.78	9.15	8.75	8.47	8.46	8.10	7.98	7.87	7.72	7.56	7.40	7.31	7.23	7.14	7.06	6.97	6.88
7	12.25	9.55	8.45	7.85	7.46	7.19	6.99	6.84	6.72	6.62	6.47	6.31	6.16	6.07	5.99	5.91	5.82	5.74	5.65
8	11.26	8.65	7.59	7.01	6.63	6.37	6.18	6.03	5.91	5.81	5.67	5.52	5.36	5.28	5.20	5.12	5.03	4.95	4.86
9	10.56	8.02	6.99	6.42	6.06	5.80	5.61	5.47	5.35	5.26	5.11	4.96	4.81	4.73	4.65	4.57	4.48	4.40	4.31
10	10.04	7.56	6.55	5.99	5.64	5.39	5.20	5.06	4.94	4.85	4.71	4.56	4.41	4.33	4.25	4.17	4.08	4.00	3.91
11	9.65	7.21	6.22	5.67	5.32	5.07	4.89	4.74	4.63	4.54	4.40	4.25	4.10	4.02	3.95	3.86	3.78	3.69	3.60
12	9.33	6.93	5.95	5.41	5.06	4.82	4.64	4.50	4.39	4.30	4.16	4.01	3.86	3.78	3.70	3.62	3.54	3.45	3.36
13	9.07	6.70	5.74	5.21	4.86	4.62	4.44	4.30	4.19	4.10	3.96	3.82	3.66	3.59	3.51	3.43	3.34	3.25	3.17
14	8.86	6.51	5.56	5.04	4.69	4.46	4.28	4.14	4.03	3.94	3.80	3.66	3.51	3.43	3.35	3.27	3.18	3.09	3.00
15	8.68	6.36	5.42	4.89	4.56	4.32	4.14	4.00	3.89	3.80	3.67	3.52	3.37	3.29	3.21	3.13	3.05	2.96	2.87
16	8.53	6.23	5.29	4.77	4.44	4.20	4.03	3.89	3.78	3.69	3.55	3.41	3.26	3.18	3.10	3.02	2.93	2.84	2.75
17	8.40	6.11	5.18	4.67	4.34	4.10	3.93	3.79	3.68	3.59	3.46	3.31	3.16	3.08	3.00	2.92	2.83	2.75	2.65
18	8.29	6.01	5.09	4.58	4.25	4.01	3.84	3.71	3.60	3.51	3.37	3.23	3.08	3.00	2.92	2.84	2.75	2.66	2.57
19	8.18	5.93	5.01	4.50	4.17	3.94	3.77	3.63	3.52	3.43	3.30	3.15	3.00	2.92	2.84	2.76	2.67	2.58	2.49
20	8.10	5.85	4.94	4.43	4.10	3.87	3.70	3.56	3.46	3.37	3.23	3.09	2.94	2.86	2.78	2.69	2.61	2.52	2.42
21	8.02	5.78	4.87	4.37	4.04	3.81	3.64	3.51	3.40	3.31	3.17	3.03	2.88	2.80	2.72	2.64	2.55	2.46	2.36
22	7.95	5.72	4.82	4.31	3.99	3.76	3.59	3.45	3.35	3.26	3.12	2.98	2.83	2.75	2.67	2.58	2.50	2.40	2.31
23	7.88	5.66	4.76	4.26	3.94	3.71	3.54	3.41	3.30	3.21	3.07	2.93	2.78	2.70	2.62	2.54	2.45	2.35	2.26
24	7.82	5.61	4.72	4.22	3.90	3.67	3.50	3.36	3.26	3.17	3.03	2.89	2.74	2.66	2.58	2.49	2.40	2.31	2.21
25	7.77	5.57	4.68	4.18	3.85	3.63	3.46	3.32	3.22	3.13	2.99	2.85	2.70	2.62	2.54	2.45	2.36	2.27	2.17
26	7.72	5.53	4.64	4.14	3.82	3.59	3.42	3.29	3.18	3.09	2.96	2.81	2.66	2.58	2.50	2.42	2.33	2.23	2.13
27	7.68	5.49	4.60	4.11	3.78	3.56	3.39	3.26	3.15	3.06	2.93	2.78	2.63	2.55	2.47	2.38	2.29	2.20	2.10
28	7.64	5.45	4.57	4.07	3.75	3.53	3.36	3.23	3.12	3.03	2.90	2.75	2.60	2.52	2.44	2.35	2.26	2.17	2.06
29	7.60	5.42	4.54	4.04	3.73	3.50	3.33	3.20	3.09	3.00	2.87	2.73	2.57	2.49	2.41	2.33	2.23	2.14	2.03
30	7.56	5.39	4.51	4.02	3.70	3.47	3.30	3.17	3.07	2.98	2.84	2.70	2.55	2.47	2.39	2.30	2.21	2.11	2.01
40	7.31	5.18	4.31	3.83	3.51	3.29	3.12	2.99	2.89	2.80	2.66	2.52	2.37	2.29	2.20	2.11	2.02	1.92	1.80
60	7.08	4.98	4.13	3.65	3.34	3.12	2.95	2.82	2.72	2.63	2.50	2.35	2.20	2.12	2.03	1.94	1.84	1.73	1.60
120	6.85	4.79	3.95	3.48	3.17	2.96	2.79	2.66	2.56	2.47	2.34	2.19	2.03	1.95	1.86	1.76	1.66	1.53	1.38
∞	6.63	4.61	3.78	3.32	3.02	2.80	2.64	2.51	2.41	2.32	2.18	2.04	1.88	1.79	1.70	1.59	1.47	1.32	1.00

$\alpha = 0.005$

n_2 \ n_1	1	2	3	4	5	6	7	8	9	10	12	15	20	24	30	40	60	120	∞
1	16211	20000	21615	22500	23056	2 437	23715	23925	24091	24224	24426	24630	24836	24940	25044	25148	25253	25359	25465
2	198.5	199.0	199.2	199.2	199.3	199.3	199.4	199.4	199.4	199.4	199.4	199.4	199.4	199.5	199.5	199.5	199.5	199.5	199.5
3	55.55	49.80	47.47	46.19	45.39	44.84	44.43	44.13	43.88	43.69	43.39	43.08	42.78	42.62	42.47	42.31	42.15	41.99	41.83
4	31.33	26.28	24.26	23.15	22.46	21.97	21.62	21.35	21.14	20.97	20.70	20.44	20.17	20.03	19.89	19.75	19.61	19.47	19.32
5	22.78	18.31	16.53	15.56	24.94	14.51	14.20	13.96	13.77	13.62	13.38	13.15	12.90	12.78	12.66	12.53	12.40	12.72	12.14
6	18.63	14.54	12.92	12.03	21.46	11.07	10.79	10.57	10.39	10.25	10.03	9.81	9.59	9.47	9.36	9.24	9.42	9.00	8.88
7	16.24	12.40	10.88	10.05	9.52	9.16	8.89	8.68	8.51	8.38	8.18	7.97	7.75	7.65	7.53	7.42	7.31	7.19	7.08
8	14.69	11.04	9.60	8.81	8.30	7.95	7.69	7.50	7.34	7.21	7.01	6.81	6.61	6.50	6.40	6.29	6.18	6.06	5.95
9	13.61	10.11	8.72	7.96	7.47	7.13	6.88	6.69	6.54	6.42	6.23	6.03	5.83	5.73	5.62	5.52	5.41	5.30	5.19
10	12.83	9.43	8.08	7.34	6.87	6.54	6.30	6.12	5.97	5.85	5.66	5.47	5.27	5.17	5.07	4.97	4.86	4.75	4.64
11	12.23	8.91	7.60	6.88	6.42	6.10	5.86	5.68	5.54	5.42	5.24	5.05	4.86	4.76	4.65	4.55	4.44	4.34	4.23
12	11.75	8.51	7.23	6.52	6.07	5.76	4.52	5.35	5.20	5.09	4.91	4.72	4.53	4.43	4.33	4.23	4.12	4.01	3.90
13	11.37	8.19	6.93	6.23	5.79	5.48	5.25	5.08	4.94	4.82	4.64	4.46	4.27	4.17	4.07	3.97	3.87	3.76	3.65
14	11.06	7.92	6.68	6.00	5.86	5.26	5.03	4.86	4.72	4.60	4.43	4.25	4.06	3.96	3.86	3.76	3.66	3.55	3.44
15	10.80	7.70	6.48	5.80	5.37	5.07	4.85	4.67	4.54	4.42	4.25	4.07	3.88	3.79	3.69	3.52	3.48	3.37	3.26
16	10.58	7.51	6.30	5.64	5.21	4.91	4.96	4.52	4.38	4.27	4.10	3.92	3.73	3.64	3.54	3.44	3.23	3.22	3.11
17	10.38	7.35	6.16	5.50	5.07	4.78	4.56	4.39	4.25	4.14	3.97	3.79	3.61	3.51	3.41	3.31	3.21	3.10	2.98
18	10.22	7.21	6.03	5.37	4.96	4.66	4.44	4.28	4.14	4.03	3.86	3.68	3.50	3.40	3.30	3.20	3.10	2.99	2.87
19	10.07	7.09	5.92	5.27	4.85	4.56	4.34	4.18	4.04	3.93	3.76	3.59	3.40	3.31	3.21	3.11	3.00	2.89	2.78
20	9.94	6.99	5.82	5.17	4.76	4.47	4.26	4.09	3.96	3.85	3.68	3.50	3.32	3.22	3.12	3.02	2.92	2.81	2.69
21	9.83	6.89	5.73	5.09	4.68	4.39	4.18	4.01	3.88	3.77	3.60	3.43	3.24	3.15	3.05	2.95	2.84	2.73	2.61
22	9.73	6.81	5.65	5.02	4.61	4.32	4.11	3.94	3.81	3.70	3.54	3.36	3.18	3.08	2.98	2.88	2.77	2.66	2.55
23	9.63	6.73	5.58	4.95	4.54	4.26	4.05	3.88	3.75	3.64	3.47	3.30	3.12	3.02	2.92	2.82	2.71	2.60	2.48
24	9.55	6.66	5.52	4.89	4.49	4.20	3.99	3.83	3.69	3.59	3.42	3.25	3.06	2.97	2.87	2.77	2.66	2.55	2.43
25	9.48	6.60	5.46	4.84	4.43	4.15	3.94	3.78	3.64	3.64	3.37	3.20	3.01	2.92	2.82	2.72	2.61	2.50	2.38
26	9.41	6.54	5.41	4.79	4.38	4.10	3.89	3.73	3.60	3.49	3.33	3.15	2.97	2.87	2.77	2.67	2.56	2.45	2.33
27	9.34	6.49	5.36	4.74	4.34	4.06	3.85	3.69	3.56	3.45	3.28	3.11	2.93	2.83	2.73	2.63	2.52	2.41	2.29
28	9.28	6.44	5.32	4.70	4.30	4.02	3.81	3.65	3.52	3.41	3.25	3.07	2.89	2.79	2.69	2.59	2.48	2.37	2.25
29	9.23	6.40	5.28	4.66	4.26	3.98	3.77	3.61	3.48	3.38	3.21	3.04	2.86	2.76	2.66	2.56	2.45	2.33	2.21
30	9.18	6.35	5.24	4.62	4.23	3.95	3.74	3.58	3.45	3.34	3.18	3.01	2.82	2.73	2.63	2.52	2.42	2.30	2.18
40	8.83	6.07	4.98	4.37	3.99	3.71	3.51	3.35	3.22	3.12	2.95	2.78	2.60	2.50	2.40	2.30	2.18	2.06	1.93
60	8.49	5.79	4.73	4.14	3.76	3.49	3.29	3.13	3.01	2.90	2.74	2.57	2.39	2.29	2.19	2.08	1.96	1.83	1.69
120	8.18	5.54	4.50	3.92	3.55	3.28	3.09	2.93	2.81	2.75	2.54	2.37	2.19	2.09	1.98	1.87	1.75	1.61	1.43
∞	7.88	5.30	4.28	3.72	3.35	3.09	2.90	2.74	2.62	2.52	2.36	2.19	2.00	1.90	1.79	1.67	1.53	1.36	1.00

参考文献

陈鸿建，赵永红，等. 2009. 概率论与数理统计[M]. 北京：高等教育出版社.

戴朝寿. 2008. 概率论简明教程[M]. 北京：高等教育出版社.

Dudley RM. 2006. Real Aanalysis and Probability[M]. 北京：机械工业出版社.

何书元. 2006. 概率论与数理统计[M]. 北京：高等教育出版社.

李长青，张野芳. 2015. 概率论与数理统计[M]. 上海：同济大学出版社.

李长青，张野芳. 2016. 概率论与数理统计学习指导[M]. 上海：上海交大出版社.

茆诗松，程依明，濮晓龙. 2011. 概率论与数理统计教程第 2 版[M]. 北京：高等教育出版社.

盛骤，谢式千，潘承毅. 2008. 概率论与数理统计第 4 版[M]. 北京：高等教育出版社.

王梓坤. 2007. 概率论基础及其应用第 3 版[M]. 北京：北京师范大学出版社.

魏宗舒，等. 2008. 概率论与数理统计教程第 2 版[M]. 北京：高等教育出版社.

张建华. 2008. 概率论与数理统计[M]. 北京：高等教育出版社.

徐伟，师义民，等. 2008. 概率论与数理统计[M]. 北京：高等教育出版社.

杨传胜，曹金亮. 2014. MATLAB 大学数学实验[M]. 北京：中国人民大学出版社.

杨虎，刘琼荪，钟波. 2004. 数理统计[M]. 北京：高等教育出版社.

周概容. 2009. 概率论与数理统计（理工类）[M]. 北京：高等教育出版社.